新时代高等学校计算机类专业教材

网页设计与制作教程

第4版

杨选辉 编著

清华大学出版社
北京

内 容 简 介

本书是一本全面介绍网页设计与制作技术的教程，以目前流行的网页设计软件作为技术支持，系统介绍网页的构思、规划、制作和网站建设的全过程。

本书共10章。第1～7章面向入门层次，介绍网页制作基础知识、网站开发流程、HTML基础知识、CSS基础知识、网页可视化设计、主流的网页制作工具Dreamweaver CC 2019和网站赏析；第8～10章面向提高层次，介绍利用CSS修饰网页元素、CSS盒子模型和Div+CSS布局技术；每章最后均提供形式多样的思考与练习题。

本书构思清晰、结构合理、内容丰富、循序渐进，兼顾入门和提高两个层次，关注开发环节最重要和最实用的部分，特别注重实践能力的培养，实用性、可操作性和可模仿性较强，同时融入课程思政元素。此外，本书配套的多媒体教学课件可以帮助读者在较短的时间内学会网页设计的相关知识，掌握制作网站的技能，创建自己喜爱的网站。

本书可作为高等院校网页设计类课程的教材或网站开发培训班的教材，也可作为网页设计与制作爱好者的自学参考书。

图书在版编目(CIP)数据

网页设计与制作教程/杨选辉编著. —4版. —北京：清华大学出版社，2022.8（2024.8重印）
新时代高等学校计算机类专业教材
ISBN 978-7-302-61507-1

Ⅰ. ①网… Ⅱ. ①杨… Ⅲ. ①网页制作工具－高等学校－教材 Ⅳ. ①TP393.092.2

中国版本图书馆CIP数据核字(2022)第139339号

责任编辑： 郭 赛
封面设计： 常雪影
责任校对： 胡伟民
责任印制： 刘海龙

出版发行： 清华大学出版社
网　　址： https://www.tup.com.cn，https://www.wqxuetang.com
地　　址： 北京清华大学学研大厦A座　　**邮　　编：** 100084
社 总 机： 010-83470000　　**邮　　购：** 010-62786544
投稿与读者服务： 010-62776969，c-service@tup.tsinghua.edu.cn
质量反馈： 010-62772015，zhiliang@tup.tsinghua.edu.cn
课件下载： https://www.tup.com.cn，010-83470236
印 装 者： 三河市铭诚印务有限公司
经　　销： 全国新华书店
开　　本： 185mm×260mm　　**印　　张：** 27.75　　**字　　数：** 695千字
版　　次： 2005年4月第1版　2022年10月第4版　　**印　　次：** 2024年8月第4次印刷
定　　价： 69.90元

产品编号：095109-02

前　言

1. 第 4 版说明

党的二十大报告提出“实施科教兴国战略，强化现代化建设人才支撑”。深入实施人才强国战略，培养造就大批德才兼备的高素质人才，是国家和民族长远发展的大计。为贯彻落实党的二十大精神，筑牢政治思想之魂，编者在牢牢把握这个原则的基础上编写了本书。

随着信息技术的飞速发展，网站与人们的联系越来越密切，人们也更想了解或学习网页设计与制作方面的知识。本书的前 3 版及配套的实验指导至今已累计发行逾 15 万册，获得高校师生和社会读者的一致好评。正因如此，每次改版都是一种压力，也是一种责任，历经一年多的思考和半年多的编写，第 4 版终于与读者见面了，希望本版能够再次得到读者的认可。

本次改版对内容进行了较大规模的调整，主要体现在以下几点：

第一，取消了配套的实验指导教材，实现了主辅教材合二为一，精选和增加了主教材中的实例，提高了教材在使用上的便捷性，降低了读者的购书成本。

第二，删除了 Photoshop 和 Flash 的相关内容，大幅增加了有关 CSS 的内容，以适应网页设计技术的发展趋势。

第三，对 Dreamweaver 的相关内容进行了优化，在软件版本方面并没有盲目求新，而是选择了版本相对成熟且稳定的 Dreamweaver CC 2019。

第四，增加了两章新内容，即第 7 章“网站赏析”和第 8 章“利用 CSS 修饰网页元素”；前者可以帮助读者掌握客观评价网站的技能，后者可以帮助读者提升网页的美观度。

2. 本书内容

本书是全面介绍网页设计与制作技术的教程，由浅入深、系统地介绍网页的构思、规划、制作和网站建设的全过程。

本书共 10 章。

第 1～7 章介绍网页制作基础知识、网站开发流程、HTML 基础知识、CSS 基础知识、网页可视化设计、主流的网页制作工具 Dreamweaver CC 2019 和网站赏析，涵盖网站开发的基本知识内容，可以满足入门级别的学习需求。

第 8～10 章介绍利用 CSS 修饰网页元素、CSS 盒子模型和 Div+CSS 布局技术，以提高读者的网站开发水平，以满足提高级别的学习需求。

3. 本书特点

本书的主要特点如下。

1）实用

本书从基础知识入手，挑选网页设计与制作技术中最基本、最实用的知识进行详细介绍，读者无须任何基础就可以在通俗易懂、趣味十足的实例中学习网页设计的知识，并掌握网站制作的技能。

2）系统

本书参照传统的软件开发流程，详细介绍网站的规划、设计、实现、测试和发布、推广和维护以及网站赏析方面的知识，以培养读者系统性的开发思想及创新思维。

3）精简

本书按照教学规律精心设计内容和结构，按照循序渐进、由易到难的原则进行合理编排，从理论到方法，再从方法到实践，重点突出实例教学，并兼顾入门和提高这两个学习层次。全书内容系统精炼，例题具有代表性，语言简单明了、通俗易懂。

4）便捷

本次改版取消了配套的实验指导教材，精选和新增了一些优秀实例，每章最后均提供大量的思考与练习题，供读者巩固和延伸所学知识。书中全部例题、素材、习题答案及配套的多媒体教学课件均可以从清华大学出版社官方网站（http://www.tup.tsinghua.edu.cn）免费下载，大大方便了教师的“教”与学生的“学”。

4. 本书编写情况说明

本书各章内容主要由杨选辉编写完成，其中，刘春年、胡小飞、曾群、秦昊田、熊娟分别参与编写本书的第1、5、6、7、10章的部分内容；张婕钰、敖建华、饶志华、赵珑、郭晓虹参与本书第2、3、4、8、9章部分案例的设计和编写工作；刘新怡、冯佳玲、陶智、严章宽、杨胜杰参与本书部分章节的资料收集与整理。全书由杨选辉拟定大纲并统稿。

由于作者水平有限，书中难免有不足与错误之处，敬请读者批评指正。

作　者

2023年6月

目　录

第 1 章　网页制作基础知识

随着信息技术的飞速发展，尤其是计算机技术和通信技术的发展，今天已经步入网络时代。通过连在网络上的计算机，可以感觉到整个世界都触手可及：可以迅速查找任何已知或者未知的信息；可以与远在地球另一边的人们进行通信联络，甚至可以召开语音视频会议；可以登录到资源丰富的远端计算机上，搜索世界上最大的电子图书馆，或者访问最吸引人的博物馆；可以在线收听世界各地的广播电台，甚至观看地球另一边的电视节目或电影；可以足不出户地进行股市交易；可以在线购买自己所需的商品；等等。这一切都是由今天最大的计算机网络系统——Internet 实现的。

下面首先介绍 Internet 和 WWW，再介绍一些与网页制作相关的基础知识。

1.1　Internet 的基础知识

1.1.1　Internet 简介

生活中经常说到的互联网(internet)、因特网(Internet)、万维网(World Wide Web，WWW)其实并不是一个概念，它们是容易混淆的三个不同概念，三者的关系是：互联网包含因特网，因特网包含万维网。

凡是由能彼此通信的设备组成的网络都叫互联网。即使仅有两台机器，不论用何种技术使其彼此通信，也叫互联网。国际标准的“互联网”的写法是 internet，字母 i 一定要小写。因特网只是互联网的一种，还有欧洲的“欧盟网”(Euronet)、美国的“国际学术网”(BITNET)等其他互联网络，国际标准的“因特网”的写法是 Internet，字母 I 一定要大写。从网络通信的角度来看，Internet 是一个将世界各地的各种网络(包括计算机网、数据通信网以及公用电话交换网等)通过通信设施和通信协议(基于 TCP/IP 协议簇)互相连接起来所构成的互联网络系统；从信息资源的角度来看，Internet 是一个集各个领域的各种信息资源为一体，供网上用户共享的信息资源网。因特网是目前互联网中最大的一个，有一种形象的解释：“Internet 是网络的网络”。

TCP/IP 协议簇由很多协议组成，不同类型的协议又被放在不同的层，其中，位于应用层的协议有很多，如 FTP、SMTP、HTTP。只要应用层使用的是 HTTP，就称之为万维网。

Internet 是近几年来最活跃的领域和最热门的话题，而且发展势头迅猛，成为一种不可抗拒的潮流。它的优点如下所述。

- Internet 是一个开放的网络，不为某个人或某个组织所控制，人人都可自由参与。
- 信息量大，内容丰富。
- 不受时间、空间的限制。
- 入网方便，操作简单。
- 可以迅速、便捷地实现通信、信息交换和资源共享。

正是这些优点促使 Internet 迅速发展,使之成为信息时代的标志。

1.1.2 Internet 的发展历程

Internet 是在美国早期的军用计算机网 ARPAnet(阿帕网)的基础上经过不断发展变化而形成的。Internet 的应用范围由最早的军事、国防扩展到美国国内的学术机构,进而迅速覆盖了全球的各个领域,运营性质也由以科研、教育为主逐渐转向商业化。概括起来,Internet 的发展经历了以下几个阶段。

1. Internet 的诞生阶段

1969 年,美国国防部高级研究计划管理局(Advanced Research Projects Agency,ARPA)开始建立一个命名为 ARPAnet 的网络,当时建立这个网络的目的是出于军事需要,初期只有 4 台主机,其设计目标是当网络中的一部分主机因战争原因遭到破坏时,其余部分主机仍能正常运行。人们普遍认为这就是 Internet 的雏形。

2. Internet 的起步发展阶段

20 世纪 70 年代诞生了日后成为 Internet 著名协议的 TCP/IP(Transmission Control Protocol/Internet Protocol,传输控制协议/因特网互联协议),TCP/IP 的开放性特点是促使 Internet 得到飞速发展的重要原因。1983 年,由于安全和管理上的需要,ARPAnet 分裂为两部分:供军用的 MILnet 和供民用的 ARPAnet,同年 1 月,ARPA 把 TCP/IP 作为 ARPAnet 的标准协议,其后,人们称呼这个以 ARPAnet 为主干网的网际互联网为 Internet。1986 年,美国国家科学基金组织(National Science Foundation,NSF)将分布在美国各地的 5 个为科研教育服务的超级计算机中心互联,并支持地区网络,形成 NSFnet。NSFnet 于 1990 年 6 月彻底取代了 ARPAnet,成为 Internet 的主干网并迅速发展起来。NSFnet 对 Internet 的最大贡献是使 Internet 向全社会开放,而不像以前那样仅供计算机研究人员和政府机构使用。

3. Internet 的商业化应用阶段

1990 年,美国 IBM、MCI、MERIT 三家公司联合组建了高级网络科学公司(Advanced Network &Science Inc.,ANS),建立了一个新的网络,叫作 ANSnet,成为 Internet 的另一个主干网,从而使 Internet 开始走向商业化。随着 NSFnet 主干网供应的公众服务逐步移交给了新的主干网,1995 年 4 月 30 日,NSFnet 正式宣布停止运作。商业机构一踏入 Internet 这一陌生世界,很快就发现了它在通信、资料检索、客户服务等方面的巨大潜力,其成果也非常显著,例如 1995 年,美国 Internet 业务的总营收额达到了 10 亿美元。商业化成为 Internet 快速发展的强大推动力,也带来了 Internet 发展史上的一个新的飞跃。

4. Internet 的综合发展阶段

今天的 Internet 已变成一个开发和使用信息资源的覆盖全球的信息海洋,其应用渗透到了各个领域,从学术研究到股票交易、从学校教育到娱乐游戏、从联机信息检索到在线居家购物等。其中,Internet 带来的电子商务正改变着现今商业活动的传统模式。Internet 提供的方便而广泛的互联必将对未来社会生活的各个方面产生深刻影响。

1.1.3 Internet 的相关组织

Internet 并不是为某个政府部门或组织所拥有或控制的,它的技术、操作规则的实际制定者是一个自发的非营利的组织——国际互联网协会。国际互联网协会拥有几个下属组织，如图 1-1 所示，由它们执行各种任务，以保障 Internet 可靠、健康地运行。

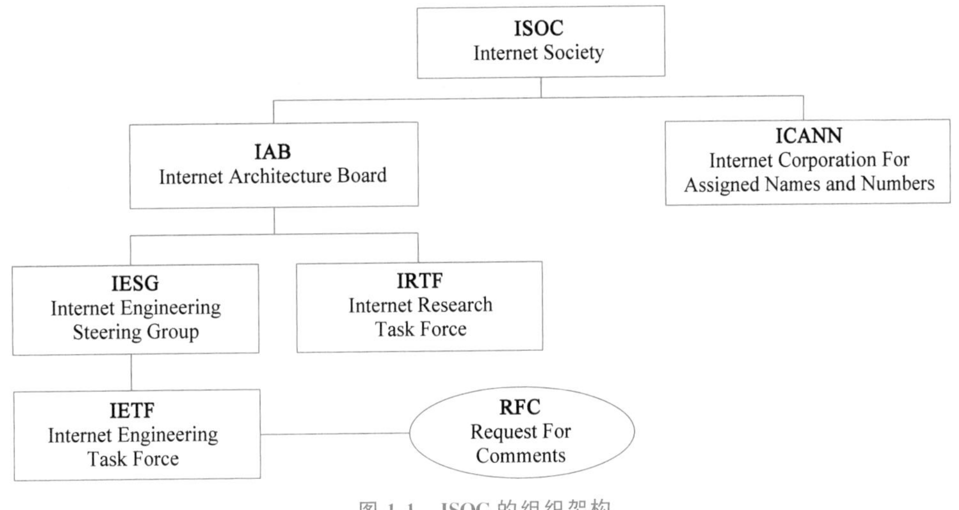

图 1-1　ISOC 的组织架构

1. ISOC

国际互联网协会(Internet Society，ISOC)是一个成立于 1992 年的非政府、非营利的行业性国际组织，它在世界各地有上百个组织成员和数万名个人成员。ISOC 的宗旨是为全球互联网的发展创造有益、开放的条件，并就互联网技术制定相应的标准、发布信息、进行培训等。除此以外，ISOC 还积极致力于社会、经济、政治、道德、立法等能够影响互联网发展方向的工作。

2. IAB

国际互联网架构理事会(Internet Architecture Board，IAB)是国际互联网协会的技术顾问组织，负责定义 Internet 的总体结构和技术上的管理，研究 Internet 存在的技术问题及未来会遇到的问题。此外，IAB 的任务还包括任命 IETF 主席和 IESG 候选人、担任仲裁委员会、管理各种内容的编辑和发行(如 RFC)等。

3. ICANN

国际互联网名字与编号分配机构(Internet Corporation For Assigned Names and Numbers，ICANN)目前负责全球许多重要的网络基础工作。根据 ICANN 章程的规定，ICANN 为一家非营利性公司，将在保证国际参与的前提下负责协调互联网技术参数，以保证网络的通信的畅通，对 IP 地址资源以及域名系统进行管理和协调，以及监督域名系统和根服务器系统的运行。

4. IESG

国际互联网工程指导委员会(Internet Engineering Steering Group，IESG)负责 IETF 活动和标准制定程序的技术管理工作，核准或纠正 IETF 各工作组的研究成果，有对工作组的设立终结权，确保非工作组草案在成为请求注解文件(RFC)时的准确性。可以认为，IESG 是 IETF 的实施决策机构。

5. IRTF

国际互联网研究任务组(Internet Research Task Force，IRTF)负责促进网络和新技术的开发和研究,主要在 Internet 协议、体系结构、应用程序及相关技术领域开展工作,致力于与 Internet 有关的长期项目的研究。

6. IETF

国际互联网工程任务组(Internet Engineering Task Force,IETF)是全球互联网最具权威的技术标准化组织,负责互联网基础标准的开发和推动。

7. RFC

请求注解(Request For Comments,RFC)是关于 Internet 的一系列注解和文件,所有的 RFC 技术文档都可以从网上免费下载,任何人都可以随时用电子邮件发表对某个文档的意见或者建议。RFC 记载的内容包括运算和计算机通信等诸多方面,重点在于网络协议、过程、程序和理念。

1.1.4 Internet 的功能

Internet 实际上是一个应用平台,在其上可以开展多种应用,下面列举一些 Internet 的功能。

1. 信息的获取与发布

Internet 是一个信息的海洋,通过它可以得到无穷无尽的各种不同类型的信息,坐在家里即可了解全世界正在发生的事情;也可以将自己的信息发布到 Internet 上,瞬间就可以传遍世界各地。

2. 电子邮件服务

电子邮件(E-mail)是网络用户之间快速、简便、高效、价廉的通信工具,是 Internet 提供的一项基本服务。通过 E-mail 系统可以同世界上任何地方的朋友联系。电子邮件不仅可以传送文字信息,还可以传送图像、声音等多媒体信息。除了快速的优点,与其他传递方式相比,电子邮件可以大大降低用户之间的通信费用,在不出现黑客蓄意破坏的情况下,其信件的丢失率和损坏率也非常小。

3. 网上事务处理

Internet 的出现改变了传统的办公模式,例如:可以在家里上班,然后通过网络将工作的结果传回单位;出差的时候,不用带很多资料,因为随时可以通过网络提取需要的信息。Internet 使全世界都可以成为办公的地点。

4. 电子商务

电子商务是指利用以现代信息技术为基础的互联网进行的各类商业活动,它是信息时代社会发展产生的一次革命。电子商务大大促进了合作伙伴、供求双方之间的经济活动,极大地降低了企业的成本,提高了企业的国际竞争力。电子商务不但改变了商家的经营理念,也改变了人们的购物方式,发展前景无限。

5. 远程登录服务

远程登录(Telnet)是 Internet 提供的基本信息服务之一,是提供远程连接服务的终端仿真协议。通过 Telnet 和 Internet 上某一台计算机连接,只要拥有这台计算机的账号及密码,就可以像操作本地计算机一样使用远程计算机上的信息资源。例如许多大学图书馆都通过 Telnet 对外提供联机检索服务;一些政府部门、研究机构也将它们的数据库对外开放,使用户可以通过 Telnet 进行查询。

6. 文件传输

文件传输是指在不同计算机系统间传输文件的过程。文件传输协议(File Transfer Protocol,FTP)是Internet上最早使用的文件传输程序,它同Telnet一样,能够使用户登录Internet的一台远程计算机,并把其中的文件传送回自己的计算机系统;或者反过来,把本地计算机上的文件传送到远方的计算机系统。利用FTP还可以下载免费软件,或者上传自己的主页。

7. 电子公告板系统

电子公告板系统(Bulletin Board System,BBS)是Internet上的一种电子信息服务系统。BBS为用户开辟了一块展示"公告"信息的公用存储空间作为"公告板",每个已注册的用户都可以在上面发布信息或提出看法。BBS提供的是较小型的区域性在线讨论服务,不像网络新闻服务的规模那样大,它提供了信息交流、文件交流、信件交流、在线聊天等功能。大部分BBS由教育机构、研究机构或商业机构管理,例如清华大学的"水木清华"BBS已由开放型转为校内型,限制校外IP访问。

8. 网络新闻服务

网络新闻(Usenet)服务是一种利用网络进行专题研讨的国际论坛。用户可以使用新闻阅读程序访问Usenet服务器,发表意见,阅读网络新闻。网络新闻是按专题分类的,每类为一个分组,目前有八个大的专题组:计算机科学、网络新闻、娱乐、科技、社会科学、专题辩论、杂类及候补组。而每个专题组又分为若干子专题,子专题下还可以有更小的子专题,信息量非常大。网络新闻服务不提供即时聊天,这也许是其在国内使用不广的原因之一。

9. 万维网

万维网(World Wide Web,WWW)是Internet上提供的最主要、最流行的服务项目。WWW是分布式超媒体系统,它是融合信息检索技术与超文本技术而形成的使用简单、功能强大的全球信息系统,它向用户提供一个多媒体的全图形浏览界面。通过WWW可以浏览分布在世界各地的精彩信息。

10. 网络教学

网络教学是指应用网络和多媒体技术构筑的教与学环境(或称虚拟课堂),如教学网站、学习网站、网络课堂、网络教学平台等,让身处异地的教师和学生相互听得见、看得见,这样学习者不受时间和空间的限制,只要将自己的计算机连到指定的网络平台中,就能够通过键盘、鼠标和耳机进行学习和交流。近几年,网络学校、远程教育有了很好的发展趋势,特别是在疫情突发的情况下,网络教学已经成为非常重要的一种教学模式。

11. 网上聊天交际

网络可以看成一个虚拟的社会空间,每个人都可以在这个网络社会中充当一个角色,"网友"已经成为一个使用频率越来越高的名词。网上交际已经完全突破了传统的交友方式,不同性别、年龄、身份、职业、国籍、肤色的人不用见面就可以进行各种各样的交流。

12. 多媒体服务和娱乐功能

随着网络的优化和新技术的运用,Internet可以实现高质量、高速度、实时地传输音频和视频,极大地推动了多媒体和娱乐功能的发展。多媒体服务包括实时广播、实时电视转播、网络电话和视频会议等;娱乐功能包括网络游戏、网络音乐、网络视频等。

Internet还有很多其他应用,例如在Internet上,你可以足不出户地实现网上旅游,尽览世界各地的旖旎风光。还有远程医疗、网上炒股、网上银行、网上理财、网络传真等,它几乎渗透到人们生活、学习、工作、交往的各个方面,同时也促进了电子文化的形成和发展。总之,在信息世界里,以前只有在科幻小说中才会出现的各种现象,现在已经成为现实。目前,Internet还处在不断发展的状态,谁也无法预料到明天的Internet会变成什么样子。

1.2 万维网的基础知识

1.2.1 万维网简介

1. 万维网的起源

WWW是World Wide Web的缩写,又称为3W或Web,中文译名为万维网。WWW起源于1989年3月,是由欧洲量子物理实验室(the European Laboratory for Particle Physics,CERN)研究发展起来的主从结构分布式超媒体系统,开发设计的最初目的是为CERN的物理学家提供一种共享和信息的工具。从技术角度说,WWW是一种软件,是Internet上那些支持WWW协议和超文本传输协议(HyperText Transfer Protocol,HTTP)的客户机与服务器的集合,它允许用户在一台计算机通过Internet存取其他计算机上的信息。WWW与News、FTP、BBS等一样是因特网上的一项资源服务,不同的是,它以文字、图形、声音、动画等多媒体作为表达方式,并结合超链接的概念,让网友能通过简单友好的界面就可以轻易地获取因特网上各种各样的资源。因此WWW在Internet上一经推出就受到了热烈的欢迎,并迅速在全球得到了爆炸性的发展。

WWW诞生于Internet之中,后来成为Internet的一部分。今天,万维网常被当成因特网的同义词,但万维网与因特网有着本质的区别:因特网指的是一个硬件的网络,而万维网更倾向于一种浏览网页的功能。

2. 万维网的特点、结构和工作原理

WWW的存在和平台无关,无论系统平台是什么,都可以在网络上访问Internet。WWW最主要的特点就是它使用超文本(Hypertext)链接技术。超文本可以是Web页上的任意元素,由它指向Internet上的其他WWW元素。正是由于超文本这种非线性的特性使得WWW日益丰富多彩,关于超文本,本书将在后续内容进一步解释。

WWW的系统结构采用客户端/服务器结构模式,如图1-2所示。客户机运行WWW客户程序——浏览器,它提供良好、统一的用户界面。浏览器的作用是解释和显示WWW页面,响应用户的输入请求,并通过超文本传输协议将用户请求传递给WWW服务器。WWW服务器是用于存储WWW文件并响应处理客户机请求的计算机,它根据客户端浏览器发出的不同请求在服务器端执行程序,组织好文档后再将结果发送至客户端。

WWW服务通常可以分为两种:静态Web服务和动态Web服务。在静态Web服务中,服务器只是简单地把存储的文档发送给客户端浏览器。在此过程中,传输的网页只有在网页编辑人员利用编辑工具对它们进行修改后才会发生变化。而动态Web服务能够实现浏览器和服务器之间的数据交互,Web服务器可以通过专门的语言(如SQL)访问一些数据库资源,并通过CGI、ASP、PHP和JSP等动态网站技术向浏览器发送动态变化的内容。

WWW服务器的工作原理示意如图1-3所示,它的具体通信过程如下。

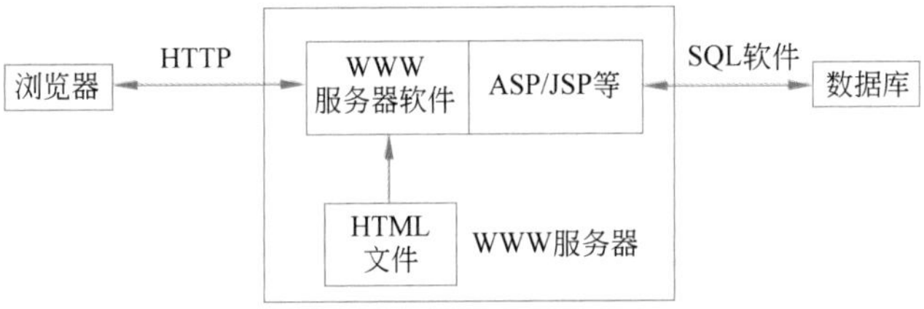

浏览器　HTTP　WWW 服务器软件　ASP/JSP等　SQL软件　数据库

HTML 文件　WWW服务器

图 1-2　WWW 的基本结构

（1）Web 浏览器使用 HTTP 命令向一个特定的服务器发出 Web 页面请求。

（2）若该服务器在特定端口（通常是 TCP 80 号端口）处接收到 Web 页面请求，就发送一个应答并在客户端和服务器之间建立连接。

（3）Web 服务器查找客户端所需的文档，若 Web 服务器查找到请求的文档，就会将请求的文档传送给 Web 浏览器。若该文档不存在，则服务器会将一个相应的错误提示文档发送给客户端。

（4）Web 浏览器接收到文档后，就将它显示出来。

（5）当客户端浏览完成后，就关闭与服务器的连接。

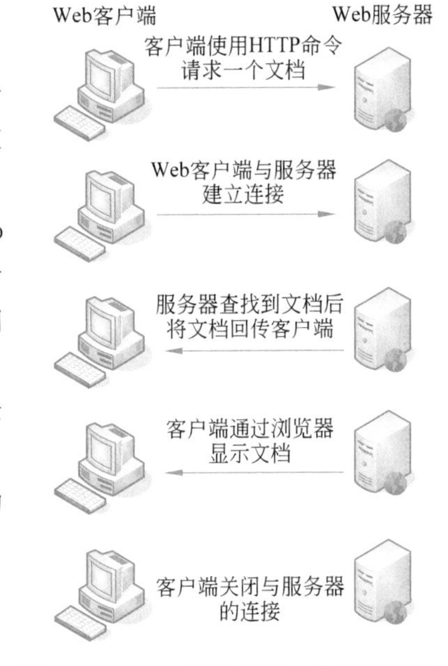

图 1-3　WWW 服务器的工作原理示意图

1.2.2　HTTP、HTTPS 和 FTP

1. HTTP

HTTP 是用于从 WWW 服务器传输超文本到本地浏览器的传送协议。因为大部分网站采用 HTTP 进行访问，所以当用户想浏览一个网站时，只要在浏览器地址栏输入网站的地址就可以了，浏览器会自动附上“http://”，例如，输入 www.baidu.com 后，在浏览器的地址栏中出现的是 http://www.baidu.com。

HTTP 采用请求/响应模型，其工作过程包括以下 4 个步骤。

（1）建立连接：客户端浏览器向服务器端发出建立连接的请求，服务器端给出响应就可以建立连接了。

（2）发送请求：客户端按照协议的要求通过连接向服务器端发送自己的请求。

（3）给出应答：服务器端按照客户端的要求给出应答，把结果（HTML 文件）返回给客户端。

（4）关闭连接：客户端接到应答后关闭连接。

2. HTTPS

HTTP 以明文方式发送内容，不提供任何方式的数据加密，如果攻击者截取了 Web 浏览器和网站服务器之间的传输报文，就可以直接读取其中的信息，因此 HTTP 不适合传输一些敏感信息，如信用卡号、密码等支付信息。为了解决 HTTP 的这一缺陷，网景公司在 1994 年创建了另一种协议——超文本传输安全协议（Hypertext Transfer Protocol Secure，

HTTPS)。为了数据传输的安全,HTTPS 在 HTTP 的基础上加入了安全套接层(Secure Socket Layer,SSL)协议,SSL 协议依靠证书验证服务器的身份,并为浏览器和服务器之间的通信加密。

HTTPS 和 HTTP 的主要区别如下。

(1) HTTPS 需要到证书颁发机构 CA 申请证书,申请 SSL 证书需要一定费用,HTTP 不用申请证书。

(2) HTTP 是超文本传输协议,信息是明文传输,HTTPS 则是具有安全性的 SSL 加密传输协议。

(3) HTTP 和 HTTPS 使用完全不同的连接方式,使用的端口也不一样,前者是 80 号端口,后者是 443 号端口。

(4) 由于 HTTP 很简单,使得 HTTP 服务器的程序规模小,因此通信速度很快;HTTPS 是由 SSL+HTTP 构建的可进行加密传输、身份认证的网络协议,比 HTTP 更安全。

HTTPS 是现行架构下最安全的解决方案,越来越多的网络公司选择使用 HTTPS,这时浏览器地址栏会自动附上"https://"。选择 HTTPS 有以下好处。

① 有利于 SEO。搜索引擎优化(Search Engine Optimization,SEO)是指利用搜索引擎的规则提高网站在有关搜索引擎内的自然排名。这个优点得到了百度、谷歌等公司的认可。

② 有利于保护网站的隐私。目前,网络数据泄露事件频频发生,危害极大,使用 HTTPS 可以大大提高网站信息传输的安全性。

③ 提升用户对网站的信任度。高级 SSL 证书的颁发机构 CA 会进行企业信息审核,验证企业的真实身份。每当在用户和服务器之间建立一个新的 HTTPS 连接时,就会进行身份认证,以确保用户能够访问正确的目标网站,而不是其他意向不明的网站。

3. FTP

和其他 Internet 应用一样,FTP 也采用客户端/服务器模式,它包含客户端 FTP 和服务器 FTP,客户端 FTP 负责启动传送过程,服务器 FTP 负责对其做出应答。FTP 服务器有两种:一种必须首先登录,在远程主机上获得相应的权限,即取得用户名和密码后,方可上传或下载文件;另一种是匿名 FTP 服务器,用户无须密码即可连接到远程主机并享受相关服务,作为一种安全措施,大多数匿名 FTP 服务器都允许用户从其上下载文件,而不允许用户向其上传文件。

FTP 的地址格式如下:

```
ftp://用户名:密码@FTP 服务器 IP 或域名:FTP 命令端口/路径/文件名
```

其中,除 FTP 服务器的 IP 或域名为必需项外,其他项都不是必需的。例如,ftp://hao007:hao007@hao007.3322.org 和 ftp://ftp.tsinghua.edu.cn/Software/都是正确的 FTP 地址。

1.2.3 超链接和超文本

超链接(Hyperlink)是指从一个网页指向一个目标的连接关系,这个目标可以是另一个网页、一张图片、一个动画、一个文件,甚至是一个应用程序。超链接是一个网站的精髓,通过超链接将各个网页链接在一起后，才能真正构成一个网站。超链接是内嵌在文本或图像等多媒体元素中的，通过单击已定义的关键字或图像等元素就可以自动连上相对应的目标。

具有超链接的文本称为超文本，它是承载超链接功能的媒介。超文本不仅可以是文本，还可以是图像、动画等，单击这些文本或图像等可跳转到相应位置。文本超链接在浏览器中通常是带下画线的，而图像等其他超链接常常是看不到下画线的，因此，判断是否有超链接不是看有没有下画线，而是看光标移上去之后形状是否会变为手状。

1.2.4 Internet 地址

Internet 地址又称 IP 地址（Internet Protocol Address，互联网协议地址），它能唯一确定 Internet 上每台计算机、每个用户的位置。在 Internet 上，主机与主机之间要实现通信，每台主机就必须有一个地址，而且这个地址应该是唯一的，不允许重复。依靠这个唯一的主机地址，就可以在 Internet 的浩瀚海洋里找到任何一台主机了。

目前，全球的因特网采用的协议簇是 TCP/IP 簇。IP 是 TCP/IP 协议簇中网络层的协议，是 TCP/IP 协议簇的核心协议。IPv4（Internet Protocol version 4）是网际协议开发过程中的第四个修订版本，也是第一个被广泛部署的版本，是现在互联网的协议基础。IPv6 是互联网工程任务组（Internet Engineering Task Force，IETF）设计的用于替代 IPv4 的下一代 IP。

1. IPv4

在 IPv4 协议中，IP 地址提供统一的地址格式，即由 32 位组成，一般由 4 个十进制数字表示，每个数字之间用小圆点(.)隔开，例如 201.112.10.105，这种记录方法称为点分十进制。每个 IP 地址由两部分组成，即“网络标识 netid＋主机标识 hostid”。其中，网络标识确定该主机所在的网络，主机标识确定某一物理网络上的一台主机。IP 地址的两级层次结构具有两个重要特性：

(1) 每台主机分配了一个唯一的地址；

(2) 网络标识号的分配必须全球统一，但主机标识号可由本地分配。

为充分利用 IP 地址资源，考虑不同规模网络的需要，IP 将 32 位地址空间划分为不同的地址级别，并定义了 5 类地址：A～E 类。其中，A、B、C 三类为基本类，由 InterNIC（国际互联网络信息中心）在全球范围内统一分配；D、E 类为特殊地址，一般不使用。基本类地址有不同长度的网络地址和主机地址，如图 1-4 所示。

位数	8					16	24	32
A类	0	网络号				主机号		
B类	1	0	网络号				主机号	
C类	1	1	0	网络号				主机号
D类	1	1	1	0	组播地址			
E类	1	1	1	1	保留将来使用			

图 1-4 IP 地址的分类

(1) A 类地址：分配给少数规模很大的网络。这类地址的特点是以 0 开头，第一个 8 位为网络标识，其余 24 位为主机标识，A 类地址的范围为 1.0.0.1～127.255.255.254。共有 $2^7-2=126$ 个 A 类网络地址，每个 A 类网络中最多可以有 $2^{24}-2=16\ 777\ 214$ 台主机，表示方法如下：

```
0*******  ********  ********  ********
  1-126     0-255     0-255     1-254
```

(2) B类地址：分配给中等规模的网络。这类地址的特点是以10开头，前两个8位为网络标识，其余16位为主机标识，B类地址的范围为128.0.0.1～191.255.255.254。共有 $2^{14}-2=16\ 382$ 个B类地址，每个B类网络中最多可以有 $2^{16}-2=65\ 534$ 台主机，表示方法如下：

```
10******  ********  ********  ********
 128-191    0-255     0-255     1-254
```

(3) C类地址：分配给小规模的网络。这类地址的特点是以110开头，前三个8位为网络标识，其余8位为主机标识，C类地址的范围为192.0.0.1～223.255.255.254。共有 $2^{21}-2=2\ 097\ 150$ 个C类地址，每个C类地址中最多可以有 $2^{8}-2=254$ 台主机，表示方法如下：

```
110*****  ********  ********  ********
 192-223    0-255     0-255     1-254
```

还有两个不属于基本类的地址D类和E类。D类用于广播传送至多个目的地址使用，前4位为1110，因此IP地址前8位的范围是224～239。E类用于保留地址，前4位为1111，因此IP地址前8位的范围为240～255。另外，IP地址还规定：网络号不能以127开头，第一字节不能全为0，也不能全为1；主机号不能全为0，也不能全为1。以127开头(范围为127.0.0.1～127.255.255.254)的地址称为本地回环地址，它不属于任何一个地址类，主要用它检查本地网络协议、基本数据接口等功能是否正常。

2. IPv6

IPv4以其简单、易用的特点获得了极大的成功。随着因特网的快速发展，IPv4的局限性也日益显现出来，其中，最大的局限性是地址资源的不足。2019年11月26日，全球大约43亿个IPv4网址正式用完，为了解决IPv4地址逐渐耗尽的问题，在20世纪90年代初，IETF已开始制定下一代Internet协议标准的工作。2012年6月6日，全球IPv6网络正式启用。IPv6不但可分配数量极多，还兼顾了安全性、传输效率等，成为目前互联网重点发展的地址类型，但IPv6不兼容IPv4，不能立刻替代IPv4，因此在相当一段时间内，IPv4和IPv6会共存在一个环境中。IETF推荐了双协议栈、隧道技术以及NAT等良好的转换机制，以尽可能进行平稳转换，使得对现有使用者的影响降至最小，此项工作正在进行中。

IPv6的地址长度为128位，是IPv4地址长度的4倍，因此地址空间是相当庞大的，其地址数量号称可以为全世界的每粒沙子编上一个地址，IANA(Internet Assigned Numbers Authority，互联网数字分配机构)负责进行IPv6地址的分配。IPv6地址不再像IPv4那样使用“点分十进制”的格式表现，而是使用“冒号分隔十六进制”格式表示，即把IPv6地址分为8段，每段16位，把各段的16位用4位十六进制数表示，段与段之间用冒号分隔，格式为X:X:X:X:X:X:X:X，例如：1234:5678:9ABC:DEF1:5234:5678:9ABC:DEF1。按照寻址方式及功能，IPv6地址可以分为单播地址(Unicast Address)、多播地址(Multicast Address)、任播地址(Anycast Address)三大类，详细的地址结构可以参阅一些专业的书籍和网站。

1.2.5　域名

1. 域名的含义

在互联网发展之初并没有域名，有的只是 IP 地址。由于当时互联网主要应用在科研领域，使用者非常少，所以记忆这样的数字并不是非常困难。但是随着时间的推移，连入互联网的计算机越来越多，需要记忆的 IP 地址也越来越多，记忆这些数字串变得越来越困难，于是域名应运而生。域名就是对应于 IP 地址的用于在互联网上标识机器的有意义的字符串。在访问一台计算机时，既可用 IP 地址表示，也可用域名表示。例如，百度的 IP 地址为 14.215.177.39，对应的域名为 www.baidu.com。Internet 上的任何一台计算机都必须有一个唯一的 IP 地址，但是对于域名地址却不是这样要求的。对于有一个 IP 地址的计算机，可以有不止一个域名地址和它相对应。

域名的注册遵循“先申请、先注册”原则，管理机构对申请人提出的域名是否违反第三方的权利不进行任何实质审查。同时，每个域名的注册都是独一无二、不可重复的。因此，在网络上，域名是一种相对有限的资源，它的价值将随着注册企业的增多而逐步为人们所重视。

2. 域名的结构

域名的结构是层次型的，域名是由若干英文字母和数字组成的，中间用“.”分割成几个层次，从右到左依次为顶级域、二级域、三级域等。如域名 sohu.com.cn 的顶级域为 cn，二级域为 com，三级域为 sohu。目前，互联网上的域名体系中共有三类顶级域名，具体分类如表 1-1 所示。

表 1-1　域名体系中顶级域名的分类

<table>
<tr><td rowspan="15">三类顶级域名</td><td rowspan="7">类别顶级域名
（也称为国际顶级域名）
共 7 个</td><td>com</td><td>用于商业公司</td></tr>
<tr><td>net</td><td>用于网络服务</td></tr>
<tr><td>org</td><td>用于组织协会等</td></tr>
<tr><td>gov</td><td>用于政府部门</td></tr>
<tr><td>edu</td><td>用于教育机构</td></tr>
<tr><td>mil</td><td>用于军事领域</td></tr>
<tr><td>int</td><td>用于国际组织</td></tr>
<tr><td>地理顶级域名</td><td>共有 200 多个国家和地区的代码</td><td>例如 cn 代表中国，uk 代表英国等</td></tr>
<tr><td rowspan="7">新顶级域名共 7 个</td><td>biz</td><td>用于商业</td></tr>
<tr><td>info</td><td>用于信息行业</td></tr>
<tr><td>name</td><td>用于个人</td></tr>
<tr><td>pro</td><td>用于专业人士</td></tr>
<tr><td>aero</td><td>用于航空业，须由航空业公司注册</td></tr>
<tr><td>coop</td><td>用于合作公司，须由集体企业注册</td></tr>
<tr><td>museum</td><td>用于博物馆行业，须由博物馆注册</td></tr>
</table>

在上述顶级域名下，还可以根据需要定义二级域名，如在我国的顶级域名 cn 下还可以

分为类别域名和行政区域名两类。类别域名包括 ac(代表科研机构)、com(代表工、商、金融等企业)、edu(代表教育机构)、gov(代表政府部门)、net(代表从事互联网业务的公司或企业等)、org(代表非营利性组织)和 fm(代表电台、广播、音乐网站等);而行政区域名有 34 个,分别对应于我国各省、自治区和直辖市,如 bj 代表北京,sh 代表上海等,例如江西自考网的网址为 http://www.zikao.jx.cn/。

三级域名由字母(A～Z,a～z,大小写等)、数字(0～9)和连接符(-)组成,各级域名之间用实点(.)连接,三级域名的长度不能超过 20 个字符。如果是个人网站,如无特殊原因,建议采用申请人的英文名(或者缩写)或者汉语拼音名 (或者缩写)作为三级域名,以保持域名的清晰性和简洁性。

3. 域名服务器

域名的知识对于记忆域名和辨认域名很有好处,但是 Internet 通信软件要求在发送和接收数据报时必须使用数字表示的 IP 地址,那么就必须通过一种方法在二者之间进行转换,这个工作就由域名服务器(Domain Name Server,DNS)完成。

DNS 实际上是一个服务器软件,它运行在指定的计算机上,通过一个名为"解析"的过程将域名转换为 IP 地址,或者将 IP 地址转换为域名。DNS 把网络中的主机按树形结构分成域(domain)和子域(subdomain),子域名在上级域名结构中必须是唯一的。每个子域都有域名服务器,它管理着本域的域名转换,各级服务器构成一棵树。这样,当用户使用域名时,应用程序先向本地域名服务器发出请求;本地服务器先查找自己的域名库,如果找到该域名,则返回 IP 地址;如果未找到,则分析域名,然后向相关的上级域名服务器发出申请;这样传递下去,直至有一个域名服务器找到该域名,返回 IP 地址。如果没有域名服务器能识别该域名,则认为该域名不可知,访问不到相应的网站。

1.2.6 URL

URL(Universal Resource Locator)是统一资源定位器的英文缩写,Internet 上的每个网页都具有一个唯一的名称标识,通常称为 URL 地址,也称网页地址,俗称"网址"。向浏览器输入 URL 地址可以访问其指向的网页,URL 可以帮助用户在 Internet 的信息海洋中准确定位到所需的资料。

URL 的一般格式为

```
通信协议://服务器名称【:通信端口编号】/文件夹 1【/文件夹 2…】/文件名
```

(1) 通信协议:通信协议由 URL 连接的网络服务性质决定,最常用的协议有 HTTP(访问 WWW 服务器)、FTP(访问 FTP 服务器)、Telnet(访问 Telnet 服务器)、News(访问网络新闻服务器)、File(访问本地文件)。

(2) 服务器名称:服务器名称是指提供服务的主机的名称。冒号后面的数字是通信端口编号,可有可无,这个编号用来告诉 HTTP 服务器的 TCP/IP 软件打开哪一个通信端口,因为一台计算机常常会同时作为 Web、FTP 等服务器,为了便于区别,每种服务器要对应一个通信端口。如果输入时省略,则使用默认端口号,如 HTTP 的默认端口号为 80。

(3) 文件夹和文件名:文件夹是存放文件的地方,如果是多级文件目录,则必须指定是第一级文件夹还是第二级、第三级文件夹,直到找到文件所在位置。文件名是指包括文件名与扩展名在内的完整名称。

在URL语法格式中，除了协议名称及主机名称是必须有的以外，通信端口编号、文件夹等都可以不要。例如：http://www.tup.tsinghua.edu.cn/booksCenter/book_04923502.html。其中，http是超文本传输协议；www.tup.tsinghua.edu.cn是服务器名；booksCenter/是文件夹；book_04923502.html是文件名。

1.2.7 服务器和客户机

互联网是由无数的计算机和相关设备相互连接而成的。根据计算机在互联网中的用途，可将其分为两类：服务器和客户机。

1. 服务器

服务器是提供共享资源和服务的计算机，其作用是管理大量的信息资源。服务器上安装了相关的程序以处理用户的请求，它的作用是：对于静态网页，服务器仅仅是定位到网站对应的目录，找到每次请求的网页并传送给客户机，由于服务器对静态网页只起到查找和传输的作用，因此在测试静态网页时可不安装服务器，只须直接找到该网站对应的目录并双击网页文件进行预览测试即可；对于动态网页，服务器找到该网页后要先对动态网页中的服务器端程序代码进行执行，生成静态网页代码再传送给客户机浏览器。由于动态网页要经过服务器解释执行并生成HTML文档才能被浏览器显示，因此在测试或运行动态网页时一定要在本机上安装服务器(如IIS)。

服务器的种类较多，数据服务器(如新闻服务器)存储海量的实时信息，为用户提供浏览服务；电子邮件服务器为用户提供电子邮件信箱和收发电子邮件的服务；FTP服务器为用户提供上传和下载文件的服务。

2. 客户机

客户机是用户用来获取资源和服务的计算机。当用户使用计算机访问服务器时，这台计算机就是客户机。浏览器软件是客户机上必备的软件，浏览器实际上就是用于网上浏览的应用程序，其主要作用是显示网页和解释脚本。对一般设计者而言，不需要知道有关浏览器实现的技术细节，只要知道如何熟练掌握和使用它即可。浏览器种类很多，目前常见的浏览器有：Internet Explorer(IE浏览器)、Microsoft Edge浏览器(将逐步取代IE)、Mozilla Firefox(火狐浏览器)、Google Chrome(谷歌浏览器)、Opera浏览器、Safari浏览器、搜狗浏览器、360安全浏览器及QQ浏览器等。当在浏览器中输入某一个网站的网址时，就向服务器发出了一个请求，服务器收到该请求并处理后，将网页发送到客户机的浏览器中，从而完成浏览过程。

1.2.8 搜索引擎

搜索引擎(Search Engine)是指根据一定的策略，运用特定的计算机程序搜集互联网上的信息，在对信息进行组织和处理后为用户提供检索服务的系统，它实质上是工作于互联网上的一个检索技术，旨在提高人们获取信息的速度，为人们提供更好的网络使用环境。搜索引擎依托于多种技术，如网络爬虫技术、检索排序技术、网页处理技术、大数据处理技术、自然语言处理技术等，其中，爬虫、索引、检索和排序是核心。

从用户的角度看，搜索引擎提供一个包含搜索框的页面，在搜索框中输入词语，通过浏览器提交给搜索引擎后,搜索引擎就会返回与用户输入的内容相关的信息列表。搜索引擎本身就是一个网络站点,它能够在WWW上主动搜索其他Web站点中的信息,并记录下各个网页的Internet地址,按要求进行排列后存放在可供查询的大型数据库中。这样,用户可以通过访问搜索引擎网络站点对所需信息进行查询。查询结果是一系列指向包含用户所需信息的网页的网络地址,通过单击超链接就可以查看需要的信息了。国内常见的搜索引擎有百度(Baidu)、360、搜狗(Sogou)等,国外常见的搜索引擎有谷歌(Google)、必应(Bing)、雅虎(Yahoo)等。

1.3 网页与网站的基础知识

1.3.1 网站、网页和主页

网站由网站地址(域名)和网站空间构成。网站是一系列网页的组合,这些网页拥有相同或相似的属性,并通过各种链接相关联,使用浏览器可以通过超链接技术实现网页的跳转,从而浏览整个网站。一个网站对应磁盘上的一个文件夹,网站的所有网页和其他资源文件都放在该文件夹或其子文件夹下,设计良好的网站通常是将网页文档及其相关资源分门别类地保存在相应的文件夹中,以方便管理和维护。

网页是网站的基本信息单位,它由文字、图片、动画、声音等多种媒体信息以及链接组成,通过链接实现与其他网页或网站的关联和跳转。网页文件是用HTML编写的存放在Web服务器上供客户端用户浏览的文件,它能被浏览器识别并显示,其扩展名是htm或html。

如果在浏览器的地址栏中输入网站地址,浏览器会自动连接到这个网址指向的网络服务器,并打开一个默认页面(一般为index.html或default.html),这个最先打开的默认页面称为首页或主页(homepage)。主页是一个网站的门面,它的设计非常重要,如果主页设计得精致美观,具有独特的风格和特点,就容易引起浏览者的兴趣,否则很难给浏览者留下深刻的印象。

1.3.2 网站的分类

网站是由多个网页用超链接的方式组成的既有鲜明风格又有完善内容的有机整体。根据不同的分类方式可以将网站分成不同的类型,下面列出两种常见的网站分类方式。

1. 根据网站提供的服务分类

(1) 信息类网站:以向客户、供应商、公众和其他一切对该网站感兴趣的人宣传、推介自身,并树立网上形象为目的,此类网站包括企业网站、大学网站、政府网站及数量众多的个人网站。

(2) 交易类网站:即通常所说的电子商务网站,这类网站是以实现交易为目的,以订单为中心的,著名的有淘宝网、京东商城、苏宁易购和当当网等。

(3) 互动游戏类网站:是近年来国内逐渐流行起来的一种网站,其代表网站有17173、4399、传奇和联众世界等。

(4) 有偿信息类网站:与信息类网站相似,不同的是,有偿信息类网站提供的信息要求有直接回报,通常的做法是要求访问者或按次,或按时间,或按量付费,如喜马拉雅FM、问卷星、围棋学研网等。

(5) 功能型网站:这类网站的特点是将一个具有广泛需求的功能扩展开来,开发一套强大的支撑体系，将该功能的实现推向极致。如搜索功能的代表有百度、hao123和谷歌等；视频功能的代表有优酷网、腾讯视频等。

(6) 综合类网站：具有受众群体范围广泛、访问量高、信息容量大等特点。如新浪、搜狐和网易等都属于综合类网站。

2. 根据网站的性质分类

(1) 政府网站；

(2) 企业网站；

(3) 商业网站；

(4) 教育科研机构网站；

(5) 个人网站；

(6) 非营利机构网站；

(7) 其他类型的网站；

根据调查，企业网站的占比最大，其次为商业网站，第三是个人网站。

1.3.3　静态网页和动态网页

根据网页制作语言的不同，可以把网页分为静态网页和动态网页。静态网页使用的语言是HTML，动态网页使用的语言为HTML＋ASP或HTML＋PHP或HTML＋JSP等。

区分动态网页与静态网页的基本方法：第一看扩展名，静态网页的每个网页都有一个固定的URL，且网页URL以htm、html、shtml等常见形式为扩展名；第二看是否能与服务器发生交互行为。具有交互功能的就是动态网页，例如简单的留言本，浏览者可以在页面留言并提交到留言数据库，这就属于动态交互网页。而静态网页是指普通的信息展示网页，不具有交互功能，页面的内容无法实现在线更新，也可能出现各种动态的效果，如GIF格式的动画、滚动字幕等，但这些"动态效果"只是视觉上的，与动态网页是不同的概念。

如何决定网站建设是采用动态网页还是静态网页？静态网页和动态网页各有特点，网站采用动态网页还是静态网页主要取决于网站的功能需求和网站内容的多少，如果网站功能比较简单，内容更新量不是很大，采用静态网页的方式会更简单，反之，一般采用动态网页实现，但静态网页是网站建设的基础。

1.3.4　网页界面的构成

从界面的角度看，网页一般由Logo、搜索栏、导航栏、推荐栏、内容栏、版尾栏等部分构成，如图1-5所示，但没有定式，可随意制定。

1. Logo

网站Logo也称网站标志，网站标志是一个站点的象征。如果说一个网站是一个企业的网上家园，那么Logo就是企业的名片，是网站的点睛之处。网站标志应体现该网站的特色、内容及其内在的文化内涵和理念。成功的网站标志有着独特的形象标识，在网站的推广和宣传中将起到事半功倍的效果。网站标志有两种：一种是放在网站的左上角，访问者一眼就能看到它，如图1-5所示；另一种是和其他网站交换链接时使用的链接Logo。

2. 搜索栏

很多网站的右上方都有一个站内搜索栏，通过输入某些条件可以在本网站中将符合条

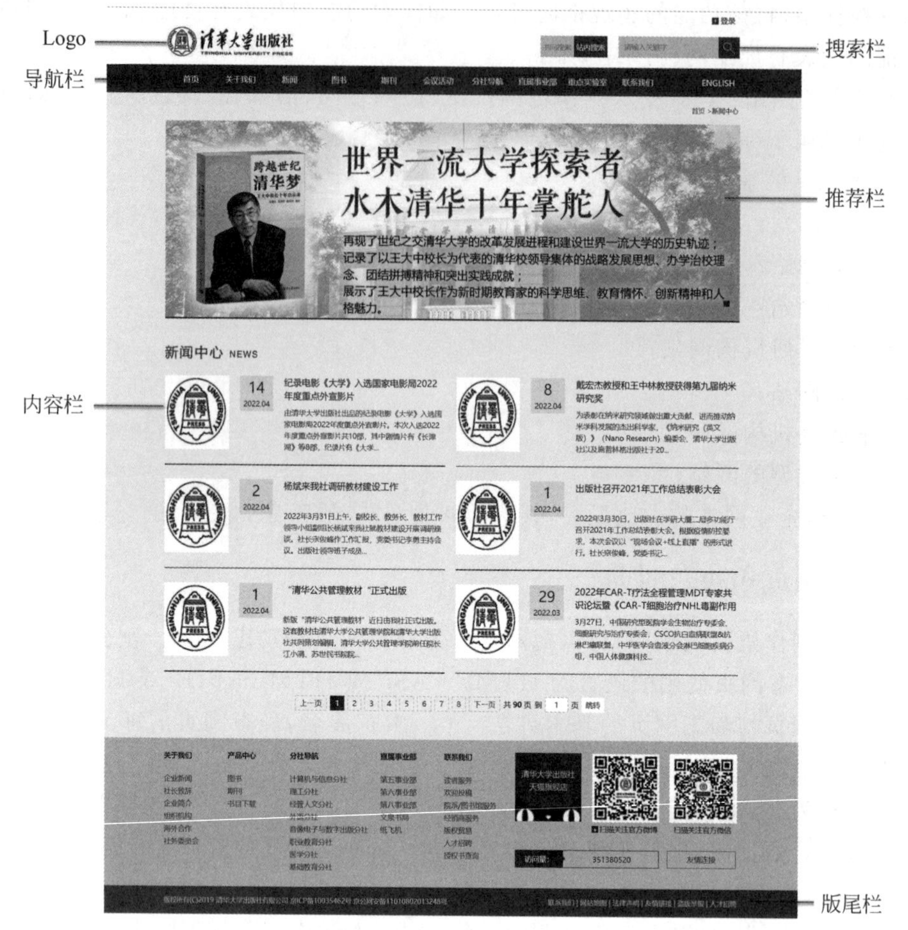

图 1-5　网页界面的构成

件的数据搜索出来。另外,此处也经常放一个网页的 Banner,Banner 的本意是旗帜(横幅或标语),是互联网广告中最基本的广告形式,由于一般都将 Banner 广告条放置在网页的最上面,所以 Banner 广告条的广告效果是最好的。

3. 导航栏

导航栏是网页的重要组成元素,导航栏就像是网站的提纲一样,它统领着整个网站的各个栏目或页面。它的任务是帮助浏览者在站点内快速查找信息。为了让网站的访问者能比较轻松地找到想要查看的网页内容,导航栏不仅要美观大方,还要方便易用。导航栏的形式多样,可以是简单的文字链接,也可以是设计精美的图片或丰富多彩的按钮,还可以是下拉菜单导航。一般来说,网站中的导航栏在各个页面中的出现位置是比较固定的,一般在网站 Banner 的下面或网页的顶部。

4. 推荐栏

在网页中,为了更有效地吸引浏览者的注意,许多网站都将推荐内容、热点、广告等都做成了图片或动画形式,并放在网站最显著的地方,如图 1-5 的导航栏和内容栏之间。

5. 内容栏

内容栏是网页的主体,它是展示网页内容最重要的部分,也是访问者最关心的内容,它的设计风格要由网页内容决定,还要考虑访问者的感受。内容栏的表现形式有文本、图像、动画等多媒体元素。

文本是网页内容最主要的表现形式,文字虽然不如图像那样易于吸引浏览者的注意,但却能准确地表达信息的内容和含义;图像是文本的说明和解释,在网页适当位置放置一些图像,不仅可以使文本清晰易读,而且使得网页更加有吸引力;动画具有很强的视觉冲击力和听觉冲击力,借助动画的精彩效果可以吸引浏览者的注意力,达到比静态页面更好的宣传效果。

6. 版尾栏

版尾栏是整个网页的收尾部分。这部分主要显示网站的版权信息,包括网站管理员的联系地址或电话、ICP备案信息等内容以及为用户提供的各种提示信息。另外,版尾栏有时还会放一些友情链接,友情链接是指互相在自己的网站上放对方网站的链接以进行宣传的一种方式。

1.3.5 网站开发工具

在WWW出现的初期,用户制作网页都是在文本编辑器(如记事本等)中使用HTML编写,网页制作人员必须有一定的编程基础,并且需要记住HTML标记的含义。后来,出现了FrontPage、Dreamweaver等一系列具有"所见即所得"编辑方式的网页制作软件,使得那些非专业的程序员也可以制作出精美、漂亮的网页。下面介绍一些常见的网页制作软件。

1. 网站制作与管理软件——**Dreamweaver**

目前,网页编辑软件中最知名和最常用的是Adobe公司的Dreamweaver,它具有"所见即所得"的优点。所谓"所见即所得",就是在软件中设计的样式和最后在网页中呈现的样式"完全一样"。Dreamweaver的浮动面板的设计风格对于初学者来说可能会感到不适应,但当习惯了其操作方式后,就会发现Dreamweaver的直观性与高效性。Dreamweaver最具挑战性和生命力的是它的开放式设计,这项设计使得任何人都可以轻易地扩展它的功能。

2. 网页图片处理软件——**Photoshop**

Photoshop是Adobe公司旗下的图形图像处理软件之一,是专门用来进行图形图像处理的软件,其功能强大,实用性强。通过Photoshop可以对图像图形修饰、对图形进行编辑以及对图像的色彩进行处理,另外还有绘图和输出功能等。Photoshop不仅具备能编辑矢量图像与位图图像的灵活性,还能够与Dreamweaver高度集成,成为设计网页图像的最佳选择。Photoshop除了可以对网页中的图像进行调整处理外,还可以进行页面的总体布局并使用切片导出。

3. 网页动画处理软件——**Animate**

原来用于网页动画制作的主流软件是Flash,但随着大部分浏览器对Flash Player插件停止了更新,影响了Flash的网页播放。为了逐渐由Flash过渡到HTML5,制作Flash动画的软件也由原来的Adobe Flash升级为Adobe Animate(简称An),在保留原有Flash开发工具的基础上新增了HTML5创作工具,为网页开发者提供了更适应现在网页应用的音频、图片、视频、动画等的创作支持。此外,还可以改用HTML5技术代替Flash制作动画。

1.3.6 网页编程语言

在学习网页制作的初期阶段,可以不必过多地关注网页设计语言,利用 Dreamweaver 等“所见即所得”的工具即可,在有了一定的网页设计基础后,可以深入学习一些网页编程语言。网页编程语言可分为浏览器端编程语言和服务器端编程语言。浏览器端编程语言是指这些语言都是被浏览器解释执行的,常用的浏览器端编程语言包括 HTML、CSS(Cascading Style Sheets,层叠样式表)、JavaScript 等。为了实现一些复杂的操作,如连接数据库、操作文件等,需要使用服务器编程语言,常用的服务器端编程语言包括 ASP(Active Server Page,动态服务器页面)、ASP.NET、JSP(Java Server Pages,Java 服务器页面)和 PHP(Hypertext Pre-Processor,超文本预处理器)等。

HTML 是一种用来制作超文本文档的简单标记语言。用 HTML 编写的超文本文档称为 HTML 文档,它能独立于各种操作系统平台(如 UNIX、Windows 等)。HTML 严格来说并不是一种标准的编程语言,它只是一些能让浏览器看懂的标记,当网页中包含正常文本等网页元素和 HTML 标记时,浏览器会“翻译”由这些 HTML 标记提供的网页结构、外观和内容信息,从而将网页按设计者的要求显示出来。

CSS 是将样式信息与网页内容分离的一种标记性语言。作为网站开发者,能够为每个 HTML 元素定义样式,并将之应用于希望的任意多的页面中。如需进行全局更新,只需要简单地改变样式,网站中的所有元素均会自动更新。这样,设计人员便能够将更多的时间用在设计上,而不是费力克服 HTML 的限制。

JavaScript 看上去像 Java,实际却与 Java 无关,这样命名是出于营销的目的。JavaScript 是一种基于对象和事件驱动并具有相对安全性的客户端脚本语言,同时也是一种广泛用于客户端 Web 开发的脚本语言,常用来给 HTML 网页添加动态功能,如响应用户的各种操作。

ASP(包括后来的 ASP.NET)是微软开发的一种网络编程语言,它的优点是比较简单(使用的脚本语言是 VBScript),ASP.NET 使用的语言更加丰富,现在已经支持的有 C#(C++ 和 Java 的结合体)、Visual Basic、JScript,在我国最初的动态网页设计语言中应用得是最广泛的。它的缺点也很明显,就是可移植性不好,也就是在 Windows 平台运行得很好,但在其他平台就不那么方便了,因此在中小型企业中的应用十分广泛。

JSP 是 Sun 公司倡导的一种网络编程语言,从它的全称就可以看出它和 Java 有关,正是因为采用 Java 作为脚本语言,所以 JSP 也有 Java 的优点:平台无关性,一次编译到处运行。即只要编写好 JSP 代码,在 UNIX、Linux 和 Windows 平台上都可以方便地运行。它的缺点是相对 ASP (特别是 ASP.NET)来说有些难。

PHP 是一个比较早的网页编程语言,功能十分强大,因为开源、免费等优点,使用 PHP 的人很多,反应较好。PHP 和 MySQL 搭配使用可以非常快速地搭建出一套不错的动态网站系统。

ASP 是以 Visual Basic 为基础的,PHP 是以 C 为基础的,JSP 是以 Java 为基础的。如果想从简单的学起,希望从事一般的网站后台设计,可以选择 ASP、ASP.NET;如果有 Java 基础,并且希望从事大型网站的后台设计,可以选择 JSP;如果有 C 或 C++ 基础,可以选择

PHP。PHP 语法简单，非常易学易用，很利于快速开发各种功能不同的订制网站。

1.4 网站开发者应具备的能力及职业规划

1.4.1 网站开发者应具备的能力

要想成为一名优秀的网站开发者，需要具备以下能力。

1. 专业技术能力

(1) 前端：面向网站的访问用户，向浏览者呈现优秀的页面效果，学习的技术有 HTML、CSS、Dreamweaver、JavaScript、Photoshop、An 等。

(2) 后台：面向网站的管理者，对网站后台进行管理，学习的技术有 3P 技术（ASP/ASP.NET、PHP、JSP）、数据库技术等。

2. 综合能力

(1) 具备一定的美术、文学和音乐功底，能准确把握网站的风格以及用户体验。

(2) 具备优秀的审美能力，能对网站进行视觉设计。

(3) 具有一定的创新能力，具备较强的理解力和领悟力。

(4) 具有不断学习的能力。网站设计需要紧跟时代潮流，需要不断引入新的设计理念、新的流行趋势、新的配色指南和新的软件技术等。

1.4.2 网站开发者的职业规划

页面设计能力优秀者可以从事网页前端制作，如网页设计与美化工作；编程能力优秀者可以从事后端开发，如程序员类工作；综合能力强的可以自己创业，成为一个会做内容的网站站长。在一个企业，网站开发者可以从事的具体岗位如下。

1. 技术方面

(1) 网站架构师：负责网站系统、功能、模块、流程的设计。

(2) 网站模板设计师：负责把设计好的网页制作成一个网站的模板。

(3) 网站维护工程师：负责管理和维护网站，以及根据需求完成网站信息的更新。

(4) 网页设计师：负责设计制作网站的各个网页。

(5) 网页前端工程师：负责把网页设计图切成静态页面，然后添加网站程序。

(6) 网站测试工程师：负责管理网站功能的使用情况，并与相关部门合作优化网站功能。

(7) 网站管理员：负责内部各类信息的处理，协调网站各部门间的合作。

(8) 搜索优化工程师：负责网站搜索引擎优化工作的计划和履行。

2. 市场方面

(1) 网站编辑：负责网站频道信息内容的搜集、把关、规范、整合和编辑。

(2) 网站营销推广师：负责网站活动的策划、推广等；维护客户关系，促进满意度的提升。

(3) 市场分析师：负责对用户需求、使用行为进行调研和分析；与互联网产品团队配合,负责相关业务的规划、设计、实施以及运营。

(4) 广告媒介经理:负责了解客户的宣传诉求,根据客户需求指定网站投放策略。

思考与练习

1. 单项选择题

(1) Internet 上使用的最重要的两个协议是( )。

A. TCP 和 Telnet　B. TCP 和 IP

C. TCP 和 SMTP　D. IP 和 Telnet

(2) 下列不是动态网页的特点的是( )。

A. 动态网页每次可显示不同的内容　B. 动态网页中含有动画

C. 动态网页中含有服务器端代码　D. 动态网页一般需要数据库作为支持

(3) 在 IPv4 中,当 IP 地址中的每一段使用十进制描述时,其最大值为( )。

A. 127　B. 128　C. 255　D. 256

(4) Internet 上的域名和 IP 地址是( )的关系。

A. 一对多　B. 一对一　C. 多对一　D. 多对多

(5) 在域名系统中,域名采用( )。

A. 树形命名机制　B. 星形命名机制　C. 层状命名机制　D. 网状命名机制

(6) 域名系统 DNS 实现的映射是( )。

A. 域名——IP 地址　B. 域名——域名

C. 域名——网址　D. 域名——邮件地址

(7) 一个完整的 URL 格式中不应该包括( )。

A. 访问协议类型的名称　B. 访问的主机名

C. 访问的文件名　D. 被访问主机的物理地址

(8) 网页的本质是( )文件。

A. 图像　B. 纯文本

C. 可执行程序　D. 图像和文本的压缩

2. 名词解释

请解释以下概念:Internet、WWW、HTTP、HTTPS、超链接、Internet 地址、域名、DNS、URL、搜索引擎、HTML。

3. 问答题

(1) 举例说明 Internet 的功能有哪些。

(2) 结合 WWW 服务器的工作原理,简述浏览器打开搜狐网首页(https://www.sohu.com/)的通信过程。

(3) HTTPS 和 HTTP 的主要区别是什么?

(4) 如何区分动态网页与静态网页?

(5) 从界面角度看,网页由哪几部分构成?上网浏览一些网站首页,了解一下网页界面的基本构成。

(6) 常用的网页制作软件有哪些?

(7) 网页编程语言分为哪两大类? 每类常见的具体语言有哪些?

(8) 一名优秀的网站开发者需要具备哪些能力?

(9) 网站开发者可以从事的工作有哪些?

(10) 中国互联网络信息中心(http://www.cnnic.net.cn/) 每半年发布一次中国互联网络发展状况统计报告。请认真阅读最新的报告,结合自身感触写出对中国互联网发展的心得体会,分析我国互联网发展存在的问题以及发展方向。

第 2 章　网站的开发流程

制作网页的最终目的是在网上建立一个传达信息的综合体——网站。网站是由多个网页组成的，但不是网页的简单罗列组合，而是用超链接方式组成的既有鲜明风格又有完善内容的有机整体，要想制作出一个精美的网站，必须了解网站开发的一些基本知识及开发流程。

2.1　网站开发流程概述

为了加快网站开发的速度和提高网站开发的效率，降低开发项目失败的风险，应该采用一定的制作流程设计和制作网站。参照传统的软件开发过程，网站的开发大致可分为网站的规划、网站的设计、网站的实现、网站的测试和发布、网站的推广和维护 5 个阶段，如表 2-1 所示，每个阶段应完成相应的任务。

表 2-1　网站开发的内容

开发阶段	阶段包含的任务	说明
网站的规划	网站目标的确定	主题是最重要的环节，决定价值所在
	网站主题的确定	
	网站域名的设计	
	网站素材的准备	
网站的设计	确定网站的栏目和板块	栏目决定内容，风格体现特色
	确定网站的整体风格	
	确定网站的目录结构	
	确定网站的链接结构	
	撰写网站设计规划报告	
网站的实现	制作工具的选择和确定	本地网站的建成
	网站的建立	
网站的测试和发布	网站的测试	真正网站的建成
	网站的发布	
网站的推广和维护	网站的宣传与推广	生存和发展的关键
	网站的更新与反馈评价	

2.2 网站的规划

2.2.1 网站目标的确定

任何一个网站都要有存在的价值,这个价值一旦确定,网站开发的目标就出来了。简单地说,网站的目标就是为什么要开发这个网站。是为了满足企业市场开拓的需要,宣传企业形象,还是为了推广企业产品,进行电子商务;是为了提高客户的满意度,还是建立网络服务平台;如果是个人网站,是为了交朋友,还是为了学习讨论;是为了兴趣爱好,还是为了娱乐。总之,开发网站前,目标一定要明确。

网站开发目标的确定还包括目标用户的定位,即要知道谁是网站将来的访问者。例如,明确该网站是面向客户的还是面向内部员工的,如果是客户,还要细化分析客户的年龄、性别、文化层次和习惯爱好等特征。只有知己知彼,有的放矢,才能避免在网站建设中出现很多问题,使网站开发能顺利进行。

2.2.2 网站主题的确定

确定网站主题是赋予网站生命的关键一步。网站主题即网站的题材,也即开发的网站包含的主要内容。

1. 网站主题的重要性

(1) 网站主题是网站的生命线,决定着网站的价值。只有主题有价值、有意义,浏览者才会驻留和欣赏。

(2) 网站开发的重要原则是"内容第一,形式第二",即使不能保证网站的形式,也一定要保证有内容。

(3) 优秀网站=有价值的内容+美观的外表。要成为优秀网站,有价值的内容是基础和前提。

(4) 据调查,网上最著名的 10%的站点吸引了 90%以上的用户,这不仅体现了宣传的重要性,更说明了选择一个优质的网站主题的重要性。

2. 网站价值的衡量标准

整个互联网存在着一亿多个网站,网站的水平千差万别,有没有可以衡量网站水平的标准呢?网站的浏览量是一个非常重要的指标,比较权威、根据浏览量等指标提供网站世界排名的公司是创立于 1996 年 4 月的 Alexa。1999 年,Alexa 被电子商务企业"亚马逊"收购。

Alexa 排名是指网站的世界排名,主要分为综合排名和分类排名,Alexa 提供包括综合排名、到访量排名、页面访问量排名等多个评价指标信息,大多数人把它当作当前较为权威的网站访问量评价指标,排名越靠前,价值相对越高。Alexa 排名是根据用户下载并安装嵌入到 IE、Firefox 等浏览器的 Alexa Tools Bar 监控用户访问的网站数据而进行统计的。

另外,Alexa 还提供中文网站的排名,如图 2-1 所示。遗憾的是,2022 年 5 月 1 日,Alexa.com 关闭了。厦门享联科技有限公司创建的站长之家(https://top.chinaz.com)提供了我国网站的排名功能,如图 2-2 所示。客观准确的网站排名是很有价值和意义的。

3. 选择主题时应注意的问题

一个网站必须要有明确的主题。网站的主题有很多,下面列出一些供读者参考:新闻、

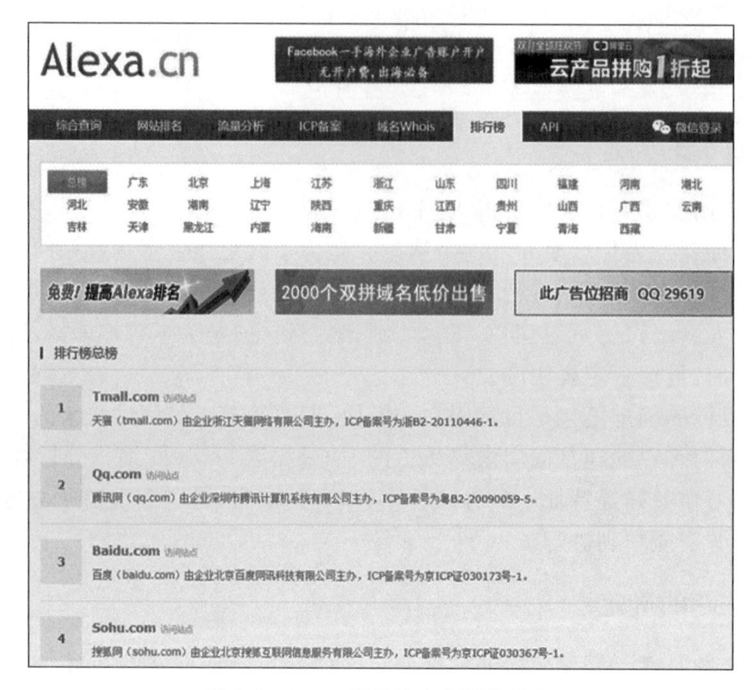

图 2-1　Alexa 提供的中文网站排名

图 2-2　站长之家的网站排名页面

军事、财经、教育、体育、娱乐、科技、美食、旅游、房产、游戏等。每个大类都可以细分为各个小项，如教育类可以细分为幼儿教育、成人教育、高考、考研、留学等；娱乐类可以细分为电影、电视剧、音乐、综艺等。以上都是一些常见的主题，还有许多专业主题可供选择，如健康医疗、心理咨询、宠物地带、金融服务等。但不论选择何种主题，都必须注意以下几点。

(1) 主题选材要小而精。主题小而精是指题材的定位要小、要精，因为对于一般的制作者来说，没有也不可能有足够的时间和精力制作一个包罗万象的站点。虽然在做网站时很想把所有精彩的东西都放上去，但往往事与愿违，给浏览者的感觉是没有主题和特色，好像什么都有，却又都很肤浅。主题小但并不是指内容少，涉及本主题方面的信息要全。一般来说，专题类网站要比大而全的网站更受欢迎。例如有两个关于计算机教程的网站，一个网站哪方面的内容都有，面面俱到；而另一个网站则主题较少，甚至只有一个，如只介绍网站建设方面的知识，但这一方面的内容比较全，这样一来，用户在查找有关网站建设方面的资料时，一定会毫不犹豫地选择第二个网站。

(2) 选择自己擅长或者感兴趣的内容。主题最好是制作者擅长且有兴趣的领域，其中，兴趣特别重要，只有感兴趣才能创造出灵感，特别是个人网站，其最大的动力就是对这个领域是否感兴趣。对于个人网站的内容设计，可以从自己的专业或兴趣方面多做考虑，例如自己在计算机、书法、绘画等方面有独到的技能，就可以将此专题作为网站的内容；如果喜欢饲养宠物，就可以在自己的宠物天地里上传宠物照片，并介绍相关的宠物饲养知识等。

(3) 选题不要太滥，目标定位不要太高。选题太滥是指主题到处可见、人人都有，会给浏览者带来没有特色的感觉，无法使其留下深刻印象。目标定位太高是指在某一题材上已经有了非常优秀、知名度很高的站点，要想超越它势必很困难，除非有实力展开竞争并超过它。Internet 上只有第一，人们往往只记得最好的网站。

4. 寻找有价值主题的方法

下面归纳一些方法，帮助读者发现一些有价值的网站主题。

1) 在时代热点中发掘

对目前国内外发生的大事、民众讨论的热点进行分析，看看是否具有深入挖掘的价值。这种选题方法除了要与时俱进，还要着重考虑主题的延续性和意义，例如从垃圾分类活动、中国米粉节、神舟十四号航天员顺利进入天舟四号等热点事件中得到绿色环保之垃圾分类、米粉世界知多少、中国的宇宙探索之路等主题，如中国载人航天网，如图 2-3 所示。

图 2-3　中国载人航天网

2) 从满足网民的日常需求中发现

人们互相馈赠礼品的礼节早已有之，送礼的本意在于表达敬意和答谢，所谓礼轻情谊重，并非越贵越多越好，特别是逢年过节的走动、特殊日子的纪念，都涉及购买礼品。送礼的场合有哪些？送些什么？要送多少？什么时候送？礼物有何寓意？注意事项有哪些？可能有很多人困恼于此，这也是值得思考的一件事情，很多人希望通过网络搜索得到一些启发，如图2-4所示。如果以礼品为主题开发一个网站，帮助人们解决礼尚往来的烦恼，岂不是一件非常有意义的事情。生活中类似的需求还有很多，可以参照这种模式发现一些有价值的主题。

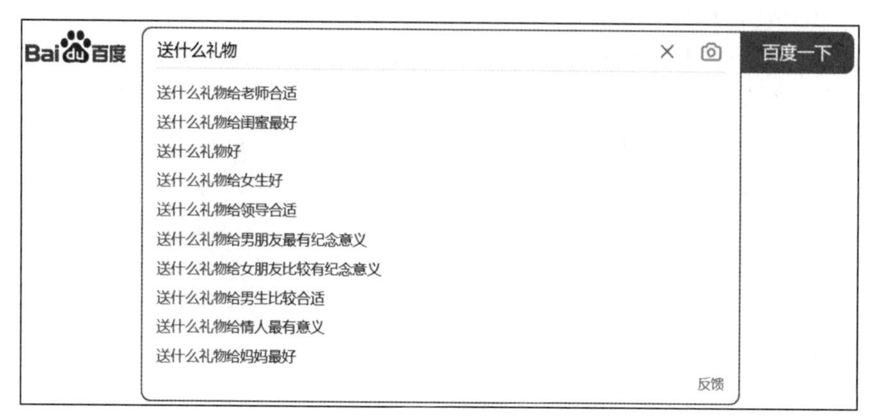

图2-4　搜索"送什么礼物"的结果页面

3）从帮网民省钱的角度思考

赚钱不易，花钱谨慎，大部分人买东西喜欢货比三家，线下各商场比，线上各网店比，其目的就是省钱。同样的机票在不同平台上的优惠力度不一样，少则几十元、多则上百元的差价也时有发生，开发一个运用计算机智能技术进行商品比价的网站可以帮助用户快速找到物美价廉的商品，网民应该会喜欢。目前，除了机票之外，还有酒店住宿、景点门票、电影票等都适合比价。类似的比价网站有慢慢买网，如图2-5所示。

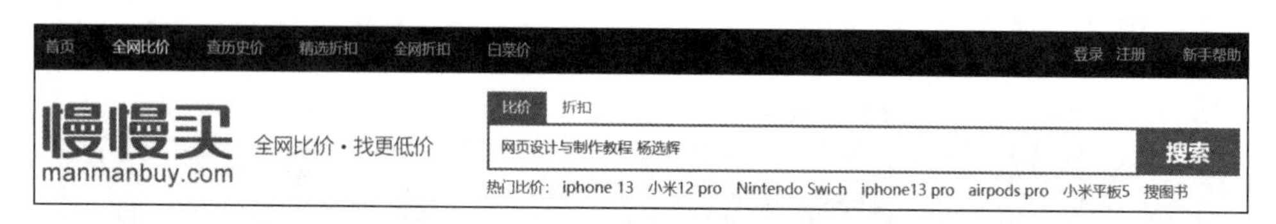

图2-5　慢慢买网

4）从帮网民省时省力出发构建一站式网站

假设某类商品网上应有尽有，但零零散散地分布在各个平台、各个帖子、各个推荐文章、各个讨论区中，找不到一个网站能够基本包含该类的所有商品，例如在搜索引擎中搜索"江西特产"，如图2-6所示，却找不到一个全面介绍江西特产的网站，那么便可以以"全"为标准对已有资源进行重新汇总、整合和加工，为该类商品构建一个一站式的网站服务平台，以方便网民的使用。例如，可以将江西省各地市的名优特色商品汇总起来，组建一个江西名优特产网，如果该模式能被网民认可，将来还可以将全国各地的名优特色商品汇总起来，组建一个中国名优特产网。

5）从易于检索、便于使用出发构建导航类网站

假设在搜索引擎中查找擅长治疗某种疾病的医院，得到的结果往往有成百上千条，一条

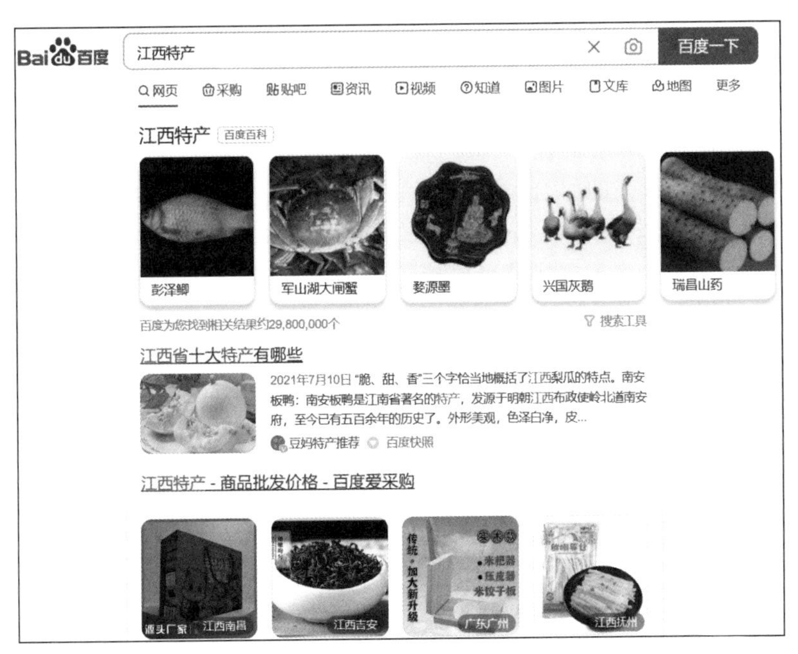

图 2-6　搜索"江西特产"的结果页面

一条地打开检索记录查看，既浪费时间，效果也不一定好。如果模仿网站 hao123(如图 2-7 所示)构建一个我国医院大全网，则可以按行政区域、擅长的疾病类别等多种方式提供全国各大医院的查询，并给出官方网站的链接或提供网上挂号等相关功能，肯定能给人们带来便利，这种构建导航类网站的思路还可以扩展到很多行业。

hao123

视频	好看视频	爱奇艺高清	腾讯视频	优酷网	芒果TV	百度视频	搜狐视频	最新影视	全民小视频	热门综艺	更多>>
综合	高顿教育	千图网	网易公开课	CSDN社区	百度文库	征信中心	科技频道	hao123教育	本地天气	百度营销	更多>>
游戏	百度游戏	37网游	9377页游	4399游戏	坦克世界	7k7k游戏	17173	游民星空	hao123游戏	3DM游戏	更多>>
页游	9377传奇霸主	雷霆之怒	66传奇霸主	51星变	1.76传奇	花千骨	原始传奇	苍之录	三国群英传	传奇世界	更多>>
购物	爱淘宝	当当网	聚划算	天猫国际	京东商城	天猫超市	什么值得买	淘宝网	考拉海购	1688	更多>>
新闻	新浪新闻	观察者网	环球网	参考消息	中华军事	搜狐新闻	凤凰军事	腾讯新闻	网易新闻	hao123推荐	更多>>
体育	新浪体育	虎扑体育	搜狐体育	腾讯体育	CCTV5	网易体育	PP体育	凤凰体育	爱奇艺体育	体育热点	更多>>
小说	起点中文	飞卢小说	QQ阅读	潇湘书院	晋江文学城	纵横中文网	简书	小说阅读	小说排行	懒人听书	更多>>
手机	中关村在线	IT之家	太平洋手机	移动·电信	华为官网	小米官网	vivo手机	华军软件园	苹果手机	百度手机助手	更多>>

图 2-7　hao123 的导航分类

2.2.3　网站域名的设计

域名在网站建设中拥有很重要的作用，就好比一个品牌、商标一样拥有重要的识别作用，是站点与网民沟通的直接渠道，一个优秀的域名能让访问者轻松记忆，并且快速输入。域名设计最重要的原则是简洁易记、有特色。

(1) 名称要简洁易记。如果是英文或汉语拼音域名，则以 4～8 个字符为宜，如肯德基快餐店的 KFC.com 和央视的 CCTV.com；如果用中文名称，则网站名称的字数应该控制在

6个字(最好4个字)以内,4个字的也可以用成语,例如:网易,其直观的意思就是告诉人们“网络是容易使用的”,而其域名163.com更是借用了中国电信最早的拨号网络的名称,使用户在浏览网站时很容易就联想到它。为了便于记忆和传播,设计域名时还可以选用逻辑字母组合,主要分为英文单词组合(如netbig.com)、汉语拼音组合(如suning.com)和其他逻辑性字母组合(如纯数字的组合4399.com;字母+数字的组合hao123.com;英文+拼音的组合chinaren.com;逻辑意义的组合autohome.com.cn)。

(2)名称要有特色。名称平实就可以接受,如果能体现一定的内涵,给浏览者更多的视觉冲击和空间想象力,那就更好了,例如音乐前卫、网页陶吧、e书时空等。在体现网站主题的同时,还要能点出特色之处。www.eczn.com就具有独特的个性,ec众所周知指的是电子商务,zn是指南的拼音首写,不仅容易记忆、朗朗上口,而且对于第一次接触并了解了其内涵的人来说就不再容易忘记。对大多数人来说,51job没有任何实际意义,但是在互联网上借用了它的谐音“我要工作”,建成了一个有名的招聘网站。

对于企业和公司来说,域名最好与单位的名称、性质或平时所做的宣传等一致,下面给出一些在构思企业域名时常用的方法。

1)用企业名称的汉语拼音作为域名

这是为企业选取域名的一种较好方式,实际上大部分国内企业都是这样选取域名的。例如,海尔集团的域名为haier.com,华为公司的域名为huawei.com。这样的域名有助于提高企业在线品牌的知名度,即使企业不做任何宣传,其网上站点的域名也很容易被人想到。

2)用企业名称相应的英文名作为域名

这也是国内许多企业选取域名的一种方式,这样的域名特别适合与计算机、网络和通信相关的一些行业。例如,长城计算机公司的域名为greatwall.com.cn,中国电信的域名为chinatelecom.com.cn。

3)用企业名称的缩写作为域名

有些企业的名称比较长,如果用汉语拼音或相应的英文名作为域名就显得过于烦琐,不便于记忆,这时可以采用企业名称的缩写作为域名。缩写的方法有两种:一种是汉语拼音的缩写,例如中国数据的域名为zgsj.com;另一种是英文的缩写,例如计算机世界的域名为ccw.com.cn。

4)用汉语拼音的谐音形式作为域名

在现实中,采用这种方法的企业也不在少数。例如,美的集团的域名为midea.com.cn,新浪的域名为sina.com.cn。

5)用中英文结合的形式作为域名

这样的例子有:豪天金属制品有限公司的域名是htmetal.com.cn。

申请域名前,必须先查询自己所需的域名是否已被注册,可以到负责域名申请事务的公司的网站上进行查询,如中国互联网络信息中心(http://www.cnnic.net.cn)、万网(https://wanwang.aliyun.com)、新网(https://www.xinnet.com)等。由于一个域名在全世界范围内只有一个,而且域名注册采取的是“先到先服务”和“任何人都可以登记”的原则,因此如果想使用的域名已有人抢先注册,那么这个域名就无法再被别人注册使用了。对于公司企业来说,除了要及时注册自己的域名,还应该像对待自己的品牌商标那样对自己的域名进行保护。

2.2.4 网站素材的准备

在对未来网站有了一个初步的定位后，还需要用丰富的内容充实它。常言道："巧妇难为无米之炊"，好的网站不仅应该美观、有个性、有创意，更要有内容，网站的内容是最重要的因素，空洞的网站对人没有任何吸引力。网站素材的准备工作包括搜集、整理加工、制作和存储等环节。

(1) 素材的搜集。要收集的素材包括与主题相关的文字、图片、多媒体资料及一些开放的源代码。要想让自己的网站有血有肉，能够吸引用户，就必须尽量搜集材料，搜集的材料越多，以后制作网站就越容易。素材既可以从图书、报纸、光盘和多媒体上获得，也可以从互联网上搜集。

(2) 素材的整理加工。收集的素材一般需要进行适当加工，如图片扫描、文字录入、图片剪接等。加工时要注意保存原始素材，特别是电子素材一定要保存原稿，以避免加工不当后又无法重来。

(3) 素材的制作。有些网页内容用到的文字、图片等可以在制作网页前完成，还有些素材可以在网页制作的过程中根据需要制作。有些素材没有现成的，例如读后感、评论，需要自己撰写的；有些素材没有合适的，例如网站的 Logo、Banner、背景图片、列表图标、横幅广告等，需要重新设计和制作，这些原创的一手素材不易获得，但往往更受欢迎。

(4) 素材的存储。网站所需的素材加工制作完成以后，还需要分门别类地把它们组织起来，存储在各个类别的文件夹中，文件夹名和素材文件名的命名要有规律，容易看明白，便于今后制作网站时应用和管理。

2.3 网站的设计

2.3.1 确定网站的栏目和版块

开发一个网站好比写一篇文章，首先要拟好提纲，文章才能主题明确，层次清晰；也好比造一座高楼，首先要设计好框架图纸，才能使楼房结构合理。初学者最容易犯的错误就是：确定题材后立刻开始制作。当一页一页地制作完毕后才发现：网站结构不清晰，目录庞杂，内容东一块西一块，不但浏览者看得糊涂，自己将来扩充和维护网站也相当困难。

将相同或者相近主题的一类内容集中到一起就构成了一个栏目，而版块是具有共性的几个栏目的集合。版块比栏目的概念要大一些，每个版块都可以有自己的栏目。在建设一些大型网站时，可能要考虑先设计版块再设计栏目。例如，网易分新闻、体育、财经、娱乐、教育等版块，其中体育版块下又设置了 NBA、中超、英超等主栏目。对于内容较少的网站，一般直接设置主栏目和各子栏目就够了，不需要设置版块。

1. 栏目的设置

网站是由各栏目组成的，各栏目又可以包含多个网页。网站栏目的实质是一个网站的大纲索引，索引应该将网站的主体明确地显示出来，丰富的栏目可以为浏览者提供多样化的服务，便于浏览者查找相关的资源。因此，网站的栏目划分应合理，应符合大多数人的理解与习惯，做到重点突出、方便浏览。

栏目的划分不能太少,否则对主题的描述不够全面完整;栏目的划分也不宜过多,大量的栏目容易使浏览者不知所措。一般网站的栏目以5～8个为宜,栏目下面还可以设置数量不等的子栏目,以增加栏目的信息容纳量,但一般网站不要分层过深,建议不超过3层,否则容易造成网页内容混乱。例如,策划一个"网站设计与开发"课程的教学网站,其栏目划分如图2-8所示。

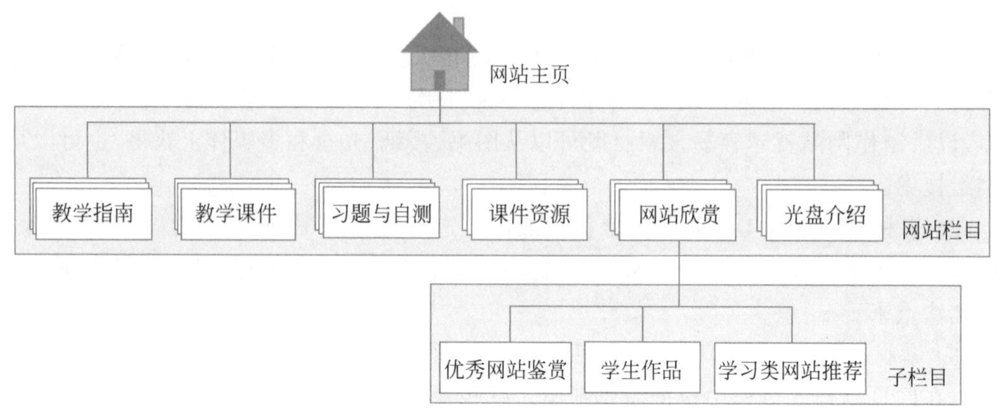

图2-8 "网站设计与开发"课程网站的栏目划分

在拟订栏目时,要仔细考虑、合理安排,此外还要注意以下几方面。

1)紧扣网站主题

一般的做法是:将网站主题按一定的方法分类,并将它们作为网站的主栏目。例如网站主题是教大家画画,可以将主栏目分为国画、油画、版画、水粉画等。记住:主题栏目的个数在总栏目中要占绝对优势,这样的网站显得更专业,主题更突出,容易给人留下深刻印象。

2)设置一个网站指南栏目

如果主页内容庞大,层次较多,又没有站内的搜索引擎,建议设置一个"本站指南"栏目,可以帮助初访者快速找到他们想要的内容。

3)设置一个互动交流栏目

设置一个互动栏目,例如论坛、留言本等,可以让浏览者发表他们的感受。有调查表明,提供双向交流的站点比简单地留一个"E-mail me"的站点更具有亲和力。

4)设置一个常见问题解答栏目

如果网站经常收到网友关于某方面的问题来信,则最好设立一个常见问题解答栏目,既方便了网友,也可以节约站点管理员的时间。

至于其他一些网站辅助内容,如关于本站、版权信息等,千万不要设计成主栏目,因为这些一般不是浏览者关心和感兴趣的东西。

2. 栏目设计常用的方法

栏目设计常用的方法有借鉴法、归纳整理法和参考行业标准法,设计结果常用栏目结构图或栏目结构表表示。

1)借鉴法

借鉴法就是在做某一主题的网站之前,调查所开发的网站需要提供什么样的服务以及同类优秀网站所提供的服务内容,通过调查分析这些网站服务的优点和缺点,并扬长避短,再加上自己的特色，形成自己网站的栏目结构。例如要为家乡的一处景点做一个网站，可以参考中国庐山网(http://www.china-lushan.com/index.html)，它描述的内容十分全面，整个网站的栏目结构图如图 2-9 所示，像 360°虚拟游、吃住行游购娱等都是非常有特色的栏目，可以借鉴；还可以参考曾经的九寨沟国际旅游网，整个网站的栏目结构图如图 2-10 所示，它的旅游电子商务特色比较突出，像门票、晚会票、淘宝直销店等栏目都值得借鉴。

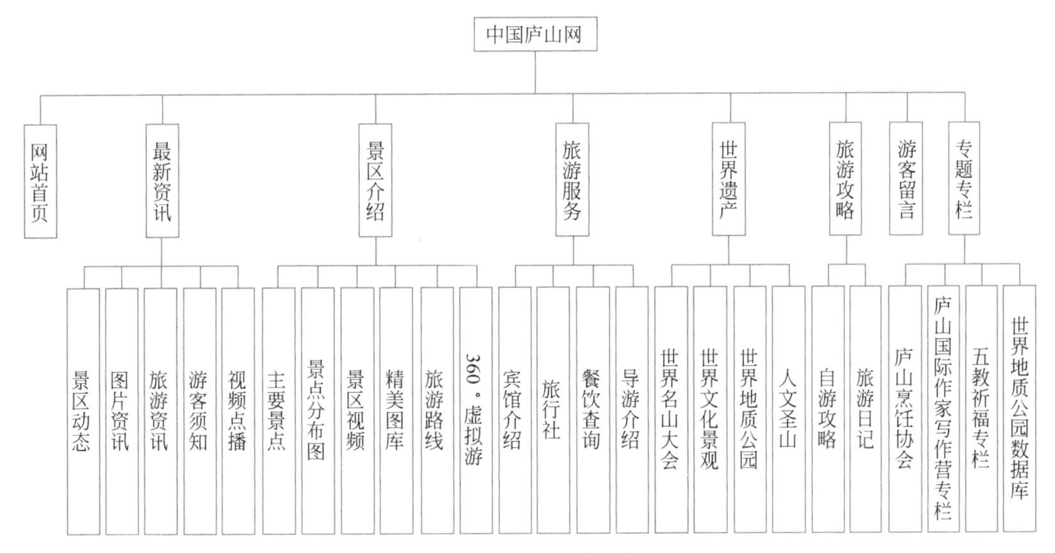

图 2-9 中国庐山网栏目结构图

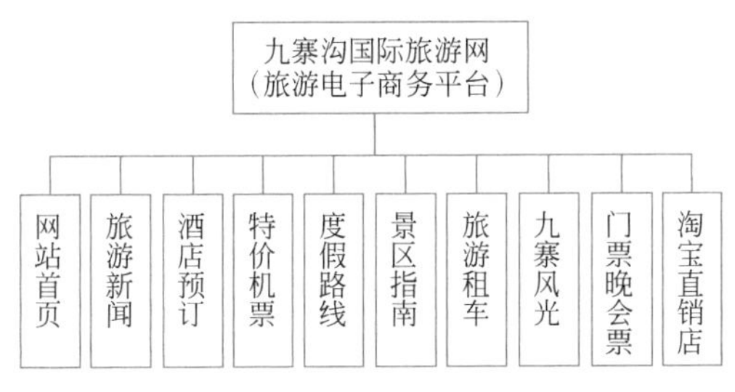

图 2-10 九寨沟国际旅游网栏目结构图

2) 归纳整理法

归纳整理法指针对某一主题展开座谈会，大家采用头脑风暴法，围绕主题将可能涉及的所有内容都罗列出来，再通过归纳、整理总结出网站的最终栏目结构。例如围绕高校学生做一个综合性网站，最终分析得到的栏目结构表如表 2-2 所示。

表 2-2 高校学生网栏目结构表

一级栏目	二级栏目	一级栏目	二级栏目
网站介绍	网站主旨	时代脉搏	新闻时事
	栏目介绍		法律法规
	远景规划		哲学理论
	关于我们		社会热点

续表

一级栏目	二级栏目	一级栏目	二级栏目
象牙塔内	校园资讯	时尚休闲	益智游戏
	校园文学		在线音乐
	情感天地		幽默笑话
	社团活动		运动健身
	勤工俭学		旅游
	许愿吧		Flash
人际交往	礼仪学苑		个人相册
	社会实践	成功人生	名人风采
职业规划	就业		金玉良言
	择业		好书推荐
	创业	出国留学	异国风情
	招聘应聘		留学须知
论坛			学校推荐
心灵驿站	心理测试		海外生活
	心理咨询	资源共享	资源上传
	心理调查		资源下载
考研考证	考研专栏		
	考证专栏		

3）参考行业标准法

很多行业都有自己比较成熟、比较权威或是业内比较认可的分类标准，当涉及这类主题栏目的策划时，优先考虑参考行业分类标准，这样的网站显得比较专业，浏览者接受程度也比较高。例如想制作一个计算机软件书籍方面的网站，可以参考目前国内图书馆使用最广泛的分类法体系"中国图书馆分类法"中对计算机软件的分类标准，如图 2-11 所示，从而构建出计算机软件书籍网的整个栏目结构，如图 2-12 所示。

2.3.2 确定网站的整体风格

网站的整体风格及其创意设计是站长最希望也是最难以掌握的，其难就难在没有一个固定的程式可以参照和模仿。对于同一个主题，任何两个设计者都不可能设计出完全一样的网站。

1. 风格

网站风格是指网站页面设计上的视觉元素组合在一起的整体形象展现给人的直观感受。这个整体形象包括网站的配色、字体、页面布局、页面内容、交互性、海报、宣传语等。

T 工业技术
　TP 自动化技术、计算机技术
　　TP3 计算技术、计算机技术
　　　TP31　计算机软件
　　　　TP311　程序设计、软件工程
　　　　　TP311.1　程序设计
　　　　　TP311.5　软件工程
　　　　TP312　程序语言、算法语言
　　　　TP313　汇编程序
　　　　TP314　编译程序、解释程序
　　　　TP315　管理程序、管理系统
　　　　TP316　操作系统
　　　　　　　TP316.1/.5　操作系统：按类型分
　　　　　TP316.1　分时操作系统
　　　　　TP316.2　实时操作系统
　　　　　TP316.3　批处理
　　　　　TP316.4　分布式操作系统、并行式操作系统
　　　　　TP316.5　多媒体操作系统
　　　　　　　TP316.6/.8　操作系统：按名称分
　　　　　TP316.6　DOS 操作系统
　　　　　TP316.7　Windows 操作系统
　　　　　TP316.8　网络操作系统
　　　　　TP316.9　中文操作系统
　　　　TP317　程序包（应用软件）
　　　　　TP317.1　办公自动化系统
　　　　　TP317.2　文字处理软件
　　　　　TP317.3　表处理软件
　　　　　TP317.4　图像处理软件
　　　　TP319　专用应用软件

图 2-11　中图图书馆分类法中计算机软件的分类

1）网站风格的特征

优秀网站都有自己的个性和文化，而且会从一开始就千方百计地体现它，树立属于自己的风格。风格具有抽象性、独特性和人性等特征。

（1）风格的抽象性。

抽象性是指站点的整体形象给浏览者的综合感受。整体形象包括站点的 CI(Corporate Identity，企业形象，主要体现在标志、色彩、字体、标语等上)、版面布局、浏览方式、交互性、文字、语气、内容价值、存在意义、站点荣誉等诸多因素。例如网民觉得网易是平易近人的，迪士尼是生动活泼的，IBM 是专业严肃的，这些都是网站给人们留下的不同感受。

（2）风格的独特性。

独特性是指该网站不同于其他网站的地方。或者色彩，或者技术，或者是交互方式，能让浏览者明确分辨出这是网站独有的。

（3）风格的人性。

人性体现在通过网站的外表、内容、文字和交流可以概括出一个站点的个性与情绪，是温文儒雅、执着热情，还是活泼易变、放荡不羁。就像诗词中的“豪放派”和“婉约派”，可以用人的性格比喻站点。

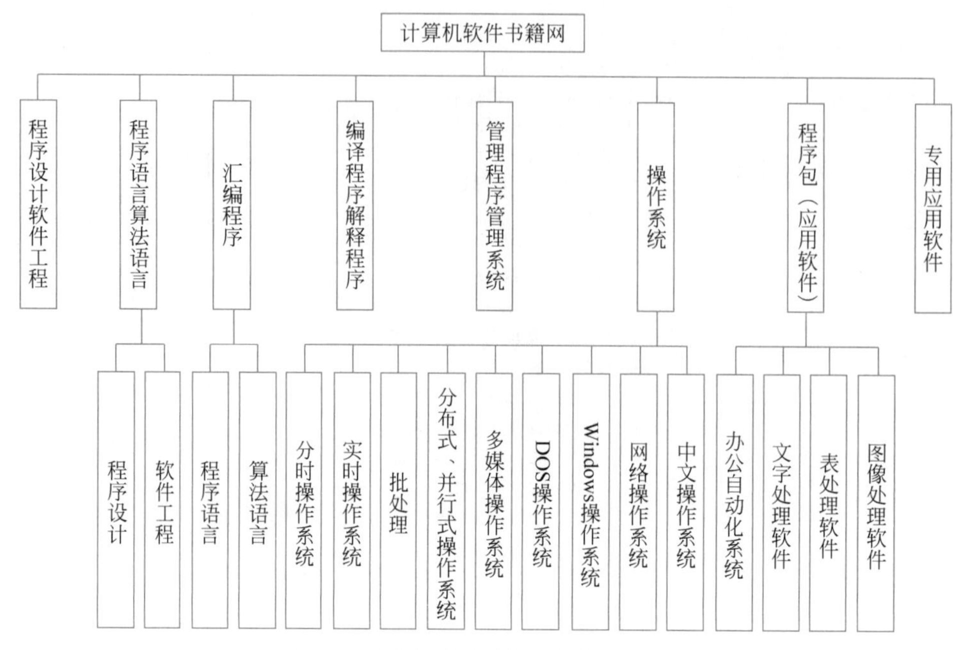

图 2-12　计算机软件书籍网的栏目结构图

有风格的网站与普通网站的区别在于：普通网站上看到的只是堆砌在一起的信息，只能用理性感受描述，比如信息量大小、浏览速度快慢。但如果浏览过有风格的网站，就能有更深一层的感性认识，比如站点有品位，和蔼可亲，是老师或朋友。简单地说，风格就是一句话：与众不同！

2）树立网站风格的步骤

树立一个网站的风格可以通过以下几个步骤实现。

① 确信风格是建立在有价值内容之上的。一个网站有风格而没有内容，就好比“绣花枕头一包草”，好比一个性格傲慢但却目不识丁的人。因此首先必须保证内容的质量和价值，这是最基本的，毋庸置疑。

② 需要彻底弄清楚希望站点给人的印象是什么。

③ 在明确网站印象后，开始努力建立和加强这种印象。

经过第二步印象的“量化”后，需要进一步找出其中最有特色的东西，即最能体现网站风格的东西，并以它作为网站的特色加以重点强化和宣传。例如，再次审查网站名称、域名、栏目名称是否符合这种个性，是否易记；审查网站标准色彩是否容易联想到这种特色，是否能体现网站的性格等。具体的做法没有定式，下面提供一些参考方法。

（1）设计网站的标志。

像商标一样，Logo 是站点特色和内涵的集中体现。Logo 可以是中文、英文字母、符号或图案，也可以是动物或人物等。例如，新浪网用字母 sina 加眼睛作为 Logo，体现网站的敏锐和动感的特色。Logo 的设计创意一般来自网站的名称和内容。设计一个网站 Logo，并将它尽可能地放在每个页面最突出的位置。

（2）设计并突出网站的标准色彩。

网站给人的第一印象来自视觉的冲击，确定网站的标准色彩是相当重要的一步。不同的色彩搭配将产生不同的效果，并可能影响到访问者的情绪。

标准色彩是指能体现网站形象和延伸内涵的色彩。例如，IBM 的深蓝色，肯德基的红色条纹，Windows 的红、蓝、黄、绿色块，都使浏览者觉得很贴切、很和谐。

一般来说，一个网站的标准色彩不宜超过 3 种，太多则让人眼花缭乱。标准色彩要用于网站的 Logo、标题、主菜单和主色块，给人整体统一的感觉。其他色彩也可以使用，但只是作为点缀和衬托，绝不能喧宾夺主。

(3) 设计并突出网站的标准字体。

标准字体是指用于 Logo、标题和主菜单的特有字体。一般网页默认的字体是宋体。为了体现站点的特有风格，设计者可以根据需要选择一些特殊字体。例如，为了体现专业性可以使用粗仿宋体，为了体现设计精美可以用广告体，为了体现亲切随和可以用手写体等。

(4) 设计网站的宣传标语。

网站的宣传标语可以说是网站的精神、网站的目标，最好用一句话甚至一个词高度概括，它类似于实际生活中的广告语。想一条朗朗上口的宣传标语，把它放在网站的横幅(Banner)里，或者放在醒目的位置，告诉大家本网站的特色。例如，格力的“好空调，格力造”，农夫山泉的“农夫山泉有点甜”，给人们留下的印象都极为深刻。

(5) 设计一些特有的网站效果。

创造一个网站特有的符号或图标。例如链接前的一个点可以使用☆、※、○、◇、□、△、→等符号，虽然是很简单的一个变化，却能给人与众不同的感觉；还可以使用一些自己设计的花边、线条和点等。

风格不是一次定位就能形成的，需要在实践中不断强化、调整和修饰，直到有一天网友写信告诉你：“我喜欢你的站点，因为它很有风格！”。

2. 创意

创意往往来源于人们的灵感，它是由人的内在潜质、想象力、创造力巧妙结合而迸发出来的智慧火花。发明创造需要灵感，技术改革需要灵感，网页界面的设计同样需要这种灵感。创意离不开生活的积累，它是理性与感性的交融体，创意的潜质往往取决于设计者的生活知识、设计经验和艺术修养等。

创意是网站生存的关键，作为网页设计人员，最苦恼的就是没有好的创意来源。创意到底是什么，如何产生创意呢？创意是引人入胜，精彩万分，出其不意；创意是捕捉出来的点子，是创作出来的奇招。实质上，创意是传达信息的一种特别方式。例如对于 webdesigner(网页设计师)，如果将其中的字母 e 大写，就变成了 wEbdEsignEr，这其实就是一种创意。创意并不是天才的灵感，而是思考的结果。根据美国广告学教授詹姆斯的研究，创意思考的过程分为 5 个阶段。

① 准备期：研究搜集的资料，根据旧经验，启发新创意。

② 孵化期：将资料咀嚼消化，使意识自由发展，任意结合。

③ 启示期：意识发展并结合，产生创意。

④ 验证期：对产生的创意进行讨论、修正。

⑤ 形成期：设计制作网页，将创意具体化。

创意是将现有的要素重新组合。例如，网络与电话的结合产生了 IP 电话。从这一点出发，任何人都可以创造出不同凡响的创意，而且资料越丰富，越容易产生创意。如果细心就会发现,网络上的创意大多来自于现实生活的结合,例如在线书店、电子社区、在线拍卖等。

2.3.3 确定网站的目录结构

确定了具体栏目后,就可以开始建立网站的目录。网站的目录是指创建网站时建立的目录。目录结构的好坏对浏览者来说并没有太大的感觉,但是对于站点本身的上传维护、内容的扩充和移植有着重要的影响。下面是建立目录结构的一些建议。

(1) 不要将所有文件都存放在根目录下,这样会产生如下不利影响。

① 文件管理混乱。常常会搞不清哪些文件需要编辑和更新,哪些无用的文件可以删除,哪些是相关联的文件,从而影响工作效率。

② 上传速度慢。服务器一般都会为根目录建立一个文件索引。如果将所有文件都放在根目录下,那么即使只上传更新一个文件,服务器也需要将所有文件再检索一遍,建立新的索引文件。很明显,文件数量越大,等待的时间也就越长,所以应尽可能减少根目录的文件存放数量。

(2) 按栏目内容建立子目录。

① 子目录首先按网站主栏目建立。例如:网页教程类站点可以根据技术类别分别建立相应的目录,像Dreamweaver、Photoshop、HTML、CSS、JavaScript等;企业站点可以按公司简介、产品展示、在线订单、反馈联系等建立相应目录。

② 其他次要栏目,类似最新更新、友情链接等内容较多且需要经常更新的可以建立独立的子目录。而一些相关性强,不需要经常更新的栏目,例如关于本站、关于站长、站点经历等可以合并放在一个统一目录下。

③ 所有程序一般都存放在特定目录下。例如CGI程序放在cgi-bin目录,以便于维护管理。所有需要下载的内容也最好放在一个目录下。

(3) 在每个主目录下都建立独立的images目录。

在默认情况下,每个站点根目录下都有一个images目录。刚开始学习网页制作时,习惯将所有图片都存放在这个目录里,可是后来发现很不方便,当需要将某个主栏目打包供网友下载或者将某个栏目删除时,图片的管理会相当麻烦。经过实践发现:为每个主栏目建立一个独立的images目录是最方便管理的。而根目录下的images目录只是用来存放首页和一些次要栏目的图片。

(4) 目录的层次不要太深。

目录的层次建议不要超过3层,以便于维护管理。

(5)不要使用中文目录名,不要使用过长的目录名。

不要使用中文目录名,使用中文目录名可能对网址的正确显示造成困难,因为很多设计软件是国外研制的,适合英文,即使是汉化版,对中文的支持也不是十分完善;不要使用过长的目录名,尽管服务器支持长文件名,但是太长的目录名不便于记忆;尽量使用意义明确的名字命名目录,以便于记忆和管理。例如,创建“网站设计与开发”课程的网络教学平台,其网站栏目设置如图2-13所示。

对于“网页设计与开发”网络教学平台网站,建立站点根文件夹WebsiteDesign,根文件夹下创建一个主页index.html和7个子文件夹,子文件夹分别命名为jxzn、jxkj、xtyzc、kjzy、wzxs、gpjs以及images。

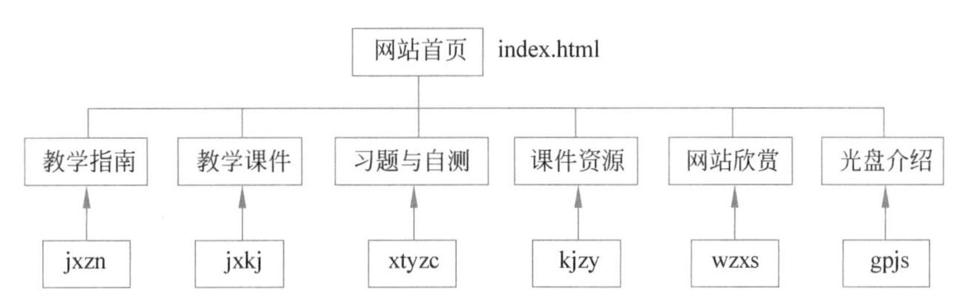

图 2-13 “网站设计与开发”网络教学平台网站栏目结构图

- jxzn 文件夹存放教学指南主栏目页面及其子栏目的文件夹。
- jxkj 文件夹存放所有教学课件的网页文件。
- xtyzc 文件夹存放习题与自测的相关页面和子文件夹。
- kjzy 文件夹存放课件资源的页面和子文件夹。
- wzxs 文件夹存放网站欣赏的相关页面及子文件夹。
- gpjs 文件夹存放光盘介绍的相关页面。
- images 文件夹存放 index.html 中出现的所有图像文件、动画、音频或视频文件、CSS 文件等。

2.3.4 确定网站的链接结构

网站链接结构是指页面之间相互链接的拓扑结构，它建立在目录结构基础之上，但可以跨越目录。形象地说，每个页面都是一个固定点，链接则是在两个固定点之间建立的连线。一个点可以和一个点连接，也可以和多个点连接。更重要的是，这些点并不是分布在一个平面上，而是存在于一个立体的空间中。研究网站链接结构的目的在于：用最少的链接使浏览最有效率。

建立网站链接结构一般有以下两种基本方式。

(1) 树状链接结构(一对一)。类似 DOS 的目录结构，首页链接指向一级页面，一级页面链接指向二级页面，如图 2-14 所示。浏览这样的链接结构需要逐级进入，再逐级退出。其优点是条理清晰，访问者明确知道自己在什么位置，不会“迷路”；缺点是浏览效率低，从一个栏目下的子页面到另一个栏目下的子页面必须绕经首页。

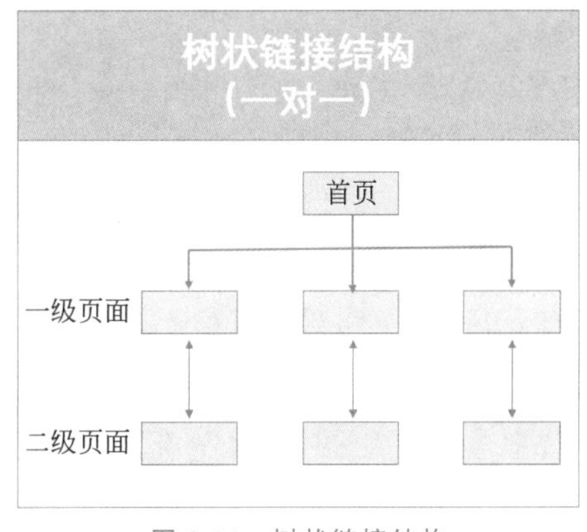

图 2-14 树状链接结构

(2) 网状链接结构(一对多)。类似网络服务器的链接,每个页面相互之间都建立有链接,如图2-15所示。这种链接结构的优点是方便浏览,随时可以到达自己喜欢的页面;缺点是链接太多,容易使浏览者"迷路",搞不清自己在什么位置和已经看了多少内容。

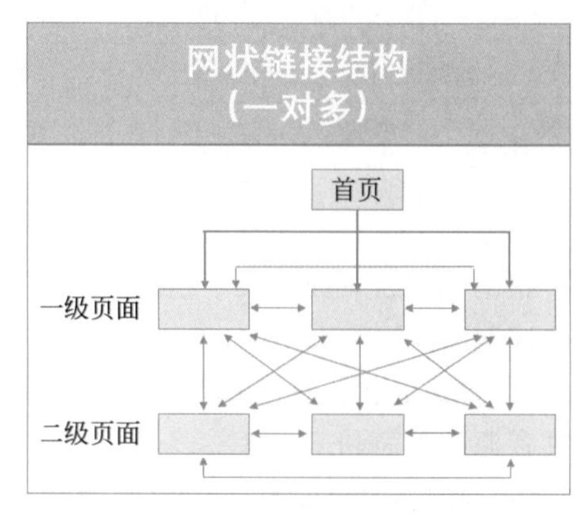

图 2-15　网状链接结构

以上两种基本结构都只是理想方式,在实际的网站设计中,总是将这两种结构结合起来使用。浏览者希望既可以方便快速地到达自己需要的页面,又可以清晰地知道自己的位置。所以,推荐的方法是:在首页和一级页面之间用网状链接结构,在一级和二级页面之间用树状链接结构。

2.3.5　撰写网站设计规划报告

做好以上准备工作之后,在真正实现网站之前要做的最重要的一件事就是撰写一份详细的网站设计规划报告,报告中对各个网页的绘制好比是一个纸质版的网站。下面给出一份网站设计规划报告的简要提纲。

网站设计规划报告提纲

1. 网站的概况

(1) 确定网站建站的目标。

(2) 明确网站的受众对象。

(3) 构思网站的名称、网站Logo、域名和广告语等。

2. 网站主题的选择

(1) 选择本主题的原因。

(2) 目前已有类似网站的分析。

(3) 网站的风格。

(4) 网站的创意。

3. 网站的主要内容和栏目结构图

这是报告的重点,详细描述网站的主要内容和绘制出栏目结构图或表。

4. 画出网站首页及各个子页的设计草图

这是报告的重点,特别是网站首页的设计草图。

下面是一份网站设计规划报告实例。

"找找网"设计规划报告

1. 网站的概况

(1) 建站目标：有效地帮助南昌大学的学生找到失物或失主，成为学生失物招领的第一选择，促进校园和谐，让我们的校园充满正能量！

(2) 网站受众对象：南昌大学师生。

(3) 网站的名称、网站的标志、域名和广告语。

① 网站名称：找找网。

② 网站 Logo：以"找"的拼音为启发，融合了眼睛与放大镜，突出"找"。

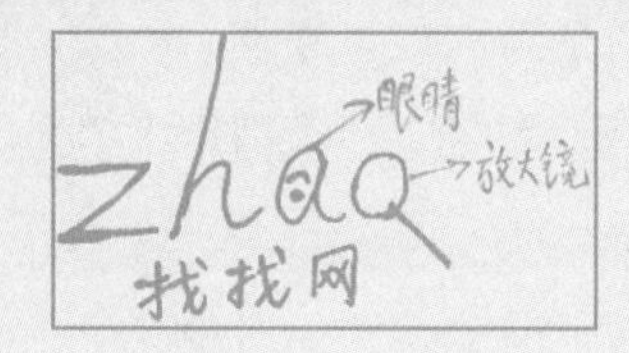

③ 域名：www.ncuzhao.com.cn

④ 广告语：失物？失主？我们帮你找！

2. 网站主题的选择

(1) 选择该主题的原因

一方面是自己的切身体会。上大学之后丢过一些东西，如钥匙、校园卡、手套、U 盘等，身边的人也经常丢东西或者捡到东西。对于有身份标记的东西还有找回的可能，如校园卡、身份证等，但其他物品就很难找到失物或失主了，如果有一个网站能解决这些问题就好了；另一方面，目前还没有发现做得比较好的类似主题的网站，既实用又新颖。

(2) 目前已有类似网站的分析

目前还没有发现专门的、做得比较好的关于校园失物招领方面的主题网站，虽然校家园网有一个小栏目叫失物招领，不过其栏目很少，信息种类不全，趣味性与互动性都较差，受欢迎程度不高。

(3) 网站的风格

风格定位为"亲切、希望、活泼"。亲切：让光顾网站的同学觉得"找找网"像自己的好朋友一样。希望：给找失主或失物的同学提供充分的信息，让他们觉得网站是靠谱有用的。活泼：寓意十足的 Logo 和年轻欢快的网站布局符合大学生青春活力的特征，同时又能使人心情愉快。

(4) 网站的创意

借鉴中介平台的一些做法，为失主和拾主提供一个动态交换信息的平台。

3. 网站的主要内容和栏目结构图

网站的主要内容包括以下几方面：找失物、找失主、谢谢侬、祈祷吧、长一智、暖人心以及强大的搜索功能和注册登录模块，栏目结构图如图 2-16 所示。

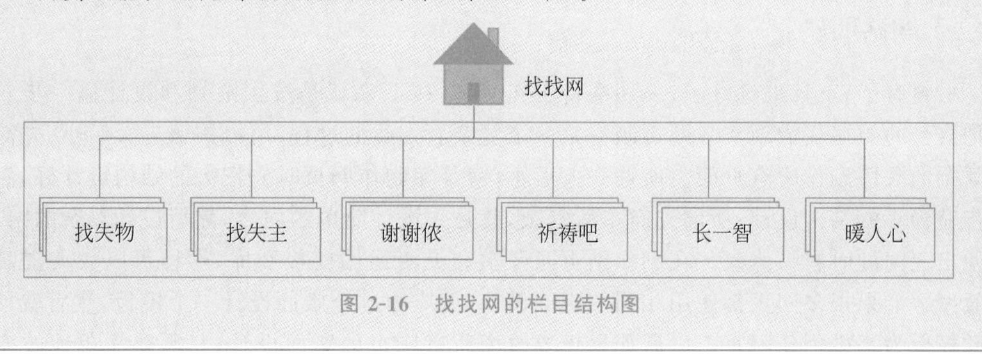

图 2-16 找找网的栏目结构图

(1) 找失物：该栏目与搜索功能配合使用帮助大家找失物，其中还设计了失物信息登记模块，以帮助失主及时找回失物。

(2) 找失主：该栏目与搜索功能配合使用帮助找到物品的失主，其中还设计了拾物信息登记模块，以帮助拾主及时找到失主。

(3) 谢谢侬：在该栏目，用户可以将心中的感激之言写在留言板上。

(4) 祈祷吧：在该栏目，用户可以为自己的爱物祈祷，抒发自己的心情。

(5) 长一智：在该栏目，用户可以把自己防丢的体会、经验或建议写出来与人分享。

(6) 暖人心：在该栏目，用户可以介绍、表彰一些拾金不昧的感人事迹，树正气。

4. 画出网站首页及各个子页的设计草图

计划将网站首页做成以动画为主的封面型页面，并在动画中将导航条嵌进去。首页的设计草图如图2-17所示。

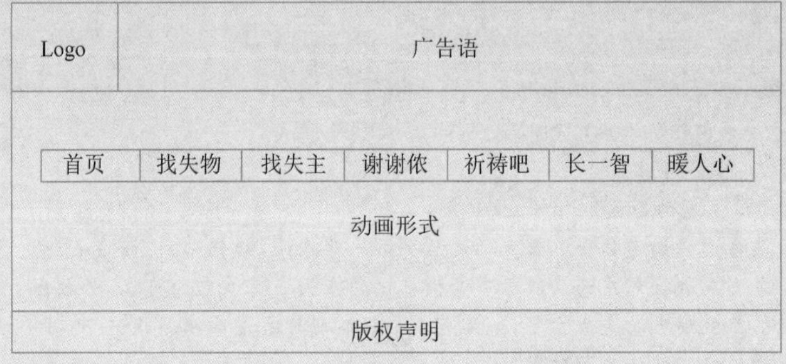

图2-17 找找网首页的设计草图

2.4 网站的实现

2.4.1 网站制作工具的选择和确定

尽管选择哪种工具并不会影响设计网页的质量，但是一款功能强大、使用简单的软件工具往往可以起到事半功倍的效果。目前制作网页涉及的工具比较多，对于网页制作工具，目前通常选用的都是“所见即所得”的编辑工具，其中的优秀者当然是Dreamweaver。除此之外，还有图片编辑工具，如Photoshop等；动画制作工具，如An等；还有网页特效工具，如网页特效精灵、有声有色等。网上有许多这方面的软件，可以根据需要灵活运用。

2.4.2 网站的建立

材料有了，工具也选好了，一切准备工作就绪，接下来就是按照规划和设计稿一步一步地把自己的想法变成现实。网页制作是一个复杂而细致的过程，可以按照先大后小、先简单后复杂的顺序制作所有页面。所谓先大后小，就是在制作网页时先把大的结构设计好，然后逐步完善小的结构设计；所谓先简单后复杂，就是先设计简单的内容，然后设计复杂的内容，以便出现问题时容易修改。在制作网页时要学会灵活运用模板和库，这样可以大大提高制作效率。如果很多网页都使用相同的版面设计，就应为这个版面设计一个模板，然后就可以以此模板为基础创建网页。以后如果想要改变所有网页的版面设计，只需要简单地改变模板即可。

2.4.3 网站构建实例

根据找找网的设计规划报告，选择 Dreamweaver 和 Flash 构建出整个网站，网站首页如图 2-18 所示，找失物栏目如图 2-19 所示，祈祷吧栏目如图 2-20 所示。

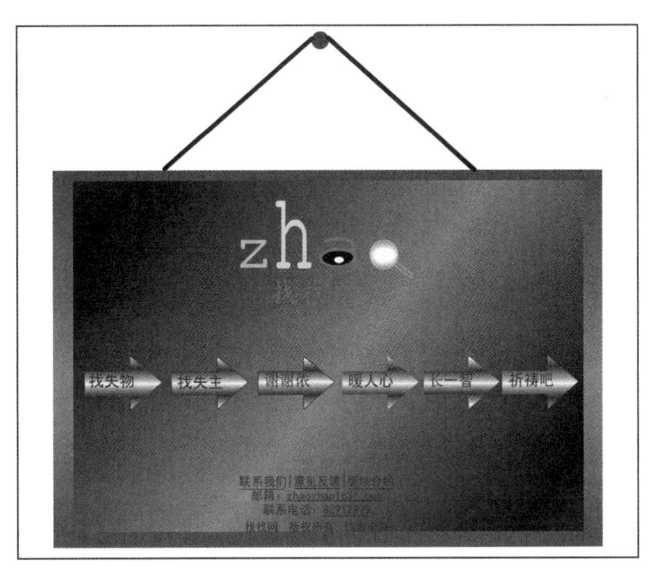

图 2-18 找找网首页

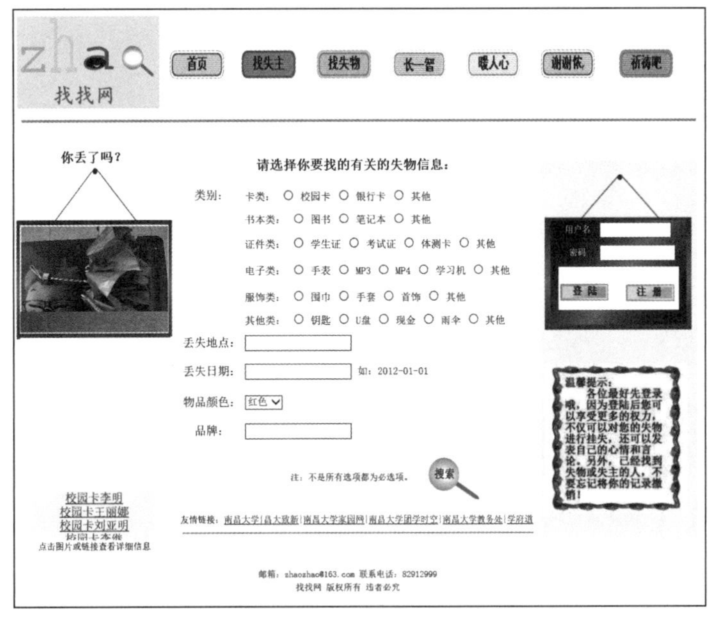

图 2-19 找失物栏目

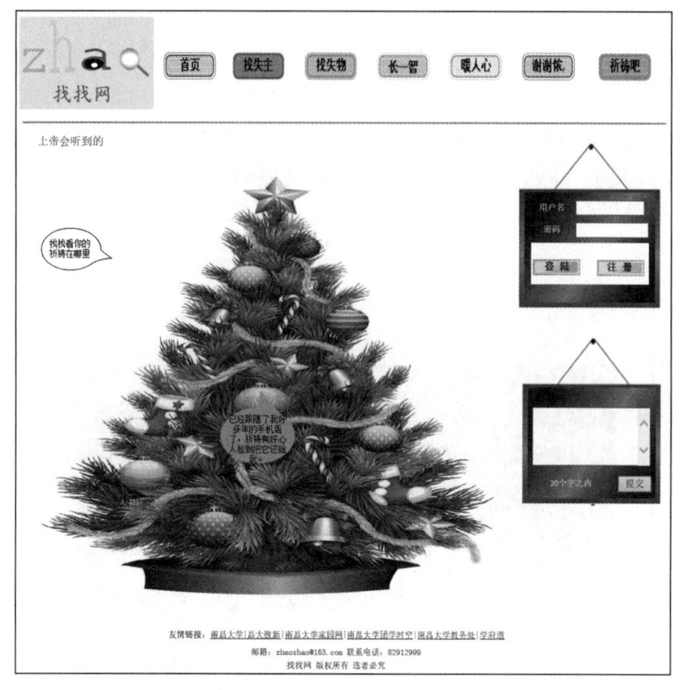

图 2-20　祈祷吧栏目

2.5 网站的测试和发布

2.5.1　网站的测试

网站创建好以后，只有发布到 Internet 上才能够让更多的人浏览。在发布网站之前，还必须要做一个工作，就是测试网站。测试穿插在发布前后，包括本地测试和在线测试两个环节。

1. 本地测试

在将网站上传到服务器之前，首先应该在本地机器上进行测试，以保证整个网站的所有网页的正确性，否则进行远程调试会比较复杂。

在本地机器上进行测试的基本方法是用浏览器浏览网页，从网站的首页开始一页一页地测试，以保证所有的网页都没有错误。在不同的操作系统以及不同的浏览器下，网页可能会出现不同的效果，甚至无法浏览，就算是同一种浏览器，在不同的分辨率显示模式下，也可能出现不同的效果。解决办法就是使用目前较主流的操作系统（如 Windows、UNIX、Linux、MacOS 等）和浏览器（如 IE、Microsoft Edge、Safari、Firefox、Chrome、360 浏览器、QQ 浏览器、搜狗浏览器等）进行浏览观察，只要保证在使用最多的操作系统和浏览器下能正常显示，效果令人满意就可以了；同样，使用现在大多数用户都普遍使用的分辨率（如 1920 像素×1080 像素、1920 像素×1200 像素）进行显示模式测试，一般情况下网页的设计能够满足在 1024 像素×768 像素以上的分辨率模式中正常显示就可以了。

本地测试的另一项重要工作就是保证各链接的正确跳转，一般应将网页的所有资源相对于网页“根目录”进行定位，即使用相对路径保证上传到远程服务器上后能正确使用。

本地测试还涉及一些工作，如检查网页的大小、脚本程序能否正确运行等。特别是如果使用的是其他网站提供的免费网页空间，则需要对该网站提供的服务有详细的了解，如提供的网页空间的大小是否有限制，是否限定必须更新的时间期限，是否允许使用 CGI、ASP、PHP、JSP 等动态网页技术等，只有遵守了这些规则，网站才有可能正常发布和长期存在。

2. 在线测试

网站上传到服务器后，就可以到浏览器里观赏它们，但工作并没有结束。下面要做的工作就是在线测试网站，这是一项十分重要却又非常烦琐的工作。在线测试工作包括测试网页外观、测试链接、测试网页程序、检测数据库和测试下载时间等。

（1）测试网页外观。

这是一项最基本的测试，就是使用浏览器浏览网页。这一工作和在本地机上进行网页测试的方法相同，不同的是现在浏览的是存放在 Internet 的 WWW 服务器上的网页。这时同样也应该使用目前最流行的 IE 等浏览器观察网页在不同显示模式下的效果，这样就能发现许多在本地机上没有发现的问题，以进一步修改和调整。

（2）测试链接。

在网页成功上传以后，还需要对网页进行全面的测试。比如，有些时候会发现上传后的网页图片或文件不能正常显示或找不到。出现这种情况的原因有两种：一是链接文件名与实际文件名的大小写不一致，因为提供主页存放服务的服务器一般采用 UNIX 系统，这种操作系统对文件名的大小写是有区别的，所以这时需要修改链接处的文件名，并注意保证大小写一致；二是文件存放路径出现错误，在编写网页时尽量使用相对路径可以减少这类问题的发生。

（3）脚本和程序测试。

测试网页中的脚本程序、ASP、JSP 和 PHP 等程序能否正常执行。进行站点测试的一种简单方法就是使用测试软件，它能够进行许多烦琐的工作，帮助设计各种有关网站的数据，使测试工作轻松很多。这类软件有 EasyWebLoad（站点负载测试工具）、Linkbot（页面链接测试工具）等，它们都是一些共享软件，可以通过搜索引擎在一些提供软件下载的网站找到。

（4）测试下载时间。

实地检测网页的下载速度，根据实地检测的时间值考虑调整设计的网页，如页面文件的大小、插入图片的分辨率、图像切片大小和脚本程序语言等影响下载时间的因素，以减少下载时间，让用户在最短的时间内看到页面。即使不能马上看到完整页面，也应想办法让访问者先看到替代的文字，帮助他们决定是否继续观看本站。有条件的话应该使用宽带、手机等各种上网方式试验网页的下载情况。

2.5.2　网站的发布

经过了详细的本地测试后，就可以发布站点了。发布前还需要申请网站空间，然后通过一定的方式把网站上传到服务器，这样就可以让世界上每一个角落的访问者浏览到站点内容了。

1. 申请网站空间

网站是存放在网络服务器上的一组 Web 文件,它们需要占据一定的硬盘空间,这就是一个网站所需的网站空间。打个比方,可以把网站想象成一个完备的家庭,家需要一个"门牌号码",以方便别人能找到,网站的"门牌号码"叫作"域名",俗称网址;另外,家需要有一些空间放置家具,网站用来放置制作好的网站内容、图片、声音等元素的地方就叫作网站空间。有了"门牌号码"和"空间",网站也做好了,再通过某种方式将家具(网站内容)放进空间,最后告诉亲朋好友网站的"门牌号码"(域名),别人就能访问网站了! 常见的网站空间的选择方式有以下 3 种。

(1) 自己购买服务器。如果具备足够的经济和技术实力,可以选择自己购买服务器。拥有自己的服务器的好处是可以自由管理,但是安装、定制、建立与 Internet 的连接等基础工作需要耗费大量的时间和金钱,而且正常运转后,每天 24 小时的维护也需要相当的技术实力和经济实力的支持。

(2) 采用 ISP(Internet Service Provider,互联网服务提供商)提供的虚拟主机、主机托管、主机租用等形式。对于缺乏专业技术的人员或没有精力投入的中小企业或个人,租用 ISP 提供的主机是不错的选择。所谓虚拟主机,就是采用虚拟主机技术把一台真正的主机分成许多"虚拟"的主机,每台虚拟主机都具有独立的域名和 IP 地址,具有完整的 Internet 服务器功能。虚拟主机的好处在于性能稳定,功能齐全,相对费用低廉,不需要自己维护服务器。

选择 ISP 时,要注意比价,更要比 ISP 能提供的服务能力和服务环境等内容,包括服务器的硬件配置(包括服务器的类型、CPU、硬盘速度、内存大小、网卡速度等);服务器所在的网内环境与速度、服务器所在的网络环境与 Internet 骨干网相连的速率、国际出口速率、ISP 向客户端开放的端口接入速率等。

(3) 采用一些网站提供的免费空间。对于大多数个人网页设计爱好者来说,只是为了学习实践一下,可以选择许多大型专业网站提供的免费网页空间,按照这些网站提供的 Web 方式、电子邮件方式或 FTP 方式等把网站发布到远程主机上。免费空间的特点是空间小、稳定性差,但适合没有网站制作经验的爱好者练习。申请免费个人空间要注意的事项有:空间大小、上传方式、是否限制上传文件的大小、是否附带广告、是否是嵌入式空间(头尾是提供商的内容,中间是自己的内容)。

一个网站需要多少空间呢? 通常来说,对于一般性的网站建设,基础页面 HTML 文件和页面图像大约需要 30～50MB 的网站空间。如果是一个企业展示页面,加上商品照片和各种介绍性页面,大约需要 100～300MB 的网站空间。当然,租用大的空间能上传更多的视频和照片。对于开展电子商务的网站或者动态交互式网站,则需要更大的网站空间,在选择网站空间时还要结合日访问量综合考虑。

2. 发布网站

发布网站就是将制作好的网站上传到 Internet 的 WWW 服务器上。在网页文件编写、调试后就可以将其上传到网站空间。文件上传分为 Web 上传和 FTP 上传。Web 上传需要登录网站的空间管理页面按要求进行上传,缺点是一般不能一次性传送较大的文件,如果要上传较多的文件,就显得比较麻烦。FTP 上传则可以传送较大的文件。

FTP 上传有以下 3 种方式。

(1) 在浏览器地址栏输入 FTP 地址,然后输入用户名和登录密码就可以登录自己的 ftp 目录,再把文件复制到相关的目录下。

(2) 利用一些网页制作软件提供的"站点发布"命令。

(3) 使用专用软件,目前经常使用的 FTP 软件有 CuteFTP、FlashFXP 和 LeapFTP 等,它们都具有界面友好、功能强大、容易使用的特点。

需要注意的是,不同网站提供者的 FTP 目录是不同的,有的是根目录,有的是 Web 目录,还有的是 wwwroot 目录,一定要上传到相应的目录,否则网站将不能访问。

2.6 网站的推广和维护

2.6.1 网站的宣传与推广

网站发布后,还要不断地进行宣传,酒香也怕巷子深,只有加强宣传与推广,才能让更多的人认识它,提高网站的访问率和知名度。网站宣传和推广的方法有很多,下面简单介绍几种。

1)传统媒介推广法

目前,传统媒体的宣传影响力仍然大于网络,特别是对于面向国内的站点,电视、广播、报刊杂志等媒体的宣传效果可以说是立竿见影。另外,对于企业来说,可以将企业网站的推广融入整个企业的宣传工作中,包括在所有的广告、展览等各种活动中都可以在显著处加入公司的网址,并做适当介绍;还可以把公司网址加入公司的各种印刷出版物上,如宣传品、信封、信纸、名片、手提袋;企业建筑造型、公司旗帜、企业招牌、公共标识牌等外部建筑环境和企业常用标识牌、货架标牌等内部建筑环境上;各种交通工具上;公司员工的服装服饰上;各种产品包装袋上;公司平时的赠送礼品上;要全面利用这些宣传手段,实际上在设计公司的 CI(企业识别系统)时就要将网站这个因素考虑进去,网站实际上是 CI 设计中的一个基本要素。

2) 网络广告推广法

如果愿意为推广网站花钱,就可以采用广告方式。在传统媒体上做广告大家都很熟悉了,这里主要说一说网络广告,也就是发布在网络里的广告。

网络广告发布在网页上,有漂浮式显示、静态显示、弹出式显示和单击显示几种不同的显示方式。广告的收费方式是通过指定网页的访问量计费的,访问量越大,收费越高;或者通过单击次数收费,每单击一次就付一定的费用。与传统的三大媒体(报刊、广播、电视)广告及近来备受垂青的户外广告相比,网络广告具有得天独厚的优势,是实施现代营销媒体战略的重要部分。网络广告的独特优势可以概括为以下 6 点。

(1) 传播范围广。网络广告的传播范围极其广泛,不受时间和空间的限制,可以通过国际互联网络把广告信息 24 小时不间断地传播到世界各地。作为网络广告的受众,只要具备上网条件,任何人在任何地点都可以随时随意地浏览广告信息。

(2) 交互性强。在网络上,受众是广告的主人,在当其对某一产品发生兴趣时,可以通过单击进入该产品的主页,详细了解产品的信息。而厂商也可以随时得到宝贵的用户反馈信息。

(3) 针对性明确。网络广告目标群确定,由于点阅广告者即为有兴趣者,所以可以直接命中有可能的用户,并可以为不同的受众推出不同的广告内容。尤其是行业电子商务网站,浏览者大都是企业界人士,网络广告就更具有针对性了。

(4) 受众数量可准确统计。利用传统媒体做广告很难准确地知道有多少人接收到广告信息,而在Internet上可通过权威公正的访客流量统计系统精确统计出每个客户的广告被多少个访问者看过,以及这些访问者查阅的时间分布和地域分布情况。这样,借助分析工具容易体现成效,客户群体清晰易辨,广告行为收益也能准确计量,有助于客商正确评估广告效果,制定广告投放策略,对广告目标更有把握。

(5) 灵活、成本低。在传统媒体上做广告,发布后很难更改,即使可以改动,往往也须付出很大的经济代价。而在Internet上做广告能按照需要及时变更广告内容,当然包括改正错误,这就使经营决策的变化可以及时地实施和推广。作为新兴的媒体,网络媒体的收费也远低于传统媒体,若能直接利用网络广告进行产品销售,则可节省更多的销售成本。

(6) 感官性强。网络广告的载体基本上是多媒体、超文本格式文件,可以让消费者亲身体验产品、服务与品牌,这种以图、文、声、像的形式传送多感官的信息,可以让顾客身临其境般地了解商品或感受服务。

3) 搜索引擎推广法

迄今为止,搜索引擎是应用最广的互联网基本功能。搜索引擎是Internet中比较特殊的站点,它们搜罗网上其他站点的信息,纳入自己的数据库,然后根据用户提供的关键字查询出带有相关信息的站点;同时搜索引擎也为站主提供了将自己的站点登记到数据库中的机会,而且绝大多数情况下是免费的,这是宣传站点的极好时机。向搜索引擎网站提交本站点的网址和关键词,特别是网站注册到了知名度比较高的搜索引擎上,当别人利用这个引擎进行查询搜索时,就增加了站点被访问的机会。数据表明,80%以上的上网者都是通过搜索引擎找到自己想要寻找的内容的。

4) 合作推广法

合作推广法指在具有类似目标的网站之间通过友情链接、交换广告等方式实现互相推广的目的。

友情链接又称互惠链接,是具有一定互补优势的网站之间的简单合作形式,即分别在自己的网站上放置对方网站的Logo或网站名称,并设置对方网站的超链接,使得用户可以从合作网站中发现自己的网站,达到互相推广的目的。友情链接最好能链接一些流量比自己高的、有知名度的,并且和自己内容互补的网站;或者链接同类网站,要保证自己网站的内容质量要有特点,并且可以吸引人。网站不要单求美观,特别是商业网站,一定要以实用第一,技术、美观等次之。

还有一种情况就是同时做几个相关的网站互相推广,比如,做计算机行业的商务网站,可以再做一个计算机人才网、一个计算机资讯网、一个计算机专业书店网;再比如,做一个小游戏网可以再做一个小说网、一个音乐网和一个电影网,它们之间互相链接,互相推广。

5) 网络工具推广法

随着互联网的飞速发展,上网的人数正在成倍增长,充分利用Internet上的各种工具可以更大范围地扩大网站的影响。

(1) 利用电子邮件推广。

电子邮件已经成为人们交流信息的一种工具,上网的人绝大多数都拥有自己的电子信箱。电子邮件推广以电子邮件为主要的网站推广手段，常用的方法包括电子刊物、会员通信、专业服务商的电子邮件广告等。事实证明，这是比较行之有效的一种宣传推广手段，但运用不当则令人讨厌，比如“垃圾邮件”。基于用户许可的电子邮件推广与滥发邮件不同，它具有明显的优势，比如可以减少广告对用户的滋扰、增加潜在客户定位的准确度、增强与客户的关系、提高品牌诚信度等。

（2）利用网络聊天和交友推广

在线聊天是最常见的网上交流方式，当然可以宣传网站。人人都可以到网上聊天，人人都可以通过聊天宣传自己的网站。要想宣传的效果好，就得动一点脑筋。例如，找那些人气旺的聊天室；找那种支持超链接的聊天室，这样输入的网址就带上了超链接，网友轻轻一点就进来了；事先准备好宣传广告，聊天时顺便发给对方等。

互联网打开了人际交往的一扇巨大的门。在网上交友时，日常人际交往过程中存在的许多障碍消失得无影无踪，所以受到了非常热烈的欢迎。人多的地方自然是做广告的好地方。在这样的地方做一些“广告”，完全不花钱却能收到奇效。例如，在登记资料里写清楚自己网站的名称和域名；在宣言里写上对自己网站的介绍等。

目前，网民聊天交友常用的工具有：各大网站的聊天室、QQ 或 MSN 等。

（3）利用新闻组、BBS 或留言等推广。

网上有一些专门开辟出来给人们发布信息的地方，如新闻组、各种论坛、留言板，它们也是宣传网站的一条好途径。一些人气比较高的 BBS 和论坛，尤其是那些主题与自己网站的内容有关联性的，绝对是不可错过的好地方。寻找和自己网站内容接近的栏目，在上面发布网站的网址信息，可使关心该主题的访问者看到网站信息，从而可能访问自己的网页。采用这种方式的成功率会比较高，因为大家都是关心同一主题的访问者，愿意共同讨论、一起提高。

还可以将有关的网站推广信息发布在其他潜在用户可能访问的网站上，利用用户在这些网站获取信息的机会实现网站推广的目的，适用于这些信息发布的网站包括在线黄页、分类广告、论坛、博客网站、供求信息平台、行业网站等。如果信息发布在相关性比较高的网站上，就可以引起人们极大的关注，效果会更好一些。

6）免费搭送推广法

这种方法要求比较高，首先要有能力为用户提供有价值的免费服务，再附加上一定的推广信息。常用的免费服务有提供免费电子书、免费软件、免费 Flash 作品、免费贺卡、免费考试资料等。如果应用得当，这种病毒性营销手段往往可以以极低的代价取得非常显著的效果。例如，某个网站规定要下载它的有声小说就必须先下载特定的下载工具。

2.6.2 网站的更新和反馈评价

1. 网站的更新

网站上传后就能够浏览了，但做到这一步并没有结束，随着网站内容的变化和开发技术的推陈出新，网站也将进入一个不断修改、更新的循环过程。因为网站长时间一成不变或者毫无新意，肯定不会吸引用户再次访问。如果网站制作精良、更新及时，不但可以吸引回头客，而且这些回头客还可能介绍他们的朋友前来访问。这些回头客一般是真正对网站感兴趣的用户，因此争取回头客是扩大网站影响的重要因素。

网站的更新包括日常更新和定期改版。

(1) 网站的日常更新主要是网站文本内容和一些小图片的增加、删除或修改，总体版面的风格一般保持不变，这种日常的内容更新至少一个星期更新一次。如果有一些公司网站的访问量较大，更新周期应再缩小。当然，如果有精力，最好每天更新，这样客户每次访问网站时都能看到新内容，促使他一有时间便来看看。对于新闻类的网站，则可能需要实时更新。

(2) 网站的改版是对网站总体风格做大的调整，包括版面、配色等各方面。毕竟长期沿用一种版面会让人感觉陈旧、厌烦，改版后的网站让客户感觉改头换面、焕然一新。一般改版的周期要长些，一年一改，如果更新得勤，客户对网站也满意，改版周期可以降至几个月甚至半年。一般一个网站开发完成以后，便代表了公司的形象和风格。随着时间的推移，很多客户对这种形象已经形成了定势，如果经常改版，会让客户感觉不适应，特别是那种风格彻底改变的“改版”。

对于公司、企业等单位，尤其是拥有自己服务器的单位，还需要配置专门的网站管理员管理和维护网站，维护内容不仅包括动态信息更新、新产品更新、咨询回复、网站安全等，还包括服务器及相关软硬件的维护、数据库维护。另外，还要尽早制定网站维护的规定，将网站维护制度化、规范化。

2. 网站的反馈评价

网站是为浏览者服务的，网站开发的好坏应该由浏览者评判，实施反馈评价工作有利于优化和完善网站。反馈评价工作不需要经常做，但定期实施有利于及时掌握浏览器的需求变化，使网站始终处于一个不断发展、日趋完善的动态环境。反馈评价可以通过以下3种方式进行。

(1) 使用网站统计工具。使用计数器、计时器等统计某个网页被访问的次数或浏览者停留的时间。

(2) 发布网页调查表。采用留言板调查表、有奖问答页面等形式收集浏览者对网站的各方面的建议。

(3) 邀请业内专家。通过专家更专业的技术方法进行评测，有利于进行有目的的完善。

通过宣传吸引了大量的浏览者访问网站只是暂时的成功，若以新奇的版式、独特的内容和及时的服务吸引浏览者经常来访，特别是让浏览者能主动向其他人推荐网站，才可能是真正的成功。

思考与练习

1. 单项选择题

(1) 确定网站的(　　)是建立网站时应首先考虑的问题。

A. 风格　　B. 标题　　C. 内容　　D. 主题

(2) 下列关于规划网站目录的原则中说法错误的是(　　)。

A. 不要将所有文件都存放在根目录下　　B. 按栏目内容分别建立子目录

C. 目录的层次要尽量深　　D. 每个目录下都建立独立的 images 目录

(3) 下列说法中错误的是(　　)。

A. 规划目录结构时，应在主目录下建立独立的 images 目录

B. 在设计站点时要突出主题

C. 色彩搭配要遵循和谐、均衡、重点突出的原则

D. 为了使站点目录明确，应采用中文目录

(4) 在站点命名目录或文件时，要避免使用中文是因为(　　)。

A. 中文较烦琐　　B. 中文占用字节较多

C. 英文较中文便于管理　　D. 许多服务器不支持中文

2. 问答题

(1) 简述网站开发的一般流程。

(2) 在选择网站主题时应注意哪些问题？

(3) 如何寻找有价值的网站主题？试着找一找并阐述理由。

(4) 域名设计的原则是什么？为自己的网站设计一个域名，并说明其含义。

(5) 如何申请域名和空间，请上网模拟一下。

(6) 简述网站素材的准备过程。

(7) 为自己的网站设计不少于 5 个栏目，并将其用栏目结构图或栏目结构表表示出来。

(8) 树立网站风格的方法有哪些？

(9) 构建网站目录结构时应注意哪些事项？假设图 2-21 是“英雄城——南昌”的网站结构规划图，请为它规划合理的目录结构。

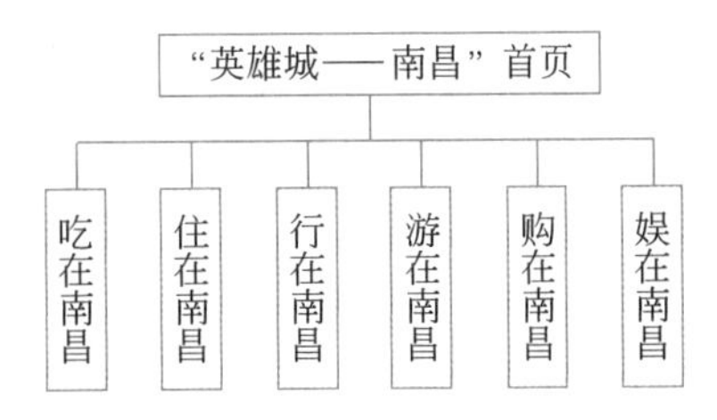

图 2-21　网站结构规划图

(10) 打开搜狐网(https://www.sohu.com/)，描述搜狐网的主要版块和栏目以及链接结构的设置情况。

(11) 参照 2.3.5 节撰写一份网站设计规划报告。

(12) 列举一些网站建设过程中需要遵循的原则。

(13) 如何进行本地网页的测试？

(14) 宣传网站的手段有哪些？请举例说明。

(15) 网站的更新工作包括哪些内容？

第 3 章　HTML 基础知识

HTML 是制作网页的基础语言，它通过标记式指令将文字、图片、声音和影像等连接起来，通过浏览器呈现给用户。HTML 文件可以用记事本等文本编辑工具编写，文件的扩展名为 HTML，它们是能够被浏览器解释显示的文件格式。

3.1　HTML 概述

3.1.1　HTML 的发展历程

1. HTML 的诞生

1969 年，IBM 的 Charles Goldfarb 发明了用于描述超文本信息的 GML（Generalized Markup Language，通用置标语言）。1978—1986 年，在 ANSI 等组织的努力下，GML 进一步发展为著名的 SGML（Standard Generalized Markup Language，标准通用置标语言）标准。当 Tim Berners-Lee（Web 应用创始人）和他的同事在 1989 年试图创建一个基于超文本的分布式应用系统时，他们意识到 SGML 是描述超文本信息的一个上佳方案，但美中不足的是，SGML 过于复杂，不利于信息的传递和解析。于是，Tim Berners-Lee 对 SGML 做了大刀阔斧的简化和完善。1990 年，第一个图形化 Web 浏览器 World Wide Web 终于可以使用一种为 Web 量身订制的语言——HTML 展现超文本信息了。

2. HTML 的版本发展

HTML 是建立网页的标准，从它诞生至今，其规范不断完善，功能越来越强大。从发展历程来看，HTML 大体经历了以下几个阶段。

(1) HTML2.0：HTML 没有 1.0 版本是因为当时有很多不同的版本；为了和当时的各种 HTML 标准区分开来，1993 年推出了第一个正式使用 2.0 作为版本号的 HTML。

(2) HTML3.0～3.2：1995 年 3 月由当时刚成立的 W3C（World Wide Web Consortium，万维网联盟）提出 HTML3.0，但由于实现工作过于复杂，后来中止了开发；3.1 版从未被正式提出，1996 年，W3C 直接提出了 HTML3.2 并推荐为当时的标准。

(3) HTML4.0～4.01：1997 年 12 月 18 日，W3C 推出了 HTML4.0，这是一个具有跨时代意义的标准；1999 年 12 月 24 日，W3C 在 HTML4.0 的基础上推出了改进版的 HTML 4.01，成为当时最为流行和相当成熟可靠的版本。

(4) XHTML1.0～2.0：2000 年 1 月在 HTML4.0 的基础上推出了 XHTML1.0，它是一种优化和改进后的新语言，2002 年推出了 XHTML 2.0 的第一个工作草案。不过，XHTML 并没有成功，大多数浏览器厂商认为 XHTML 作为一个过渡化的标准并没有太大的必要，所以 XHTML 并没有成为主流，而 HTML5 便因此孕育而生。

(5) HTML5：HTML5 的前身名为 Web Applications1.0，由一些浏览器厂商联合成立的 WHATWG 工作组在 2004 年提出，于 2007 年被 W3C 接纳。W3C 随即成立了新的

HTML工作团队，团队包括Apple、Google、IBM、Microsoft、Opera等，这个团队于2008年公布了HTML 5的第一份正式草案。2014年10月28日，W3C正式发布HTML5推荐标准。

HTML还在不断发展扩充，有关HTML的各种参考资料和W3C即将发布的各种新版特征、最新消息等内容，均可以通过网络查询。

3. HTML的特点

HTML是网页制作的基本语言，虽然不懂得HTML也能够制作出漂亮的网页，但学习HTML能帮助读者进一步理解网页形成的原理，还能帮助初学者读懂代码、插入特效。HTML的主要特点如下。

(1) HTML容易学习，不需要编程基础和专业的编程知识。

(2) HTML文档容易创建，只需要一个文本编辑器(如记事本)就可以完成。

(3) 用HTML编写的文件垃圾代码少，浏览器解释效率高，加快了页面的显示速度。

(4) HTML文件存储量小，加快了网页的传输速度。

(5) HTML独立于操作系统平台，能够多平台兼容，只需要一个浏览器就能浏览网页文件，适合推广使用。

3.1.2 一个简单的HTML实例

在学习HTML前，先来看一个简单的用HTML编写的实例。

【例3-1】 用HTML制作一个简单的网页，显示效果如图3-1所示。

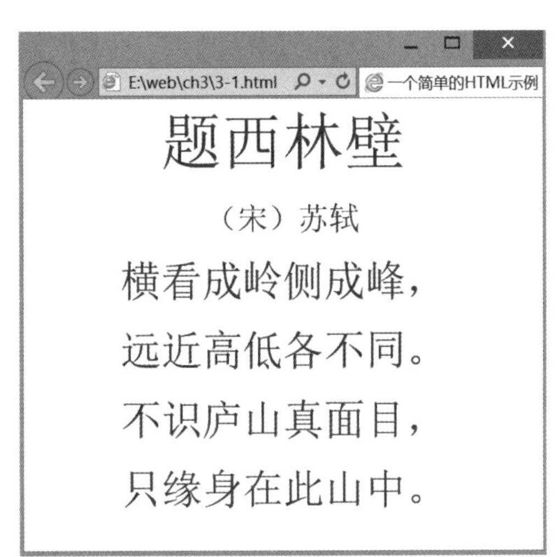

图3-1 一个简单的网页

(1) 用任何文本编辑器(Windows的记事本、写字板等)输入下列文本。

```
<html>
<head>
<title>一个简单的HTML示例</title>
</head>
<body text="#0000FF">
<center>
```

```
<font size="7">题西林壁</font>
<p><font size="5">(宋)苏轼</font></p>
<p><font size="6">横看成岭侧成峰,</font></p>
<p><font size="6">远近高低各不同。</font></p>
<p><font size="6">不识庐山真面目,</font></p>
<p><font size="6">只缘身在此山中。</font></p>
</center>
</body>
</html>
```

(2) 保存为 example3-1.html 文件。

(3) 双击该文件就会看到如图 3-1 所示的效果。

3.1.3 HTML 的基本概念

要了解 HTML,先要熟悉 HTML 中的一些基本概念。

1. 标记

在 HTML 中,用于描述功能的符号称为标记,它用来控制文字、图像等显示方式,例如例 3-1 代码中的 html、head、body 等。HTML 标记由一对尖括号"< >"和标记名组成。XHTML 标准中规定,标记名必须用小写字母。标记有单标记和双标记之分。

1) 单标记

单标记是指只需单独使用就能完整地表达意思的标记。这类标记的语法是:<标记名>。最常用的单标记为
,表示换行。XHTML 标准规定单标记也必须封闭,即在单标记名后以斜杠作为结束,这时换行标记必须写成:
。

2) 双标记

双标记是指由"始标记"和"尾标记"两部分构成且必须成对使用的标记。其中,始标记告诉 Web 浏览器从此处开始执行该标记表示的功能,而尾标记告诉 Web 浏览器到这里结束该功能。始标记前加一个斜杠"/"即为尾标记。双标记的语法是:<标记名>受标记影响的内容</标记名>。例如想突出对某段文字的显示,可以将此段文字放在<em></em>这对标记中间,写为:<em>第一</em>。

2. 标记属性

许多单标记和双标记的始标记内可以包含一些属性,标记通过属性实现各种效果,其语法是:<标记名 属性 1 属性 2 属性 3 … >,属性名建议用小写字母表示,各属性之间无先后次序,属性也可省略(取系统默认值),属性值要用双引号括起来。例如单标记<hr/>表示在文档当前位置画一条水平线,一般是从窗口中当前行的最左端一直画到最右端,它可以带有一些属性:<hr size="3" align="left" width="75%"/>。其中,size 属性定义线的粗细,属性值取整数,默认值为 1;align 属性表示对齐方式,可取 left(左对齐,默认值)、center(居中)、right(右对齐);width 属性定义线的长度,可取相对值(由一对" "号括起来的百分数,表示相对于整个窗口的百分比),也可取绝对值(用整数表示的屏幕像素点的个数,如 width="300"),默认值是 100%。

3.1.4　HTML 文档的基本结构

HTML5 文档是一种纯文本格式的文件，文档的基本结构如下。

```
<!DOCTYPE html>
<html>
  <head>
    <meta charset="gb2312">
    <title>文档标题</title>
  </head>
  <body>
    网页内容
  </body>
</html>
```

HTML 网页文件的基本结构主要包含以下几种标记。

1. 文档类型标记

在编写 HTML5 文档时，要求指定文档类型，用于向浏览器说明当前文档使用的是哪种 HTML 标准。文档类型声明的格式为：<! DOCTYPE html>，该行代码称为 DOCTYPE(documend type，文档类型)声明。要建立符合标准的网页，DOCTYPE 声明必不可少，且必须放在每个 HTML 文档的顶部，在所有标记之前。

2. html 文件标记

<html>…</html>标记放在网页文档的最外层，用来告诉浏览器 HTML 文档的开始和结束位置，其中包括 head 和 body 两大部分，中间嵌套其他标记。HTML 文档中所有的内容都应该在这两个标记之间，一个 HTML 文档总是以<html>开始，以</html>结束。

3. head 文件头部标记

HTML 文件的头部用<head>…</head>标记，头部主要提供文档的描述信息，head 部分的所有内容都不会显示在浏览器窗口中，主要用来说明文件的有关信息，如文件标题、作者、编写时间、搜索引擎可用的关键词、链接的其他脚本或样式文件等。

在 head 标记内，最常用的标记有文档编码标记 meta 和网页标题标记 title。

(1) meta 的格式为：<meta charset="gb2312">。所有 HTML 文档都必须声明它们使用的编码语言，并且与实际的编码一致，否则就会变成乱码，对于中文网页的设计者来讲，一般使用 gb2312(简体中文)。

(2) title 的格式为：<title>网页标题</title>。网页标题是提示网页内容和功能的文字，它出现在浏览器的标题栏中，一个网页只能有一个标题，并且只能出现在文件的头部。

4. body 文件主体标记

HTML 文件的主体用<body>…</body>标记，它是 HTML 文档的主体部分，网页正文中的所有内容，包括文字、表格、图像、声音和动画等都包含在这对标记对之间，其格式为：<body background="image-url" bgcolor="color" text="color" link="color" alink="color" vlink="color" leftmargin="value" topmargin="value">…</body>。

其中，各属性的含义如下。

(1) background：设置网页背景图像。

(2) image-url：设置图像文件的路径。

(3) bgcolor：设置网页的背景颜色，默认为白色。

(4) text：设置非链接文字的色彩，默认为黑色。

(5) link：设置尚未被访问过的超文本链接的色彩。

(6) alink：设置超文本链接在被访问瞬间即被选中时的色彩。

(7) vlink：设置已被访问过的超文本链接的色彩。

(8) leftmargin：设置页面左边距，即内容和浏览器左部边框之间的距离。

(9) topmargin：设置页面上边距，即内容和浏览器上部边框之间的距离。

(10) value：表示空白量，可以是数值，也可以是相对页面窗口宽度和高度的百分比。

(11) color：表示颜色值。颜色值可以用颜色的英文名表示；也可以用"#"加红绿蓝(RGB)三基色混合的6位十六进制数(#RRGGBB)表示，每个基色的最低值是0(十六进制是#00)，最大值是255（十六进制是#FF)。常用颜色的中英文名称及RGB十六进制值如表3-1所示。

表3-1　常用颜色的中英文名称及RGB十六进制值

色彩名称	色彩英文名	十六进制代码	色彩名称	色彩英文名	十六进制代码
纯白	White	#FFFFFF	棕色	Brown	#A52A2A
纯黑	Black	#000000	金色	Gold	#FFD700
灰色	Gray	#808080	纯绿	Green	#008000
银灰色	Silver	#C0C0C0	橄榄	Olive	#808000
纯红	Red	#FF0000	青色	Cyan	#00FFFF
粉红	Pink	#FFC0CB	纯蓝	Blue	#0000FF
深红	Crimson	#DC143C	海军蓝	Navy	#000080
橙色	Orange	#FFA500	紫色	Purple	#800080
纯黄	Yellow	#FFFF00	栗色	Maroon	#800000

3.1.5　HTML的基本语法规则

HTML代码的书写必须遵循以下语法规则。

(1) HTML文件虽然是一个文本文件，但它的后缀名是html，而不是文本文件的后缀名txt。

(2) HTML文件中的每个标记都要用"<"和">"括起来，如<p>，表示这是HTML代码，而不是普通文本，注意："<"和">"与标记名之间不能留有空格或其他字符。

(3) 参照XHTML规则，标记名和属性名建议都用小写字母，属性值必须用双引号括起来，所有标记(包括单标记)必须封闭，如
、<img/>、<p>…</p>等。

(4) 多数HTML标记可以嵌套，但不可以交叉。例如：<p><font color="#000000"　face="方正粗圆简体,方正黑体">网页设计与制作教程</p></font>将不能正确显示。

(5) HTML文件的一行可以写多个标记，一个标记及其属性也可以分多行写，不需要任何续行符号,但标记中的一个单词不能分两行写。

```
<fo
    nt color="# 000000" face="楷体-GB2312">网页设计与制作教程</font>
```

是不正确的。

(6) HTML 源文件中的换行、回车符和空格等硬操作在显示效果中是无效的,要用标记或符号码(3.2.10 节介绍)实现。

3.2 HTML 的文本格式标记

在<body>…</body>标记对之间直接输入的文字可以显示在浏览器窗口中,但是要制作出实用美观的网页,还需要对输入的文字进行修饰。

3.2.1　标题标记

功能:用加强的效果制作标题。标题是一段文字内容的核心,HTML 还会自动在标题前后添加一个额外的换行。

格式:<hn align="left|center|right">标题文字</hn>。

属性:n 表示标题字号的级别,可以是 1～6 的任意整数,<h1>定义最大的标题,<h6>定义最小的标题;align 用来设置标题在页面中的对齐方式,取值包括 left(左对齐)、center(居中对齐)和 right(右对齐),默认为 left。

【例 3-2】　标题标记的应用。

```
<html>
<head>
<title>标题标记示例</title>
</head>
<body>
<center>
<h1>一级标题</h1>
<h2>二级标题</h2>
<h3>三级标题</h3>
<h4>四级标题</h4>
<h5>五级标题</h5>
<h6>六级标题</h6>
</center>
</body>
</html>
```

浏览器中的显示效果如图 3-2 所示。

3.2.2　字体标记

功能:设置网页中文字的字体、字号或颜色。

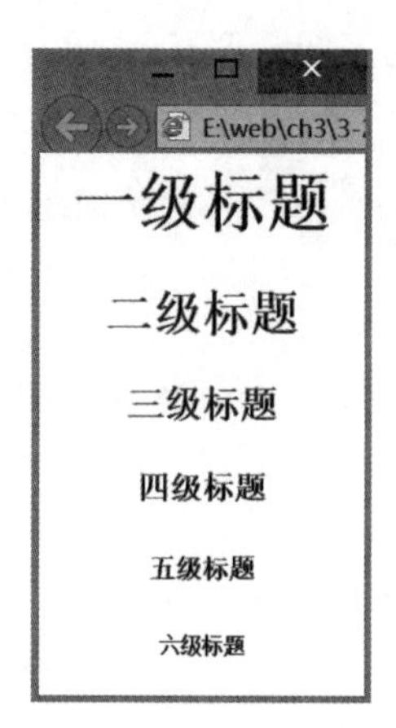

图 3-2　标题的效果

格式：<font face="字体"　size="数字"　color="颜色">文字</font>。

属性：face 用来设置字体，如黑体、宋体、楷体等；size 用来设置文字的大小，数字的取值范围为 1～7 的整数，size 取 1 时字号最小；color 用来设置文字的颜色，默认为黑色。

注意：<font>被 W3C 列为不建议使用的标记，可以用后面所学的 CSS 设定字体。

【例 3-3】　字体标记的应用。

```
<html>
<head>
<title>字体标记示例</title>
</head>
<body>
<p><font face="楷体_GB2312">欢迎光临</font></p>
<p><font face="宋体">欢迎光临</font></p>
<p><font face="黑体">欢迎光临</font></p>
<p><font face="Times New Roman">Welcome to my homepage! </font></p>
<p><font face="Arial Black">Welcome to my homepage! </font></p>
</body>
</html>
```

浏览器中的显示效果如图 3-3 所示。

图 3-3　设置文字字体后的效果

3.2.3　文本修饰标记

功能：给文本增添一些特殊效果，如黑体、斜体、下画线等，这是一组标记，它们可以单独使用，也可以混合使用，以产生复合的修饰效果。常用的文本修饰标记如下。

<b>…</b>：文字加粗。

<i>…</i>：文字倾斜。

<u>…</u>：给文字添加下画线。

<strike>…</strike>：删除线。

[…]：使文字成为前一个字符的上标。

_…：使文字成为前一个字符的下标。

<em>…</em>：强调文字，通常是斜体。

<strong>…</strong>：特别强调的文字，通常是加粗显示。

【例 3-4】　文本修饰标记的应用。

```
<html>
<head>
<title>文本修饰标记示例</title>
</head>
<body>
<p><b>这是一行粗体</b></p>
<p><i>这是一行斜体</i></p>
<p><u>这一行有下画线</u></p>
<p><strong>这时要强调的文字</strong></p>
<p><b><i><u>粗斜体并有下画线</u></i></b></p>
<p>2<sup>4</sup>=16</p>
<p>水的化学符号是 H<sub>2</sub>0</p>
</body>
</html>
```

浏览器中的显示效果如图 3-4 所示。

3.2.4　段落标记

功能：由于浏览器在解释 HTML 文档时会忽略用户在 HTML 编辑器中输入的回车符，所以在文档中输入回车并不能在浏览器中看到一个新的段落，当需要在网页中插入新的段落时，必须使用段落标记，它会在段落的前后加上额外的空行，不同段落间的距离等于连续加了两个换行标记
。

格式：<p align="left|center|right">…</p>。

属性：align 取值可以为 left(左对齐)、center(居中对齐)和 right(右对齐)，默认为 left。

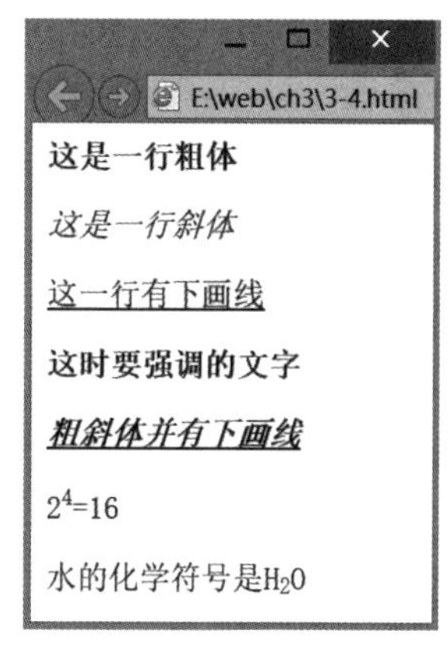

图 3-4　文本修饰后的效果

3.2.5　强制换行标记

功能：强行另起一行显示该标记后面的网页元素。

格式：

说明：这是一个单标记，在显示效果上与段落标记都是另起一行书写，但它们的不同之处是段落标记的行距相当于两个
标记的效果。

【例 3-5】　段落标记和强制换行标记的应用。

```
<html>
<head>
<title>段落标记和强制换行标记示例</title>
```

```
</head>
<body>
<h3>南昌大学</h3>
<p>联系地址：江西省南昌市红谷滩区学府大道 999 号</p>
邮政编码：330031<br/><br/>      <!--两个强制换行标记相当于一个段落标记-->
值班电话：0791-83969099<br/>
传真号码：0791-83969069<br/>
</body>
</html>
```

浏览器中的显示效果如图 3-5 所示。

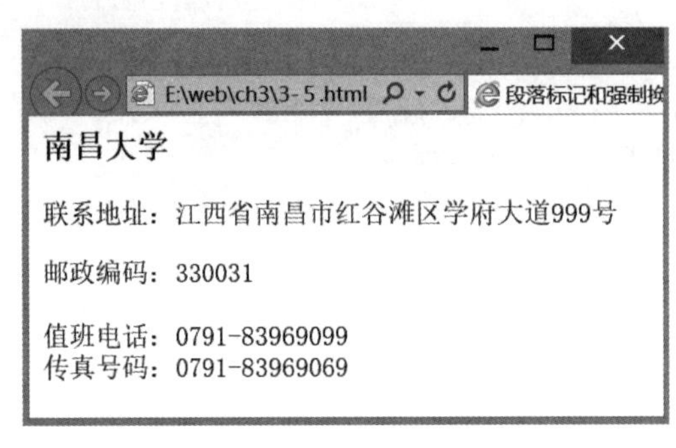

图 3-5　设置段落标记和强制换行标记后的效果

3.2.6　水平线标记

功能：在网页中插入一条水平线，用于页面内容上的分割。

格式：<hr width="value1" size="value2" align="value3" color="color1" noshade/>。

属性：width 用来设置水平线的长度，value1 可以是绝对值(长度固定不变，以像素为单位)或相对值(相对于当前窗口的百分比，当窗口宽度改变时，水平线的长度也随之增减，默认值为 100%)；size 用来设置水平线的粗细，以像素为单位；align 用来设置水平线的对齐方式，value3 的值可以是 left、center、right，默认是 center；color 用来设置水平线的颜色，颜色的取值可以是颜色的英文名称或十六进制 RGB 颜色码；noshade 用来设置水平线是否有阴影效果。

3.2.7　缩排标记

功能：将标记之间的文本从常规文本中分离出来，以左右两边缩进的方式显示。

格式：<blockquote>文本</blockquote>。

说明：浏览器会自动在<blockquote>标记前后添加换行，并增加外边距。

【例 3-6】　缩排标记的应用。

```
<html>
<head>
<title>缩排标记示例</title>
```

```
</head>
<body>
南昌大学是国家"双一流"计划世界一流学科建设高校,它的校训是:
<blockquote>格物致新   厚德泽人</blockquote>
"格物致新"意在告知师生要追求真理、人文日新;"厚德泽人"就是说我们自己的一切能力不仅是为自身的发展,更为服务于整个人类社会的进步与幸福。
</body>
</html>
```

浏览器中的显示效果如图 3-6 所示。

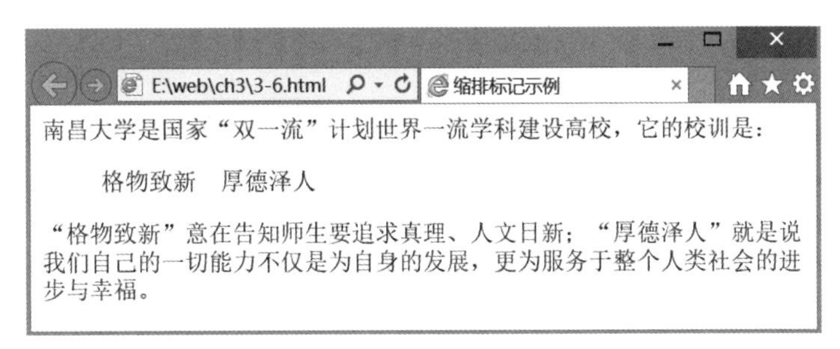

图 3-6　缩排后的效果

3.2.8　滚动效果标记

功能：将文本、图片等设置为动态滚动的效果。

格式：<marquee behavior ="value" bgcolor ="color" direction ="value" height =" value" width =" value" loop =" value " scrollamount =" value " scrolldelay =" value" hspace="value" vspace="value">文本</marquee>。

属性如下。

(1) behavior：设置文本滚动方式。共有 3 种滚动方式可供选择：当 behavior = "alternate"时，文本将来回交替滚动；当 behavior ="scroll"时，文本将循环滚动；当 behavior = "slide"时，文本只滚动一次就停止。

(2) bgcolor：为滚动文本添加背景颜色。

(3) direction：设置文本的滚动方向，value 的取值可以为 up、down、left 和 right，分别表示文本向上、向下、向左和向右滚动。

(4) height 和 width：设置文本滚动背景的面积，取值为像素或相对于窗口的百分比。

(5) loop：设置文本的滚动次数，默认值为－1，表示无限次不断滚动。

(6) scrollamount：设置文本的滚动速度，数值越大，速度越快。

(7) scrolldelay：设置在不断滚动的间隙产生一段时间的延迟，数值越大，延迟越长。

(8) hspace 和 vspace：设置文本滚动的水平方向和垂直方向的空白空间。

【例 3-7】　滚动效果标记的应用。

```
<html>
<head>
```

```
<title>滚动效果标记示例</title>
</head>
<body>
<marquee bgcolor="blue" behavior="alternate" direction="left" scrollamount=
"10" scrolldelay="100"><font color="white"><b>欢迎使用杨选辉编著的新书：<<网页
设计与制作教程>>(第 4 版)</b></font></marquee>
</body>
</html>
```

浏览器中的显示效果如图 3-7 所示。

图 3-7　文本滚动的效果

3.2.9　注释标记

功能：给 HTML 文档添加注释。

格式：<!-- 注释内容 -->。

说明：和其他计算机语言一样，HTML 也提供了注释语句。“<!--”表示注释开始，“-->”表示注释结束，中间的内容表示注释文，注释语句可以放在 HTML 文档的任何地方，但注释内容在浏览器中是不显示的，仅供设计人员在 HTML 编辑器中阅读。通过在 HTML 文档中添加注释可以增加代码的可读性，便于以后的维护和修改。

3.2.10　特殊符号

由于“>”“<”等已被 HTML 用作语法符号，因此如果要想在页面中使用这些特殊符号原本的含义，就必须使用相应的 HTML 符号码表示。这些符号码通常由前缀“&”加上字符对应的名称，再加上后缀“;”组成。常见的特殊符号及对应的符号码如表 3-2 所示。

表 3-2　常见的特殊符号及对应的符号码

特殊符号	符 号 码	特殊符号	符 号 码	特殊符号	符 号 码
空格		大于(>)	>	版权号(©)	©
引号(")	"	小于(<)	<	注册商标(®)	®

【例 3-8】　特殊符号的应用。

```
<html>
<head>
<title>特殊符号应用示例</title>
```

```
</head>
<body>
<hr>
<p align="center">Copyright&copy;2022 Sohu All Rights Reserved. 搜狐公司
 版权所有</p>
</body>
</html>
```

浏览器中的显示效果如图 3-8 所示。

图 3-8　特殊符号的效果

3.2.11　列表标记

分段排列出的一组级别相同的项目称为列表，写品种说明书、对名词进行解释时经常会用到列表，通过使用列表标记，能使这些内容在网页中条理清晰、层次分明地显示出来。HTML 中的列表主要分为无序列表、有序列表和定义列表三种形式。

1. 无序列表

无序列表是指列表中的各个元素在逻辑上没有先后顺序的列表形式。在无序列表中，各个列表项之间没有顺序级别之分，它通常使用一个项目符号，如黑点、圆圈、方框等，作为每个列表项的前缀。

功能：设置无序列表。

格式：

```
<ul type="加重符号类型">
<li type="加重符号类型">列表项目 1</li>
<li type="加重符号类型">列表项目 2</li>
…
</ul>
```

属性：<ul>标记表示一个无序列表的开始，<li>标记表示一个无序列表项。type 属性表示在每个项目前显示加重符号的类型，共有 3 种选择：当 type="disc"时，列表符号为“●”(实心圆点)；当 type="circle"时，列表符号为“○”(空心圆点)；当 type="square"时，列表符号为“■”(实心方块)。<ul>和<li>标记都可以定义 type 参数，因此一个列表中的不同的列表项目可以使用不同的列表符号，但一般情况下不建议这样设置。

2. 有序列表

有序列表使用编号，而不是项目符号编排项目。有序列表中的项目采用数字或英文字母作为序号，通常各项目间有先后顺序。

功能：设置有序列表。

格式：

```
<ol type="序号类型" start="起始号码">
<li type="序号类型">列表项目 1</li>
<li type="序号类型">列表项目 2</li>
…
</ol>
```

属性：使用<ol>标记建立有序列表，用<li>标记列出表项。type 属性表示每个项目前显示的序号类型，其值可以为 1(阿拉伯数字)、A(大写英文字母)、a(小写英文字母)、I(大写罗马字母)、i(小写罗马字母)。start 用于设置编号的开始值，默认值为 1，<li>标记用于设定该条目的编号，其后的条目将以此作为起始数逐渐递增。

【例 3-9】 无序列表和有序列表标记的应用对比。

```
<html>
<head>
<title>无序列表和有序列表标记示例</title>
</head>
<body text="blue">
<ul>
<p>中国城市</p>
<li>北京</li>
<li>上海</li>
<li>广州</li>
</ul>
<ol>
<p>美国城市</p>
<li>华盛顿</li>
<li>芝加哥</li>
<li>纽约</li>
</ol>
</body>
</html>
```

浏览器中的显示效果如图 3-9 所示。

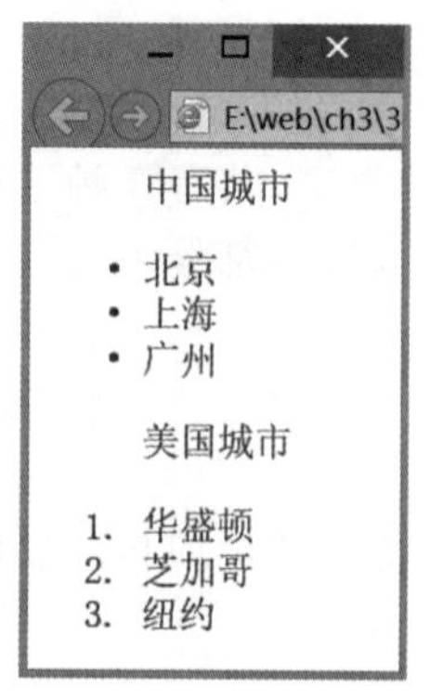

图 3-9 设置无序列表和有序列表的效果

3. 定义列表

定义列表又称释义列表或字典列表，定义列表不是带有项目符号或编号的列项目，而是一列文本以及与其相关的解释。

功能：用于需要对列表条目进行简短说明的场合。

格式：

```
<dl>
<dt>列表条目 1</dt>
<dd>条目 1 的说明</dd>
<dt>列表条目 2</dt>
<dd>条目 2 的说明</dd>
...
</dl>
```

属性：用<dl>标记开始定义列表，用<dt>标记定义的列表条目内容将左对齐，用<dd>标记定义的条目说明文字将自动向右缩进。

【例 3-10】　定义列表标记的应用。

```
<html>
<head>
<title>定义列表标记示例</title>
</head>
<body>
常用的网络论坛用语：
<dl>
<dt>菜鸟</dt>
<dd>菜鸟：原指计算机水平比较低的人，后来广泛运用于现实生活中，指在某领域不太拿手的人。
与之相对的就是老鸟。</dd>
<dt>大虾</dt>
<dd>大虾：指网龄比较长的资深网虫，或者某一方面（如计算机技术或文章水平）特别高超的人
</dd>
</dl>
</body>
</html>
```

浏览器中的显示效果如图 3-10 所示。

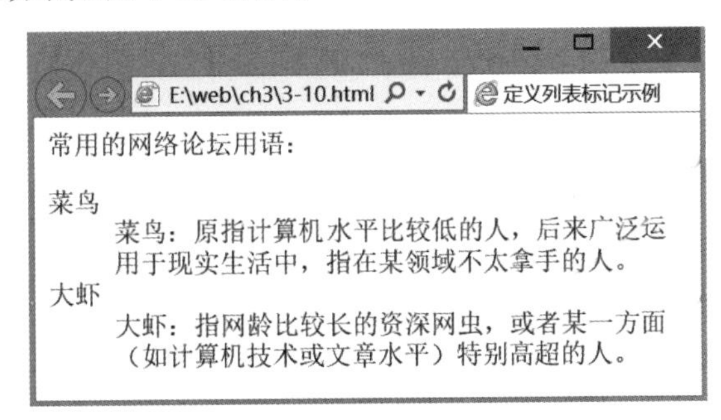

图 3-10　定义列表的效果

3.3 HTML 的图像与多媒体标记

在网页中加入图像和多媒体元素可以使网页更加丰富多彩和生动活泼。

3.3.1 图像标记

图像具有直观和美化的作用，是网页设计中必不可少的元素，它既是文字表达的有力补充，又是网页美化装饰中最具渲染力的元素。在网页中插入图像可以使网页丰富多彩，更显生动。

1. 常用的图像格式

图像文件的格式有很多，但适合在网页中使用的图片格式并不多，主要有 GIF、JPEG 和 PNG 三种，下面简单介绍它们的特点。

(1) GIF(Graphic Interchange Format)。GIF 是 Internet 上应用广泛的图像文件格式之一，它的最大特点是可以制作动态图像，即可以将数张静态图像作为动画帧串联起来，转换成一个动画文件；GIF 的另一个优点是可以将图像以交错的方式在网页中呈现，即当图像尚未下载完成时，浏览器会先以马赛克的形式将图像慢慢显示，让浏览者可以大致看出下载图像的雏形。GIF 图像最多可以使用 256 种颜色，最适合显示色调不连续或具有大面积单一颜色的图像，例如导航条、按钮、图标、徽标或其他具有统一色彩和色调的图像。

(2) JPEG(Joint Photographic Experts Group)。JPEG 也是 Internet 上应用广泛的图像文件格式之一，适用于摄影或色调连续的图像。JPEG 文件可以包含数百万种颜色，因此 JPEG 格式的文件体积较大，但图片质量较佳，通常可以通过压缩 JPEG 文件在图像品质和文件大小之间达到良好的平衡，当网页对图片的质量有要求时，建议使用该格式。JPEG 是一种压缩得非常紧凑的格式，专门用于不含大色块的图像，不支持透明图和动态图，但它能够保留全真的色调板格式，如果图像需要全彩模式才能表现出效果，JPEG 就是最佳的选择。

(3) PNG(Portable Network Graphics)。PNG 是一种非破坏性的、无专利权限的网页图像文件格式，兼有 GIF 和 JPEG 的优点，它提供将图像文件以最小的方式压缩却又不造成图像失真的技术，它的显示速度很快，只需要下载 1/64 的图像信息就可以显示出低分辨率的预览图像。它可以用来替代 GIF 格式，同样支持透明层，而且支持 48 位的色彩，在质量和体积方面都具有优势，适合在网络中传输。

2. 图像标记

功能：在当前位置插入图像。

格式：

```
<img src="图像文件的地址" alt="替代文字" title="说明文字 "width="图像宽度" height
="图像高度" border="边框宽度" hspace="水平空白" vspace="垂直空白" align="对齐方
式"/>。
```

属性如下。

(1) src：设置要加入的图像的 URL 路径，图像格式通常为 GIF、JPEG 或 PNG。

(2) alt：设置图像无法显示时的替代文字。

(3) title：光标停留在图像上时显示的说明文字，能为用户提供图像的说明信息，在无法看到图像时也可以了解图像的内容信息。

(4) width、height：设置图像的宽度或高度，可以是绝对值(像素)或相对值(百分比)。一旦设定了图像的宽度和高度，图像将按设定尺寸显示，与图像的真实大小无关。但宽度和高度一般设为图像的真实大小，以免失真；若需要改变图像的大小，最好事先使用图像编辑工具进行修改。

(5) border：设置图像的边框大小，用数字表示，默认单位为像素；默认情况下，图像没有边框，即 border="0"。

(6) hspace、vspace：设置水平方向或垂直方向的空白像素数，即图像左右或上下留多少空白。

(7) align：设置图像在页面中的位置。设定图像在水平方向或垂直方向的位置，包括 left(在水平方向上左对齐)、center(在水平方向上居中对齐)、right(在水平方向上右对齐)、top(图片顶部与同行其他网页元素顶部对齐)、middle(图片中部与同行其他网页元素中部对齐)和 bottom(图片底部与同行其他网页元素底部对齐)。

说明：<img>标记并不是真正地把图像加入 HTML 文档，而是给标记对内的 src 属性赋值，这个值是包括路径的图像文件的文件名，实际上是通过路径将图像文件调用到 HTML 文档中显示。路径在网页中是一个很重要的概念，路径分为绝对路径和相对路径。

① 绝对路径是指文件在硬盘上真正存在的路径，经常表现为以盘符为出发点的路径。例如“E:\网页设计与制作教程\第 2 章\image\bg.jpg”就是一个绝对路径，它表示 bg.jpg 这个图片存放在硬盘的“E:\网页设计与制作教程\第 2 章\image”目录中。在进行网页编程时，很少使用绝对路径，如果使用“E:\网页设计与制作教程\第 2 章\image\bg.jpg”指定背景图片的位置，在自己的计算机上浏览可能一切正常，但是换一台计算机或者上传到 Web 服务器上浏览就可能不会显示图片了。因为别的计算机和 Web 服务器上也许没有 E 盘，即使有 E 盘，E 盘里也不一定会存在“E:\网页设计与制作教程\第 2 章\image”这个目录，因此在浏览网页时是不会显示图片的。

还有一种情况是要调用显示的图片是网络上的，这时必须采用完整的 URL 指定图片文件在 internet 上的精确地址，例如<img src="http://www.xuefudao.net/img/photo.jpg">也是绝对路径，这种方式也不好，因为这张其他网站中的图片一旦被删除了，那样的话网页也无法显示这张图片。

② 相对路径是指要链接或嵌入当前 HTML 文档的文件与当前文件的相对位置形成的路径，设置图像文件地址时应尽量使用相对路径，以避免图片丢失。假如一个 HTML 文件调用文件名为 logo.gif 的图像文件，根据 HTML 文件与图像文件的目录关系，可分为以下 4 种情况：

- 假如 HTML 文件与图像文件在同一个目录中，则<img>的代码应写成<img src="logo.gif">。
- 假如图像文件放在当前 HTML 文件所在目录的一个子目录(子目录名假设是 images)中，则<img>的代码应写成<img src="images/logo.gif">。
- 假如图像文件放在当前 HTML 文件所在目录的上层目录中，则需要在图像文件名前添加“../”,因为“./”表示本级目录,“../”表示上级目录,“../../”表示上上级目录,以此类推,这时代码应写成<img src="../logo.gif">。

- 假如图像文件放在当前HTML文件所在目录的上层目录的其他子目录(假设放在一个叫作home的子目录)中,这时代码应写成<img src="../home/logo.gif">。

【例3-11】 图像标记的应用。

```
<html>
<head>
<title>图像标记示例</title>
</head>
<body>
<p align="center"><img src="images/ysh.jpg" alt="有儿初长大" width="250"
height="300"/></p>
</body>
</html>
```

浏览器中的显示效果如图3-11所示。

图3-11 插入图像的效果

3. 图文混排

图文混排是指设置图像与同一行中的文本、图像、插件或其他网页元素的对齐方式。制作网页时往往需要在网页中的某个位置插入一幅图像,并使文本环绕在图像的周围。<img>标记的align属性用来指定图像与周围元素的对齐方式,以实现图文混排效果,其取值包括left(图像居左,文本在图像的右边)、center(图像居中,文本在图像的左右)、right(图像居右,文本在图像的左边)、top(文本与图像在顶部对齐)、middle(文本与图像在中央对齐)或bottom(文本与图像在底部对齐)。

【例3-12】 图文混排的应用。

```
<html>
<head>
<title>图文混排示例</title>
</head>
<body bgcolor="#FFFFCC">
<h2 align="center">适合团队玩的小游戏</h2>
<p><img src="images/1.jpg" width="200" height="150" align="left" border="0"/>
<strong>搭桥过河</strong></p>
   竞赛方法: 每队派 6 人上场(3 男 3 女),赛道 30 米长,两头各一组,每组分三人自
由组合,起点组手持四块小地毯(报纸或者毛巾布等),由第一名队员向前搭放小地毯,第三个队员
不断地把身后的小地毯传给第一个队员,要求脚不能触地,三人踩着小地毯前进 30 米后,另一组将
接过小地毯以同样的方式往回走,最先到达起点队为胜。按时间记名次。<br/>
```

```
   竞赛规则：(1)参赛队队员在起点线外准备。待一组队员全部到达终点时另一组才能开始接力。(2)比赛过程中只要有脚触地的情况，均视为犯规，触地一次加时 30 秒。<br/>
<hr size="5" color="blue"/>
<p><img src="images/2.jpg"  width="250"  height="150"  align="right" border="0"/><strong>链接加速</strong></p>
   竞赛方法：参加游戏者 4 人一组，后边的人左手抬起前边人的左腿，右手搭在前边人的右肩形成小火车，最后一名同学也要单脚跳步前进，不能双脚着地。场地上画好起跑线和终点线，其距离为 30 米，游戏开始时，各队从起跑线出发，跳步前进，绕过障碍物回到起点，最先到达起点的为胜。按时间记名次。<br/>
   竞赛规则：(1)游戏过程中队员必须跳步前进，不允许松手(一直保持抬起前边的人的左腿)，以防止出现断裂现象，队伍断裂必须重新组织好，从起点重新开始游戏。如果不重新组织，继续前进，则成绩视为无效，记为 0 分；(2)以各队最后一名同学通过终点线为准；(3)比赛过程中，参赛队必须在规定的赛道进行比赛，不许乱道，犯规一次扣时 2 秒，依次累加。<br/>
</body>
</html>
```

在浏览器中显示的效果如图 3-12 所示。

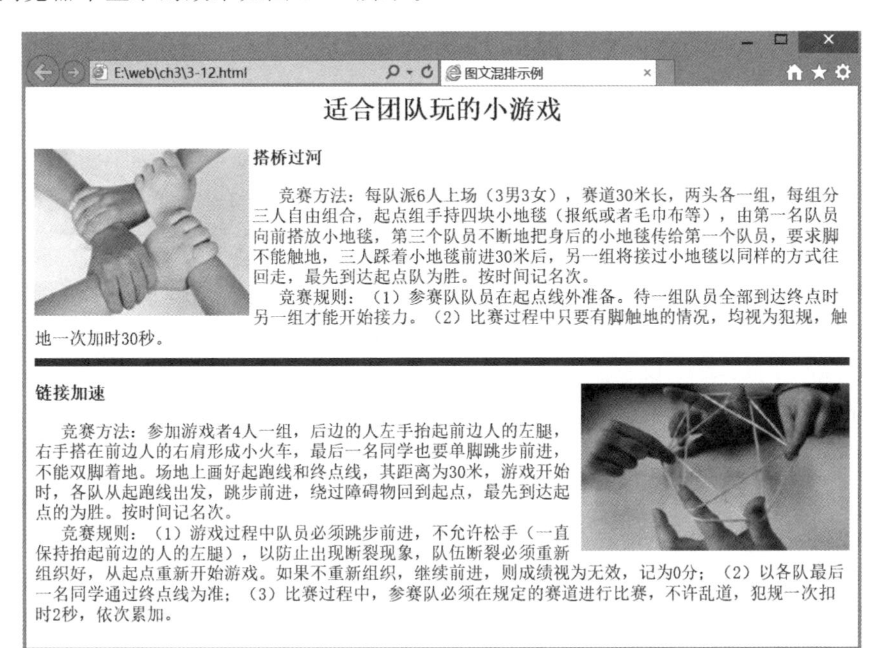

图 3-12　图文混排的效果

3.3.2　声音和视频标记

1. 声音标记

功能：在网页中播放音乐，是 HTML5 中的新属性。

格式：<audio src="音乐文件的地址" controls="controls" autoplay="autoplay" loop="loop">。

属性如下。

(1) src：设置音乐文件所在的路径，音乐文件格式可以为mp3、ogg等。

(2) controls：如果出现controls="controls"，则向用户显示控件，比如播放按钮。

(3) autoplay：如果出现autoplay="autoplay"，则音频在就绪后马上播放。

(4) loop：如果出现loop="loop"，则每当音频结束时就重新开始播放。

2. 视频标记

功能：在网页中播放视频，是HTML5中的新属性。

格式：<video src="视频文件的地址" poster="图片的地址" height="value" width="value" controls="controls" autoplay="autoplay" loop="loop">。

属性如下。

(1) src：设置要播放的视频文件所在的路径，视频文件格式可以为mp4、ogg等。

(2) post：用于指定一张图片的URL，在当前视频无效时显示。

(3) height和width：设置视频播放器的高度和宽度，取值为像素数。

(4) controls：如果出现controls="controls"，则向用户显示控件，比如播放按钮。

(5) autoplay：如果出现autoplay="autoplay"，则视频在就绪后马上播放。

(6) loop：如果出现loop="loop"，则当媒介文件完成播放后再次播放。

3.3.3 多媒体标记

功能：在页面中放置音乐、动画、视频等多媒体元素。

格式：<embed src="多媒体文件的URL地址" height="value" width="value" hidden="true| false" autostart="true| false" loop="true| false"></embed>

属性如下。

(1) src：设置多媒体文件所在的路径，可以插入的多媒体文件格式包括swf、mp3、mpeg和avi等。

(2) height和width：设置多媒体播放的区域，取值为像素数。

(3) hidden：控制播放面板的显示和隐藏。当hidden="true"时，隐藏面板；当hidden="false"时，显示面板。

(4) autostart：控制多媒体内容是否自动播放。当autostart ="true"时，自动播放。

(5) loop：控制多媒体内容的循环播放次数。当loop="true"时，可循环播放无限次；当loop="false"时，只播放一次，false为默认值。

3.4 HTML的超链接标记

超链接是网页中重要的元素之一，网站是由多个页面组成的，页面之间依靠超链接确定相互的导航关系，超链接使得网页的浏览变得非常方便。

功能：建立超链接。

格式：<a href="file-url" target="value">承载超链接的文本或图像等元素</a>

属性如下。

(1) href：设置要链接的目标的URL地址，可用“#”代替file-url，表示创建一个不链接到其他位置的空超链接。

(2) target：设置链接目标的打开方式，有以下 4 种方式：

当 target＝"_self"时，表示在原窗口或框架打开被链接的文档，这是 target 属性的默认值；当 target＝"_blank"时，表示在新窗口打开被链接的文档；当 target＝"_parent"时，表示将被链接的文件载入父框架打开，如果包含的链接不是嵌套框架，则被链接的文档将载入整个浏览器窗口中打开；当 target＝"_top"时，表示将被链接的文件载入整个浏览器窗口中打开，并删除所有框架。"_parent"、"_top"仅在网页被嵌入其他网页中有效，如框架中的网页，所以这两种取值用得很少。

【例 3-13】　超链接标记的应用。

```
<html>
<head>
<title>超链接标记示例</title>
</head>
<body>
<center>
<h1>我常访问的网站</h1>
<p><a href="http://www.tup.tsinghua.edu.cn">清华大学出版社</a></p>
<p><a href="https://www.sohu.com/" target="_self">搜狐</a></p>
<p><a href="https://www.taobao.com/" target="_blank">淘宝网</a></p>
<p><a href="#">钓鱼之家</a></p>
</center>
</body>
</html>
```

浏览器中的显示效果如图 3-13 所示。

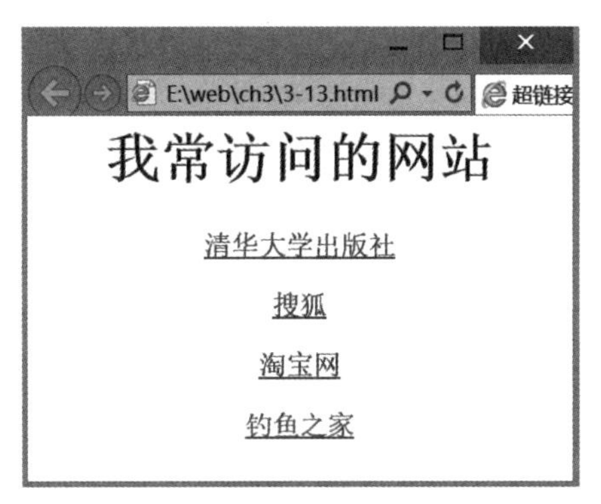

图 3-13　运用超链接的效果

3.5　HTML 的表格标记

表格是由行和列组成的二维表，它可以将文本和图像按一定的行和列规则进行排列，使网页结构紧凑整齐，使网页内容的显示一目了然。表格内的格子称为单元格，它是组成表格的最基本单元，可以放置文本、图片、动画等各种网页元素。表格除了用来显示数据外，还可以通过多重表格对页面进行排版布局,使整个页面层次清晰。

1. 表格标记

功能:建立基本表格。

格式:

```
< table bgcolor =" color1" background =" image - url" border =" n" bordercolor ="
color2" width =" x" height =" y" align =" left | center | right" cellspacing =" i"
cellpadding="j" >
<caption align="left/right/center" valign="top/bottom">表格标题</caption>
<tr><th>表头 1</th><th>表头 2</th>…<th>表头 n</th></tr>
<tr><td>表项 1</td><td>表项 2</td>…<td>表项 n</td></tr>
…
<tr><td>表项 1</td><td>表项 2</td>…<td>表项 n</td></tr>
</table>
```

属性如下。

(1) <table></table>标记对用来创建一个表格。

① bgcolor:设置表格的背景颜色。

② background:设置表格的背景图像,表格背景图像可以是GIF、JPEG和PNG三种格式。

③ border:设置表格线的宽度(粗细),n取整数,单位为像素;默认情况下,表格边框为0,即无边框线。

④ bordercolor:设置表格边框的颜色。

⑤ width和height:设置表格宽度和高度,单位为像素;在设置表格宽度时还可以用占浏览器窗口的百分比设置表格的大小。

⑥ align:设置表格在页面中的相对位置,取值为left(居左)、right(居右)或center(居中)。

⑦ cellspacing:设置单元格和单元格之间的间距,i为像素数。

⑧ cellpadding:设置单元格中的内容和单元格边框之间的距离,j为像素数。

(2) <caption>…</caption>用来为每个表格添加唯一的标题,如"奥运会男子足球比赛时间表"。常用属性有align和valign,valign表示标题在表格的上部或下部,值为top或bottom。

(3) <tr>…</tr>用来定义行,该标记中的内容显示在一行,此标记对只能放在<table></table>标记对之间使用,而在此标记对之间加入文本是无用的,因为在<tr></tr>之间只有紧跟<th></th>或<td></td>标记对才是有效的语法;<td></td>标记对用来创建表格中一行中的每个格子,此标记对也只有放在<tr></tr>标记对之间才是有效的,输入的文本也只有放在<td></td>标记对中才有效。

(4) <th>…</th>用来设置表格头,表格头的每列需要使用一个<th>标记,通常是黑体居中文字。

(5) <td>…</td>用来定义表格内容的一列,与<th>的区别是其内容不加黑显示。

说明：

(1) <table>中的 bgcolor、background、align、height、width 等属性可以放在 td 标记中，作为单元格的属性。

(2) 一行的开始表示前一行的结束，一列的开始表示前一列的结束，所以<tr>、<th>、<td>均可以作为单标记使用，但最好写成双标记，以便于阅读。

(3) <th>标记还可以用于每行的第一列，用于设置列标题。

(4) <caption>、<th>、<td>标记之间可以嵌套其他格式标记，如<p>、<font>等。

(5) 表格可以嵌套，即在单元格中再插入表格，通过表格嵌套可以产生复杂的表格。

(6) 单元格内容可以是文字，也可以是图像等其他网页元素。

(7) 表格中网页元素的对齐方式有以下几种情况：

① 如果在<tr>标记中使用 align 属性，那么 align 属性将影响整行网页元素的水平对齐方式，align 的属性值可以为 left(左对齐)、center(居中)、right(右对齐)或 justify(左右调整)，默认值是 left。

② 如果在某个单元格的<th>、<td>标记中使用 align 属性，那么 align 属性将影响该单元格网页元素的水平对齐方式。

③ 如果在<tr>标记中使用 valign 属性，那么 valign 属性将影响整行网页元素的垂直对齐方式，valign 的属性值可以为 top(靠单元格顶)、middle(靠单元格中)、bottom(靠单元格底)或 baseline(相对于基线对齐)，默认值是 middle。

④ 如果在某个单元格的<th>、<td>标记中使用 valign 属性，那么 valign 属性将影响该单元格网页元素的垂直对齐方式。

【例 3-14】 表格标记的应用。

```
<html>
<head>
<title>表格标记的应用示例</title>
</head>
<body>
<center>
<table border="3" width="60%" height="200">
<caption align="center">请注意单元格内元素的对齐方式</caption>
<tr><th>工号</th><th>姓名</th><th>应发工资</th ><th>扣款</th><th>实发工资
</th></tr>
<tr><td align="left">0001</td><td align="center">唐僧</td><td align=
"right">6500</td><td align="justify">500</td><td>6000</td></tr>
<tr><td valign="top">0002</td><td valign="middle">孙悟空</td><td valign=
"bottom">6000</td><td valign="baseline">1000</td><td>5000</td></tr>
</table>
</center>
</body>
</html>
```

浏览器中的显示效果如图 3-14 所示。

图 3-14　创建表格的效果

2. 建立不规范表格

通过在<th>、<td>标记中使用 rowspan 和 colspan 属性可以建立不规范表格。不规范表格是指单元格的个数不等于行乘以列的数值。在实际应用中经常会用到不规范表格，需要把多个单元格合并为一个单元格，即表格的跨行与跨列功能。

(1) 跨行

功能：单元格在垂直方向上合并。

格式：<td rowspan="所跨的列数">单元格内容</td>。

【例 3-15】 跨行表格的应用。

```
</html>
<head>
<title>跨行表格</title>
</head>
<body>
<table width="300" border="2" bgcolor="#00ffff">
<tr>
<td rowspan="4">新鲜水果</td>      <!--设置单元格垂直跨 4 行-->
<td>苹果</td>
<td>6.8 元 1 袋</td>
</tr>
<tr>
<td>西瓜</td>
<td>20 元 1 个</td>
</tr>
<tr>
<td>香蕉</td>
<td>4.8 元 5 只</td>
</tr>
<tr>
<td>葡萄</td>
```

```
<td>9.8 元 1 挂</td>
</tr>
</table>
</body>
</html>
```

浏览器中的显示效果如图 3-15 所示。

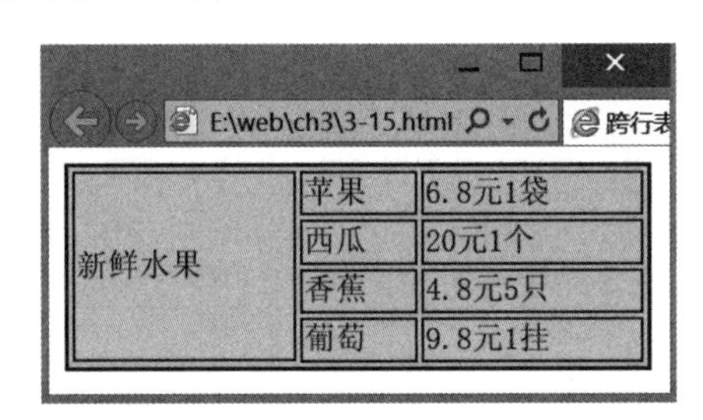

图 3-15　跨行表格的效果

(2) 跨列

功能：单元格在水平方向上合并。

格式：<td colspan="所跨的行数">单元格内容</td>。

【例 3-16】　跨列表格的应用。

```
</html>
<head>
<title>跨列表格</title>
</head>
<body>
<table width="300" border="2" bgcolor="#00ffff ">
<tr>
<td colspan="2">团购项目</td>      <!--设置单元格水平跨 2 列-->
</tr>
<tr>
<td>新鲜水果</td>
<td>8 种</td>
</tr>
<tr>
<td>休闲零食</td>
<td>20 种</td>
</tr>
<tr>
<td>酒水饮料</td>
<td>15 种</td>
</tr>
<tr>
<td>乳品烘焙</td>
```

```
<td>10 种</td>
</tr>
</table>
</body>
</html>
```

浏览器中的显示效果如图 3-16 所示。

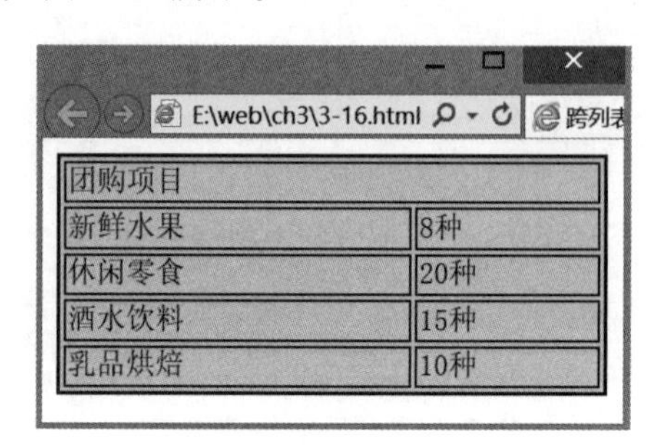

图 3-16　跨列表格的效果

(3) 跨行且跨列

在一个表格中同时用到跨行和跨列功能。

【例 3-17】　跨行跨列表格的应用。

```
<html>
<head>
<title>跨行跨列表格</title>
</head>
<body>
<table width="300" border="2" bgcolor="#00ffff">
<tr>
<td colspan="3">团购项目</td>        <!--设置单元格水平跨 3 列-->
</tr>
<tr>
<td rowspan="2">新鲜水果</td>        <!--设置单元格垂直跨 2 行-->
<td>苹果</td>
<td>6.8 元 1 袋</td>
</tr>
<tr>
<td>西瓜</td>
<td>20 元 1 个</td>
</tr>
<tr>
<td rowspan="2">休闲零食</td>        <!--设置单元格垂直跨 2 行-->
<td>肉脯</td>
<td>25 元 1 袋</td>
```

```
</tr>
<tr>
<td>话梅</td>
<td>8.8 元 1 罐</td>
</tr>
</table>
</body>
</html>
```

浏览器中的显示效果如图 3-17 所示。

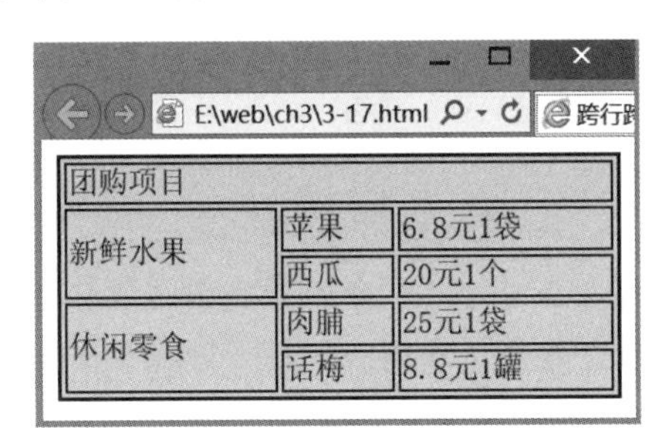

图 3-17　跨行和跨列表格的效果

3.6 HTML 的表单标记

表单是实现动态网页的一种主要的外在形式，是网站服务器端与客户端沟通的桥梁。表单的主要功能是收集信息，具体地说就是收集浏览者的信息。例如在网上要申请一个电子信箱，就必须按要求填写网站提供的表单页面，其主要内容包括姓名、年龄、联系方式等。

表单信息的处理过程为：浏览者填写表单内容，单击表单中的“提交”按钮后，在表单中输入的信息就会从客户端浏览器上传到服务器，然后由服务器中的表单处理程序（ASP、CGI 等）进行处理，处理后或者将用户提交的信息存储在服务器端的数据库中，或者将有关信息返回到客户端浏览器中，这样就完成了浏览者和服务器之间的交互。这里只介绍如何使用 HTML 的表单标记设计表单的外表。

1. 表单标记<form>

表单是一个容器，可以存放各种表单元素，如按钮、文本域等。表单元素允许用户在表单中使用表单域输入信息。可以使用<form>标记在网页中创建表单，该标记有两方面的作用。

第一，限定表单的范围。其他表单对象都要插入<form></form>表单标记对中才有效。单击“提交”按钮时，提交的也是表单范围内的内容。

第二，携带表单的相关信息，例如处理表单的脚本程序的位置、提交表单的方法等。这些信息对于浏览者是不可见的，但对于处理表单却有着决定性作用。

格式：<form name="form_name" action="url" method="get | post">…</form>。

属性如下。

(1) name:设置表单的名称。

(2) action:定义将表单数据发送到哪个地方,其值采用URL的方式,即处理表单数据的页面或脚本程序。

(3) method:定义浏览器将表单数据传递到服务器端处理程序的方式,取值只能是get或post。get方式表示处理程序从当前HTML文档中获取数据,post方式表示当前HTML文档把数据传送给处理程序。

表单标记<form>中包含的表单元素主要有input、select (option)、textarea等。

2. 输入标记<input>

<input>是表单中常用的标记之一,必须放在<form></form>标记对之间。<input>用来收集用户的输入信息,是一个单标记,其含义由type属性决定。

格式:<input type="表项类型" name="表项名"/>。

属性如下。

(1) name:设置该表项的控制名,主要在处理表单时起作用。

(2) type:设置输入区域的类型。常用的type属性值有10种,下面分别介绍。

① 文本域text。

text用来设定单行的输入文本区域。

格式:<input type="text" maxlength="value" size="value" value="field_value"/>。

其中,maxlength为文本域的最大输入字符数;size为文本域的宽度(以字符为单位);value用于设置文本域的初始默认值。

② 密码域password。

在表单中还有一种文本域的形式,即密码域,输入到文本域中的文字均以星号"*"或圆点显示。

格式:<input type="password" maxlength="value" size="value"/>。

其中,maxlength为密码域的最大输入字符数;size为密码域的宽度。

③ 文件域file。

file用于使浏览器通过form表单向Web服务器上传文件。使用文件域,浏览器将自动生成一个文本输入框和一个"浏览"按钮,用户既可以直接将要上传的文件的路径写在文本框内,也可以通过单击"浏览"按钮打开一个文件对话框,从而选择上传文件。

格式:<input type="file"/>。

④ 单选按钮radio。

radio用于在表单上添加一个单选按钮,但单选按钮需要成组使用才有意义。只要将若干单选按钮的name属性设置为相同的,它们就形成了一组单选按钮。浏览器只允许一组单选按钮中的一个被选中。

格式:<input type="radio" checked value="value"/>。

其中,checked表示此项被默认选中;value表示选中项目后传送到服务器端的值,同组中的每个单选按钮的value属性值必须各不相同。

⑤ 复选框checkbox。

checkbox用于在表单上添加一个复选框。复选框可以让用户选择一项或多项内容。

格式：<input type="checkbox" checked value="value"/>。

其中，checked 表示此项被默认选中；value 表示选中项目后传送到服务器端的值。

⑥ 普通按钮 button。

普通按钮主要是用来配合程序（如 JavaScript 脚本）的需要进行表单处理。

格式：<input type="button" value="button_text"/>。

其中，value 值表示显示在按钮上面的文字。

⑦ "提交"按钮 submit。

单击"提交"按钮后，可以实现表单内容的提交。

格式：<input type="submit" value="button_text"/>。

⑧ "重置"按钮 reset。

单击"重置"按钮后，可以清除表单的内容，恢复默认的表单内容设定。

格式：<input type="reset" value="button_text"/>。

⑨ 图像按钮 image。

image 用于在表单上添加一张图片作为按钮，其功能和"提交"按钮相同。

格式：<input type="image" src="image_url"/>。

其中，src 用于设置图片的路径。

⑩ 隐藏域 hidden。

在网页的制作过程中，有时需要提交预先设置的内容，但这些内容又不宜展示给用户，这时就要用到隐藏域。例如用户登录后的用户名、用于区分不同用户的用户 ID 等，这些信息对于用户可能没有实际用处，但对网站服务器有用，一般要将这些信息"隐藏"起来，而不在页面中显示。

格式：<input type="hidden" name="隐藏域名" value="提交值"/>。

例如，在登录页表单中隐藏用户的 ID 信息"jenny"，代码如下：<input type="hidden" name="userid" value="jenny"/>，浏览页面时，隐藏域信息"jenny"并不显示，但能通过页面的 HTML 代码查看到。

3. 下拉列表框和列表框标记<select>和<option>

当浏览者选择的项目较多时，如果用选择按钮进行选择，占用的页面空间就会较大，而下拉列表框和列表框是为了节省网页的空间而产生的。下拉列表框是一种最节省空间的方式，正常状态下只能看到一个选项，单击打开列表后才能看到全部选项；列表框可以显示一定数量的选项，如果超出了这个数量，则会自动出现滚动条，浏览者可以通过拖曳滚动条观看其他选项。通过<select>和<option>标记可以设计页面中的下拉列表框和列表框的效果。

格式：<select name="name" size="value" multiple><option value="value" selected>选项一</option><option value="value">选项二</option>…</select>。

<select>标记用来定义下拉列表框或列表框，属性如下。

（1）name：设置下拉列表框或列表框的名称。

（2）size：如果没有设置 size 属性，那么表示下拉列表框；如果设置了 size 属性，则变成了列表框，列表显示的行数由 size 属性值决定。

（3）multiple：该属性不用赋值即可直接加入标记中，列表框加上 multiple 属性表示列表框允许多选,否则只能单选。

<option>标记用来指定下拉列表框或列表框中的一个选项,它放在<select></select>标记对之间。属性如下。

(1) value:该属性用来给<option>指定的选项赋值,这个值是要传送到服务器上的,服务器正是通过调用<select>区域名字的 value 属性获得该区域选中的数据项信息的。

(2) selected:指定初始默认的选项。

4. 多行文本域标记<textarea>

在调查问卷或意见反馈栏中,往往需要浏览者发表意见和建议,这时就要用到多行文本域标记,它提供的输入区域一般较大,可以输入较多的文字。

格式:<textarea name="name" rows="value" cols="value">初始文本内容</textarea>。

属性如下。

(1) name:设置多行文本域的名称。

(2) rows 和 cols:设置多行文本域的行数和列数,以字符数为单位。

以上各种输入元素的显示效果如表 3-3 所示。

表 3-3　表单各种输入元素的显示效果

文本域效果	我是文本域	单选按钮效果	◉男 ◎女
"提交"按钮效果	提交	下拉列表框效果	湖南 ▾ 湖南 湖北 江西 江苏
密码域效果	●●●●●●●●●	复选框效果	☑音乐 ☑上网 ☐体育
"重置"按钮效果	重置	列表框效果	张学友 刘德华 郭富城
文件域效果	浏览...	普通按钮效果	普通按钮
图像按钮效果		普通按钮	请留下你的宝贵意见

注:表单和表单元素并不具有排版的能力,表单和表单元素的排版最终要由表格组织起来,因此在 HTML 代码中,表单标记和表格标记通常是配合使用的。

【例 3-18】 表单应用综合示例。

```
<html>
<head>
    <title>表单应用综合示例</title>
</head>
<body>
    <div align="center">
    <form action="mailto:yangxuanhui@163.com" method="get" name="hyzcb">
```

```
<h2>用户注册表</h2>
<table border="1" width="500" cellpadding="3">
<tr><td align="right" width="100">用户名</td>
  <td align="left" width="400">
  <input type="text" name="username" size="20"/></td>
</tr>
<tr><td align="right" width="100">密码</td>
  <td align="left" width="400">
  <input type ="password" name ="password" size="20" /></td>
</tr>
<tr><td align="right" width="100">性别</td>
  <td align="left" width="400">
  <input type ="radio" name ="sex" value ="男" checked/>男
  <input type ="radio" name ="sex" value ="女"/>女</td>
</tr>
<tr><td align="right" width="100">爱好</td>
  <td align="left" width="400">
  <input type ="checkbox" name ="like" value ="音乐"/>音乐
  <input type ="checkbox" name ="like" value ="上网"/>上网
  <input type ="checkbox" name ="like" value ="体育"/>体育
  <input type ="checkbox" name ="like" value ="旅游"/>旅游</td>
</tr>
<tr><td align="right" width="100">职业</td>
  <td align="left" width="400">
  <select size="3" name="work">
  <option value="政府职员">政府职员</option>
  <option value="工程师" selected>工程师</option>
  <option value="工人">工人</option>
  <option value="教师">教师</option>
  <option value="医生">医生</option>
  <option value="学生">学生</option>
  </select></td>
</tr>
<tr><td align="right" width="100">个人收入</td>
  <td align="left" width="400">
  <select name="salary">
  <option value="1000 元以下">1000 元以下</option>
  <option value="1000-2000 元">1000-2000 元</option>
  <option value="2000-3000 元">2000-3000 元</option>
  <option value="3000-4000 元">3000-4000 元</option>
  <option value="4000 元以上">4000 元以上</option>
  </select></td>
</tr>
<tr><td align="right" width="100">个性照片</td>
  <td align="left" width="400">
```

```
            <input type="file"/></td>
        </tr>
        <tr><td align="right" width="100">特色签名</td>
            <td align="left" width="400">
            <textarea name="think" rows="4" cols="40"></textarea></td>
        </tr>
        <tr><td align="center" colspan="2">
            <input type ="submit" name ="submit" value ="提交"/>   
            <input type ="reset" name ="reset" value ="重写"/></td>
        </tr>
        </table>
        </form>
        </div>
    </body>
    </html>
```

浏览器中的显示效果如图3-18所示。

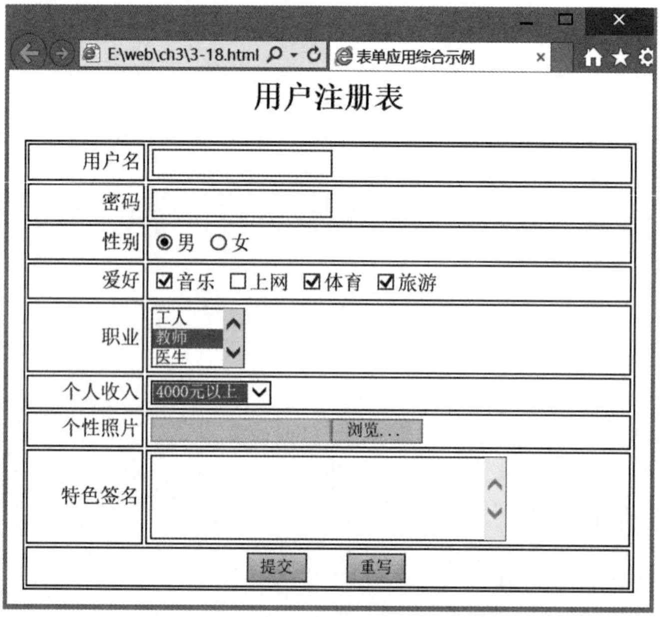

图3-18　表单应用综合示例的效果

3.7 HTML的框架标记

框架的运用是指把浏览器窗口划分成几个子窗口，每个子窗口可以调入各自的HTML文档，以形成不同的页面，也可以按照一定的方式组合在一起，以完成特殊的效果。框架通常的使用方法是在一个框架中放置目录并设置链接，单击链接，内容即可显示在指定的其他框架中；有时也可将一个网页的不同部分交给不同人员制作，每人完成一个子窗口，然后利

用框架技术将它们合并在一起，以形成一个完整的页面。

框架主要包括框架集和框架两个部分，它的建立主要使用<frameset>和<frame>两个标记。在使用框架的页面中，<frameset>标记取代了<body>标记，用来划分窗格，建立框架结构；然后通过<frame>标记定义每个具体框架的内容。

1. 框架集标记<frameset>

框架集是指在一个文档内定义的一组具有框架结构的 HTML 网页，它定义了在浏览器中显示的框架数、框架尺寸、载入框架的初始网页等。

功能：定义如何分割窗口，用来定义主文档中有几个框架以及各个框架是如何排列的。

格式：<frameset rows="value, value, …" cols="value, value, …" border="value" bordercolor=" color_value" frameborder=" yes | no" framespacing=" value"> …/frameset>。

属性如下。

(1) rows：将窗口分为上下部分（用","分割，value 定义各个框架的宽度值，单位可以是百分数、像素值或星号"*"，星号表示剩余部分）。

(2) cols：将窗口分为左右部分（用","分割，value 定义各个框架的宽度值，单位可以是百分数、像素值或星号"*"，星号表示剩余部分）。

(3) border：设定边框的宽度，单位为像素。

(4) bordercolor：设定边框的颜色。

(5) frameborder：设定有无边框。

(6) framespacing：设定各子框架间的空白，单位为像素。

框架集标记的应用如表 3-4 所示。

表 3-4　frameset 的属性说明

<frameset rows="*, *, * ">	共有 3 个从上向下排列的框架，每个框架占整个浏览器窗口的 1/3
<frameset cols="40%, *, * ">	共有 3 个从左向右排列的框架，第一个框架占整个浏览器窗口的 40%，剩下的空间平均分配给另外两个框架
<frameset rows="40%, * " cols="50%, *, 200">	共有 6 个框架，先是在第一行中从左到右排列三个框架，然后在第二行中从左到右再排列三个框架，即两行三列，所占空间依据 rows 和 cols 属性的值，其中 200 的单位是像素

2. 框架标记<frame>

每个框架都有一个显示页面，这个页面文件称为框架页面。通过<frame>标记可以定义框架页面的内容，<frame>是一个单标记，放在<frameset></frameset>标记对之间。

功能：定义某个具体的框架，<frame>标记的个数应等于在<frameset>标记中定义的框架数，并按在文件中出现的次序按先行后列对框架进行初始化；如果<frame>标记数少于<frameset>中定义的框架数，则多余的框架为空。

格式：<frame src="file_url" name="frame_name" scrolling="yes | no | auto" noresize/>。

属性如下。

(1) src：设置框架要显示的源文件路径。

(2) name：定义框架的名称，框架名称必须以字母开始。为框架指定名称的用途是当其他框架中的链接要在指定框架中打开时，可以设置其他框架中超链接的 target 属性值等于这个框架的 name 值。

(3) scrolling：设定滚动条是否显示，值可以是 yes(显示)、no(不显示)或 auto(若需要则自动显示，不需要则自动不显示)。

(4) noresize：禁止改变框架的尺寸。

注意：框架可以嵌套，通过框架的嵌套可实现对子窗口的再分割，从而得到各式各样复杂的框架结构。

【例 3-19】 框架标记的综合应用。

```
main.html(主文档)
<html>
<head>
<title>框架标记综合示例</title>
</head>
<frameset rows="20%,*">
    <frame src="top.html" scrolling="no" name="top"/>
        <frameset cols="30%,*">
          <frame src="menu.html" scrolling="no" name="left"/>
          <frame src="page1.html" scrolling="auto" name="right"/>
        </frameset>
</frameset>
</html>

top.html
<html>
<head>
<title>第一页</title>
</head>
<body>
<h1 align="center">唐诗三百首</h1>
</body>
</html>

menu.html
<html>
<head>
<title>目录</title>
</head>
<body>
<center>
<h3>目录</h3>
<p><a href="page1.html" target="right">登鹳雀楼</a></p>
```

```
<p><a href="page2.html" target="right">回乡偶书</a></p>
<p><a>早发白帝城</a></p>
<p><a>寻隐者不遇</a></p>
</center>
</body>
</html>
```

page1.html

```
<html>
<head>
<title>第一首诗</title>
</head>
<body>
<p align="center">我是第一首诗：登鹳雀楼</p>
</body>
</html>
```

page2.html

```
<html>
<head>
<title>第二首诗</title>
</head>
<body>
<p align="center">我是第二首诗：回乡偶书</p>
</body>
</html>
```

注意：因为超链接的路径原因，必须将上面 5 个 HTML 文档放在同一个目录下演示才能成功。

浏览器中的显示效果如图 3-19 所示。

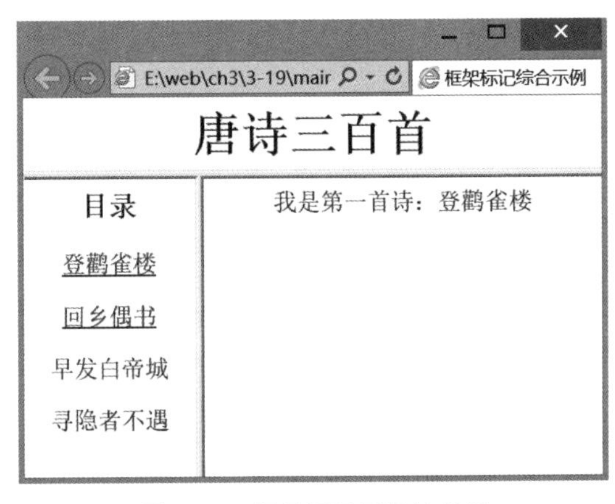

图 3-19　框架标记示例的效果

3.8 HTML 综合实例

【例 3-20】 用 HTML 编写如图 3-20 所示的一个简单网站的首页。

图 3-20 HTML 综合实例的效果

程序代码如下。

```
<html>
<head>
<title>制作一个网站首页</title>
    <style type="text/css">
                                    /*使用 CSS 将网页内容放到浏览器顶部,左侧边框的距离设为 0*/
        body {
            margin-left: 0px;
            margin-top: 0px;
        }
    </style>
</head>
<body>
<table bgcolor="#993300" width="960" border="0" align="center" cellpadding="
0" cellspacing="0">
          <tr>
            <td height="130" colspan="4" align="center"><img src="images/logo.
                jpg" width="960" height="130" /></td>
          </tr>
          <tr>
```

```
        <td height="40" colspan="4" align="center"><marquee behavior=slide
          scrollamount="3">你是否也在寻找一方净土,净化自己那颗尚未定性的心?
          端起一杯咖啡,放一首你爱的音乐,细细品味人生百态,似水流年。时光也是这
          样一杯咖啡,沉淀了它的苦,只为你留下香。</marquee></td>
      </tr>
      <tr>
        <td height="325" colspan="4" align="center"><img src="images/zt.
          jpg" width="960" height="325" /></td>
      </tr>
      <tr>
         <td width="240" align="center"><a href="#"><img src="images/
           menu1.png" width="190" height="107" border="0" /></a></td>
         <td width="240" align="center"><a href="#"><img src="images/
           menu2.png" width="190" height="107" border="0" /></a></td>
         <td width="240" align="center"><a href="#"><img src="images/
           menu3.png" width="190" height="107" border="0" /></a></td>
         <td width="240" align="center"><a href="#"><img src="images/
           menu4.png" width="190" height="107" border="0" /></a></td>
      </tr>
      <tr>
        <td height="18" colspan="5" align="center"><hr size="2" color=
          "#FF6600" /></td>
      </tr>
      <tr>
        <td height="42" colspan="4" align="center"><p align="center" >关于
          我们 | 联系我们 | 意见反馈 | 网站地图 | 版权声明 <br/>Copyright &copy;
          2013 Coffeetime. All Rights Reserved</p></td>
      </tr>
    </table>
    <audio src="I love you.mp3" autoplay="autoplay"></audio>
</body>
</html>
```

思考与练习

1. 单项选择题

(1) 下列不是组成一个 HTML 文件基本结构标记的是(　　)。

A. ＜HTML＞＜/HTML＞　　B. ＜HEAD＞＜/HEAD＞

C. ＜FORM＞＜/FORM＞　　D. ＜BODY＞＜/BODY＞

(2) 以下标记中,用于设置页面标题的是(　　)。

A. ＜title＞　　B. ＜caption＞　　C. ＜head＞　　D. ＜html＞

(3) 以下标记中,没有对应的结束标记的是(　　)。

A. ＜body＞　　B. ＜br＞　　C. ＜html＞　　D. ＜title＞

(4) 以下关于HTML文档的说法中正确的是(　　)。

A. <html>与</html>这两个标记合起来可以说明在它们之间的文本表示两个HTML文本

B. HTML文档是一个可执行的文档

C. HTML文档只是一种简单的ASCII码文本

D. HTML文档的结束标记</html>可以省略不写

(5) 下列不是XHTML规范的要求的是(　　)。

A. 标记名必须小写　　B. 属性名必须小写

C. 属性值必须小写　　D. 所有属性值必须添加引号

(6) 以下说法中正确的是(　　)。

A. P标记符与BR标记符的作用一样

B. 多个P标记符可以产生多个空行

C. 多个BR标记符可以产生多个空行

D. P标记符的结束标记符通常不可以省略

(7) 有关<title></title>标记,正确的说法是(　　)。

A. 表示网页正文开始

B. 中间放置的内容是网页的标题

C. 位置在网页正文区<body></body>内

D. 在<head></head>文件头之后出现

(8) 不能用来定义表格内容的标记为(　　)。

A.
　　B. <tr>　　C. <th>　　D. <td>

(9) 以下说法中错误的是(　　)。

A. 表格在页面中的对齐应在TABLE标记符中使用align属性

B. 要控制表格内容的水平对齐,应在tr、td、th中使用align属性

C. 要控制表格内容的垂直对齐,应在tr、td、th中使用valign属性

D. 表格内容的默认水平对齐方式为居中对齐

(10) 要创建一个左右框架,右边框架宽度是左边框架宽度的3倍,以下HTML语句中正确的是(　　)。

A. <FRAMESET cols="*,2*">　　B. <FRAMESET cols="*,3*">

C. <FRAMESET rows="*,2*">　　D. <FRAMESET rows="*,3*">

(11) (　　)HTML语句的写法符合XHTML规范。

A.

B. <img src="photo.jpg"/>

C. <IMG src="photo.jpg"></IMG>

D. <img src= photo.jpg></img>

(12) 在表单中包含性别选项,且默认状态为"男"被选中,下列语句中正确的是(　　)。

A. <input type="radio" name="sex" checked>男

B. <input type="radio" name="sex" enabled>男

C. <input type="checkbox" name="sex" checked>男

D. ＜input type＝"checkbox" name＝"sex" enabled＞男

2. 判断题

(1) 所有 HTML 标记都包含开始标记和结束标记。 ( )

(2) 用 H1 标记修饰的文字通常比用 H6 标记修饰的文字要小。 ( )

(3) B 标记表示用粗体显示包含的文字。 ( )

(4) HTML 表格在默认情况下有边框。 ( )

(5) 指定滚动字幕时,不允许在其中嵌入图像。 ( )

(6) 在 HTML 表格中,表格的行数等于 TR 标记的个数。 ( )

(7) 框架是一种能在同一个浏览器窗口中显示多个网页的技术。 ( )

(8) 在 HTML 表单中,文本框、口令框和复选框都是用 input 标记生成的。 ( )

3. 找错误

(1) 找出下列 HTML 代码中的错误。

① <img "father.jpg"/>

② <img src="yxh/boy.gif"border="0"align="left"/>

③ <b>Congratulations! <b>

④ <a href="file.html">linked text</a href="file.html">

⑤ <p>This is a new paragraph<\p>

⑥ <p><font color="#000000" face="楷体-GB2312">网页设计</p></font>

⑦ < li>The list item< /li>

(2) 找出下列表单元素代码中的错误。

① <input name="country" value="Your country here." />

② <checkbox name="color" value="teal" />

③ <textarea name="say" height="6" width="100">Your story.</textarea>

④ <select name="popsicle">

<option value="orange" />

<option value="grape" />

<option value="cherry" />

</select>

4. 问答题

(1) 什么是标记? 请举例说明。

(2) 标记 br 和标记 p 有什么区别?

(3) 什么是绝对路径和相对路径? 在相对路径中,根据 HTML 文件与图像文件的目录关系,演练一下 3.3.1 节描述的 4 种情况。

(4) 简要说明表格与框架在网页布局上的区别。

(5) 简单介绍表单的功能和处理的过程。

5. 实践题

(1) 根据图 3-21 写出 HTML 文档的源代码。

要求如下:

① 表格宽度为 800 像素,对齐方式为“居中”。

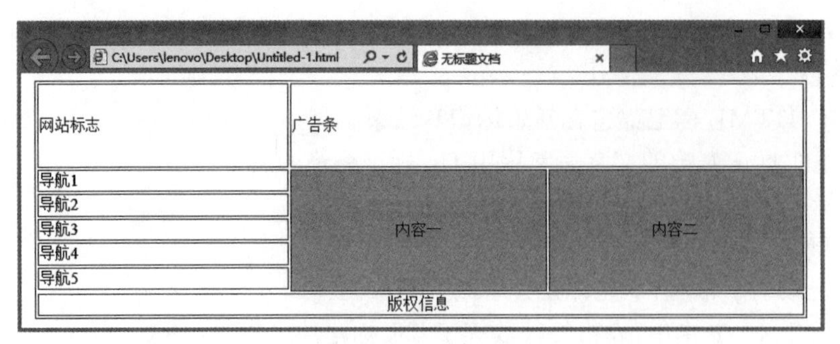

图 3-21　效果图(1)

② 表格边框的宽度为 1 像素，边线颜色为“黑色”。

③“网站标志”所在的单元格宽度为 150 像素，高度为 80 像素。

④“广告条”所在的单元格合并两个水平单元格。

⑤“内容一”和“内容二”所在的单元格合并 5 个单元格，背景颜色为“红色”。

⑥“版权信息”单元格合并 3 个水平单元格，对齐方式为“居中”。

(2) 用直接编写代码的方式制作一个个人简历表的网页，效果如图 3-22 所示，要求用表格布局。

个人简历表

<table>
<tr><td>姓　名</td><td></td><td>性　别</td><td></td><td>出身年月</td><td></td><td rowspan="3">照
片</td></tr>
<tr><td>身份证
号　码</td><td></td><td>民　族</td><td></td><td>政治面貌</td><td></td></tr>
<tr><td>婚　姻
状　况</td><td></td><td>健　康
状　况</td><td></td><td>身　高</td><td></td></tr>
<tr><td>现户口
所在地</td><td></td><td>所　学
专　业</td><td></td><td>学历</td><td colspan="2"></td></tr>
<tr><td>最后毕
业学校</td><td></td><td>毕　业
时　间</td><td></td><td>技　术
职　称</td><td colspan="2"></td></tr>
<tr><td>现工作
单　位</td><td></td><td>参加工
作时间</td><td></td><td>现从事
专　业</td><td colspan="2"></td></tr>
<tr><td rowspan="6">主
要
简
历</td><td colspan="2">起止年月</td><td colspan="2">在何单位（学校）</td><td colspan="2">任何职务</td></tr>
<tr><td colspan="2"></td><td colspan="2"></td><td colspan="2"></td></tr>
<tr><td colspan="2"></td><td colspan="2"></td><td colspan="2"></td></tr>
<tr><td colspan="2"></td><td colspan="2"></td><td colspan="2"></td></tr>
<tr><td colspan="2"></td><td colspan="2"></td><td colspan="2"></td></tr>
<tr><td colspan="2"></td><td colspan="2"></td><td colspan="2"></td></tr>
<tr><td>业务
专长
及
工作
成果</td><td colspan="6"></td></tr>
<tr><td>通信地址</td><td colspan="2"></td><td>邮政编码</td><td colspan="3"></td></tr>
<tr><td>联系电话</td><td colspan="2"></td><td>E-mail地址</td><td colspan="3"></td></tr>
</table>

图 3-22　效果图(2)

第 4 章　CSS 基础知识

CSS 是 Cascading Style Sheets 的缩写，中文译名为层叠样式表，它是一种用于控制网页样式并允许将样式信息与网页内容分离的标记性语言。其中的样式指的就是格式，对网页来说，像文字的大小、颜色以及图片位置等都是网页显示信息的样式；层叠是指当在 HTML 文件中同时引用多个定义好的样式文件时，若多个样式文件间定义的样式发生了冲突，则依据优先的层次进行处理。

4.1 CSS 概述

4.1.1 CSS 与 HTML 的关系

CSS 诞生于 1996 年，由 W3C 负责组织和制定。由于 HTML 的主要功能是描述网页结构，所以其控制网页外观和表现的能力比较差，如无法精确调整文字的大小、行间距等；而且不能对多个网页元素进行统一的样式设置，只能一个元素一个元素地设置。CSS 可以对网页的外观和排版进行更灵活、精确的控制，使网页更美观。简单地讲，HTML 和 CSS 的关系就是"内容"和"形式"，即由 HTML 组织网页的结构和内容，由 CSS 决定页面的表现形式。

4.1.2 CSS 的优点

和传统的 HTML 相比，CSS 除了具有强大的控制能力和排版能力之外，最主要的特征是实现了内容与样式的分离，这种做法带来了许多好处。

(1) 简化了网页的代码，提高了访问速度。外部的 CSS 文件会被浏览器保存在缓存里，加快了下载显示的速度，也减少了需要上传的代码数量。

(2) 可以构建公共样式库，便于重用样式。可以把一些好的样式写成 CSS 文件，构建优秀的公共样式库，以便于一个网站重复调用或不同的网站共享资源。

(3) 便于修改网站的样式。可以将站点上所有的网页风格都用一个或几个 CSS 文件控制，只要修改相应的 CSS 文件，就可以改变整个网站的风格特色，避免一个个网页地修改，大大减少了重复劳动。例如：

```
<style type="text/css">
h1 {
      color:red;
      font-size: 3em;
      font-family: Arial;
}
</style>
```

上例中,一条 CSS 指令就可以设置文档中的所有 h1 标签,非常省事。如果已写好一个页面,根据新变化需要把 h1 的颜色全部改为黄色,只需要将上述 CSS 代码中 h1 的 color 值改为“color:yellow;”,而不需要逐个修改 h1 的 color 属性,这样便减少了代码数量,从而加快了网页的加载速度。

(4) 方便团队开发。开发一个网站往往需要美工和程序员相互配合。CSS 把内容结构和格式控制相分离,美工做样式,程序员写内容,从而方便美工和程序员分工协作、各司其职,为开发出优秀的网站提供了有力保障。

4.1.3　一个 CSS 的应用实例

和学习 HTML 一样,在学习 CSS 的过程中只需要使用 Windows 平台自带的“记事本”程序就可以了。当然,如果使用 Dreamweaver 等专业软件为网页添加 CSS 将会更加简便。通过例 4-1 可以很容易地看出使用 CSS 前后两个网页的区别。

【例 4-1】 使用 CSS 前后的对比实例。

(1) 在记事本中输入下列没有加入 CSS 的代码,浏览器中的显示效果如图 4-1 所示。

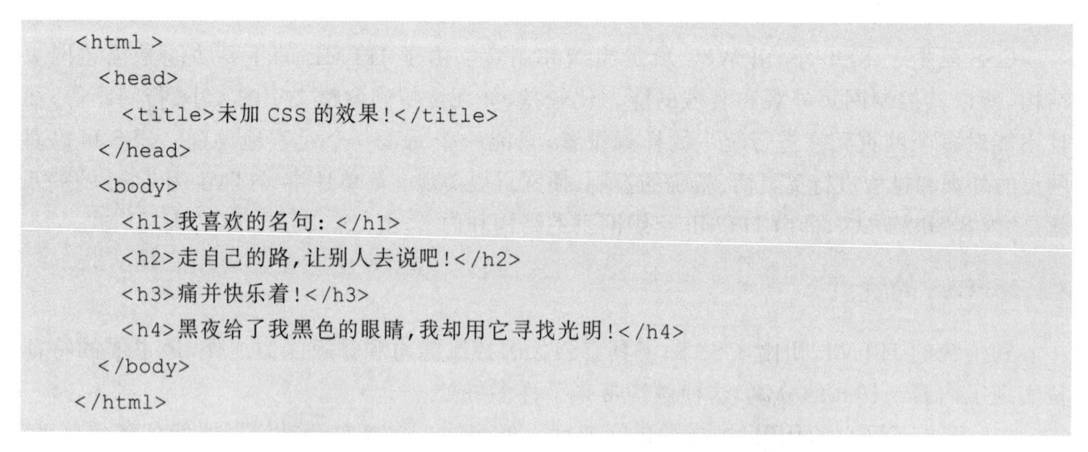

```
<html >
  <head>
    <title>未加 CSS 的效果!</title>
  </head>
  <body>
    <h1>我喜欢的名句: </h1>
    <h2>走自己的路,让别人去说吧!</h2>
    <h3>痛并快乐着!</h3>
    <h4>黑夜给了我黑色的眼睛,我却用它寻找光明!</h4>
  </body>
</html>
```

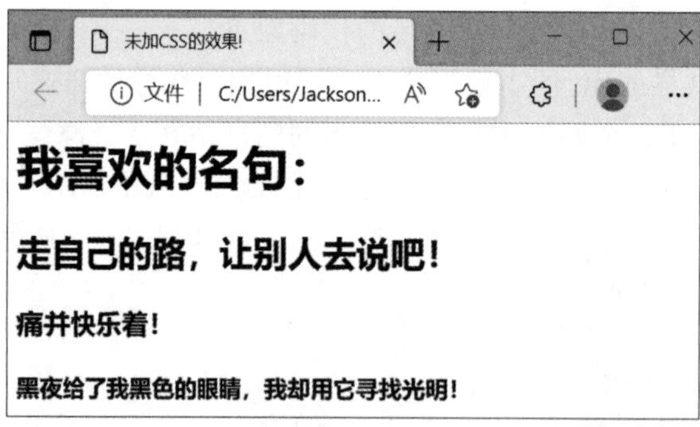

图 4-1　没有加入 CSS 的网页效果

(2) 在记事本中输入下列加入 CSS 的代码,浏览器中的显示效果如图 4-2 所示。

```
<html >
  <head>
```

```
    <title>加了 CSS 后的效果!</title>
    <style type="text/css">                                    /* 设置 CSS */
    h1,h2,h4 {
            font-size: 15px; text-align: center;
    }                              /* 将 h1、h2 和 h4 的字体大小都设为 15 像素并居中排列 */
    </style>
</head>
<body>
    <h1>我喜欢的名句: </h1>
    <h2>走自己的路,让别人去说吧!</h2>
    <h3 style="display:none">痛并快乐着!</h3><!--将 h3 设为隐藏效果-->
    <h4>黑夜给了我黑色的眼睛,我却用它寻找光明!</h4>
</body>
</html>
```

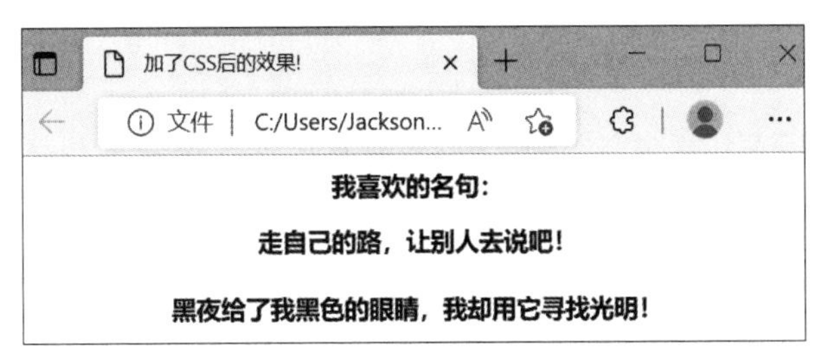

图 4-2　加入 CSS 的网页效果

(3) 设置前后的变化。设置 CSS 后,统一了文字的大小和排列方式,并隐藏了部分文字。

4.2 CSS 的基本语法

4.2.1 CSS 的语法

CSS 由一系列样式规则组成,浏览器将这些规则应用到相应的元素上。一条 CSS 规则由两部分构成:选择器(selector)以及一条或多条声明(declaration),多条声明之间用分号隔开。选择器其实就是 CSS 样式的名字。常用的选择器有标记、类、ID、伪类等;声明用于定义元素样式,使用花括号将其包围起来,每条声明由属性(property)和值(value)组成,其中属性是希望设置的样式属性,属性和值之间用冒号隔开。CSS 规则的构成如图 4-3 所示。

下面看一条 CSS 规则,这条规则的作用是将 h1 元素内文字的颜色设置为红色,同时将字体大小设置为 14 像素。

```
h1 { color: red; font-size: 14px; }
```

图 4-4 展示了这条 CSS 规则的结构。

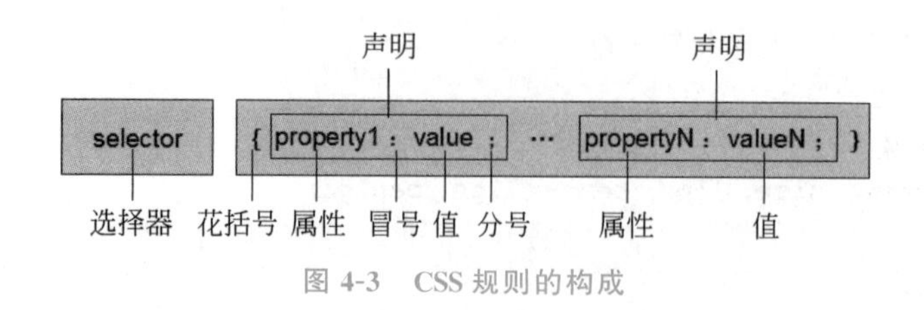

图 4-3　CSS 规则的构成

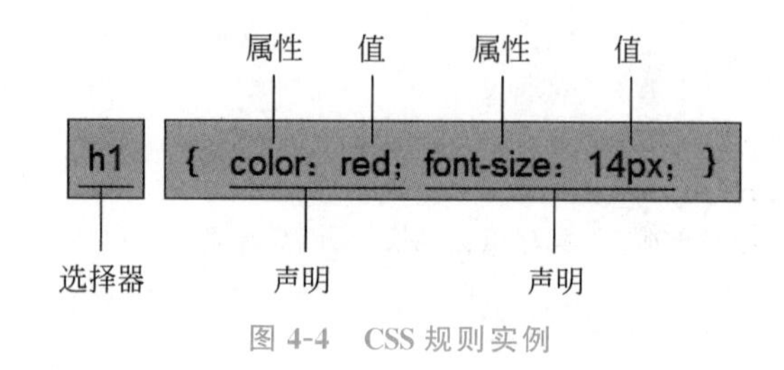

图 4-4　CSS 规则实例

4.2.2　CSS 的语法规则

CSS 的写法和 HTML 有很多不同之处,它有自己的语法要求和技巧,下面列举一些进行说明。

(1) 和 HTML 一样,可以在 CSS 中插入注释以说明代码的意思。CSS 注释以"/ * "开头,以" * /"结尾。例如:

```
/* 定义段落样式表 */
P {
    text-align: center;           /* 文本居中排列 */
    color: black;                 /* 文字为黑色 */
    font-family: arial            /* 字体为 arial */
}
```

(2) 属性和值可以设置多个,从而实现为同一标记声明多条样式风格。如果要设置多个属性和值,则每条声明之间要用分号隔开。要养成为最后一条声明也加上分号的习惯,这样在增删声明时不易出错。例如:

```
p { text-align: center; color: red; }
```

(3) 为了方便阅读,可以采用分行的方式书写样式表,即每行只描述一个属性。例如,可以将 p {text-align: center; color: black; font-family: arial; } 写成

```
P {
    text-align: center;
    color: black;
    font-family: arial;
}
```

(4) 如果属性的值由多个单词组成,则必须在值上加引号,比如字体的名称经常是几个单词的组合。例如:

```
P { font-family: "sans serif"; }          /* 注意代码里面的标点符号都是英文符号 */
```

(5) 如果一个属性有多个值,则每个值之间要用空格隔开。例如:

```
a { padding: 6px 4px 3px}                 /* padding 的详解请看第 9 章的 9.1.1*/
```

(6) 如果要为某个属性设置多个候选值,则每个值之间要用逗号隔开。例如:

```
P { font-family: "Times New Roman",Times,serif ; }
```

(7) 可以把具有相同属性和值的选择器组合起来书写,并用逗号将选择器隔开,这样可以减少样式的重复定义,这也叫作选择器的集体声明,详见 4.4.7 节。例如:

```
p,table { font-size: 9pt ; }
```

效果完全等效于

```
p { font-size: 9pt ;}
table { font-size: 9pt ;}
```

4.3 CSS 的使用方法

HTML 和 CSS 是两种作用不同的语言,它们同时对一个网页产生作用,因此必须通过一些方法将 CSS 与 HTML 挂接在一起才能正常工作。在 HTML 中引入 CSS 的方法有行内式、嵌入式、链接式和导入式 4 种,每种方法都有自己适用的场合以及各自的优缺点。

4.3.1 行内式

所有 HTML 标记都有一个通用的属性——style,行内式可以在这个 style 属性中为相应的标记添加要应用的样式,即将 CSS 代码直接写在 style 属性中,它在 BODY 中实现,主要在标记中引用,只对所在的标记有效。

行内式的格式为

```
<tag style="property1:value1; property2:value2; …">网页内容</tag>
```

【例 4-2】 行内式样式表的应用。

```
<html>
    <head>
    <title>行内式引入 CSS 的方法示例</title>
    </head>
    <body>
```

```
        <p style="font-size:20pt; font-weight: bold; color:red">这个内嵌样式定义
        段落里面的文字是 20pt 的粗体,字体颜色为红色。</p>
        <p>这段文字没有使用内嵌样式。</p>
    </body>
</html>
```

浏览器中的显示效果如图 4-5 所示。

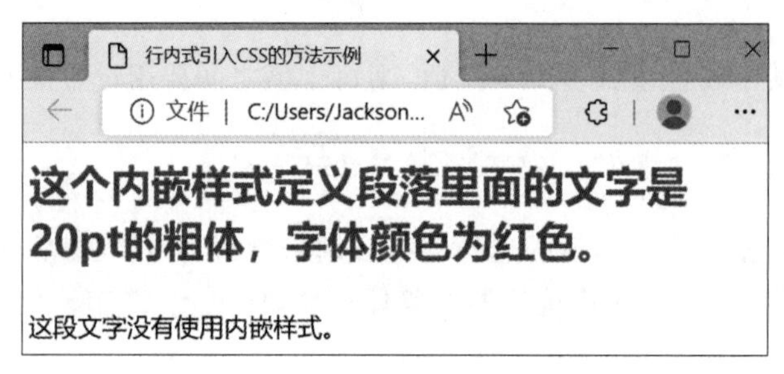

图 4-5 行内式引入 CSS 的效果

行内式是最简单、最直接的 CSS 使用方法,但如果有多个标记都需要设置同一个样式,则必须为每个标记设置同样的 style 属性。由于样式不能共享,因此会增大代码量,不易维护,也会增大浏览时的流量,影响加载速度,因此不推荐使用行内式,一般只应用在某个特定标记需要特殊指定的情况。

4.3.2 嵌入式

嵌入式将页面中各种标记的 CSS 样式设置集中写在<style>和</style>之间,<style>标记是专用于引入嵌入式 CSS 的 HTML 标记,它只能放置在 HTML 文档的头部<head>和</head>标记之间。

嵌入式的格式为

```
<style type="text/css">样式表的具体内容</style>
```

说明: type="text/css"属性定义了文件的类型为样式表文件。

【例 4-3】 嵌入式样式表的应用。

```
<html>
    <head>
    <title>嵌入式引入 CSS 的方法示例</title>
    <style type="text/css">
      h1.mylayout{
        border-width:1;border:solid;text-align:center;color:red;
      }
    /*将 h1 设置为红色、居中,并具有宽度为 1 像素的实心边框的样式 */
    </style>
    </head>
```

```
    <body>
      <h1 class="mylayout">这个标题使用了 Style。</h1>
      <h1>这个标题没有使用 Style。</h1>
    </body>
</html>
```

浏览器中的显示效果如图 4-6 所示。

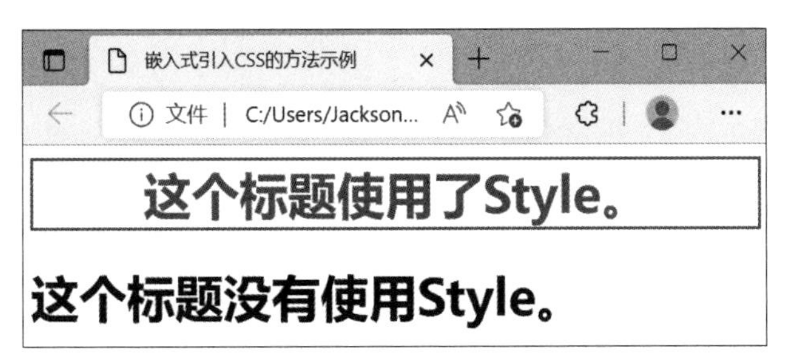

图 4-6　嵌入式引入 CSS 的效果

嵌入式对于单一的网页比较方便，它将应用到整个网页的 CSS 代码统一放置在一起，但是对于一个包含很多页面的网站，如果每个页面都用嵌入式方式设置各自的样式，不仅麻烦，冗余代码多，维护成本也不低，而且网站每个页面的风格也不好统一。因此嵌入式仅适用于对特殊的页面设置单独样式的风格。

4.3.3　链接式

链接式将 CSS 样式代码写在一个以 css 为后缀的 CSS 文件里，然后在每个需要用到这些样式的网页里用<link>标记链接到这个样式表文件，这个<link>标记必须放到页面的头部<head>区域内。

链接式的格式为

```
<link href="外部样式表文件名.css rel="stylesheet" type="text/css">
```

说明：<link>标记表示浏览器从“外部样式表文件.css”文件中以文档格式读出定义的样式表；href 属性用于定义 css 文件的 URL；rel="stylesheet"属性用于定义在网页中使用外部的样式表。

【例 4-4】　链接式样式表的应用。

(1) 先用文本编辑器建立一个名为 home.css 的文件，它将 h1 设置为有 1 像素实线边框、内容居中且颜色为红色的样式。home.css 的代码为

```
h1{ border-width:1; border:solid; text-align:center; color:red; }
```

(2) 另建一个 HTML 文件 main.html，在该页面中引入 home.css 文件(假设两个文件放在同一个目录中)，main.html 的代码为

```
<html>
  <head>
    <title>链接式引入 CSS 的方法示例</title>
    <link href="home.css" rel="stylesheet" type="text/css">
  </head>
  <body>
    <h1>我是使用了 Style 的。</h1>
    <h2>我没有使用 Style。</h2>
  </body>
</html>
```

注意:调试本例时必须将两个文档放在同一个目录下,否则请注意路径。

打开 main.html,浏览器中的显示效果如图 4-7 所示。

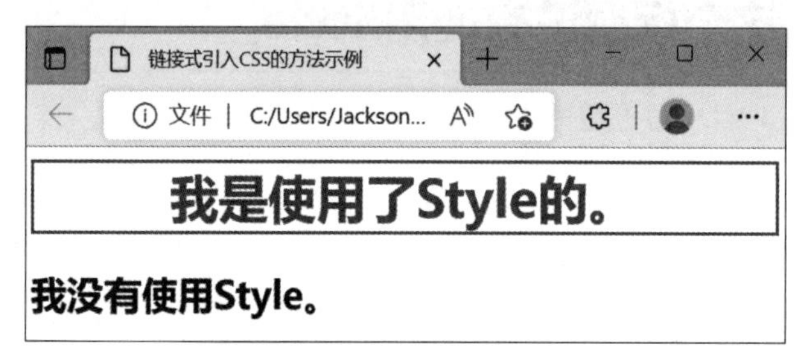

图 4-7 链接式引入 CSS 的效果

目前,链接式是使用频率最高、最为实用的方法,它将 HTML 页面本身与 CSS 样式风格分离为两个或者多个文件,实现了页面框架 HTML 代码与美工 CSS 代码的完全分离,使得前期制作和后期维护都十分方便,网站后台的技术人员与美工可以很好地分工合作。因为同一个 CSS 文件可以链接到多个 HTML 文件,甚至可以链接到整个网站的所有页面,所以使得网站的整体风格统一协调。如果整个网站需要进行样式上的修改,则只需要修改相应的 CSS 文件即可。

4.3.4 导入式

导入式与链接式的功能基本相同,只是在语法上略有区别。链接式使用 HTML 的 <link>标记引入外部 CSS 文件,而导入式则使用 CSS 的规则引入外部 CSS 文件。

导入式的格式为

```
<style type="text/css">
    @import url("外部样式表文件名.css");            /*行末的分号不能省略*/
</style>
```

除了语法不同,链接式和导入式在显示效果上也有所区别:使用链接式时,会在装载页面主体部分之前装载 CSS 文件,这样显示出来的网页从一开始就是带有样式效果的;而使用导入式时,要在整个页面装载完之后再装载 CSS 文件,如果页面文件比较大,则开始装载时会显示无样式的页面,这样会给浏览者不好的感觉。这也是现在大部分网站的 CSS 都采用链接式的主要原因。当一个网站的页面数达到一定程度时(比如新浪等门户网站),如果采用链接式,就有可能因为多个页面调用同一个 CSS 文件而使加载速度下降。

4.3.5 引入方式的优先级

如果在各种引入 CSS 的方法中设置的属性不一样,那么在没有冲突时则同时有效。比如嵌入式设置字体为宋体,链接式设置字体颜色为红色,那么显示效果为宋体红色字。

如果在各种引入 CSS 的方法中设置的属性发生了冲突,则 CSS 按引入方法的优先级执行优先级高的方式定义的样式。四种引入方式的优先级由高到低依次为:行内样式优先级最高;其次是采用<link>标记的链接式;再次是位于<style></style>之间的嵌入式;最后是@import 导入式。

4.4 CSS 选择器

选择器是 CSS 中很重要的概念,所有 HTML 中的标记样式都是通过不同的 CSS 选择器进行控制的。用户只需要通过选择器对不同的 HTML 标记进行选择并赋予各种样式声明,即可实现各种效果。CSS 常用的选择器包括标记选择器、类选择器、ID 选择器、伪类选择器、后代选择器和通用选择器等。

4.4.1 标记选择器

一个 HTML 页面由许多不同的标记组成,CSS 标记选择器用来声明哪些标记采用哪种 CSS 样式,因此每种 HTML 标记的名称都可以作为相应的标记选择器的名称。例如 p 选择器用于声明页面中所有<p>标记的样式风格。CSS 标记选择器的格式如图 4-8 所示。

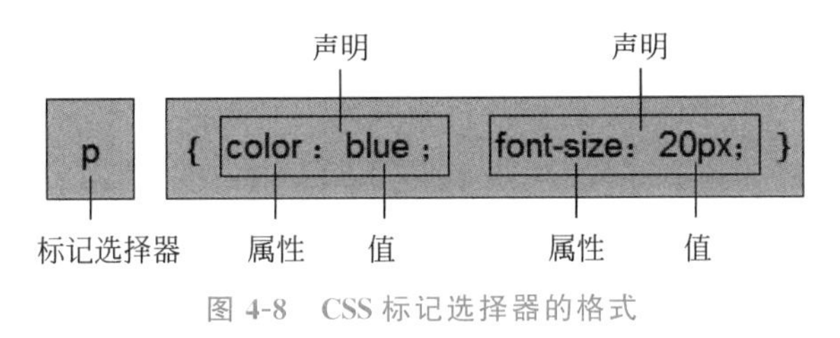

图 4-8 CSS 标记选择器的格式

【例 4-5】 标记选择器的应用。

```
<html >
    <head>
      <title>标记选择器的运用</title>
      <style type="text/css">
        P {                                          /* 标记选择器 */
            font-size:18px;                          /* 字体大小为 18 像素 */
            color:red;                               /* 字体颜色为红色 */
            background:green;                        /* 背景颜色为绿色 */
```

```
        }
    </style>
  </head>
  <body>
      <p>标记选择器 1</p>
      <p>标记选择器 2</p>
      <h1>h1 则不适用</h1>
      <h2>h2 则不适用</h2>
  </body>
</html >
```

浏览器中的显示效果如图 4-9 所示。

图 4-9 标记选择器的应用

说明：以上两个 p 元素都会应用 p 标记选择器定义的样式，而 h1 和 h2 元素则不会受到影响。在后期维护中，如果想改变整个网站中 p 标记的背景颜色，则只需要修改 background 属性值就可以了。

4.4.2 类选择器

类选择器一般用于以下两种情况。

(1) 通过类选择器把相同的标记分类定义为不同的样式，即实现同一种标记在不同的地方使用不同的样式。例如<p>标记的使用，有的段落需要左对齐，有的段落需要居中对齐，可以先定义两个类，在应用时只要在标记中指定它属于哪一个类，就可以使用相应的样式了。这种情况的类选择器格式如图 4-10 所示，“类名称”为定义类的选择器名称，可以是任意英文单词或以英文开头且与数字的组合，一般以其功能和效果简要命名，“标记”名称可以用 HTML 的标记。

(2) 通过类选择器可以让不同标记的元素应用相同的样式。先将这些公共样式定义为同一类，使用时再加上需要调用的标记名即可。例如<p>标记、<h2>标记和<h3>标记都要使用红色、20 像素的样式，就可以先定义一个红色、20 像素的公共样式，再分别调用就可以了。这种情况的类选择器格式如图 4-11 所示，在“标记.类名称”中省略了“标记”名。

有无“标记”名的类选择器的区别在于：有“标记”名的类选择器的适用范围只限于该标记包含的内容；而无“标记”名的类选择器是最常用的定义方法，它可以很方便地在任意标记

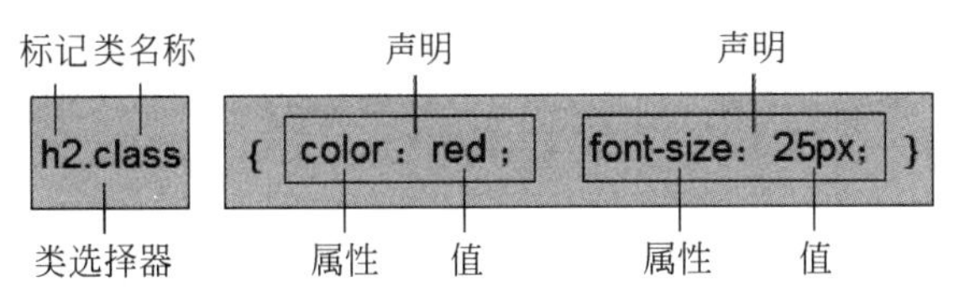

图 4-10　有"标记"名的类选择器格式

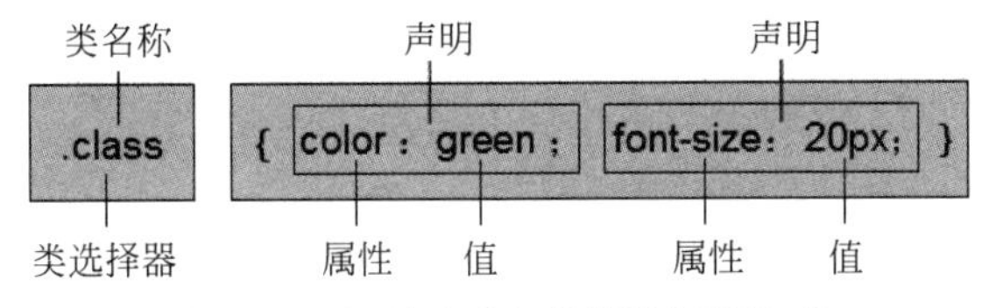

图 4-11　无"标记"名的类选择器格式

上套用预先定义好的类样式。

【例 4-6】　类选择器的应用。

```
<html >
  <head>
    <title>类选择器的运用</title>
    <style type="text/css">
      p {                                               /*标记选择器*/
        color:blue;
        font-size:18px;
      }
      .one {                                            /*类选择器 1*/
        color: red;
          }
      .two {                                            /*类选择器 2*/
        font-size:20px;
          }
    </style>
  </head>
  <body>
    <p>应用了标记选择器样式 1</p>
    <p class="one">应用第一种类选择器样式</p>
    <p class="two">应用第二种类选择器样式</p>
    <h2 class="two">h2 同样适用</h2>
    <p class="one two">同时应用两种类选择器样式</p>
  </body>
</html >
```

浏览器中的显示效果如图 4-12 所示。

说明：首先通过标记选择器定义<p>标记的全局显示方案，这样页面中所有<p>标记的元素都会产生相应的变化；然后通过两个类选择器对需要特殊修饰的<p>标记进行单独设置。例如希望某些<p>元素的样式不是蓝色，而是红色，则使用.one 这个类选择

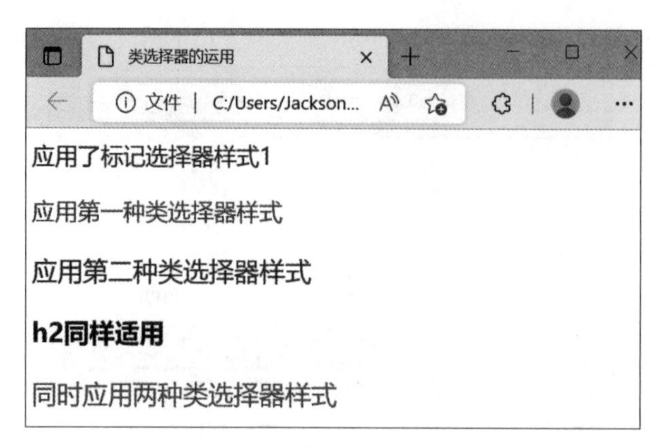

图 4-12 类选择器的应用

器;任何一个类选择器都适用于所有 HTML 标记,例如<h2>标记也可以使用.two 这个类选择器;有时还可以同时给一个标记运用多个类选择器,从而将两个类别的样式风格同时应用到一个标记中,这在实际制作网站时往往会很有用,可以适当减少代码的长度。例如通过 class="one two"将两种样式同时加入,可以得到红色、20 像素的效果。

4.4.3 ID 选择器

ID 选择器的使用方法与类选择器基本相同,不同之处在于 ID 选择器只能在 HTML 页面中使用一次,因此其针对性更强,而类选择器可以重复应用于多个元素。ID 选择器以半角“#”开头,且 ID 名称的第一个字母不能为数字,ID 选择器的格式如图 4-13 所示。

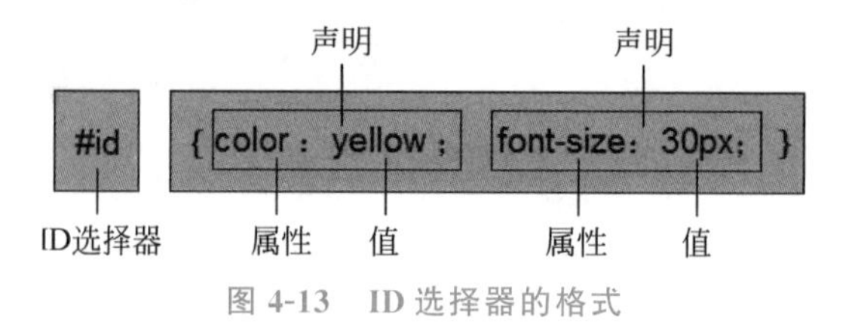

图 4-13 ID 选择器的格式

与类选择器类似,ID 选择器还有一种用法,即在“#ID 名”前加上 HTML“标记”名,这时其适用范围将只限于该标记包含的内容。ID 选择器的局限性很大,只能单独定义某个元素的样式,一般只在特殊情况下使用。

【例 4-7】 ID 选择器的应用。

```
<html >
  <head>
    <title>ID 选择器的运用</title>
    <style type="text/css">
      #one {
          font-weight:bold;                              /* 粗体 */
        }
      #two {
```

```
        font-size:30px;                    /*字体大小为 30 像素*/
        color:#008000;                     /*颜色为绿色*/
      }
    </style>
  </head>
  <body>
    <p id="one">ID 选择器 1</p>
    <p id="two">ID 选择器 2</p>
    <p id="two">ID 选择器 3</p>
    <p id="one two">ID 选择器 4</p>
  </body>
</html >
```

浏览器中的显示效果如图 4-14 所示。

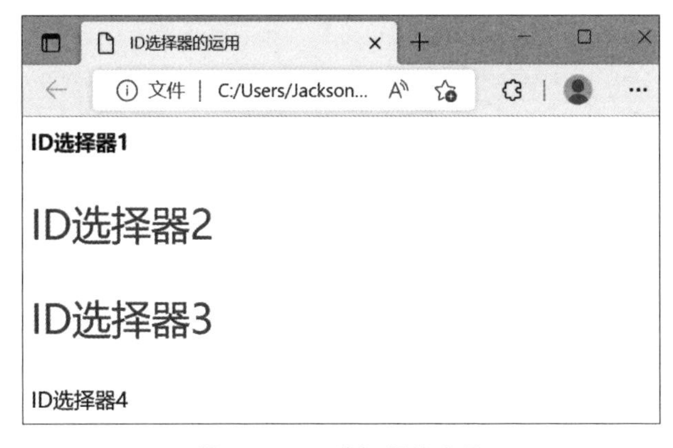

图 4-14　ID 选择器的应用

说明：HTML 文件的第一行应用了＃one 样式，而第二行与第三行则应用了＃two 样式，显然违反了一个 ID 选择器在一个页面只能使用一次的规定，但浏览器却能正常显示定义的样式并不报错。虽然如此，但在编写 CSS 代码时还是应该养成良好的编写习惯，一个 ID 最多只能赋予一个 HTML 元素，因为每个元素定义的 ID 不只是 CSS 可以调用，JavaScript 等其他脚本语言也可以调用。如果一个 HTML 中有两个相同 ID 属性的元素，那么将会导致 JavaScript 在查找 ID 时出错。第四行在浏览器中将以没有任何 CSS 样式风格的形式显示，这是因为 ID 选择器不支持类选择器那样的多风格同时使用，由于元素和 ID 是一一对应的，因此不能为一个元素指定多个 ID，也不能将多个元素定义为一个 ID。

4.4.4　伪类选择器

伪类用来表示动态时间、状态改变或者在文档中以其他方法不能轻易实现的情况，伪类允许设计者自由指定元素在一种状态下的外观。这种状态可以是光标停留在某个元素上或者访问一个超链接。伪类选择器必须指定标记名，且标记和伪类之间用“：”隔开，伪类选择器的格式如图 4-15 所示。

在 CSS 选择器中，伪类选择器的种类非常多，常用的伪类有表示超链接状态的四个伪

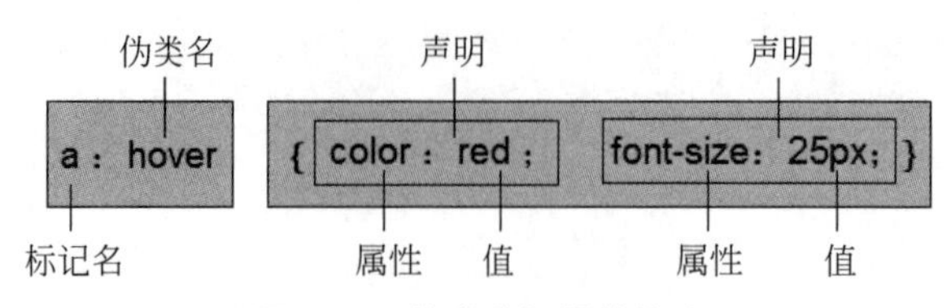

图 4-15 伪类选择器的格式

类选择器：a:link(链接原始存在的状态,但无鼠标动作)、a:visited(被单击或访问过的状态)、a:hover(光标悬停于链接上时的状态)、a:active(单击与释放之间的状态)。在默认的浏览器浏览方式下,超链接为统一的蓝色并且有下画线,被单击过的超链接则为紫色并且有下画线。因为伪类可以描述超链接在不同状态下的样式,所以通过定义 a 标记的各种伪类具有不同的属性风格,就能制作出千变万化的动态超链接。

【例 4-8】 伪类选择器的应用。

```
<html>
    <head>
    <title>伪类选择器的运用</title>
      <style type="text/css">
          a:link {color: #000000; font-size:20px;}            /* 黑色、20 像素 */
          a:visited {color: #0000FF; font-size:25px;}         /* 蓝色、25 像素 */
          a:hover {color: #FF0000; font-size:30px;}           /* 红色、30 像素 */
          a:active {color: #FFFF00; font-size:35px;}          /* 黄色、35 像素 */
      </style>
    </head>
    <body>
      <p><b><a href="http://www.sohu.com" target="_blank">This is a link</a>
      </b></p>
      <p><b>注意:</b>一定要按照 link－visited－hover－active 的先后顺序定义控制
      超链接的伪类选择器,否则会失效。</p>
    </body>
</html>
```

浏览器中的显示效果如图 4-16 所示,移动光标至超链接时的效果如图 4-17 所示。

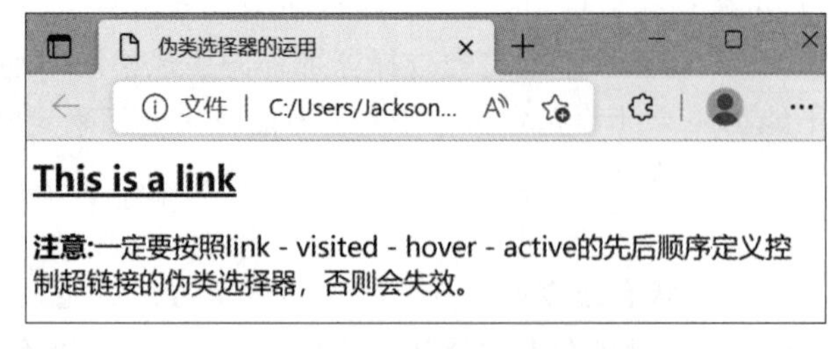

图 4-16 未单击超链接前的效果

说明：超链接的四个状态会出现颜色和字体大小的变化。

链接伪类选择器的书写应遵循 LVHA 的顺序,即 CSS 代码中四个选择器的出现顺序

图 4-17　光标移到超链接时的效果

应为 a:link→a:visited→a:hover→a:active，若违反这种顺序，则光标停留和激活样式就不起作用了。

伪类选择器可以应用到任意标签，不仅限于<a></a>标签。例如：

```
p: hover { color : red; }
h2: hover { color : red; }
```

4.4.5　后代选择器

后代选择器可以将样式应用于包含在其他元素中的元素上。例如："p b { color: red ; }"这条规则将<b></b>标记中所有的文本都设置为了红色，但只有当它们位于<p>…</p>标记中时才有效(例如<p><b>Hello</b></p>)。

后代选择器可以无限嵌套下去，因此"ul li b { color: blue ; }"这条规则是完全有效的，它表示使一个无序列表的列表元素中的粗体文本以蓝色显示。

4.4.6　通用选择器

通配或者通用选择器可以匹配任何元素，例如："* { border: 1px solid green ; }"这条规则将应用于整个文档，使其所有元素都有一个绿色边框。因此，虽然不太可能单用"*"，但作为复合规则的一部分，它是非常强大的。例如：

```
#boxout * p { border : 1px solid green ; }
```

这里，#boxout 后面的第一个选择器是"*"符号，表示选择 boxout 对象中的所有元素；后面的 p 选择器缩小了选择范围，变为样式只应用于#boxout 中的所有 p 元素。

4.4.7　选择器的集体声明

在声明各种 CSS 选择器时，如果某些选择器的风格是完全相同或者部分相同的，则可以利用集体声明的方法将风格相同的 CSS 选择器同时声明，这样可以减少样式的重复定义，减少代码长度，这时各个选择器之间使用逗号","隔开。

【例 4-9】　集体声明的应用。

```
<html>
  <head>
```

```
    <title>选择器的集体声明</title>
    <style type="text/css">
      h1,h2,h3,p{                                          /* 集体声明 */
          color:purple;                                    /* 紫色 */
          font-size:15px;
      }
      h2.special,.special,#one{                            /* 集体声明 */
          text-decoration:underline;                       /* 下画线 */
      }
    </style>
  </head>
  <body>
    <h1>集体声明 h1</h1>
    <h2 class="special">集体声明 h2</h2>
    <h3>集体声明 h3</h3>
    <p>集体声明 p1</p>
    <p class="special">集体声明 p2</p>
    <p id="one">集体声明 p3</p>
  </body>
</html>
```

浏览器中的显示效果如图4-18所示。

图4-18　集体声明的应用

另外,对于实际网站中的一些小型页面,例如弹出的小对话框和上传附件的小窗口等,如果希望这些页面中的所有标记都使用同一种CSS样式,但又不希望逐个加入集体声明列表,就可以利用全局声明符号"*"。

【例4-10】　全局声明的应用。

```
<html>
  <head>
    <title>选择器的全局声明</title>
```

```
        <style type="text/css">
          * {                                            /* 全局声明 */
              color: purple;
              font-size:15px;
          }
          h2.special,.special,#one{                      /* 集体声明 */
              text-decoration:underline;
        </style>
      </head>
      <body>
        <h1>全局声明 h1</h1>
        <h2 class="special">全局声明 h2</h2>
        <h3>全局声明 h3</h3>
        <p>全局声明 p1</p>
        <p class="special">全局声明 p2</p>
        <p id="one">全局声明 p3</p>
      </body>
    </html>
```

浏览器中的显示效果如图 4-19 所示。

图 4-19　全局声明的应用

4.5 CSS 的属性单位

CSS 是由属性和属性值组成的，有些属性值会用到单位，如果没有单位，浏览器将不知道一个边框是 10 厘米还是 10 像素，这就涉及长度或百分比单位；此外，经常会用属性 color 给字体或背景设置颜色，此时需要用到颜色单位，下面详细介绍它们的用法。

4.5.1　长度、百分比单位

1. 长度单位

长度单位分为绝对长度单位和相对长度单位两种类型。

(1) 绝对长度单位

绝对长度单位不会随着显示设备的不同而改变,也就是说,属性值使用绝对单位时,不论在哪种设备上,显示效果都一样,如屏幕上的1cm与打印机上的1cm是一样长的。

绝对长度单位包括英寸(in,inch)、厘米(cm,centimeter)、毫米(mm,millimeter)、点(pt,point)和派卡(pc,pica),它们之间的换算关系为1in = 2.54cm = 25.4 mm = 72pt = 6pc。

在设计网页时,一般希望同一个长度能够在不同的显示器或不同的分辨率中自动缩放,而绝对长度单位不会按显示器的比例调整,所以绝对长度单位很少用。

(2) 相对长度单位

相对长度单位是指以属性的某一个单位值为基础完成目前的设置,它能更好地适应不同的媒体,所以它是首选。相对长度单位的长短取决于某个参照物,如屏幕的分辨率、字体高度等。

相对长度单位包括em、ex和px(像素,pixel)。

① em:是以定义文字时font-size属性定义的值为基准的单位,例如在font-size属性中,定义文字大小为12px,那么此时1em就是12px的长度。

② ex:是以定义字体中小写字母x的高度为基准的单位,因为不同字体中x的高度是不同的,所以即使font-size属性相同而字体不同,1ex的高度也会不同。

③ px:指显示器按分辨率分割得到的小点,显示器由于分辨率的大小不同,因此得到的像素点的大小也是不同的,所以像素也是相对单位。目前,大多数设计者都使用像素作为单位。

2. 百分比单位

百分比也可看成一个相对量,它总是相对于另一个值来说的,该值可以是长度单位或者其他单位。一个百分比值由可选的正号"+"或负号"-"加上一个数字,后跟百分号"%"组成。如果百分比值是正的,正号可以不写。正负号、数字与百分号之间不能有空格。例如:"p{line-height: 150%;}"表示本段文字的高度为标准行高的1.5倍;"hr{ width: 80%;}"表示线段长度是相对于浏览器窗口的80%。

注意:不论使用哪种单位,在设置时,数值与单位之间都不能加空格。

4.5.2 颜色单位

CSS中定义颜色的值可以使用颜色英文名称、RGB颜色值或十六进制颜色值三种方法,比HTML中定义颜色的值多了一种RGB颜色值的表达方式。

1. 颜色英文名称

CSS中可以直接用英文单词命名与之对应的颜色,这种方法的优点是简单、直接、容易掌握。例如:"p{color:blue;}"中的"blue"就是颜色英文名称。

每种浏览器都命名了大量颜色,大部分浏览器能够识别140多种颜色名。但在不同的浏览器中,由于颜色种类的命名有可能不同,因此即使使用了相同的颜色名,颜色也有可能存在差异,能够通用的标准颜色只有16种,如表4-1所示。

表 4-1　CSS 标准颜色

颜　色	名　称	颜　色	名　称
white	白	black	黑
gray	灰	red	红
yellow	黄	blue	蓝
green	绿	purple	紫
silver	银	maroon	褐
fuchsia	紫红	navy	深蓝
lime	浅绿	auqa	水绿
teal	深青	olive	橄榄

2. RGB 颜色

显示器的成像原理是通过红、绿、蓝三色的叠加形成各种各样的色彩，因此通过设定 RGB 三色的值描述颜色是最直接的方法，其语法格式为：rgb(R,G,B)，其中，R、G、B 分别表示红、绿、蓝的十进制，三个参数都可以取 0～255 的整数，也可以是 0%～100%的百分数，通过这三个值的变化结合，便可以形成不同的颜色。例如：p {color：rgb(128,80,210)；}，p{color：rgb(35%,200,50%)；}。

3. 十六进制颜色

目前，十六进制的颜色表示方法较为普遍，其原理同样是 RGB 色，只是将 RGB 色的数值对应地转换成了十六进制，其表示方式为：#RRGGBB，例如“p{ color：#ff0000;}”表示红色。其中，前两个数字代表红光强度，中间两个数字代表绿光强度，后两个数字代表蓝光强度。以上三个参数的取值范围为 00～ff(对应的十进制仍为 0～255)，每个参数必须是两位数，不足两位的在前面补 0。如果每个参数在各自的两位上数值相同，那么该值也可缩写成“#RGB”的形式。例如，#00ff00 可以缩写为#0f0。

4.6 CSS 的层叠性

CSS 的层叠性要解决的问题是当有多个选择器作用于同一元素时，即多个选择器的作用范围发生了重叠时 CSS 应该如何处理，它可以简单地理解为“冲突”的解决方案。遇到层叠情况时，CSS 的处理原则如下。

(1) 如果多个选择器定义的规则不发生冲突，则元素将应用所有选择器定义的样式。

【例 4-11】 CSS 层叠性(无冲突)的应用实例。

```
<html>
  <head>
    <title>CSS 的层叠性(无冲突)</title>
    <style type="text/css">
      p{                                            /* 标记选择器 */
           color:blue;
           font-size:18px;
```

```
        }
        .special{                                   /* 类别选择器 */
            font-weight: bold;                      /* 粗体 */
        }
        #underline{                                 /* ID 选择器 */
            text-decoration: underline;             /* 有下画线 */
        }
    </style>
  </head>
  <body>
        <p>标记选择器 1</p>
        <p>标记选择器 2</p>
        <p class="special">受到标记、类两种选择器作用</p>
        <p id="underline" class="special">受到标记、类和 id 三种选择器作用</p>
  </body>
</html>
```

浏览器中的显示效果如图 4-20 所示。

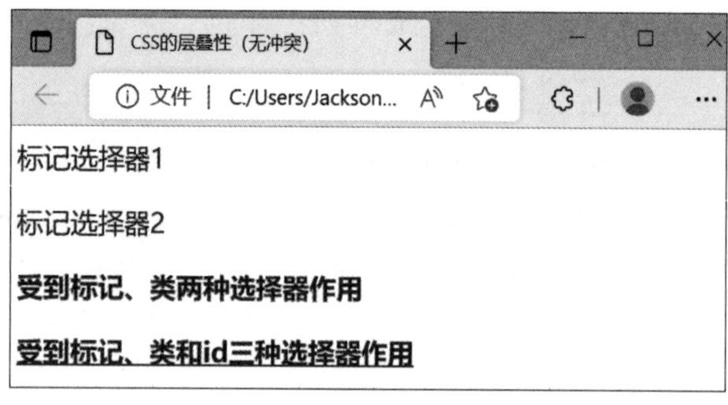

图 4-20　CSS 无冲突的层叠性的应用

(2) 如果多个选择器定义的规则发生了冲突，则 CSS 按选择器的优先级让元素应用优先级高的选择器定义的样式。CSS 规定的选择器优先级从高到低的次序为：行内样式 > ID 样式 > 类别样式 > 标记样式。总的原则是：越特殊的样式，优先级越高。

【例 4-12】 CSS 层叠性(有冲突)的应用实例。

```
<html>
  <head>
      <title>CSS 的层叠性(有冲突)</title>
      <style type="text/css">
        p{                                          /* 标记选择器 */
            color:blue;
            font-style: italic;                     /* 斜体 */
        }
        .green{                                     /* 类选择器 */
            color:green;
```

```
        }
        .purple{
            color:purple;
        }
        #red{                                          /* ID选择器 */
            color:red;
        }
      </style>
    </head>
    <body>
        <p>这是第 1 行文本</p>     <!--蓝色斜体-->
        <p class="green">这是第 2 行文本</p><!--绿色斜体-->
        <p class="green" id="red">这是第 3 行文本</p>  <!--红色斜体-->
        <p id="red" style="color:orange; ">这是第 4 行文本</p>      <!--黄色斜体-->
        <p class="purple green">这是第 5 行文本</p>       <!--紫色斜体-->
    </body>
</html>
```

浏览器中的显示效果如图 4-21 所示。

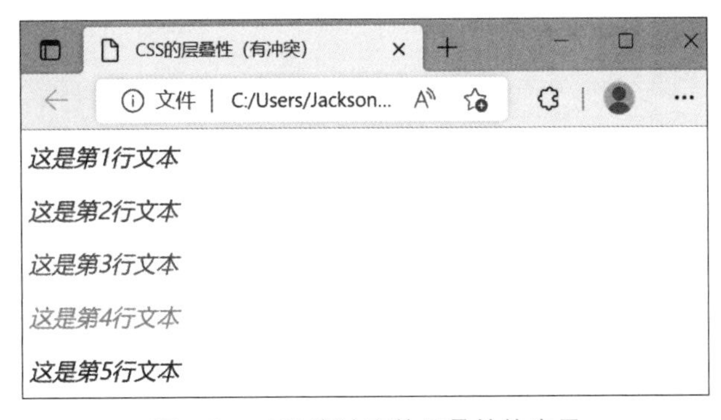

图 4-21　CSS 有冲突的层叠性的应用

说明：由于类选择器的优先级比标记选择器的优先级高，当两者发生冲突时将应用类选择器的样式，因此被两个选择器都选中的第二行的 p 元素将应用.green 类选择器定义的颜色样式，显示为绿色，但 p 标记选择器定义的其他规则（如斜体）还是有效的，因此第二行的显示效果为绿色斜体；同理，第三行将按优先级应用 ID 选择器的样式，显示为红色斜体；第四行将优先应用行内样式，显示为黄色斜体；第五行同时应用了两个类选择器 class="purple green"，两个选择器的优先级相同，这时会以前者为准，显示为紫色斜体。

(3) 可以通过!important 关键字提升某个选择器的重要性。当不同选择器定义的规则发生冲突时，可以通过!important 强制改变选择器的优先级，优先级次序会变为：!important>行内样式 > ID 样式 > 类别样式 > 标记样式。例如对于上例，如果在.green 类选择器的规则后添加一条!important，代码如下，则第三行和第五行文本将会变为绿色。

```
.green{                    /* 类选择器 */
    color:green!important;
                           /* 通过!important 提升该选择器中样式的优先级 */
}
```

4.7 CSS 的继承性

除了层叠性,CSS 还具有另外一个特性——继承性。CSS 的继承性是指如果子元素定义的样式没有和父元素定义的样式发生冲突,那么子元素将继承父元素的样式风格,并可以在父元素样式的基础上加以修改或自定义新的样式,而子元素的样式风格不会影响父元素。

【例 4-13】 CSS 继承性的应用实例。

```
<html>
  <head>
  <title>CSS 的继承性</title>
    <style type="text/css">
      body{
          text-align:center;
          font-size: 14px;
      }
      p{
          text-decoration:underline;
      }
      em{
          color:red;
      }
      .right{
          text-align:right;
      }
      </style>
    </head>
    <body>
        <h2>电子商务教研室</h2>
        <p><em>电子商务</em>教研室</p>
        <p class="right"><em>电子商务</em>教研室</p>
    </body>
</html>
```

浏览器中的显示效果如图 4-22 所示。

说明:<body>标记选择器定义的文本居中的属性被所有子元素 h2、p 继承,因此前两行应用了 body 定义的样式,而且 p 元素还把它继承的样式传递给了子元素 em,但由于第三行的 p 元素由于通过.right 类选择器重新定义了右对齐的样式,所以将覆盖父元素 body 的居中对齐样式,显示为右对齐。另外,第一行的 h2 元素虽然没有定义样式,但浏览器为标题

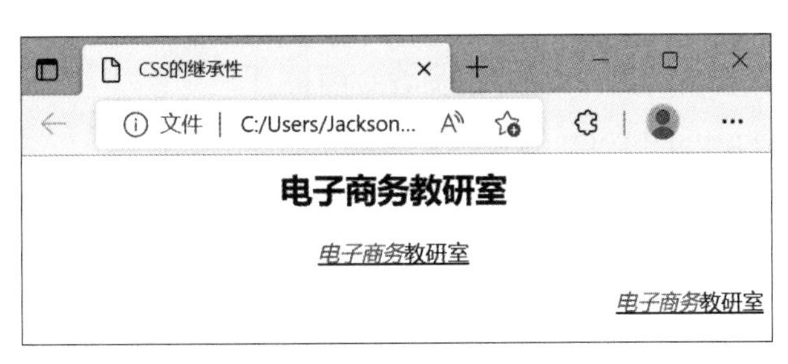

图 4-22　CSS 继承性的应用

元素预订了默认样式，因此它也将覆盖 body 元素定义的 14 像素大小的样式，显示为 h2 的字体大小、粗体。可见，继承的样式的优先级要比元素具有的默认样式的优先级低。如果要使 h2 元素显示为 14 像素大小，则需要为它直接定义字体大小。

CSS 的继承性贯穿整个 CSS 设计的始终，每个标记都遵循 CSS 继承的概念，可以利用继承关系缩减代码的编写量和提高可读性，尤其是在页面内容很多且关系复杂的情况下。例如，如果网页中大部分文字的字体大小都是 12 像素，则可以对 body 或 td(若网页用表格布局)标记定义样式为 12 像素。这样，由于其他标记都是 body 的子标记，会继承这一样式，因此不需要对那么多的子标记一一定义样式了。有些特殊的地方，如字体大小要求是 14 像素，则可以再利用类选择器或 ID 选择器单独定义。

需要注意的是：不是所有的 CSS 属性都具有继承性，一般只有 CSS 的文本属性具有继承性，而其他属性(如背景属性、盒子属性等)不具有继承性。

思考与练习

1. 单项选择题

(1) 在 CSS 文件中插入注释的正确语句是(　　)。

A. /* this is a comment */　　B. //this is a comment

C. <this is a comment>　　D. <! --this is a comment-->

(2) 下列不属于 CSS 使用方式的是(　　)。

A. 索引式　　B. 嵌入式　　C. 链接式　　D. 导入式

(3) 下列说法中错误的是(　　)。

A. CSS 样式表可以将格式和结构分离

B. CSS 样式表可以控制页面的布局

C. CSS 样式表可以使许多网页同时更新

D. CSS 样式表不能制作体积更小、下载速度更快的网页

(4) 通过链接式方法引入 CSS，引入文件的扩展名为(　　)。

A. js　　B. dom　　C. html　　D. css

(5) 关于样式表的优先级，说法不正确的是(　　)。

A. 直接定义在标记上的 CSS 样式的级别最高

B. 内部样式表的级别次之

C. 外部样式表的级别最低

D. 当样式中的属性重复时,先设置的属性起作用

(6) (　　)表示给所有<h1>标签添加背景颜色。

A. .h1 {background-color:#FFFFFF;}

B. h1 {background-color:#FFFFFF;}

C. h1.all {background-color:#FFFFFF;}

D. #h1 {background-color:#FFFFFF;}

(7) (　　)代码能够定义所有P标签内的文字加粗。

A. <p style="text-size:bold";>　　B. <p style="font-size:bold";>

C. p {text-size:bold;}　　D. p {font-weight:bold;}

(8) a:hover表示超链接文字在(　　)时的状态。

A. 鼠标按下　　B. 光标经过　　C. 光标放上去　　D. 访问过后

2. 问答题

(1) 描述HTML和CSS的关系,并简述运用CSS的好处。

(2) CSS的使用方法有哪些? 如果发生冲突,引入方式的优先级顺序是什么?

(3) 简述CSS中选择器的作用及分类。

(4) 用户自定义的类和ID在定义及使用时有什么区别?

(5) 什么是CSS的层叠性? 如果遇到层叠情况,CSS的处理原则是什么?

3. 案例分析题

(1) 解释以下CSS样式的含义。

```
table{
        border: 1px #FF0000 solid;
        font: 12px arial;
        width: 600px;
  }
  td,th{
        padding: 6px;
        border: 2px solid #FFFF00;
        border-bottom-color: #0000FF;
        border-right-color: #0000FF;
  }
```

(2) 解释以下CSS样式的含义。

```
a:link   { color: #008000; text-decoration: none     }
a:visited  { color: #990099; text-decoration: none  }
a:active   { color: #ff0000; text-decoration: underline  }
a:hover  { color: #3333CC; text-decoration: underline  }
```

(3) 写出下列要求的CSS样式表。

① 设置页面背景图像为login_back.gif,背景图像垂直平铺。

② 使用类选择器设置按钮的样式,按钮背景图像为login_submit.gif;字体颜色为

＃FFFFFF；字体大小为 14px；字体粗细为 bold；按钮的边界、边框和填充均为 0px。

4. 实践题

（1）建立一个 CSS 文件，完成下列样式的定义，并试着在一个 HTML 文件中调用这个 CSS 文件进行样式设置。

① 使用＜td＞标记样式设置字体颜色为＃000FFF；字体大小为 14px；内容与边框之间的距离为 5px。

② 使用超链接伪类为无下画线；颜色为＃667788；光标悬停在超链接上方时显示下画线；颜色为＃FF5566。

（2）通过不同的使用方式用下列 CSS 样式修饰一个页面。

① 用标记选择器将网页中的所有文字调整成 12px。

② 用类选择器 title 将栏目框的标题文字调整成 14px、红色。

③ 用伪类选择器将导航条调整为链接的 hover 状态文字变色，加下画线。

④ 用后代选择器将“友情链接”中的链接行距调整为 150％。

第5章 网页可视化设计

从视觉上看，每个网页都是由若干计算机屏幕组成的，而把众多的文字、图像、动画等多媒体元素合理地编排在一个个屏幕上，就是版面布局的任务。同时，作为一个有内涵的视觉产品，页面的色彩搭配和艺术设计也是非常重要的环节。从实践中归纳得到的原则有助于我们少走弯路，当然也要注意与时俱进。

5.1 网页的版面布局

网页的版面布局是网页设计最基本、最重要的工作。虽然网页内容很重要，但只有当网页布局和网页内容成功结合，并将文字、图片等网页元素按照一定的次序合理编排和布局，使它们组成一个有机的整体后，网页才会受人喜欢。

5.1.1 网页版面布局概述

1. 网页版面布局的基本概念

版面指从浏览器看到的一个完整的页面。布局是指以最适合浏览的方式将图片和文字等网页元素排放在页面的不同位置。版面布局也是一种创意，但要比站点整体的创意容易，也有一定的规律可循。可以按约定俗成的标准或大多数访问者的浏览习惯进行设计，也可以创造出自己的设计方案，对于初学者，最好先了解以下概念。

1）页面尺寸

页面尺寸由高度和宽度构成，它会受到显示器大小、分辨率及浏览器的影响。高度是可以向下延展的，它是能给网页增加更多内容（尺寸）的唯一方法。一般对高度无限制，原则上，内容少则尽量控制在一屏以内，内容多则尽量不超过三屏。即使是一屏，高度也没有固定值，因为每个人的浏览器的工具栏不同，有的浏览器的工具栏被插件占了很多空间。

网页的宽度主要分两种：自适应宽度和固定宽度。自适应宽度是指内容区域宽度跟随浏览器变化；固定宽度是指内容区域宽度固定。自适应宽度的设计方法会成为潮流，它的优点是：根据用户窗口大小的不同做出改变，在一定宽度范围内提供稳定的视觉体验，比较适合以图片为主的网页。缺点是：对老旧和非标准浏览器的兼容性较差，对产品定义和设计能力的要求较高，对页面做出调整时需要同时改变多种尺寸下的布局；另外，自适应宽度的设计方法不适合初学者，它要求对前端架构和CSS有一定的了解。固定宽度的设计方法可以提高开发速度与效率，同时在浏览器兼容方面表现得更好，比较适合以文字为主的网页。

如果采用固定宽度的设计方法，不仅要考虑显示器分辨率的发展，还要考虑目标客户的终端分辨率的使用情况，可以以网站主流用户群使用的分辨率的百分比决定。目前，分辨率在1024像素以下的设备已经很少了，重点考虑1024像素×768像素、1920像素×1080像素的情况。下面给出一些常见的做法。

(1) 分辨率为 1024 像素×768 像素，将网页宽度设置在 1002 像素以内就不会出现水平滚动条。也可以将宽度设成 960 像素，这时两侧留点空白，视觉上更舒服。

(2) 分辨率为 1920 像素×1080 像素，将网页宽度设置在 1200 像素以内时两侧空白更大，视觉上更舒服，也方便做一些浮动层的设计。

2) 整体造型

造型就是创造出来的物体形象，这里指页面的整体形象，这种形象应该是一个整体，图形与文本的接合应该是层叠有序的。虽然显示器和浏览器都是矩形，但页面的造型可以充分运用自然界中的其他形状以及它们的组合，如矩形、圆形、三角形、菱形等。

对于不同的形状，它们代表的意义是不同的。比如矩形代表正式、规则，很多互联网服务提供者和政府网页都以矩形作为整体造型；圆形代表柔和、团结、温暖、安全等，许多时尚站点喜欢以圆形作为页面整体造型；三角形代表力量、权威、牢固等，许多大型的商业站点为显示它的权威性，常以三角形作为页面整体造型；菱形代表平衡、协调、公平，一些交友网站常运用菱形作为页面整体造型。虽然不同的形状代表不同的意义，但目前的网页制作多数是融合了多个图形设计的，只是某种图形的构图占比多一些而已。图 5-1 所示为庐山网的设计，它融合了矩形、曲形、圆形等多种图形。

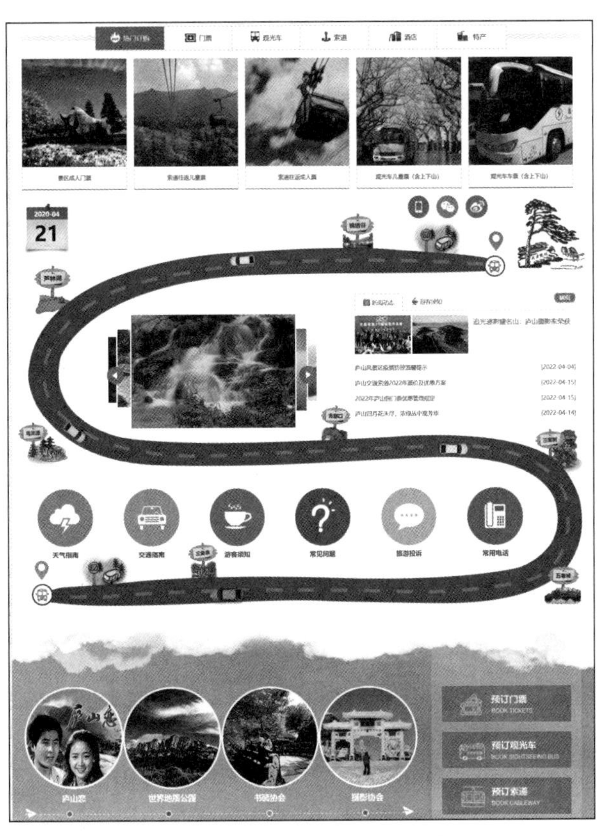

图 5-1　多种图形的融合设计

3) 网页结构

一个页面通常由页头、页体和页脚三部分组成，如图 5-2 所示。

图 5-2　网页结构

(1) 页头：页头也叫页眉,作用是定义页面的主题。页头是整个页面设计的关键,它涉及下方的更多设计和整个页面的协调性。页头常用来放置站点名字的图片、公司标志以及旗帜广告。

(2) 页体：页体是网页的核心部分,由各种网页元素(包括文本、图片和多媒体等)按照一定的布局方式组合而成。

- 文本：文本在页面中都是以行或者块(段落)的形式出现的,它们的摆放位置决定了整个页面布局的可视性。
- 图片：图片和文本已成为网页的两大主要构成元素,不可或缺。如何处理图片和文本的位置成了整个页面布局的关键。
- 多媒体：除了文本和图片,还有声音、动画、视频等其他网页元素。随着用户对网页效果的不断追求,它们在网页布局中起到的作用越来越大。

(3) 页脚：页脚和页头相呼应。页头是放置站点主题的地方,而页脚是放置制作者或者公司信息以及版权声明的地方。

2. 网页版面布局技术

网页布局的常用技术有表格布局、框架布局以及 Div+CSS 布局。

(1) 表格布局：表格布局已经成为一个标准,随便浏览任一站点,它们绝大多数是用表格布局的。表格布局的优势在于它能对不同对象加以不同处理,而又不用担心不同对象之间的影响。表格在定位图片和文本上比 CSS 更加方便。表格布局的缺点是当用了过多表格时,页面下载速度会受到影响。对于表格布局,可以随便找到一个站点的首页,然后将其保存为HTML文件,利用网页编辑工具Dreamweaver打开它,就可以看到这个页面是如何利用表格进行布局的。

(2) 框架布局:可能是因为兼容性问题,框架结构的页面在一开始并不被人喜欢。但从布局上考虑,框架结构不失为一个好的布局方法,它如同表格布局一样,可以把不同对象放置到不同页面加以处理,还可以在各个页面之间建立一定的联系,这是表格布局不能实现的。因为框架可以取消边框,所以一般来说不会影响整体美观。

(3) Div+CSS布局:Div+CSS是指提倡使用Div代替表格布局,然后利用CSS单独控制各种布局元素的显示样式。CSS对于初学者来说显得有些复杂,但它的确是一个好的布局方法,曾经无法实现的想法利用CSS都能实现。Div+CSS布局具有很多优点:大大缩减页面代码量;实现表现和内容相分离;方便修改与维护;页面加载速度更快。

3. 网页版面布局的原则

(1) 主次分明,中心突出。在一个页面上,必须考虑视觉的中心,这个中心一般在屏幕的中央或者中间偏上的部位。因此,一些重要的文章和图片一般可以放置在这个部位,视觉中心以外的地方就可以安排稍微次要的内容,这样在页面上就突出了重点,做到了主次有别。

(2) 大小搭配,相互呼应。较长的文章或标题不要编排在一起,要有一定的距离;同样,较短的文章也尽量不要编排在一起。对待图片的安排也是这样,要互相错开,造成大小之间有一定的间隔,这样可以使页面错落有致,避免重心的偏离。

(3) 图文并茂,相得益彰。文字和图片具有相互补充的视觉关系,页面上文字太多,就会显得沉闷,缺乏生气;页面上图片太多,缺少文字,必然会减少页面的信息容量。因此,最理想的效果是文字与图片密切配合,互为衬托,既能活跃页面,又能使主页有丰富的内容。

4. 网页版面布局的步骤

网页版面布局分为以下几个步骤。

(1) 构思并绘制草案:根据网站内容的整体风格设计版面布局。新建的页面就像一张白纸,可以尽可能地发挥想象力,将想到的“景象”画上去,可以用一张白纸和一支铅笔,也可以用作图软件Photoshop等工具实现。这个阶段不要讲究细节,只要有一个轮廓即可。当然也可能有多种想法,尽量把它们都画出来,然后进行比较,采用一种比较满意的方案。

(2) 初步填充网页内容:这一步就是将确定需要放置的功能模块放到网页中,例如网站标志、广告条、菜单、导航条、友情链接、计数器、版权信息等。这里必须遵循上述版面布局的原则,将网站标志、主菜单等最重要的模块放在最显眼、最突出的位置,然后再考虑次要模块的摆放。

(3) 细化:在上一步的基础上精细化、具体化内容。设计者可以利用网页编辑工具把草案做成一个简略的网页,当然,对每种元素所占的比例也要有一个详细的数字,以便以后修改。

经过以上3步,网页布局已经初具规模了,让其他人员观看并提出建议,再不断修改,一个网页的版面布局就完成了。

5.1.2 网页版面布局的方法

网页版面布局大致可分为“国”字型、拐角型、“三”型、对称对比型、标题正文型、框架型、封面型、Flash型等,下面分别介绍。

(1) “国”字型:也称“同”字型或“口”字型,是一些大型网站喜欢的类型,布局结构如

图 5-3 所示。最上面是网站标志以及横幅广告条,接下来就是网站的主要内容,左右分列两小条内容,有时左面是主菜单,右面放友情链接等;中间是主要部分,与左右一起罗列到底,最下面是网站的一些基本信息、联系方式、版权声明、广告等。这种结构在网上最常见,其优点是能充分利用版面,信息量大,缺点是页面拥挤,不够灵活。

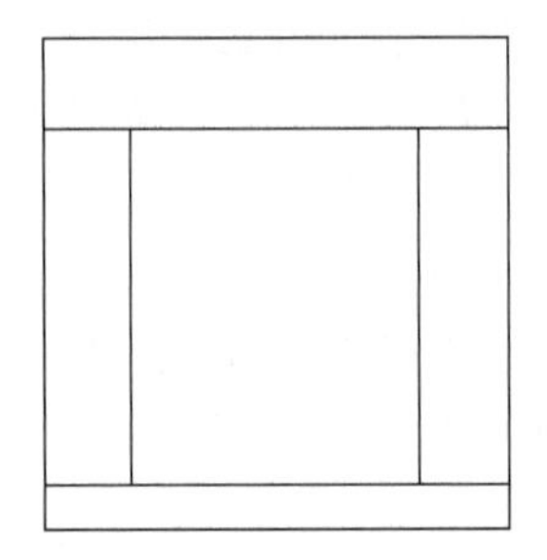

图 5-3 "国"字型的布局结构

"国"字型布局结构的网页效果如图 5-4 所示。

图 5-4 "国"字型布局结构的网页效果

(2) 拐角型: 也称"厂"字型,这种结构类型与"国"字型其实只有形式上的区别,非常相似,上面也是"横条网站标志+广告条",左侧是一个窄列链接等,右侧是很宽的正文,下面也是一些网站的辅助信息,布局结构如图 5-5 所示。拐角型是网页设计中用得最广泛的一种布局方式,这种布局的优点是页面结构清晰,主次分明,是初学者最容易上手的布局方法。缺点是规矩呆板,如果不注意细节色彩,那么很容易让人"看之无味"。如果没有下面的网站辅助信息栏的结构,拐角型有时又称 T 形。拐角型布局结构的网页效果如图 5-6 所示。

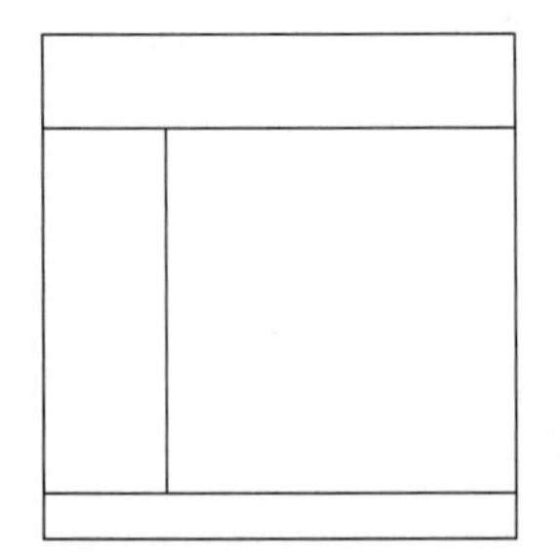

图 5-5 拐角型的布局结构

图 5-6　拐角型布局结构的网页效果

(3)“三”型:“三”型结构的特点是使用横向的两条色块将页面整体分割为三部分,色块中大多放广告条,网页效果如图 5-7 所示。

(4) 对称对比型:对称对比型是左右对称或者上下对称的一种布局方法,一半深色,一半浅色,一般用于设计型站点。优点是视觉冲击力强,缺点是不易将两部分有机结合,网页效果如图 5-8 所示。

(5) 标题正文型:标题正文型的最上面是标题或类似的一些内容,下面是正文,比如一些文章页面、通知文件或注册页面等,网页效果如图 5-9 所示。

(6) 框架型:框架型又分为左右框架型、上下框架型、综合框架型,如图 5-10 所示。

左右框架型是指左右分别为两页的框架结构,一般左面是导航链接,有时最上面会有一个小的标题或标志,右面是正文,大部分大型论坛都喜欢采用这种结构,一些企业网站也喜欢采用这种结构。这种类型结构非常清晰,一目了然,网页效果如图 5-11 所示。

上下框架型与左右框架型类似,区别仅在于上下框架型是一种上下分为两页的框架结构。

综合框架型是左右框架型和上下框架型两种结构的结合,是相对复杂的一种框架结构,较为常见的是类似于拐角型的结构,只是额外采用了框架结构。

图 5-7　“三”型布局结构的页面效果

图 5-8　对称对比型布局结构的网页效果

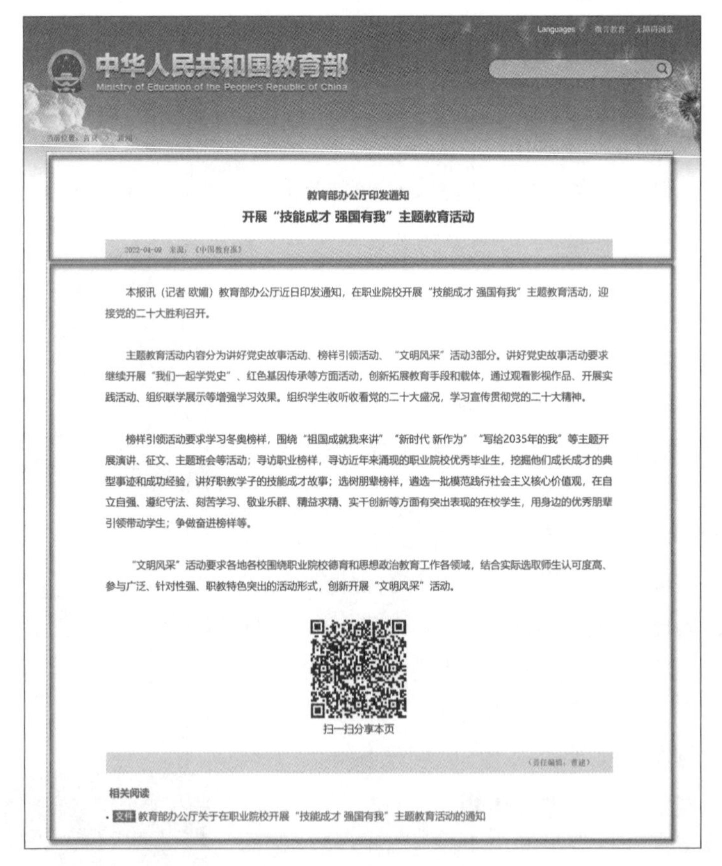

图 5-9　标题正文型布局结构的网页效果

(a) 左右框架型　　(b) 上下框架型　　(c) 综合框架型

图 5-10　框架型的布局结构

图 5-11　左右框架型布局结构的网页效果

（7）封面型：也称 POP 型。这种结构常用于时尚类站点和个人网站的首页，大部分为一些精美的平面设计结合一些小动画，放置几个简单的链接或者仅是一个“进入”的链接，甚至直接在首页的图片上放置栏目链接，网页效果如图 5-12 所示。这种结构的优点是美观、吸引人，缺点是加载速度有时比较慢。

图 5-12　封面型布局结构的网页效果

(8) 动画型：动画型与封面型类似，与封面型不同的是，动画型的动画功能强大，页面表达的信息更丰富，其视觉效果及听觉效果如果处理得当，绝不差于传统的多媒体，网页效果如图 5-13 所示。

图 5-13　动画型布局结构的网页效果

以上总结了一些常见的网页版面布局方式，其实还有许多别具一格的布局结构，关键在于创意和设计。还可以结合自己的需求综合各种布局模式，创建符合自己想法的版面，例如图 5-14 是一个首页布局的草图，它的版面设计过程是先根据具体需要确定在首页上放置的内容模块，然后在纸上画出首页布局的草图，设计完成后再根据实际情况进行调整并最终定案。

Logo	Banner
导航栏	
公告栏	精彩内容推荐
横幅广告位	
图文教程	视频教程
课件下载	远程网校
友情链接	
版权栏	

图 5-14　首页布局规划的草图

5.2 网页的色彩运用

色彩是艺术表现的要素之一。在网页设计中,网站给人的第一印象来自于视觉,因此,确定网站的色彩相当重要。不同的色彩搭配会产生不同的效果,从而使网站给人以不同的视觉效果,吸引访问者的注意力。色彩的心理效应发生在不同层次中,有些属于直接刺激,有些需要通过间接的联想,更高层次则涉及人的观念、信仰。总之,要根据和谐、均衡和重点突出的原则将不同的色彩进行组合,搭配出美丽的页面。

5.2.1 网页色彩概述

1. 色彩的基础知识

颜色是因光的折射而产生的。红、黄、蓝是三原色,其他色彩都可以用这 3 种色彩调和而成。任何色彩都有饱和度和透明度的属性,属性的变化会产生不同的色相,所以可以制作出上百万种色彩。

颜色分为非彩色和彩色两类。非彩色是指黑、白、灰这 3 种系统色。彩色是指除了非彩色以外的所有色彩。网页制作是用彩色好还是非彩色好呢?研究表明:彩色的记忆效果是黑白色的 3.5 倍。也就是说,在一般情况下,彩色页面较完全黑白的页面更加吸引人。

在长期的生活实践中,自然界的各种色彩会给人留下不同的印象,产生不同的心理感觉。下面介绍常见色彩的含义。

(1) 红色是暖色调,性格刚烈而外向,是一种对人刺激性很强的颜色,是最引人注目的色彩,具有强烈的感染力。红色容易引起人的视觉注意,也容易造成视觉疲劳,它不仅能使人兴奋、激动、紧张、冲动,也常伴随着灾害、事故、战争、流血、伤亡。在我国,红色具有特殊的象征意义,所以经常被用在学校、党、团等网站中。

红色适合与多种颜色搭配,例如,在红色中加入少量的黄色可以使页面给人以强烈的热力,趋于躁动、不安;在红色中加入少量的蓝色可以使红色的热度稍微减弱,趋于文雅、柔和;在红色中加入少量的黑色可以使页面色彩的性格变得沉稳,趋于厚重、朴实;而在红色中加入少量的白色可以使页面色彩的性格变得温柔,给人含蓄、羞涩、娇嫩的感觉。

(2) 橙色是暖色调中给人温暖感觉最强烈的一种颜色,其性格活泼,使人兴奋,并具有富丽、辉煌、炽热的感情意味。橙色只有在发冷、深沉的蓝色中才能充分发挥出其具有的太阳般的光辉。

在橙色中混入少量的蓝色能够形成强烈的对比,有一种紧张的气氛;而在橙色中混入少量的白色可以反映出焦虑、无力的感觉。

(3) 黄色也是暖色调,由于过于明亮,容易给人以冷漠、高傲、敏感的感觉,具有扩张和不安的视觉印象。黄色是各种色彩中最容易受其他辅助配色影响的颜色,只要在纯黄中混入少量的其他颜色,就将大幅改变其给人的感觉。黄色能给人带来勇气,还能增强人的食欲,许多大型快餐店的网站会大量使用黄色。

黄色与其他色彩的搭配性不如红色。在黄色中加入少量的蓝色可以使其高傲的性格趋向于平和、温润;在黄色中加入少量的红色可以使其转化为有限的热情和温暖;在黄色中加入少量的黑色可以使其变得成熟、随和又不失刺激。

(4) 绿色是中性色,在可见光谱中其波长居中,因此人眼最能适应绿光的刺激。绿色具有缓解视觉疲劳的作用,象征和平、自然、健康。

当绿色中黄色的成分较多时,其色彩的性格就趋向于活泼、友善;在绿色中加入少量的黑色可使其趋于庄重、老练、成熟;在绿色中加入少量的白色可使其趋向于洁净、清爽、鲜嫩。

(5) 蓝色属于典型的冷色调,性格朴实而内向,是一种给人以理智的颜色。蓝色内向、朴实的性格常为那些性格活跃、具有较强扩张力的色彩提供深远而宁静的空间,成为衬托活跃色彩的背景。蓝色的个性又比较强烈,即使在淡化后仍能表现出其鲜明的特征。

在蓝色中分别加入少量的红、黄、黑、橙、白等颜色都不会对蓝色的色彩性格构成明显的影响。另外,蓝色容易让人联想到天空、海洋,现代人还把属于冷色调的蓝色视为代表科学的象征色。在网页设计中,常常将蓝色应用于一些高科技或游戏类网站,主要表现出严肃、稳重等效果。

(6) 紫色的明度在所有彩色的色料中是最低的。紫色的低明度给人以沉闷、神秘的感觉,表现出孤独、高贵、优美和神秘的情感。

当紫色中红色的成分较多时,其具有压抑感、威胁感;在紫色中加入少量的黑色将给人以沉闷、伤感而恐怖的感觉;而在紫色中加入白色可使紫色沉闷的性格消失,变得优雅、娇贵,充满女性的魅力。

(7) 白色的色感光明、堂皇,给人以朴实、纯洁、快乐的感觉。白色具有圣洁的不容侵犯性,是万能配色,它和任何色彩都可以搭配。但是当在白色中混入其他颜色时,将会影响白色的纯洁性,使其性格变得含蓄无力。

在白色中混入少量的红色将使整个页面充满诱惑感,给人以十分鲜嫩的感觉;在白色中混入少量的黄色可以使网页给人以香腻的印象;在白色中混入少量的蓝色会给人以清冷、洁净的感觉;在白色中混入少量的橙色将给人以干爽、干燥、清爽的感觉;在白色中混入少量的绿色会带给人以稚嫩、柔和的感觉;在白色中混入少量的紫色可以诱导人们联想到淡淡的芳香。

(8) 黑色从光学的角度讲是无光的。黑色在视觉上是一种消极的色彩,使人联想到黑暗、黑夜、寂寞、神秘,意味着悲哀、沉默、恐怖、罪恶、消亡,还会给人以含蓄、庄重、解脱的感觉。黑色是稳定和深沉的颜色,它和任何色彩搭配都难以撼动其鲜明的性格。

(9) 灰色是白色和黑色的混合色,自身显得毫无个性和特点,其性格是柔和的,没有倾向性。灰色是彻底被动的色彩,完全依靠邻近的色彩获得自己的性格。

灰色也是一种万能的搭配色彩,它和任何色彩搭配都只能反映出搭配色彩的性格,而不能表现出自己的色彩性格。

5.2.2 网页色彩的搭配方法

网页色彩是树立网站形象的关键,色彩搭配却总是令设计者感到头疼。网页的背景、文字、图标、边框、超链接应该采用什么样的色彩,应该搭配什么色彩才能最好地表达出预想的内涵呢?通常的做法是:主要内容的文字用非彩色(黑色),边框、背景、图片用彩色。这样的页面整体不单调,看主要内容时也不会眼花。

1. 网页色彩搭配的原理

(1) 色彩的鲜明性。网页的色彩要鲜艳,容易引人注目,同时能给人以较深刻的印象。

(2) 色彩的独特性。要有与众不同的色彩搭配，衬托出网站的个性，使得人们能对该网站印象深刻。

(3) 色彩的合适性。按照内容决定形式的原则，色彩应服务于网站的内容，和网站的气氛相适应。如粉色常常用于女性站点，用来体现女性的柔美；蓝色、灰色常用于工业或科技企业，如奥迪公司的网页大量使用了灰色，显得十分高贵。总之，选择的色彩一定要和网站的主要内容相适应。

(4) 色彩的联想性。不同的色彩会使人产生不同的联想，由蓝色想到天空，由黑色想到黑夜，由红色想到喜事等，选择的色彩要和网页的内涵相关联。

(5) 色彩的合理性。网页的色彩要漂亮、引人注目，同时要照顾人眼的生理特点，不要用大面积的高纯度色相，不要使用过分强烈的颜色对比，否则容易引起视觉疲劳。

(6) 色彩的时尚性。网页设计的用色要特别关注流行色的发展，特别是时尚类网站，应根据每年流行色的发展做适当变动。每年都会发布一批流行色，这是从大众喜爱的颜色中挑选出来的，将这种流行色应用到网页中会使网页富有朝气、更受欢迎。

2. 网页色彩搭配的技巧

下面推荐几种配色方案供设计者参考。

(1) 用一种色彩。这里是指先选定一种色彩，然后调整其透明度或饱和度，也就是将色彩变淡或加深，从而产生新的色彩并用于网页。这样的页面看起来色彩统一，有层次感。

(2) 用对比色调。即把色性完全相反的色彩搭配在同一个空间里，例如红与绿、黄与紫、橙与蓝等。这种色彩搭配可以产生强烈的视觉效果，给人以亮丽、鲜艳、喜庆的感觉。当然，对比色调如果用得不好，就会适得其反，产生俗气、刺眼的不良效果。这就要把握好“大调和，小对比”这个重要原则，即总体的色调应该是统一和谐的，局部可以有一些小的强烈对比。

(3) 用一个色系。按照色彩对人们心理的影响，可以将其分为暖色系、中性系和冷色系。例如，暖色系中的红、橙、橙黄、黄等色彩的搭配会让人觉得温馨、和煦、热情；中性系中的黄绿、绿等色彩的搭配会让人觉得舒适、和谐；冷色系中的青绿、蓝绿、蓝等色彩的搭配会让人觉得宁静、清凉、高雅。

(4) 用黑色和一种彩色。比如大红的字体配上黑色的边框会很显眼。

(5) 黑白色是最基本和最简单的搭配。白字黑底、黑字白底都非常清晰明了。而灰色是万能色，可以和任何彩色搭配，也可以帮助两种对立的色彩和谐过渡。

(6) 象征色。因为色彩具有象征性，例如嫩绿色、翠绿色、金黄色、灰褐色可以分别象征春、夏、秋、冬。其次还有职业的标记色，例如军队的橄榄绿、医疗卫生的白色等。色彩还具有明显的心理感觉，例如冷和暖的感觉等。另外，色彩还有民族性，各个民族由于环境、文化、传统等因素的影响，对不同的颜色有不同的理解。

(7) 风格色。许多网站使用的颜色秉承了公司的风格。比如海尔使用的颜色是一种中性的绿色，既充满朝气又不失自己的创新精神。女性网站使用粉红色的较多，大型公司使用蓝色的较多，这些都是在突出自己的风格。

(8) 使用邻近色。邻近色就是在色环上相邻近的颜色。色环如图 5-15 所示。在色环中，任何一种颜色临近

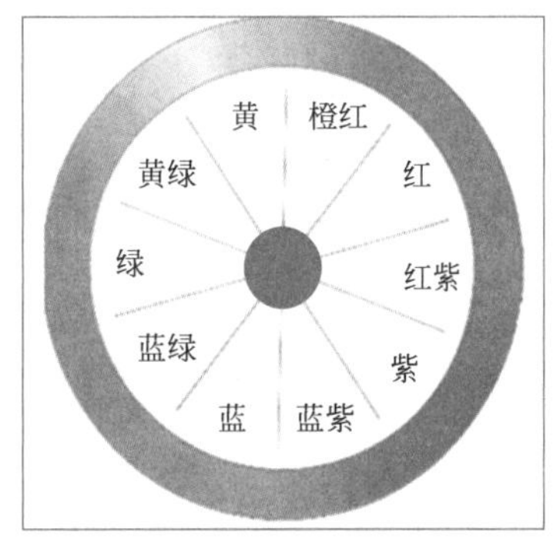

图 5-15　色环

的颜色都有两种。搭配相邻的三种颜色可以给人以舒适自然的视觉效果,因此在设计中经常使用。

(9) 色彩的黄金法则6:3:1。所谓黄金法则,运用到网页中是指网页中主色、辅助色和点缀色。一般来说,一个合格的设计要有60%的主色、30%的辅助色和10%的点缀色,这是一个基本法则。比如在设计卧室时,墙壁用60%的比例,家居床品、窗帘之类用30%,小的饰品和艺术品用10%,这10%起到画龙点睛的作用,用来激活画面,提升设计层次和品味。这个法则就是黄金法则。当看到一个设计作品时,浏览者会首先在视觉上有一个颜色感受,即确定是暖色系还是冷色系,这个色系就是60%的主色调,它可以用来渲染画面气氛;另外的30%是为了画面的平衡,以衬托主色调;剩下的10%就是点睛之笔。

不管色彩如何搭配,都要注意网页中的标准色彩不要超过3种的原则。标准色彩是指展示网站形象和延伸内涵的色调。如果一个网站的标准色彩超过3种,则会让人眼花缭乱。标准色彩主要用于网站标志、标题、主菜单和大色块,给人以整体统一的感觉,至于其他色彩的使用,只可作为点缀和衬托,绝不能喧宾夺主。背景和文字的对比尽量要大,最好不要用有图案的图片作背景色,以便突出主要文字内容。

3. 网页各组成部分色彩的设计方法

网页一般由网页内容、网页标头、导航菜单等部分组成,它们的用色方法如下。

(1) 网页内容。它是信息存储空间,一般要求背景要亮,文字要暗(反之亦然),对比度要大。许多网页都用白底黑字,而有的网页则是用自身标志的颜色作为内容的颜色。

(2) 网页标头。它主要是放置标志的地方,一般用深色,具有较高的对比度,以便用户能非常方便地看到它在该站点的位置。标题通常与页面其他部分有不同的“风貌”,它可以使用与页面内容完全不同的字体或颜色组合,也可以采用页面内容的反色。

(3) 导航菜单区域。把菜单背景颜色设置得暗一些,然后依靠较高的颜色对比度、比较强烈的图形元素或独特的字体将网页内容和菜单的不同准确地区分开。

(4) 侧栏。尽管不是所有网页都会使用侧栏,但它仍不失为显示附加信息的一个有用方式,在色彩的使用上要注意和网页内容应清楚地区分开,同时也要易于阅读。

(5) 页脚。这一项最不重要,不应该喧宾夺主,可以考虑使用和侧栏相同的颜色或稍微加深一些的颜色。

4. 网页色彩设计的趋势

随着网页制作经验的积累,设计者用色有这样一个趋势:单色→五彩缤纷→标准色→单色。一开始,因为技术和知识缺乏,只能制作出简单的网页,色彩单一;在有了一定的基础和材料后,希望制作一个漂亮的网页,将自己收集的最好的图片、最满意的色彩堆砌在页面上,形成了五彩缤纷的状态;但是时间一长,却发现色彩杂乱,没有个性和风格,于是重新定位自己的网站,选择切合自己的色彩,网页就有了主色调,即标准色;当最后设计理念和技术达到顶峰时,则又返璞归真,用单一色彩甚至非彩色就可以设计出简洁精美的网页了。

5.3 网页的艺术设计

多媒体技术的迅猛发展使人们认识到设计友好界面的重要性和必要性。在网页设计制作过程中,需要遵循的艺术原则主要有对比原则、协调原则、平衡原则和趣味原则。

1. 对比原则

两事物的相对比较称为对比。通过对比，双方各自的特征更加鲜明，可以使画面更富有效果和表现力。对于界面设计而言，通过对比可以在界面中形成趣味中心，或者使主题从背景凸显出来。常用的对比方法有以下 8 种。

1）大小的对比

大小关系是界面布局中最受重视的一项。一个界面有许多区域，包括文字区、图像区和控制区等，它们之间的大小关系决定了用户对系统最基本的印象。大小差别小，给人的感觉比较温和；大小差别大，给人的感觉比较鲜明，而且具有震撼力。

2）明暗的对比

阴与阳、正与反、昼与夜等的对比可以让人感觉到生活中的明暗关系。明暗是色感中最基本的要素。利用这一对比原则，可以将界面的背景设计得暗一些，把重要的菜单或图形设计得亮一些，从而突出它们的地位。

3）粗细的对比

字体越粗，越富有男性气概；若代表时髦与女性，则通常以细表现。细字如果增多，粗字就应该减少，这样的搭配看起来比较明快。重要的信息用粗体大字甚至立体形式表现在界面上，再搭配激荡的音乐，就会让用户感觉有气魄；而比较柔情的词汇则选择纤细的斜体或倒影字体比较好。

4）曲直的对比

曲线富有柔和感、缓和感，它的艺术效果是流动、活跃，具有动感，一般应用于青春、活泼的主页题材；直线则富有坚硬感、锐利感，它的艺术效果是流畅、挺拔、规矩、整齐，一般应用于比较庄重、严肃的主页题材。自然界中的线条皆由这两者协调搭配而成，把以上两种线条和形状结合起来运用，可以大大丰富网页的表现力，使页面呈现更加丰富多彩的艺术效果。

5）横纵的对比

水平线给人以稳定和平静的感受；垂直线和水平线正相反，表示向上伸展的活动力，具有坚韧和理智的意义，使界面显得冷静而鲜明。如果不合理地强调垂直性，界面就会变得冷漠、坚硬，使人难以接近。将垂直线和水平线做对比处理可以使两者更生动，不但使界面产生紧凑感，还能避免冷漠、坚硬的感觉。

6）质感的对比

在日常生活中，很少有人谈及质感，但在界面设计中，质感却是非常重要的形象要素，例如松弛感、平滑感、凹凸感等。质感不仅表现出情感，而且与这种情感融为一体。界面上的元素之间可以采用质感的方式加强对比，如以大理石为背景和以蓝天为背景产生的对比，前者给人以冷静、坚实和拘束之感，后者给人以活泼、空旷和自由之感。

7）位置的对比

通过位置的不同或变化可以产生对比。例如在界面的两侧放置某种物体，不但可以表示强调，同时可以产生对比。界面的上下左右和对角线上的四隅皆有“力点”存在，而在这些力点处配置照片、大标题或标识、记号等，便可以显示出隐藏的力量。因此在对立关系的位置上放置鲜明的造型要素可显出对比关系，使界面具有紧凑的感觉。

8）多重对比

将上述各种对比方法交叉或混合使用，进行组合搭配，可以制作出富有变化的界面。

图5-16所示的页面就充分考虑了对比原则带来的综合效果。

图5-16 对比

2. 协调原则

协调原则是相对于对比原则而言的。所谓协调,就是将界面上的各种元素之间的关系进行统一处理、合理搭配,使之构成和谐统一的整体。对于艺术,协调被认为是使人愉快和舒心的美的要素之一。协调包括同一界面中各种元素的协调,也包括不同界面之间各种元素的协调。协调主要体现在以下4方面。

1) 主与从

界面设计和舞台设计有类似的地方,主角和配角的关系是其中一方面。当主角和配角的关系很明确时,访问者便会关注主要信息,心理也会安定下来。在界面上明确表示出主从关系是很正宗的界面构成方法,如果两者的关系模糊,便会让人无所适从;相反,主角过强就会失去协调性,变成庸俗的界面。所以主从关系是界面设计需要考虑的基本因素。

2) 动与静

在一个庭院中,有假山、池水、草木、瀑布等的配合。同样,在界面设计上也有动态部分和静态部分的配合。动态部分包括动态的画面和事物的发展过程,静态部分则常指界面上的按钮和文字解说等。扩散或流动的形状即为动,静止不变的形状即为静。一般来说,动态和静态要配置于相对之处。动态部分占界面的大部分,在周边留出适当的空白以强调各自的独立性。这样的安排较能吸引访问者,便于表现整体风格,尽管静态部分只占较小的面积,但它却有很强的存在感。

3) 入与出

整个界面空间因为各种力的关系而产生动感,进而支配空间,因此界面的入点和出点要彼此呼应、协调。两者的距离越大,效果越显著,而且可以充分利用界面的两端。但出点和入点要特别注意平衡,必须有适当的强弱变化,如果有一方太软弱无力,就不能引起共鸣。例如设计总标题的出现,可以让它从中心一点逐步放射开来,最终静止在整个界面上;也可以让它从屏幕一边推出,转向屏幕的另一端,最终落在界面的某处。这两种方式都有出口和落处,有一定的艺术效果。

4) 统一与协调

如果过分强调对比关系,在空间中预留过多的造型要素,则容易使画面产生混乱。要协调这种现象,最好加上一些共同的造型要素,使画面产生共同风格,具有整体统一和协调的感觉。反复使用同形事物可使界面产生协调感。若把同形的事物配置在一起，便能产生连续感。两者相互配合使用能创造出统一协调的效果。

图 5-17 所示的页面就充分考虑了协调原则带来的综合效果。

图 5-17　协调

3. 平衡原则

界面是否平衡是非常重要的。例如在一个介绍计算机的界面上，将一台计算机放在界面的左边，看起来似乎要倒向左边，但设计者在界面的右边安排了粗体的标题和文字，恰好起到了支撑作用，使人感觉非常平稳，这就是平衡带来的艺术效果。达到平衡的一种方法是将界面在高度上三等分，图形的中轴落在下 1/3 划分线上，这样就可以保持空间上的平衡。

平衡并不是对称。以一点为起点，向左右同时展开的形态称为左右对称形，应用对称的原理可以发展出旋涡等形状复杂的平衡状态。我国的古典艺术大多讲究对称原则。应用对称可以给人以庄重威严之感，但缺少活泼性。在界面设计上，一般不认可对称原则。现代造型艺术也正在向“非对称”方向发展。当然，在画面需要表达传统风格时，对称仍是较好的表现手段。

中心也是平衡的一方面。在人的感觉上，左右会有微妙的差异。如果某界面右下角有一处吸引力特别强的地方，在考虑左右平衡时，如何处理这个地方就成为关键问题。人的视觉对从左上到右下的流向较为自然。将右下角空着以编排标题与插图就会产生一种自然的流向，反之就会失去平衡，显得不自然。

图 5-18 所示的页面就充分考虑了平衡原则带来的综合效果。

图 5-18　平衡

4. 趣味原则

在界面设计中注意“趣味性”可以“寓用于乐”。除了运用形象、直观、生动的图形优化界面以提高趣味性，利用以下方法也能提高趣味性。

1）比例

黄金分割点也称黄金比例，是界面设计中非常有效的一种方法。在设计物体的长度、宽度、高度及其形式位置时，如能参照黄金比例进行处理，就可以产生特有的稳定和美感。

2）强调

在单一风格的界面中，加入适当的变化会产生强调效果。强调可打破界面的单调感，使界面变得富有生气。例如，界面皆为文字编排，看起来索然无味，如果加上插图或照片，就如将一颗石子丢进平静的水面，会产生一波一波的涟漪。

3）凝聚与扩散

人的注意力总是会特别集中到事物的中心部分，这就是“视觉凝聚”现象。一般而言，凝聚型（也是许多人采用的方式）看似温柔，但容易流于平凡；离心形的布局称为扩散型，更具有现代感。

4）形态的意向

由于计算机屏幕的限制，一般的编排方式总是以矩形为标准形，其他各种形式都属于它的变形。四角皆成直角，给人以很有规律的感觉，其他的变形则呈现出形形色色的感觉。例如锐角三角形有锐利、鲜明之感；近于圆的形状有稳定和柔弱之感；相同的曲线也会给人以不同的感觉，例如用仪器画的圆有硬质感，而徒手画的圆有柔和的曲线之美。

5）变化率

在界面设计中，必须根据内容决定标题的大小，标题和正文大小的比例就是变化率。变化率越大，界面越活泼；变化率越小，界面格调越高。依照这种尺度衡量，就很容易判断界面的效果。决定标题与正文字体大小后，还要考虑双方的比例关系。

6）规律感

反复编排具有共同印象的形式时，就会产生规律感。不一定是同一形状的东西，只要具有强烈的印象就可以。同一事物出现三四次就能产生轻微的规律感，有时只要反复使用两次特定的形状，就会产生规律感。规律感应用在多媒体应用系统的设计，可以让用户很快地熟悉系统，掌握操作方法，这一点可以从 Windows 软件的设计中得到启发。

7）导向

依眼睛所视或物体所指的方向使界面产生一种引导路线，称为导向。设计者在设计界面时，常利用导向使整体画面更引人注目。一般来说，用户的眼光会不知不觉地锁定在移动的物体上，即使物体在屏幕的角落，画面的移动和换场都会让目光跟着它移动。了解了这一点，设计者就可以有意识地将访问者的目光导向希望其注意的信息对象上。在考虑导向时，切记一个镜头的结束应当引导出下一个镜头的开始。建立导向最简单的方法就是直接画一个箭头指向希望访问者关注的地方。

8）空白量

速度很快的说话方式适合新闻播报，但不适合节目主持，原因是每句话中的“空白量”太少。界面设计的空白量也很重要，无论排版的平衡有多好，访问者一看到界面的空白量就已经给它打好分数了。所以，千万不能在一个界面上放置太多的信息对象，以至界面内的东西拥挤不堪。没有空白量就没有界面的美，空白量的多少对界面的印象有决定性作用。空白量多，会使格调提高并且稳定界面；空白量较少，会给人以活泼的感觉。

9）屏幕上的文字

屏幕上的文字不仅要从样式、大小、颜色及特性等方面综合考虑，还要结合网站主题进行选择，例如：粗体字强壮有力，有男性特点，适合机械、建筑等行业的内容；细体字高雅细致，有女性特点，适合服装、化妆品、食品等行业的内容。

图 5-19 所示的页面就充分考虑了趣味原则带来的综合效果。

图 5-19　趣味

5.4 网页的点、线、面的运用

点、线、面是构成视觉空间的基本元素，是表现视觉形象的基本设计语言。网页设计实际上就是经营这三者的关系，因为任何视觉形象或者版式构成，归结到底都可以归纳为点、线和面。一个按钮、一个文字是一个点；几个按钮或者几个文字的排列形成一条线；而线的移动、数行文字或者一块空白都可以理解为一个面。点、线、面相互依存、相互作用，可以组合成各种各样的视觉形象和千变万化的视觉空间。

1. 点的视觉构成

在网页中，一个单独而细小的形象可以称为点。点是相比较而言的，比如一个汉字是由很多笔画组成的，但是在整个页面中，可以称它为一个点。点也可以是一个网页中相对微小单纯的视觉形象，如一个按钮、一个标志等。点是相对线和面存在的视觉元素，是构成网页的最基本单位，使用得当，可以画龙点睛。一个网页往往需要由数量不等、形状各异的点构成。点的形状、方向、大小、位置、聚集和发散能够给人带来不同的心理感受。下面以具体的页面为例介绍点的运用和表现。

如图 5-20 所示，在这个页面的下部，点的水平排列形成了平稳、安详的线的感觉。三种形状相似的点随着单击产生颜色变化，同时在页面中心位置出现不同的产品图片，给人以跳跃、动荡、欢快的感受。在页面中四处飘荡的点和从左至右移动的由点组成的文字加强了页面的活跃气氛。在同一个空间中体现了两种不同情绪的动态对比，这也是网页相对传统平面媒体的极大优势。作为呼应，设计师特意在页面的中上部采用很多较小的点作底纹，起到了丰富页面层次的作用。页面上下两段横向的色条强调了水平线的稳定情绪，将页面统一起来。

在图 5-21 所示的页面中，点的大小、位置、颜色、聚散的不同变化和组合产生了轻松、活泼、流动、抒情、愉快的感觉。通过优美的弧线引导，人们的视线最终集中在 wasabi：sneaker 这几个由点组成的文字上。自然，这也是设计师要突出的主题之一。

2. 线的视觉构成

点的延伸形成了线。线在页面中的作用在于表示方向、位置、长短、宽度、形状、质量和情绪。线是分割页面的主要元素之一，是决定页面现象的基本要素。

图 5-20　点的构成示例(1)

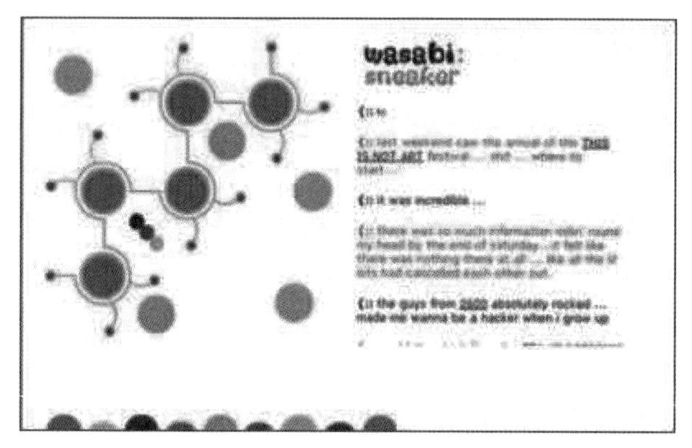

图 5-21　点的构成示例(2)

线的总体形状有垂直、水平、倾斜、几何曲线、自由线。将不同的线运用到页面设计中会获得不同的效果。根据情况运用线条,可以充分表达所要体现的东西。线条除了体现情感外,还能够利用粗细、虚实、渐变、放射产生深度空间和广度空间。

图 5-22 所示的页面围绕同心的放射圆在粗细和虚实上形成了深度空间。设计师巧妙地将 3D 造型的标志放在圆心上,非常引人注目。页面左边长短不一的线段在视觉上形成虚实的变化,强调了页面空间的构成。

图 5-22　线的构成示例(1)

在图 5-23 所示的页面中，离心放射的线条具有力量和挺拔的感觉，类似于太阳的光芒，使版面的视线更加开阔，它同时具有吸引浏览者视线的作用，和同心放射线有异曲同工之妙。

图 5-23　线的构成示例 2

3. 面的视觉构成

线的推移形成了面。面是无数点和线的组合，具有一定的面积和质量，占据空间的位置最多，因此相比点和线来说，面的视觉冲击力更强烈。面的形状可以分为方、圆、三角、多边和有机切面。面具有鲜明的个性和情感特征，只有合理地安排面的关系，才能设计出充满美感且实用的网页。

在图 5-24 所示的页面中，圆形的面和自由形状的面组成了一个极不稳定的倒三角形构图，加上网页中动态、高速向外冲的卡通飞车高手，制造出了一个紧张的环境，让观众在担心之后，自然记住了这个特殊的视觉效果。倒三角形可以给人们活泼、新颖的感觉；倒三角形的不稳定性可以制造危险的气氛。

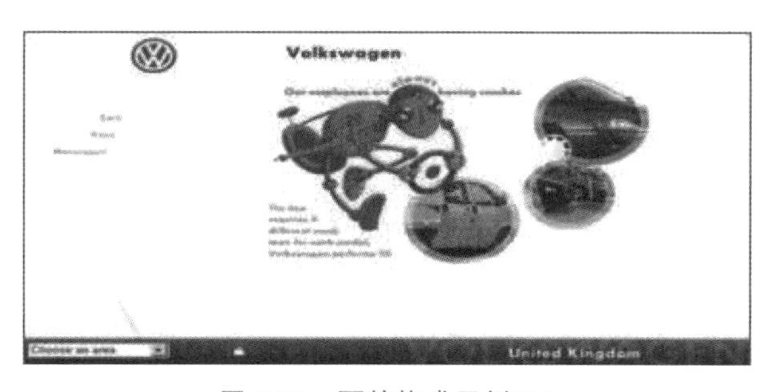

图 5-24　面的构成示例(1)

在图 5-25 所示的网页中，主打产品"国际球队大赛服"位于页面的正中心，运动服采用了玫瑰色和不规则几何面的设计，在曲面背景的衬托下格外显著；右侧是点、线、面的综合运用，突出了衣服的三大特点；加上色彩上一亮一暗的对比，在亮处突显了"玫力无限"宣传语，形式新颖，可使浏览者的视线保持兴奋，完美地实现了视觉传达的目的；页面下方圆形的产品类别设计也增强了整体效果。

在图 5-26 所示的网页中，页面黄金位置采用了由不规则图形组成的一幅抽象图像，好像一只和平鸽，采用拟人的手法，一手拿着一张学习讲义，一手拿着一支笔，笔尖的方向将浏

图 5-25　面的构成示例(2)

览者的视线牵引到了页面的右边，指出学习者能够得到的收获，即“你可以学习任何东西”。页面的中间运用了一些五颜六色的点状图形，在色彩和版面上活跃了整个站点的气氛，可谓一举多得。

图 5-26　面的构成示例(3)

5.5 网页中文字和图形的设计

图形和文字是网页的两大构成元素，缺一不可。如何处理文字和图片的设计成了整个页面制作的关键。

1. 文字的设计

1）文字设计的原则

文字的主要功能是在视觉传达中向大众传达设计者的意图和各种信息。文字设计是增强视觉传达效果、提高作品诉求力、赋予版面审美价值的一种重要的构成技术。文字排列组合直接影响版面的视觉传达效果。网页上的文字是否易于阅读非常重要，文字太细、颜色太浅、页面太长或超出屏幕宽度都有违网站设计的美学原则。在文字的组合中，要注意以下几方面。

(1) 人们的阅读习惯。文字组合的目的是增强其视觉传达功能，赋予审美情感，诱导人们有兴趣地进行阅读，因此在组合方式上必须顺应人们的阅读顺序。人们的阅读顺序通常是：在水平方向上，视线一般从左向右流动；在垂直方向上，视线一般从上向下流动；在大于45°的角度上，视线一般从上向下流动；在小于 45°的角度上，视线一般从下向上流动。

(2) 字体的外形特征。不同的字体具有不同的视觉动向，合理运用文字的视觉动向，有利于突出设计的主题，引导观众的视线按主次轻重流动。比如：扁体字适合横向排列，长体字适合竖向排列，斜体字适合横向或倾向排列。

(3) 要有一个设计基调。每件作品都有其特有的风格，在这个前提下，版面上的各种不同字体的组合一定要具有一种符合整个作品风格的倾向，形成总体的情调和感情倾向，各种文字不能自成风格、各行其是。总的基调应该是整体上的协调和局部的对比，在统一之中又具有灵动的变化，从而具有对比、和谐的效果。这样，整个作品才会产生视觉上的美感，符合人们的心理。

(4) 注意负空间的运用。在文字组合上，负空间是指除字体本身占用的画面空间之外的空白，即字间距及其周围的空白区域。文字组合的好坏在很大程度上取决于负空间的运用是否得当。行距应大于字距，否则浏览者的视线难以按一定的方向和顺序进行阅读。不同类别文字的空间要适当集中，并利用空白加以区分。为了突出不同部分字体的形态特征，应留适当的空白并分类集中。

(5) 在有图片的版面中，文字组合应相对集中。如果是以图片为主要的诉求要素，则文字应该紧凑地排列在适当的位置，不可过分变化分散，以免因主题不明而造成视线流动的混乱。

(6) 同版面的文字应控制在 3 种字体以内。

(7) 文字的颜色应控制在 3 种颜色以内，已选过的文字在颜色上要与未选过的文字有所区别，也要与背景有所区分。

(8) 内文的排列最好向左对齐并与左边界保持适当距离，可以利用表格填入文字以达到此效果。

(9) 表格或清单内的文字应运用相同的字号与字体，以利于辨别。

2) 文字在网页中的具体编排

(1) 文字字号的选择

字号可以用不同的方式计算，例如磅(Point)或像素(Pixel)。因为以像素为单位在打印时要转换为磅，所以建议直接采用磅作为单位。

最适合于网页正文显示的字体大小为 12 磅(相当于中文字号中的小四号)左右，现在很多综合性站点由于需要在一个页面中安排较多内容，因此通常采用 9 磅(相当于中文字号中的小五号)的字号。较大的字体可用于标题或其他需要强调的地方，小一些的字体可以用于页脚和辅助信息。需要注意的是，小字号容易产生整体感和精致感，但可读性较差。如果以像素为单位，常用的字号大小有以下几种。

- 12px 是应用于网页的最小字体，适用于非突出性的日期、版权信息等注释性内容。
- 14px 适用于非突出性的普通正文内容。

• 16px、18px 或者 20px 适用于突出性的标题内容。

(2) 文字字体的选择。

设计者可以用字体更充分地体现设计中要表达的情感。字体选择是一种感性、直观的行为,但是无论选择什么字体,都要依据网页的总体设想和浏览者的需要,以可辨识性和易读性作为字体设计的总原则。

一般来说,正文内容最好采用默认字体,这是因为浏览器是用本地机器上的字库显示页面内容的,设计者必须考虑到大多数浏览者的机器里装有的字体类型。如果指定的字体在浏览者的机器里不一定能够找到,则将给网页设计带来很大的局限。解决该问题的办法是:将文字制成图像,然后插入页面中。

(3) 文字行距的设置。

行距的变化会对文本的可读性产生很大的影响。通常,接近字体尺寸的行距设置比较适合正文。行距的常规比例为 10:12,即若用字 10 点,则行距 12 点,这主要是出于以下考虑:适当的行距会形成一条明显的水平空白带,以引导浏览者的目光,而行距过宽则会使一行文字失去较好的延续性。

除了对可读性的影响,行距本身也是具有很强表现力的设计语言,为了加强版式的装饰效果,可以有意识地加宽或缩减行距,体现独特的审美情趣。例如,加宽行距可以体现轻松、舒展的情绪,应用于娱乐性、抒情性的内容恰如其分。另外,通过精心安排,使宽窄行距并存,可增强版面的空间层次与弹性,表现出匠心独运的感觉。

2. 图形的设计

一个好的站点不但要有精彩的内容,还要有美观的页面。谈到美观,就离不开图片,在页面中适当地用一些精美的图片作为点缀会使网页大放异彩。但是,图片使用不当也会适得其反,使浏览者失去耐心,主要原因在于图片尺寸太大,加载时间过长,浏览者还没等打开页面就早已不耐烦了。下面介绍一些对图片进行处理的方法,以使图片能在网页中迅速显示出来。

1) 选好图片格式

图片文件的格式有很多,如 GIF、JPEG、BMP、PNG 等,它们都可以用浏览器浏览,但到底选择哪种图片格式比较好呢?其实,在一般情况下只需要选择 GIF 格式与 JPEG 格式即可,因为这两种文件格式能对图像进行很大程度的压缩,使得在产生相近视觉效果的前提下,图像文件尺寸可以小很多。如果图像是通过扫描仪或者数码相机获取的,这种图片中用到的色彩比较多,这时应选择使用 JPEG 格式存储图像。如果图片的色彩比较少,则一般选择 GIF 格式。

2) 减少图片的色彩数量

图片内色彩数量越多,文件尺寸就越大,可以用减少图像所用颜色数目的方法减小图像的大小,如果图片的颜色数目减少后对图像质量的影响不大,就可以选择使用 GIF 格式。

3) 对图片的进行适当压缩

如果认为色彩数量减少后图像的视觉效果明显变差,让人不能忍受,那么可以采用 JPEG 压缩格式。无论使用什么样的图形处理软件,在以 JPEG 格式保存时,都会询问 JPEG 的压缩比。通常,采样 6~10 的压缩率比较好。不妨在这时试着使用 256 色的格式将图片存储成 GIF 格式,并与 JPEG 格式的文件比一比哪个的字节数更少、图像质量更好,再最终决定使用哪种图像格式。

4）控制图片的尺寸

图片尺寸越小，字节数就会相应越少，这就要求在制作图像时应尽量将图形四周无用的信息去掉，比如制作了一个非常漂亮的含标题文字的图片，则这个图片的背景最好与网页的底色相同或者用透明色，这时制作的图片一定要让美术字尽量充满整个图像，不要让图片中的底色边框过大。在制作网页使用的图片时，可以添加 width 和 height 属性，即标注原始图片的长度与宽度，这样可以帮助浏览器迅速、准确地对网页的版面进行安排，避免浏览器在显示图片的过程中重新调整、配置网页的版面。

5）更改图片的显示方式

调节图片的尺寸大小之后，还可以想办法在图片文件大小一定的情况下让浏览者可以耐心地等待图片全部显示出来的方法，即采用隔行 GIF 和逐级 JPEG 方式。

隔行 GIF 是指图片文件按照隔行的方式显示，比如先显示奇数行，再显示偶数行，造成图片有逐渐变清楚的感觉。逐级 JPEG 可以让图片先以比较模糊的形式显示，随着文件数据不断从网上下载，图片将逐渐变清晰。

5.6 网页设计原则

在制作网站之前，了解一些网站建设的原则是很有必要的。下面介绍一些非常实用的网站建设原则。

1. 牢记内容第一的原则

内容第一，形式第二，网站设计者要牢牢记住这个原则。丰富的网站内容与网站受欢迎程度呈正比，很少有人愿意在一个没有内容的网站上流连忘返，但是这里的内容丰富并不是指内容的繁杂，而是指内容的深度。网站作为一种媒体，提供给浏览者的最主要内容还是网站内容，大部分浏览者的最终目的是想得到知识。内容丰富、有价值加上外观漂亮美观是优秀网站必备的要素，是提高浏览率的前提条件。

2. 网页文件的命名原则

（1）每个目录中应该包含一个默认的 HTML 文件，文件名统一用 index.html。

（2）文件名称建议统一用小写英文字母、数字和下画线的组合。

（3）文件命名的指导思想是：尽可能使自己和工作组的每个成员都能够方便地理解每个文件的意义，并且当在文件夹中使用“按名称排列”的命令时，同一种大类的文件能够排列在一起，以便查找、修改、替换和计算负载量等。

下面以“新闻”(包含“国内新闻”和“国际新闻”)这个栏目为例说明 HTML 文件的命名原则。在根目录下开设 news 目录；建立一个新闻导入页，命名为 index.html；所有属于“国内新闻”的新闻依次命名为：china_1.html，china_2.html，…；所有属于“国际新闻”的新闻依次命名为：internation_1.html，internation _2.html，…；如果文件的数量是两位数，则将前 9 个文件命名为：china_01.html，china_02.html，…，china_09.html，以保证所有的文件都能够在文件夹中正确排序。

3. 图片的命名原则

图片文件名一般分为头尾两部分，用下画线隔开。头部分表示此图片的大类性质，例如广告、标志、菜单、按钮等,通常情况如下。

(1) 放置在页面顶部的广告、装饰图案等长方形的图片命名为 banner。

(2) 标志性的图片命名为 logo。

(3) 在页面上位置不固定并且带有链接的小图片命名为 button。

(4) 在页面上某个位置连续出现且性质相同的链接栏目的图片命名为 menu。

(5) 装饰用的图片命名为 pic。

(6) 不带链接且表示标题的图片命名为 title。

依照此原则类推。

尾部分用来表示图片的具体含义。例如:banner_sohu.gif、menu_job.gif、title_news.gif、logo_police.gif、pic_people.jpg 等,这样就很容易看懂图片的意义。

4. 重视网页标题的设计

网页标题将随着网页的打开出现在浏览器最上方的标题栏中,具有很好的向导和提示作用;另外,网页标题对搜索引擎的检索也有重要影响,因此很多网站都比较重视网页标题(尤其是网站首页标题)的设计。

网页标题设计的原则是:网页标题不宜过短或者过长,一般来说 6~10 个汉字比较理想,最好不要超过 30 个汉字;网页标题应能概括网页的核心内容;网页标题中应含有丰富的关键词。

5. 网站导航设计要清晰

网站要给浏览者提供一个清晰的导航系统,以便于浏览者能够清楚目前所处的位置,同时能够方便地跳转到其他页面。导航系统要出现在每个页面上,标志要明显,以便于用户使用,对于不同栏目结构,可以设计不同的导航系统。链接文本的颜色最好使用约定俗成的规定:未访问的链接用蓝色;单击过的链接用紫色。总之,文本链接一定要和页面的其他文字有所区分,给浏览者清楚的引导。

6. 少用网站背景底色

不少人喜欢在网站页面中加上背景图片或背景颜色,认为这样做会更美观,但却不知这样做会耗费传输时间,而且容易影响阅读视觉,反而给浏览者不好的印象。一般应避免使用背景图片,保持干净清爽的文本页面。如果真的喜欢使用背景,那么最好使用单一色系,而且要和前景的文字明显区别,最忌讳使用花俏多色的背景。

7. 网页长度应限定在 3 个整屏以内

有的网站网页拉得很长,让浏览者握着鼠标要不停地拉滚动条。一般来说,网页长度应限定在 3 个整屏以内,1.5 屏为最佳。

8. 合理运用多媒体功能

网络资源的优势之一是多媒体功能。为了吸引浏览者注意,网页的内容可以用图片、动画等表现。但要注意,由于网络带宽的限制,在使用多媒体的形式表现网页内容时应考虑客户端的传输速度。根据经验与统计,浏览者可以忍受的最长等待时间大约是 15 秒,如果网页无法在这段时间内传输并显示完毕,那么浏览者就会毫不留情地掉头离去。特别是一些用动画制作的网站,虽然效果好,但处理不当反而非常消耗带宽,用户在等待时间内无法打开页面,就会失去兴趣。因此必须依据 HTML 文件、多媒体文件的大小考虑传输速率、延迟时间、网络交通状况,以及服务器端与客户端的软硬件条件,估算网页的传输与显示时间,恰当地运用多媒体功能。

9. 善用图片元素

在图片的使用上，应尽量采用一般浏览器均支持的压缩图片格式，例如 JPEG、GIF 和 PNG 等，其中，JPEG 的压缩效果较好，适合中大型的图片，可以大大节省传输时间。还有一点要特别注意，为了节省传输时间，许多人习惯采用“关闭图形”的模式观看网页，因此在放置图片时，一定要记得为每个图片加上不显示时的说明文字(在 img 标记的 alt 属性中设置)，这样浏览者才能知道这个图片代表什么意义，以判断要不要观看。此外，还可以充分利用图片的缩略功能，即把大图像的缩小版本显示出来，当浏览者需要看大图时，再单击相应的小图。

10. 网站中的所有路径都采用相对路径

调用图片等多媒体元素时需要用到路径，路径分为相对路径和绝对路径。初学者在建立超链接时经常无意识地用绝对路径，结果网站上传后或换一台计算机预览网站时常常会出现图片、动画或视频无法显示的错误，所以网站中的路径一般建议采用相对路径，路径问题可具体参见 3.3.1 节。

11. 确保链接的有效性，链接层次不要太深

上传网页之前要对每个链接进行有效性验证。网页中的链接层次不要太深，3～4 层比较适宜。一般来说，第 2 层链接的点击率仅为第 1 层的 30%左右。尽量避免出现死链接和“正在建设中”等字样。如果子栏目或子页面还没有做好，则可以在首页或父页面上只放置一个标题而不放置链接，以达到栏目或内容预告的效果。

12. 善用表格布局，但表格的嵌套层次要控制在 3 层左右

表格在许多网页中被用于页面布局，这样更易于网页版式的定位。表格的嵌套是指在表格中插入表格。因为表格嵌套层次过多将严重影响网页的下载速度，所以建议尽量少用复杂的、嵌套层次多的表格。

13. 遵循 3 次点击规则

3 次点击规则是指浏览者使用任何功能或执行任何步骤都必须控制在 3 次点击操作之内。特别是对于电子商务网站，在设计检索功能时更要注意这条规则；对于大型网站，使用导航和工具条可以改善此类操作。

14. 兼顾下载速度与美观

如果网络状况较差，则不能为了片面追求页面的美观而忽视页面的下载速度，这样会失去一大批浏览者，人们不会为了看一幅美丽的图片而等待很久。研究显示，如果在 15 秒内还不能打开一个网页，一般人就会失去耐心。网页中的图片应当起到画龙点睛的作用，除非特殊需要，一般不要在网页中大量使用图片。一般在网页中使用的图片都要经过适当的压缩处理，使它在保证质量的前提下尽量小。一些用 Java 程序设计的页面也非常美观，但下载速度慢，应慎重使用。

15. 及时更新网页

网页要经常更新，不断给用户提供最新信息，例如新闻页面最好能做到实时更新，这是一个网站具有吸引力的重要因素。因此，要想保持网站的访问量，吸引更多的“回头客”，就必须定期更新网站内容。每隔几个月到半年，还可考虑“中规模”地更改版面设计，但要注意循序渐进，避免突然产生大的版面变化，使浏览者一时无法适应。

16. 合理运用新技术

新的网页制作技术几乎每天都会出现,但要学会合理运用,切忌将网站变为一个制作网页的技术展台,要永远记住让浏览者方便快捷地得到需要的信息是最重要的。在选用新技术时要注意以下几点：首先,使用新技术时一定要考虑传输时间;其次,新技术一定要与网站本身的性质及内容相配合,不要使用一大堆不相干的技术却不能切切实实地提高网站质量;最后,新技术最好不要用得太过多样和复杂。

17. 保护个人信息

在个性化服务十分普及的今天,许多网站要求用户先注册为“会员”,网站收集用户资料有何目的？如何利用用户的个人信息？是否会将用户资料出售给其他机构？是否会利用个人信息向用户发送大量的广告邮件？用户是否对此拥有选择的权利？填写的个人信息是否安全？这些都是用户十分关心的问题,如果要求访问者自愿提供其个人信息,则网站应公布并认真履行个人隐私保障承诺。

18. 注重网站首页的设计

首页的设计历来是网站建设的重要一环,这不仅是因为“第一印象”至关重要,而且直接关系到网站各级栏目的风格和框架布局的协调统一等连锁问题,是整个网站建设的“龙头工程”。尤其是新网站,首页编排的优劣将直接影响它是否能吸引更多的人进入站内浏览。在设计上,首页设计最好秉承干净清爽的原则,同时应该注意以下几方面。

(1) 若无需要,则尽量不要放置大图或不当的程序,因为它会增加页面的下载时间,导致浏览者失去耐心。

(2) 画面不要设计得杂乱无章,使浏览者不易找到所要的东西。

(3) 重视标识(Logo)的设计。一个绝妙的 Logo 不仅可以使浏览者对其留下深刻的印象,还可以成为该网站的无形品牌和形象大使。例如新浪的 Logo 仅在黑色字体的 sina 中将小写字母 i 做了空心处理,套上一个红色的帽子,就如火炬般将整个版面点燃,真是妙不可言。

(4) 首页不要出现“自我介绍”之类的内容。浏览者看的是网页内容,不是要了解你,他们对你没有兴趣,如果网站做得很好,浏览者才会想到你;如果你认为“自我介绍”很有必要,则可以在主页面放置一个链接,单独用一页介绍自己。

(5) 不要把“欢迎光临”之类的文字设计得太大,甚至放在首页的主窗口,这样会使浏览者厌烦。

(6) 最忌“建设中”。在浏览网页时经常碰到这样的事情,花时间总算打开了某栏目的页面,却被告知“对不起,本栏目正在建设中,请稍后再来”,真使人恼火。一种比较常见的解决办法是在页面上只放置栏目的标题而不加链接,这样做还可以达到栏目预告的效果。

思考与练习

1. 单项选择题

(1) 网页设计中不属于非彩色的是(　　)。

A. 黑　　B. 白　　C. 灰　　D. 蓝

(2) 最适合于显示网页正文的字号一般是(　　)。

A. 小五号　　B. 五号　　C. 四号　　D. 小四号

(3) 一个网站的首页一般取名为(　　)。

A. index.html　　B. 1.html　　C. 首页.html　　D. shouye.html

(4) 下列不符合网站设计原则的是(　　)。

A. 网站中所有路径应尽可能采用相对路径

B. 为了增添网页的效果,应尽可能多地用一些背景色和背景图片

C. 网页长度应尽量控制在 3 个整屏以内

D. 善用表格布局,但表格的嵌套层次应尽可能控制在 3 层左右

(5) 下列关于网页设计规则的说法中错误的是(　　)。

A. 应谨慎使用图片　　B. 浏览者的需求应被放在第一位

C. 页面的布局应保持统一　　D. 应尽量多使用多媒体

2. 问答题

(1) 什么叫网页布局? 网页布局常用的技术有哪些?

(2) 简述网页版面布局的步骤。

(3) 网页版面布局的方法有哪些? 各有什么优缺点? 请举例说明。

(4) 常用的网页色彩的搭配方法有哪些?

(5) 在网页设计制作过程中,需要遵循的艺术原则有哪些?

(6) 在进行网页文字设计时应注意哪些问题?

(7) 在进行网页图形设计时应注意哪些问题?

(8) 请列举一些常见的网站建设原则。

第 6 章　Dreamweaver CC 2019 基础知识

Dreamweaver 是目前主流的网页设计软件，具有强大的网页编辑及管理功能，在网站设计与部署方面极为出色，并且拥有超强的编码环境，可以帮助网页设计者轻易地制作出跨越平台和浏览器限制且充满动感的网站。Dreamweaver 不仅是针对专业网页设计师的视觉化网页开发工具，而且其可视化效果可以让新手迅速入门，从而满足各个层次开发和设计人员的需要。

6.1　Dreamweaver CC 2019 概述

6.1.1　初识 Dreamweaver CC 2019

Dreamweaver 最早由 Macromedia 公司开发成功，该公司于 1997 年 12 月正式推出了 Macromedia Dreamweaver 1.0。2005 年 4 月 18 日，拥有大家熟知的 Photoshop 的 Adobe 公司收购了 Macromedia 公司，至此 Macromedia 品牌全部被 Adobe 替换。2014 年 6 月 18 日，Adobe 公司推出了功能更强大的 Adobe Dreamweaver CC 2014 正式版。此后，Dreamweaver CC 系列不断升级，2018 年 10 月 6 日推出 Adobe Dreamweaver CC 2019，其可以更加快速轻松地制作适用于多种浏览器或设备的精美网站。

正确安装 Dreamweaver CC 2019 后，双击桌面快捷图标，即可运行软件。首先显示的是 Dreamweaver CC 2019 的开始页，如图 6-1 所示。通过开始页可以新建一个项目或打开一个项目继续工作，还可以通过学习起始模板了解关于 Dreamweaver 的更多信息。

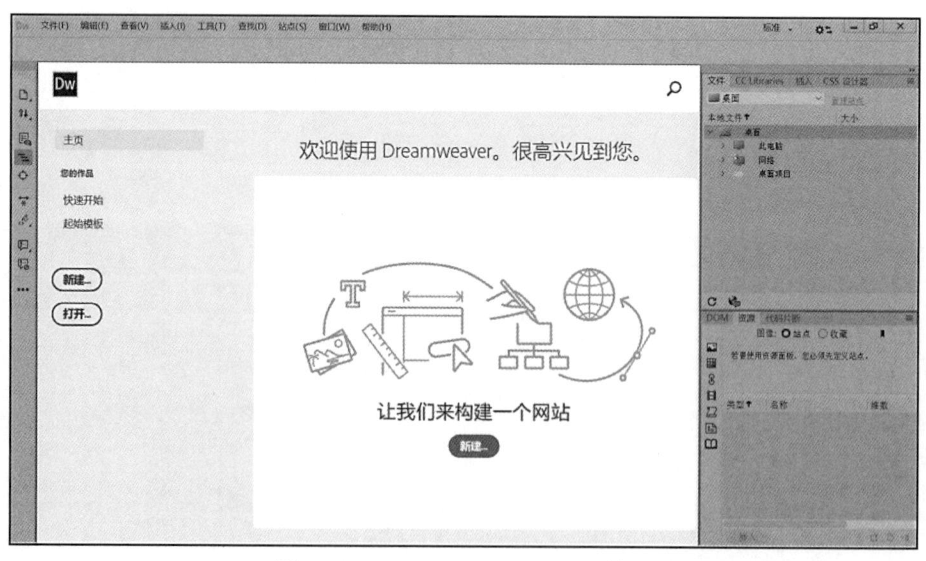

图 6-1　Dreamweaver CC 2019 开始页

6.1.2 Dreamweaver CC 2019 的工作界面

在开始页中选择“新建”选项，在弹出的“新建文档”对话框中选择“新建文档”选项，文档类型选择</> HTML，单击“创建”按钮后可以新建一个空白的网页文档，同时进入 Dreamweaver CC 2019 的工作界面，如图 6-2 所示。Dreamweaver CC 2019 的工作界面主要由菜单栏、文档工具栏、工具栏、文档编辑窗口(包括设计窗口和代码窗口)、浮动面板和状态栏等部分组成。

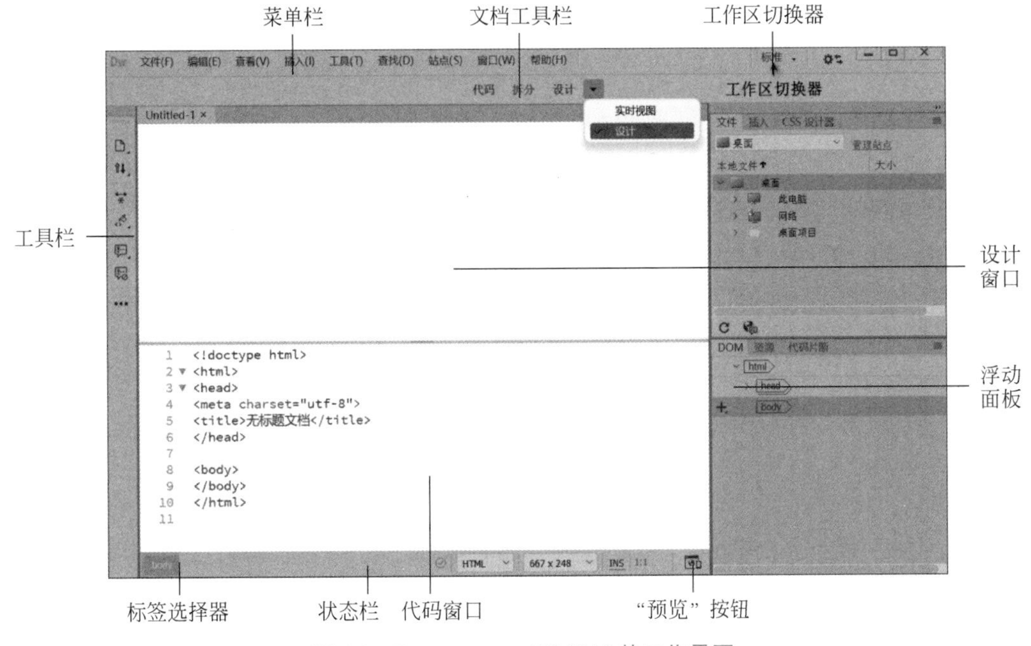

图 6-2 Dreamweaver CC 2019 的工作界面

1. 菜单栏

Dreamweaver CC 2019 共有 9 组主菜单，这些菜单包含 Dreamweaver 的大部分操作命令。单击任意一个菜单项目即可打开一个菜单，并可再选择右侧带有三角图示[>]的菜单选项以打开级联子菜单，其中有些菜单选项显示为灰色，表示在当前状态下不可用。

2. 文档工具栏

文档工具栏用于选择文档窗口的不同视图，分别提供了“代码”“拆分”“设计”和“实时”四种视图。

- 代码：在编辑窗口只显示代码视图，是一个用于编写和编辑 HTML、JavaScript 等类型的代码的手工编码环境。
- 拆分：将编辑窗口拆分为代码视图和设计视图。
- 设计：在编辑窗口只显示设计视图，是对页面进行可视化设计与编辑操作的设计环境。
- 实时：显示动态网页代码(如 JavaScript 脚本等)的实时运行效果。

3. 工作区切换器

Dreamweaver 为用户提供了多种工作区布局，用户可以根据需要设定工作区环境，通

过工作区切换器或者选择“窗口”|“工作区布局”选项都可以实现工作区环境的选择。

4. 工具栏

可以自定义放置一些常用的功能图标,以便于快速操作。

5. 文档编辑窗口

文档编辑窗口是编辑和设计网页的主要工作区域,用于显示当前创建和编辑的文档,包括设计窗口和代码窗口,可以通过选择“代码”视图、“拆分”视图、“设计”视图改变文档编辑窗口的内容。

6. 浮动面板

浮动面板包含各种可以折叠、移动和组合的功能面板,以方便用户进行网页的各种编辑操作,需要时可以通过选择“窗口”选项,在下拉菜单中打开相应的面板组,常用的面板有“属性”面板、“插入”面板、“CSS设计器”面板和“行为”面板等。

7. 状态栏

状态栏提供了正在创建的文档的相关信息,它的最左边是标签选择器,用于显示当前选定内容的标签的层次结构;状态栏的右边显示编辑窗口的当前尺寸,可以随时改变编辑窗口的尺寸;状态栏最右边是“预览”按钮,可以到指定的浏览器中浏览当前正在编辑的文档的效果。

6.2 站点的创建和管理

在网页设计中,站点的作用是存储和管理网站中的各种网页文档以及相关的资源、素材等数据。一个站点可以看成一个大的文件夹,它由文档和子文件夹组成,不同的子文件夹存放不同类别的网页内容,如 images 文件夹存放各种网页图像素材;style 文件夹存放 CSS 样式文件等。

站点分为本地站点与远程站点,本地站点是指放置在本地磁盘上的站点;远程站点是指存放在可以连接网络并供用户浏览的远程服务器上的站点,它是本地站点的复制。

6.2.1 创建本地站点

在网络中创建网站之前,一般需要在本地计算机上将整个网站完成,然后将站点上传到 Web 服务器。Dreamweaver CC 2019 具有创建和管理站点的功能,使用它不仅可以创建单独的文档,还可以创建完整的 Web 站点。

在定义站点时,一般要先设置一个本地站点,远程站点需要使用到时再设置即可。“站点设置对象”对话框可以指导用户逐步完成一个“静态”站点的创建过程,具体步骤如下。

(1) 在本地硬盘上建立一个文件夹,用来存放将要制作的站点。

(2) 运行 Dreamweaver CC 2019,选择“站点”|“新建站点”选项,弹出“站点设置对象”对话框,如图 6-3 所示。在对话框中选择“站点”选项卡,在右侧的“站点名称”文本框中输入所要创建的站点的名称,在“本地站点文件夹”文本框中选择在(1)中已经创建的文件夹的路径。

(3) 在“站点设置对象”对话框中继续设置,单击左侧的“高级设置”选项卡,在展开的选项中选择“本地信息”选项,在右侧设置相应的属性,如图 6-4 所示。在“本地信息”选项中,

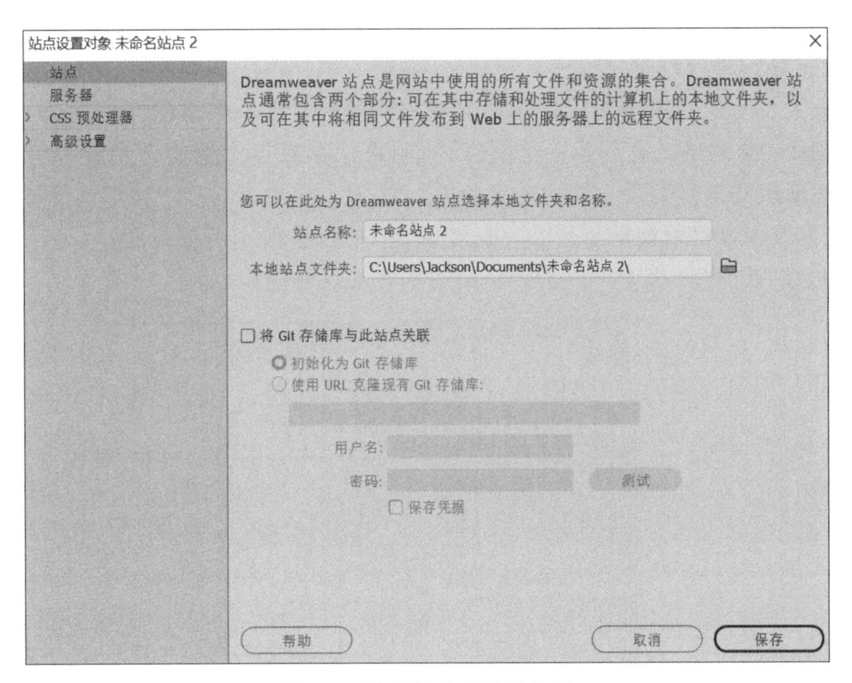

图 6-3　设置站点名称及位置

各选项的含义如下。

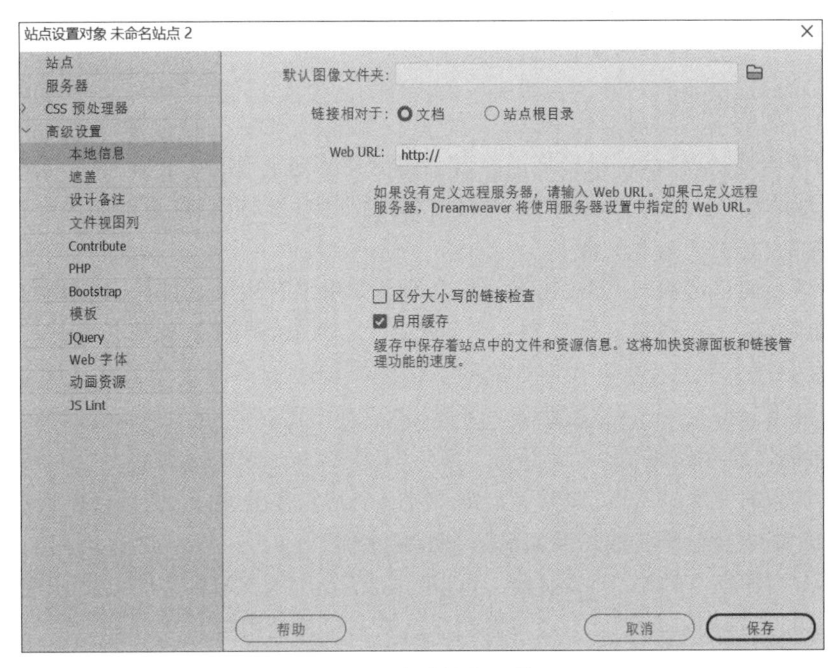

图 6-4　本地信息设置

- 默认图像文件夹：设置站点图像存放的文件夹的默认位置。
- 链接相对于：选择“文档”选项，表示使用文档相对路径链接；选择“站点根目录”选项，表示使用站点根目录相对路径链接。

- Web URL：在动态网站站点的设置中需要输入已完成的站点将使用的URL，创建“静态”站点时不需要设置。
- 区分大小写的链接检查：勾选后，在检查链接时会区分字母的大小写。
- 启用缓存：勾选后会创建一个缓存区，用来保存站点中的文件和资源信息，以加快资源面板和链接管理功能的速度。

(4) 其他选项可以根据需要设置，创建“静态”站点一般不需要设置。设置完毕后单击“保存”按钮，在“文件”面板中可以看到新建的本地站点的结构，如图6-5所示。

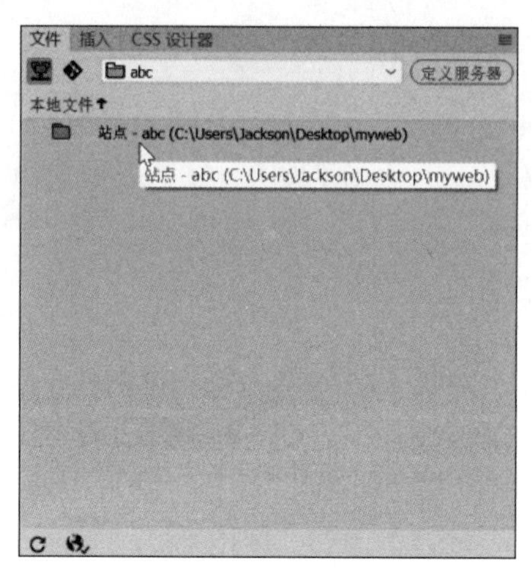

图6-5 “文件”面板中的站点结构

6.2.2 管理本地站点

成功创建本地站点后，可以根据需要对创建的站点进行删除、编辑、复制或导出。选择“站点”|“管理站点”选项，在弹出的“管理站点”对话框中可以进行站点的相关操作，如图6-6所示。

- “删除当前选定的站点”按钮：某个站点如果没有用了，可以通过删除站点功能将其删除，但这种删除只是从Dreamweaver CC 2019中删除本站点的一些信息，而本地根文件夹中的文件并没有被删除。
- “编辑当前选定的站点”按钮：将弹出“站点设置对象”对话框，可以重新定义站点的名称以及存储路径。
- “复制当前选定的站点”按钮：如果同一个站点需要两个以上，可以通过复制站点实现，副本会在原名称的后面显示“复制”字样。
- “导出当前选定的站点”按钮：可以将站点导出为XML文件，这样用户就可以在不同的计算机和软件版本之间移动站点或者与其他用户共享。

6.2.3 管理本地站点中的文件

1. 创建站点的文件与文件夹

在站点中创建文件和文件夹的方法为：在创建一个站点后，选择“窗口”|“文件”选项，打开“文件”面板，即可看到创建的这个站点，在“文件”面板中要创建文件或文件夹的位置右

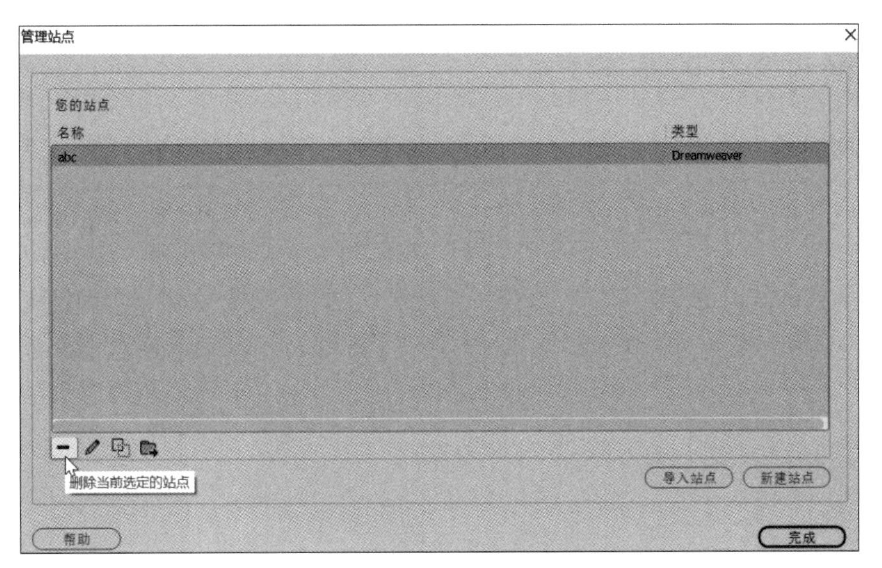

图 6-6　“管理站点”对话框

击，在弹出的菜单中选择“新建文件”或“新建文件夹”选项，即可创建一个新文件或一个新文件夹，如图 6-7 所示。

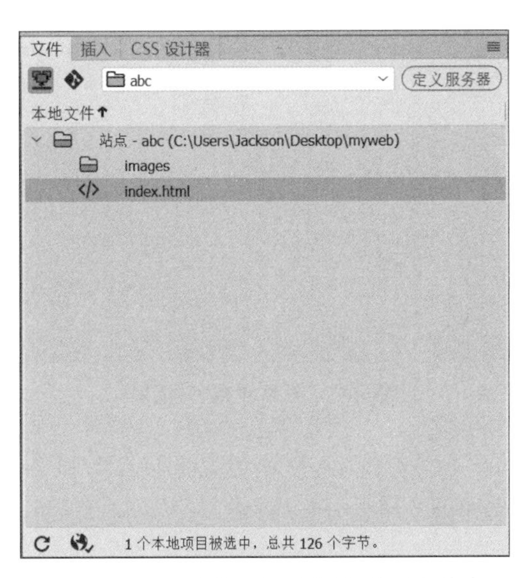

图 6-7　在“文件”面板中创建文件和文件夹

2. 编辑站点的文件与文件夹

在“文件”面板中选中要编辑的文件或文件夹并右击，在弹出的菜单中选择“编辑”选项，即可弹出编辑子菜单；选择相应的选项可以完成对文件或文件夹的删除、复制和重命名等操作。

6.3 网页文档的基本操作

6.3.1 新建网页

新建网页有3种方法,下面分别介绍。

(1) 选择"窗口"|"文件"选项,打开"文件"面板,选中站点要创建网页的地方并右击,在弹出的快捷菜单中,选择"新建文件"选项可以创建一个网页文件,双击这个网页文件即可在编辑窗口打开它。

(2) 选择"文件"|"新建"选项,弹出"新建文档"对话框,从各种预先设计好的页面类别中选择一种。例如在左侧选择"新建文档"选项,在"文档类型"中选择HTML5选项,如图6-8所示,单击"创建"按钮即可创建一个HTML页面。

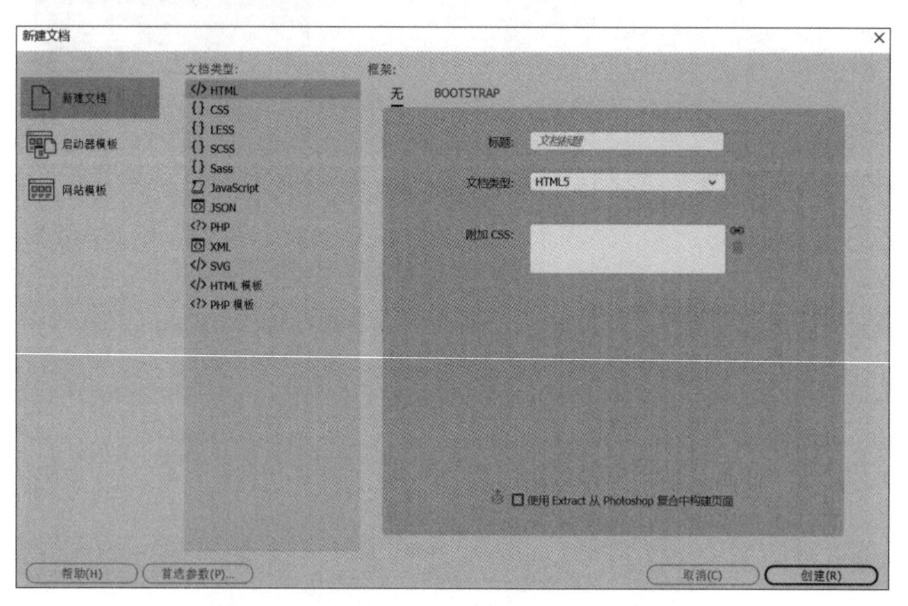

图6-8 "新建文档"对话框

(3) 启动Dreamweaver CC 2019后,默认情况下会自动弹出一个开始页,如图6-9所示,单击"新建"按钮会弹出如图6-8所示的"新建文档"对话框,可参照第(2)步创建一个空白网页。

6.3.2 设置页面属性

创建网页后,一般需要先对页面的属性进行设置,页面属性包括网页的整体外观、背景图像、超链接样式等,正确设置页面属性是成功编写网页的必要前提。新建或者打开一个页面,选择"窗口"|"属性"选项,打开"属性"面板,如图6-10所示。单击"页面属性"按钮,弹出"页面属性"对话框,如图6-11所示,在这里可以完成对所有页面属性的设置。

1. "外观(CSS)"选项的设置

在"页面属性"对话框的"分类"列表框中选择"外观(CSS)"选项,如图6-11所示。"外

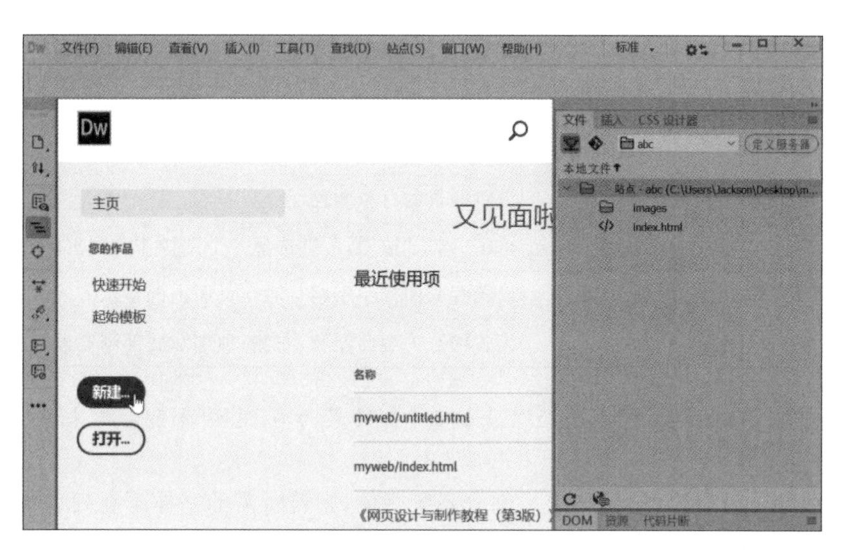

图 6-9　Dreamweaver CC 2019 的开始页

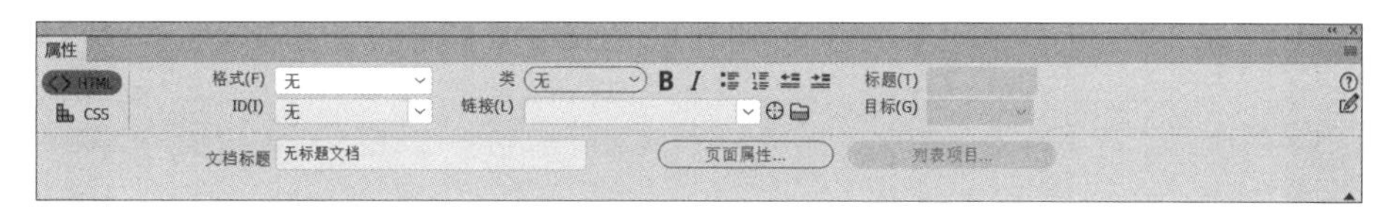

图 6-10　“属性”面板

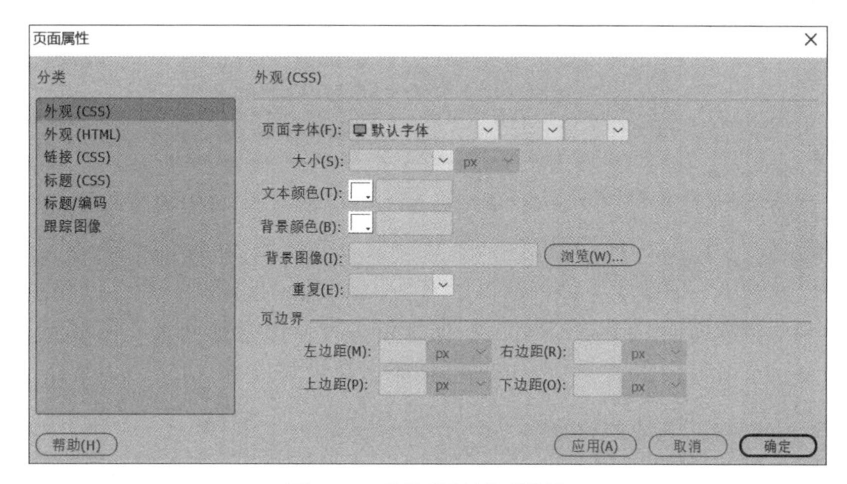

图 6-11　“页面属性”对话框

观(CSS)”选项的作用是通过可视化界面为网页创建 CSS 样式规则,定义网页中的文本、背景以及边距等基本属性,具体如表 6-1 所示。

表 6-1　“外观(CSS)”选项的属性及其作用

属 性 名 称	作　　用
页面字体	设置网页文本的字体类型、样式、粗细
大小	设置网页文本的字体大小

续表

属性名称	作　用
文本颜色	设置网页文本的颜色
背景颜色	设置网页的背景颜色
背景图像	单击“浏览”按钮,可以选择一个图像作为网页的背景图像
重复	设置背景图像小于网页时在页面上的显示方式
左边距、右边距、上边距、下边距	设置网页内容与左侧、右侧、顶部和底部浏览器边框的距离

注意:一般网站页面的“左边距”“上边距”都设置为0,这样页面看起来不会有太多的空白。

“页面字体”下拉列表中只列出了部分系统字体,则若所需的字体不在列表中,则可以单击“管理字体”按钮,如图6-12所示;在“管理字体”对话框中,选择“自定义字体堆栈”选项,在“可用字体”列表框中选择所需的字体,单击<<按钮将所选的字体添加到左侧的“选择的字体”中,如图6-13所示,单击“完成”按钮即可完成添加字体的设置。

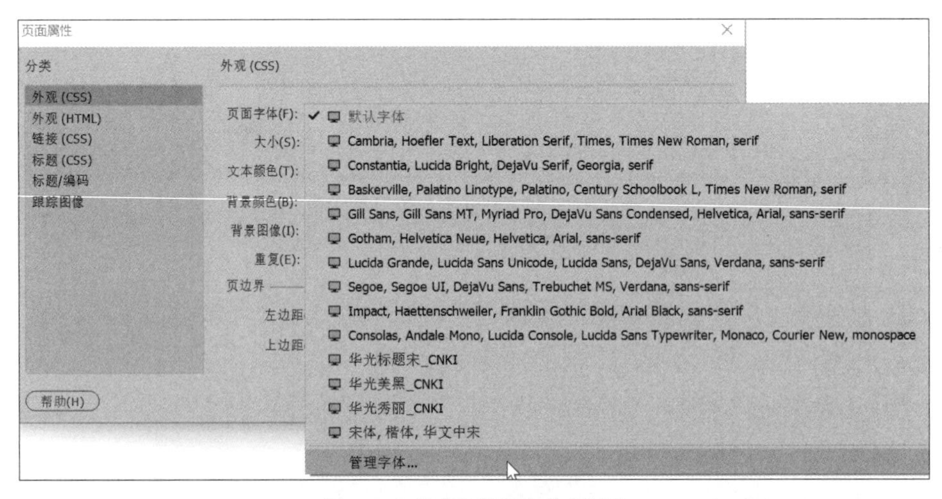

图6-12　选择“管理字体”选项

2. “外观(HTML)”选项的设置

在“页面属性”对话框的“分类”列表框中选择“外观(HTML)”选项,如图6-14所示。

“外观(HTML)”选项的作用是用HTML的属性设置页面的外观,具体如表6-2所示,其中有一些选项的作用与“外观(CSS)”选项相同,但实现方法不同。

表6-2　“外观(HTML)”选项的属性及其作用

属性名称	作　用
背景图像	单击“浏览”按钮,可以选择一个图像作为网页的背景图像
背景	定义网页背景的颜色
文本	定义网页文本的颜色

续表

属性名称	作　用
已访问链接	定义已访问的超链接文本的颜色
链接	定义普通超链接文本的颜色
活动链接	定义单击超链接文本时的颜色
左边距、边距宽度、上边距、边距高度	设置网页内容与左侧、右侧、顶部和底部浏览器边框的距离

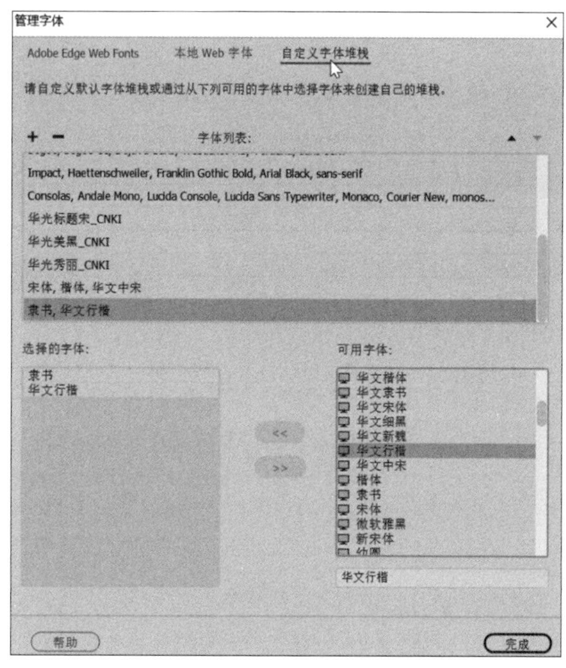

图 6-13　选择所需字体

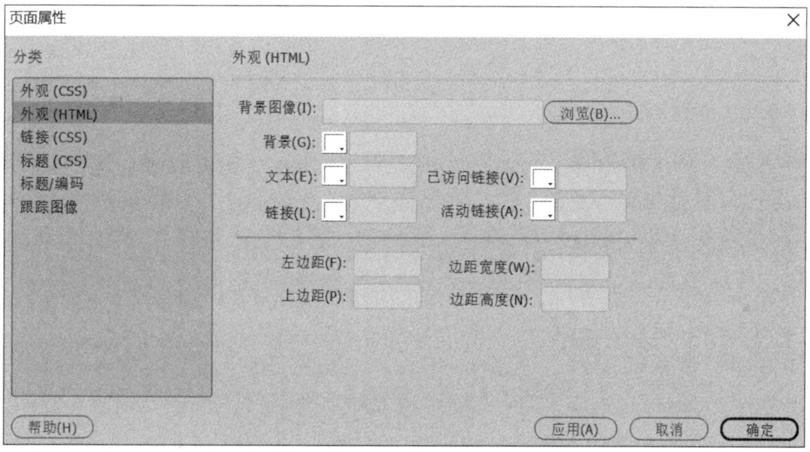

图 6-14　设置“外观(HTML)”选项

注意：Dreamweaver CC 2019 中显示的是“左边距”“边距宽度”“上边距”“边距高度”，其中，“边距宽度”和“边距高度”翻译错误，应为右边距和下边距。

3. “链接(CSS)”选项的设置

在“页面属性”对话框的“分类”列表框中选择“链接(CSS)”选项，如图 6-15 所示。

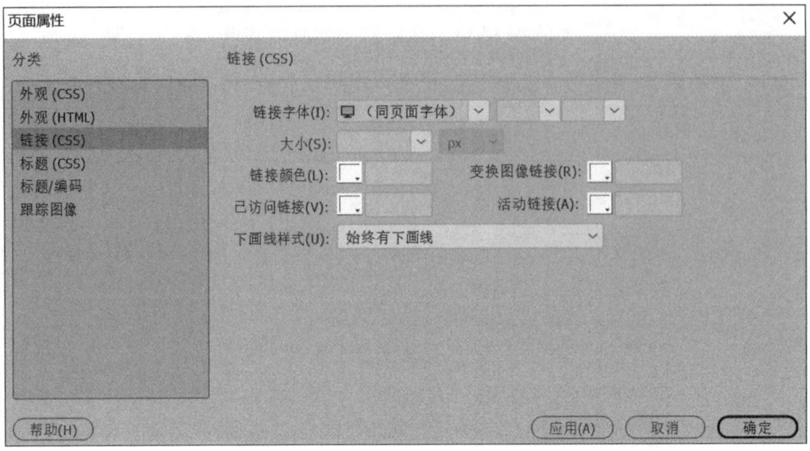

图 6-15　设置“链接(CSS)”选项

“链接(CSS)”选项的作用是定义网页文档中超链接的样式，具体如表 6-3 所示。

表 6-3　“链接(CSS)”选项的属性及其作用

属性名称	作　用
链接字体	设置超链接文本的字体类型、样式、粗细
大小	设置超链接文本的字体大小
链接颜色	设置普通超链接文本的颜色
交换图像链接	设置光标滑过超链接文本的颜色
已访问链接	设置已访问的超链接文本的颜色
活动链接	设置单击超链接文本时的颜色
下画线样式	设置超链接文本的其他样式

4. “标题(CSS)”选项的设置

在“页面属性”对话框的“分类”列表框中选择“标题(CSS)”选项，如图 6-16 所示。

在网页的各种文章中，标题是不可缺少的内容，XHTML 定义了 6 种级别的标题文本，在“标题(CSS)”选项中可以对这些标题的字体类型、样式、粗细等进行设置，以及为标题 1～6 设置相关的字号和颜色。

5. “标题/编码”选项的设置

在“页面属性”对话框的“分类”列表框中选择“标题/编码”选项，如图 6-17 所示。

当浏览器打开网页文档时，浏览器的标题栏会显示当前网页文档的名称，这个名称就是该网页的标题，“标题/编码”选项可以方便地设置这个标题内容，以及网页文档所用的语言规范、字符编码等多种属性，具体如表 6-4 所示。

图 6-16　设置“标题(CSS)”选项

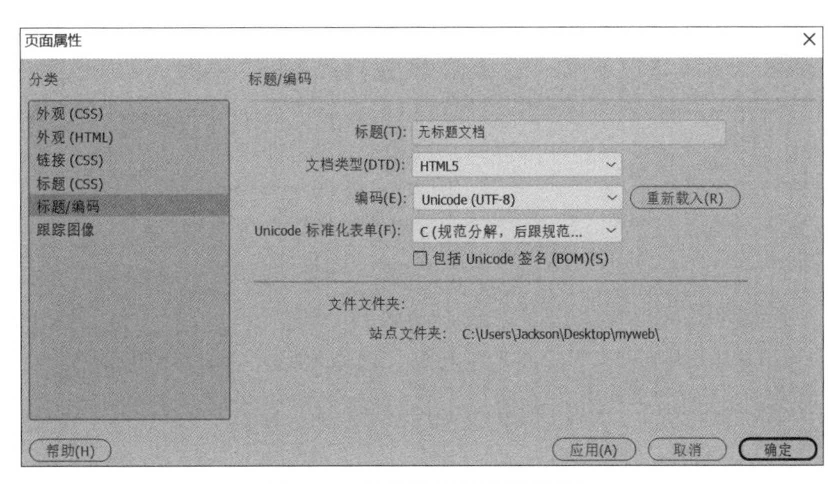

图 6-17　设置“标题/编码”选项

表 6-4　“标题/编码”选项的属性及其作用

属性名称	作　用
标题	定义浏览器标题栏中显示的文本内容
文档类型	定义网页文档使用的结构语言
编码	定义文档中字符使用的编码
Unicode 标准化表单	当选择 UTF-8 编码时，可选择编码的字符模型
包括 Unicode 签名	在文档中包含一字节顺序标记
文件文件夹	显示文档所在的目录
站点文件夹	显示本地站点所在的目录

6. “跟踪图像”选项的设置

在“页面属性”对话框的“分类”列表框中选择“跟踪图像”选项，如图 6-18 所示。

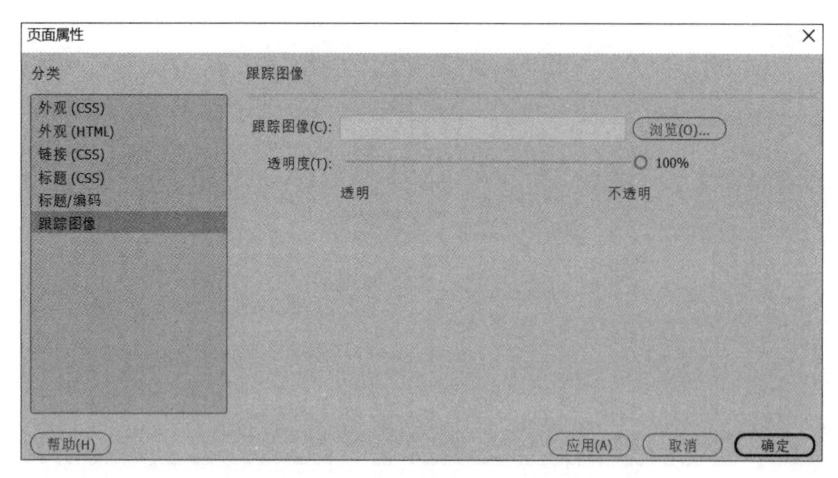

图 6-18　设置“跟踪图像”选项

在设计网页时往往要先使用 Photoshop 等图像设计软件制作一个网页界面图，然后使用 Dreamweaver 对网页进行制作。“跟踪图像”选项的作用是将网页界面图作为网页的半透明背景插入网页中，用户在制作网页时即可根据界面图决定网页对象的位置等，引导网页的设计。在“跟踪图像”选项中可以设置跟踪图像的属性，具体如表 6-5 所示。

表 6-5　“跟踪图像”选项的属性及其作用

属性名称	作　用
跟踪图像	单击“浏览”按钮，即可在弹出的对话框选择一个跟踪图像
透明度	定义跟踪图像在网页中的透明度，拖曳“透明度”滑块可以指定图像的透明度，透明度越高，图像显示得越清晰

6.3.3　保存、打开和预览网页

1. 保存网页

要养成经常主动保存文件的习惯，在编辑网页的过程中，一般每隔 5～10 分钟需要保存一次，以防止因为停电或死机等意外而丢失文件。

选择“文件”|“保存”选项，或按 Ctrl＋S 组合键，在弹出的“另存为”对话框中指定文件的保存位置，并在“文件名”文本框中输入文件名，然后单击“保存”按钮，即可将当前正在编辑的文档保存起来。

2. 打开网页

选择“文件”|“打开”选项或按 Ctrl＋O 组合键，在弹出的“打开”对话框中选择要打开的网页文档，然后单击“打开”按钮，即可打开已有网页文档进行编辑。

3. 预览网页

在制作网页的过程中，经常需要对网页的编辑效果进行预览，以便及时进行修改或调整。选择“文件”|“实时预览”选项，选择要预览的浏览器，即可在指定的浏览器窗口中预览当前文档的效果；也可以单击状态栏最右边的“预览”按钮进行预览。

6.4 设置网页文档头部信息

<meta>标记位于网页<head>…</head>标记之间，用于记录当前页面的相关信息，其内容在网页中是看不到的。<meta>标记主要包括 name 属性和 http-equiv 属性：name 属性主要用于描述网页，如 keywords（关键字）、/x.Copyright（作者和版权信息）、description（网页说明信息）等；http-equiv 属性主要用于给浏览器提供一些有用的信息，从而正确和精确地显示网页内容，如 refresh（刷新）等。

6.4.1 插入搜索关键字

在 Web 上通过搜索引擎查找资料时，搜索引擎会自动读取 Web 网页中<meta>标记的内容，所以在网页中设置搜索关键字非常重要，它可以间接地宣传网站，提高访问量。但搜索关键字并不是字数越多越好，因为有些搜索引擎限制了索引的关键字或字符的数目，当超过了限制的数目时，它将忽略所有的关键字，所以最好只使用几个精选的关键词。一般情况下，关键字是对网页的主题、内容、风格或作者等内容的概括。插入搜索关键词可以通过以下两种方式完成。

1. 在代码视图中插入关键字

在编辑文档窗口中切换到代码视图，将光标置于<head>…</head>标记中；在<head>标记内新增如下代码：

```
<meta name="keywords" content="网页,网页制作"/>
```

2. 使用 Keywords 对话框插入关键字

在设计视图中，选择“插入”|HTML|Keywords 选项，打开 Keywords 对话框，如图 6-19 所示，在文本框中输入关键字，多个关键字用英文逗号隔开；单击“确定”按钮完成设置，在代码视图中可以看到相应的 HTML 标记。

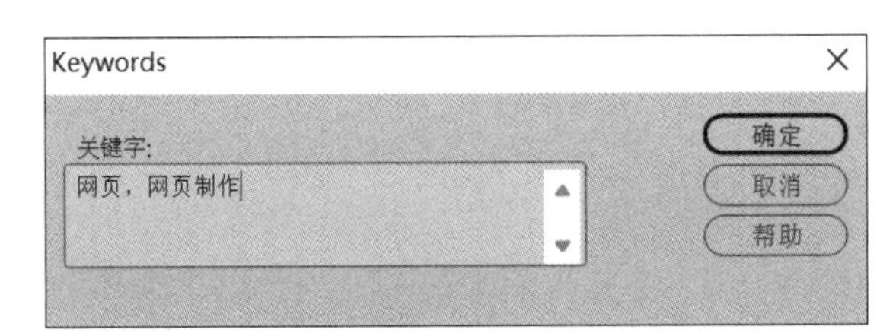

图 6-19 Keywords 对话框

6.4.2 插入作者和版权信息

要设置网页的作者和版权信息，可选择“插入”|HTML|Meta 选项，会弹出 META 对话框；在“属性”下拉列表中选择“名称”，在“值”文本框中输入“/x.Copyright”，在“内容”文本框中输入作者名称和版权信息，如图 6-20 所示；单击“确定”按钮完成设置。

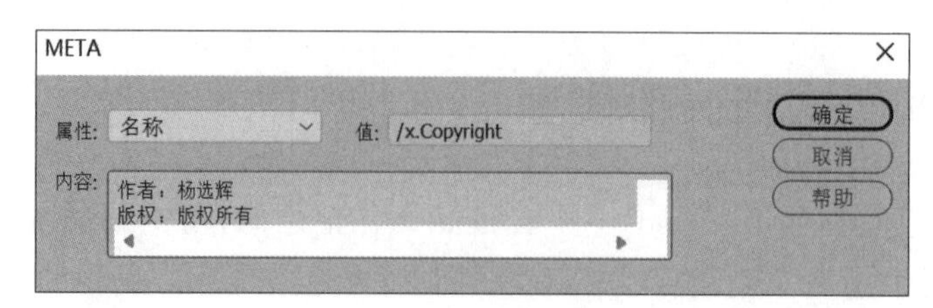

图 6-20　设置作者和版权信息

此时,在"代码"视图的<head>标记内可以查看相应的 HTML 标记,如下:

```
<meta name="/x.Copyright" content="作者: 杨选辉 版权: 版权所有">
```

6.4.3　设置说明信息

搜索引擎可以通过读取<meta>标记的说明内容查找信息,但说明信息主要是设计者对于网页内容的详细说明,而关键字可以让搜索引擎尽快搜索到网页。设置网页说明信息的具体操作步骤如下:选中文档编辑窗口中的"代码"视图,将光标放在<head>标记中,选择"插入"|HTML|"说明"选项,弹出"说明"对话框,在"说明"对话框中设置说明信息。例如,在网页中添加"利用 JavaScript 脚本,按用户需求进行查找"的说明信息,如图 6-21 所示。

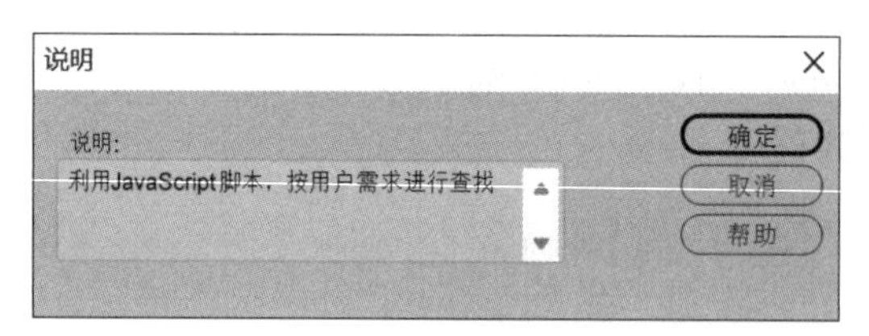

图 6-21　"说明"对话框

此时,在"代码"视图的<head>标记内可以查看相应的 HTML 标记,如下:

```
<meta name="description" content="利用 JavaScript 脚本,按用户需求进行查找">
```

此外,还可以通过<meta>标记添加说明信息,设置情况如图 6-22 所示。

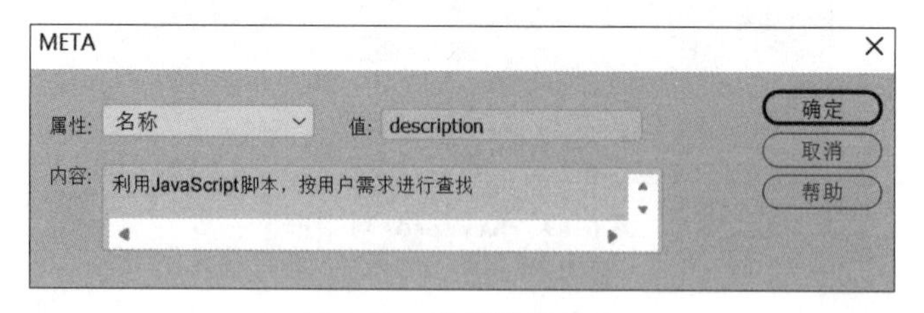

图 6-22　设置说明信息

6.4.4　设置刷新时间

设置刷新时间可以指定浏览器在一定的时间后重新加载当前页面或跳转到不同的页面,例如,论坛网站中通常要定时刷新页面,以便实时反映在线用户信息、离线用户信息,以

及动态文档的实时变化情况。设置刷新时间的具体操作步骤如下：选择"插入"|HTML|Meta 选项，弹出 META 对话框；在"属性"下拉列表中选择 HTTP-equivalent 选项，在"值"文本框中输入 refresh，在"内容"文本框中输入延迟时间秒数，如 30，如图 6-23 所示；单击"确定"按钮完成设置。

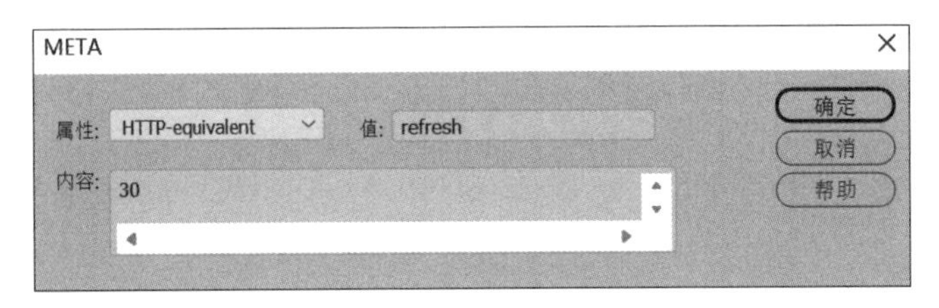

图 6-23　设置刷新时间

此时，在"代码"视图的<head>标记内可以查看相应的 HTML 标记，如下：

```
<meta http-equiv="refresh" content="30">
```

6.5 编辑与设置网页文本

文本是网页不可缺少的组成元素，是将各种信息传达给浏览者的最主要和最有效的途径。文字的表现将直接影响整个网页的质量。

6.5.1 输入普通文本

在网页中输入文本有两种方法：第一种方法是直接输入文本，第二种方法是从外部文件中复制和粘贴。

1. 直接输入文本

直接输入是最常用的插入文本的方式。在 Dreamweaver 中创建一个网页后，将光标定位在"设计"视图中需要插入文本的地方，通过键盘直接输入文本，如图 6-24 所示。按 Enter 键可换行，按 Shift＋Enter 组合键可进行强制换行，输入空格可按 Ctrl＋Shift＋Space 组合键。

2. 从外部文件中复制粘贴

从其他软件或文档中将文本复制到剪贴板中，然后切换至 Dreamweaver，右击选择"粘贴"选项即可。

6.5.2 设置文本格式

设置文本格式有两种方法：使用 HTML 标签设置和使用 CSS 设置。HTML"属性"面板是用系统提供的 HTML 标记设置文本格式的方法；CSS"属性"面板则是通过定义样式对网页文档内容进行精确格式设置的方法，它可以使用许多 HTML 样式不能实现的属性。

1. 使用 HTML"属性"面板设置文本

在"属性"面板中单击 <> HTML 按钮，即可使用 HTML 标签设置文本，此时的面板如图 6-25

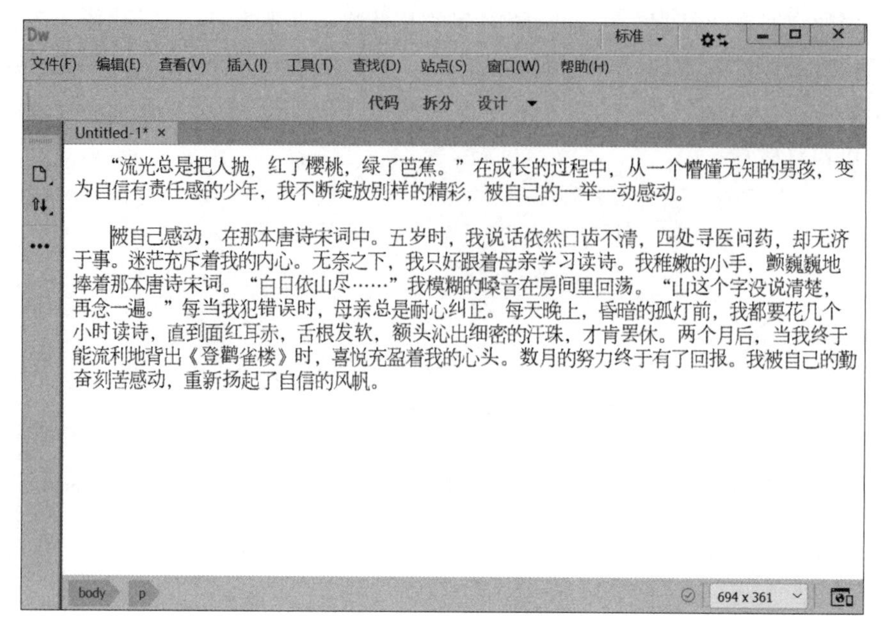

图 6-24　直接输入文本

所示，面板中各功能的介绍如表 6-6 所示。

图 6-25　HTML“属性”面板

表 6-6　HTML“属性”面板功能介绍

名　称	作　用
HTML/CSS 选项卡	单击相应的选项卡，可以定义通过 HTML 或 CSS 定义文本的样式
格式	用于设置文本的基本格式，可选择无格式文本、段落或各种标题文本等
类	定义当前文档应用的 CSS 类名称
粗体	定义以 HTML 的方式将文本加粗
斜体	定义以 HTML 的方式使文本倾斜
项目列表	为普通文本或标题、段落文本应用项目列表
编号列表	为普通文本或标题、段落文本应用编号列表
文本突出	将选择的文本向左推移一个制表位
文本缩进	将选择的文本向右推移一个制表位
标题	当选择的文本为超链接时，定义光标滑过该段文本时显示的工具提示信息
ID	定义当前选择的文本所属的标签 ID 属性，从而通过脚本或 CSS 样式表对其进行调用，添加行为或定义样式

续表

名称		作用
链接		在该输入文本域中可直接输入文档的 URL 地址供链接使用
指向文件按钮		打开“文件”面板时，通过本按钮可以拖曳一个文件以快速创建链接
浏览文件		单击该按钮，将允许用户通过弹出的对话框选择链接的文档
目标	_blank	当选择的文本为超链接时，定义将链接的文档以新窗口的方式打开
	_parent	当选择的文本为超链接时，定义将链接文档加载到包含该链接的父框架集或窗口中。如果包含链接的框架不是嵌套的，则链接文档加载到整个浏览器窗口中
	_self	当选择的文本为超链接时，定义在当前窗口中打开链接的文档
	_top	当选择的文本为超链接时，定义将链接的文档加载到整个浏览器窗口中，并删除所有框架
文档标题		设置网页的标题
页面属性		单击该按钮，可打开“页面属性”对话框，定义整个文档的属性
列表项目		当选择的文本为项目列表或编号列表时，可通过该按钮定义列表的样式

2. 使用 CSS“属性”面板设置文本

在“属性”面板中单击 CSS 按钮，即可使用 CSS 设置文本，此时的面板如图 6-26 所示。

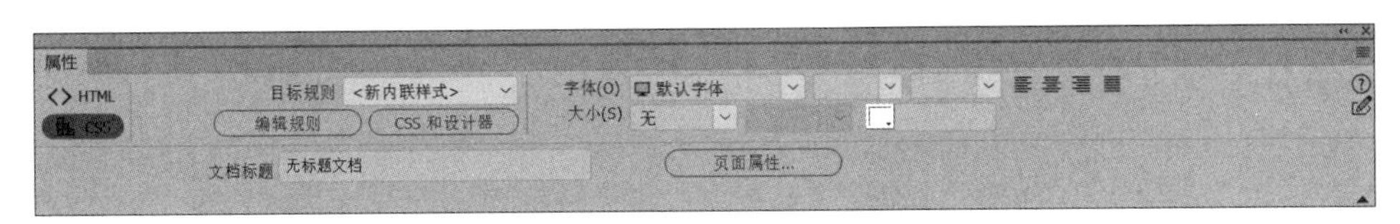

图 6-26 CSS“属性”面板

下面通过一个例子介绍使用 CSS 设置文本的基本操作。

(1) 输入一段文本，选择“窗口”|“属性”选项，在弹出的“属性”面板中单击 CSS 按钮，切换到 CSS“属性”面板，如图 6-27 所示。

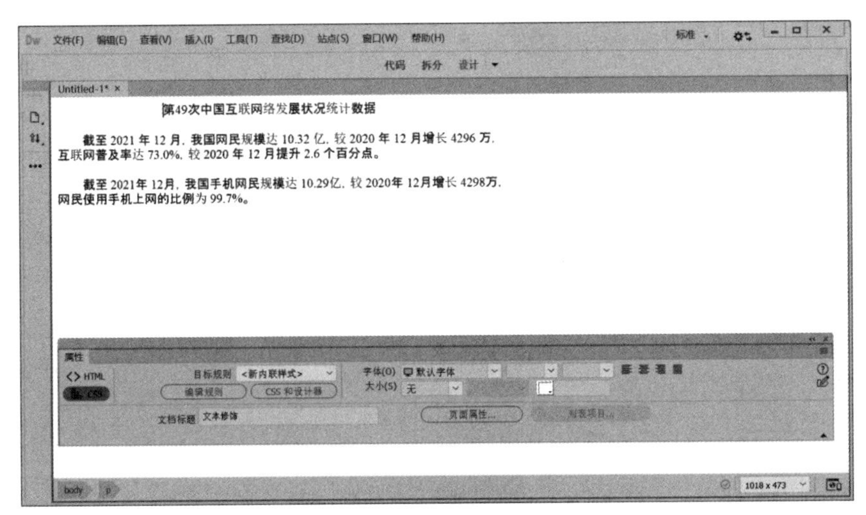

图 6-27 输入文本，打开 CSS“属性”面板

(2) 选择“窗口”|“CSS设计器”选项,弹出“CSS设计器”面板,如图6-28所示;在“源”选项组中选择“在页面中定义”选项,如图6-29所示。

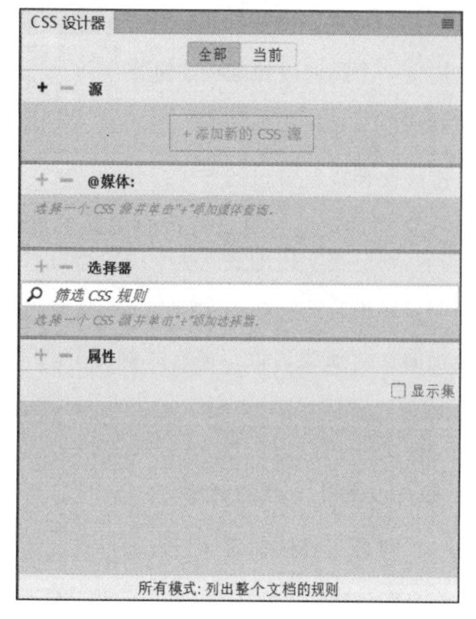

图6-28 “CSS设计器”面板

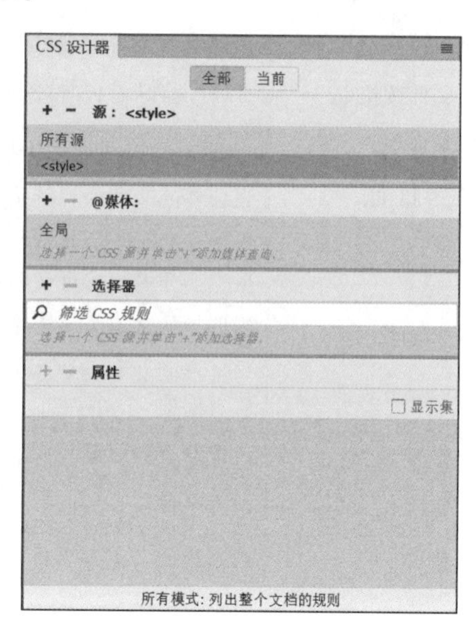

图6-29 “源”选项组

(3) 单击“选择器”选项组中的“添加选择器”按钮[+],在“选择器”选项组的文本框中输入“.head”,按Enter键确认,如图6-30所示;在“属性”选项组中单击“文本”按钮[T],切换到文本属性,将color设为红色(#F60509),font-family设为“华光标题宋_CNKI”,font-style设为Italic,font-size设为24px,如图6-31所示。

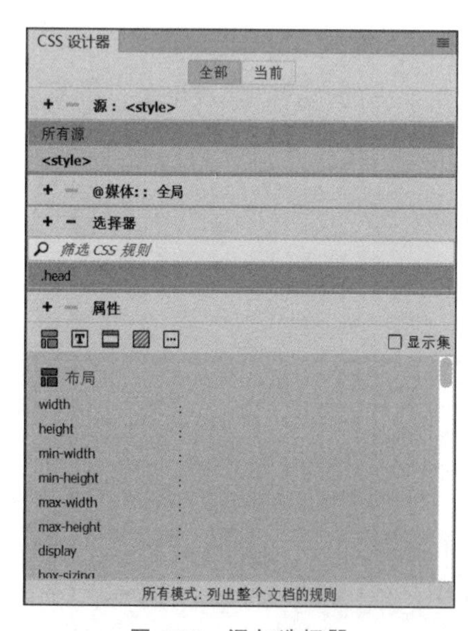

图6-30 添加选择器

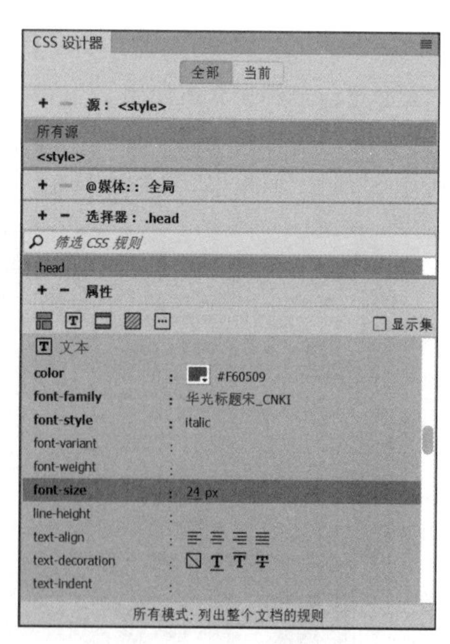

图6-31 添加文本属性

(4) 选中文本“第49次中国互联网络发展状况统计数据”,在“属性”面板的“目标规则”

选项中选择 head 选项，如图 6-32 所示，应用刚刚建好的 CSS 样式，应用后的效果如图 6-33 所示。

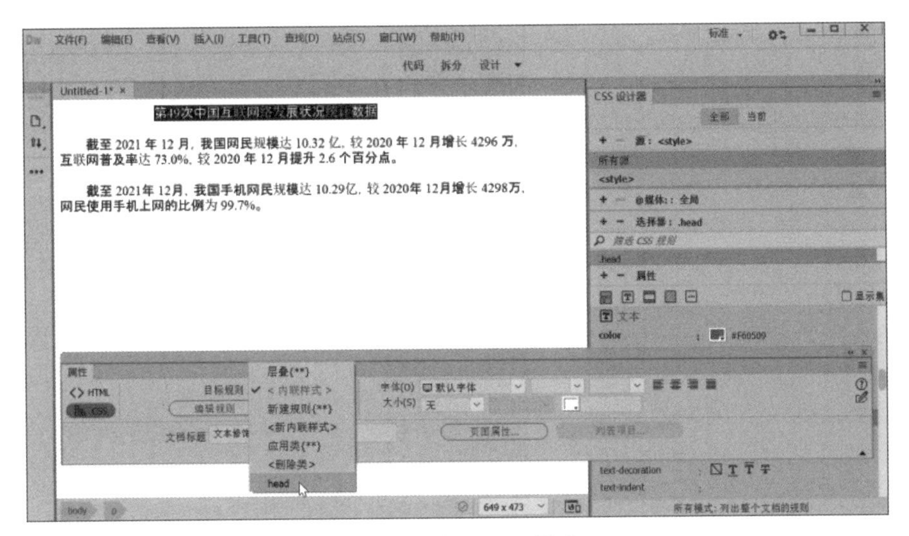

图 6-32　应用 head 样式

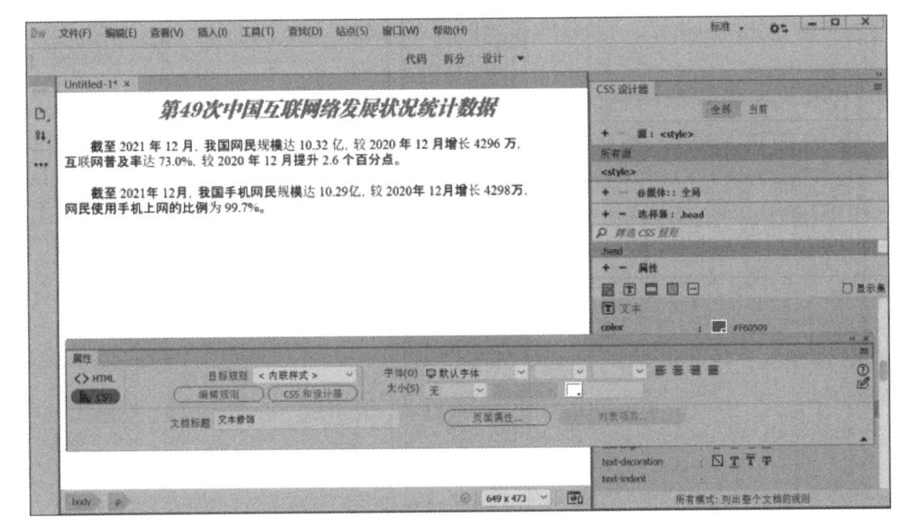

图 6-33　应用样式后的效果

6.5.3　插入其他元素

1. 输入连续的空格

在默认状态下，Dreamweaver CC 2019 只允许用户输入一个空格，要输入连续多个空格，则需要进行设置或通过特定操作才能实现。下面 3 种方法可以输入连续空格。

(1) 设置“首选项”对话框。选择“编辑”|“首选项”选项或按 Ctrl+U 组合键，弹出“首选项”对话框，如图 6-34 所示。在“首选项”对话框左侧的“分类”列表中选择“常规”选项，在右侧的“编辑选项”选项组中勾选“允许多个连续的空格”复选框，单击“应用”按钮，再单击

“关闭”按钮。此时,用户可通过连续按 Space 键在文档编辑区内输入多个空格。

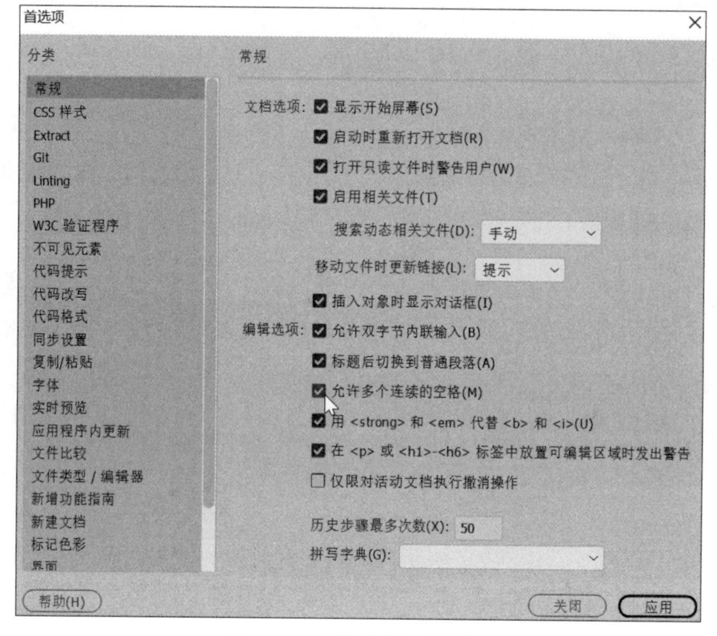

图 6-34 “首选项”对话框

(2) 直接插入多个连续空格。单击“插入”面板 HTML 选项卡中的“不换行空格”按钮。

(3) 选择“插入”|HTML|“不换行空格”选项或按 Ctrl+Shift+Space 组合键。

2. 创建列表

列表可以使网页内容分级显示,不仅可以使重点一目了然,而且可以使内容更有条理。通过 Dreamweaver CC 2019 可以创建无序列表、有序列表和定义列表。

1) 创建列表

创建列表的方法非常简单,选中相关文字,选择“编辑”|“列表”选项,再选择要创建的列表类型即可,创建的各种列表如图 6-35 所示。另外,还可以通过“属性”面板中的“无序列表”和“有序列表”按钮快速建立这两种列表。

2) 修改列表

将光标放在要修改的项目符号或编号的文本中,选择“编辑”|“列表”|“属性”选项或者单击“属性”面板中的“列表项目”按钮,会弹出“列表属性”对话框,如图 6-36 所示,在该对话框中可以切换列表类型,设置有序列表的样式、开始计数的初始值等。

3. 设置文本缩进格式

设置文本缩进格式有以下两种方法。

(1) 选择“编辑”|“文本”|“缩进”或“编辑”|“文本”|“凸出”选项,使段落向右移动或向左移动。

(2) 在“属性”面板中单击“内缩区块”按钮或“删除内缩区块”按钮,使段落向右移动或向左移动。

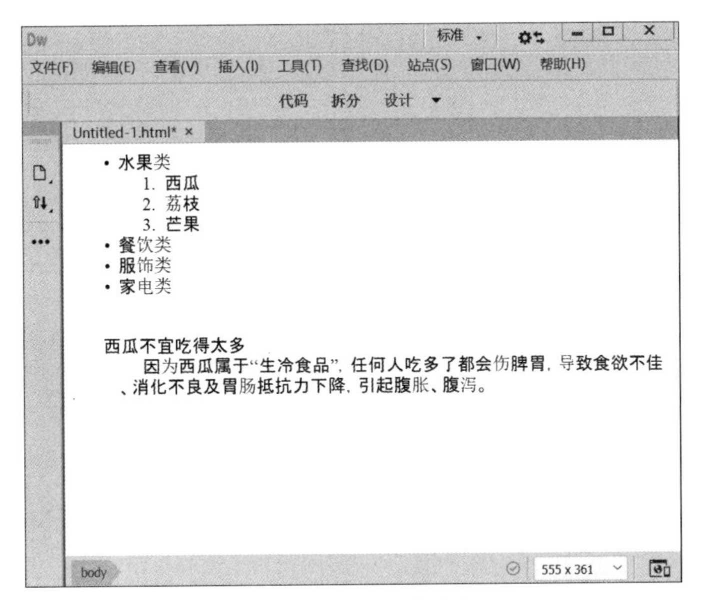

图 6-35　制作 3 种列表

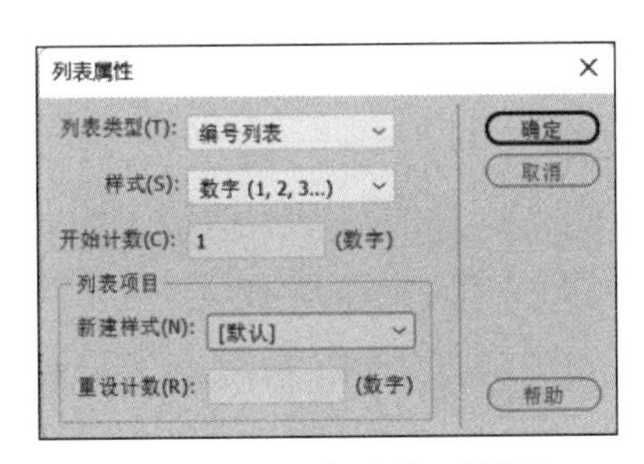

图 6-36　"列表属性"对话框

4. 插入特殊字符

除了可以插入键盘允许输入的字符外，还可以插入一些特殊字符。在网页文档中，常见的特殊符号有版权符号、货币符号、注册商标号以及破折线等。要在网页中插入特殊字符，可以在 Dreamweaver 中执行以下操作：选择"插入"|HTML|"字符"选项，即可在弹出的子菜单中选择各种特殊字符，如图 6-37 所示。

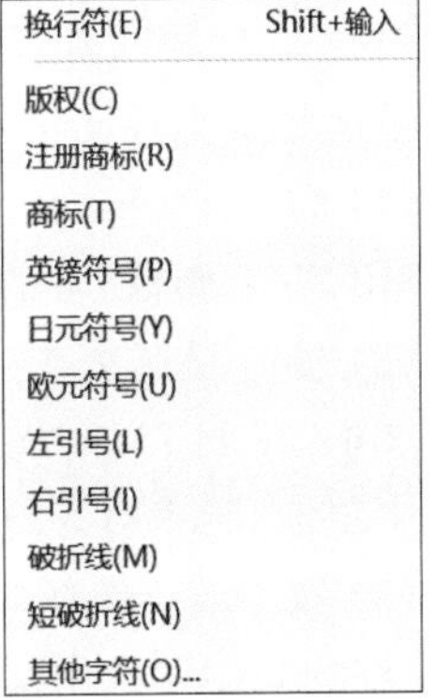

图 6-37　插入字符子菜单

5. 插入水平线

水平线是一种特殊字符，在网页中可以使用一条或多条水平线可视化地分隔文本和对象，使段落更加分明和更具层次感。要在文档中插入水平线，只需要将光标定位在要插入水平线的位置，然后选择"插入"|HTML|"水平线"选项即可，选中插入的水平线后，即可在"属性"面板中设置水平线的各种属性，如图 6-38 所示。

6. 插入日期和时间

使用 Dreamweaver 可以直接在文档中插入当前的时间和日期，并且可以选择在每次保

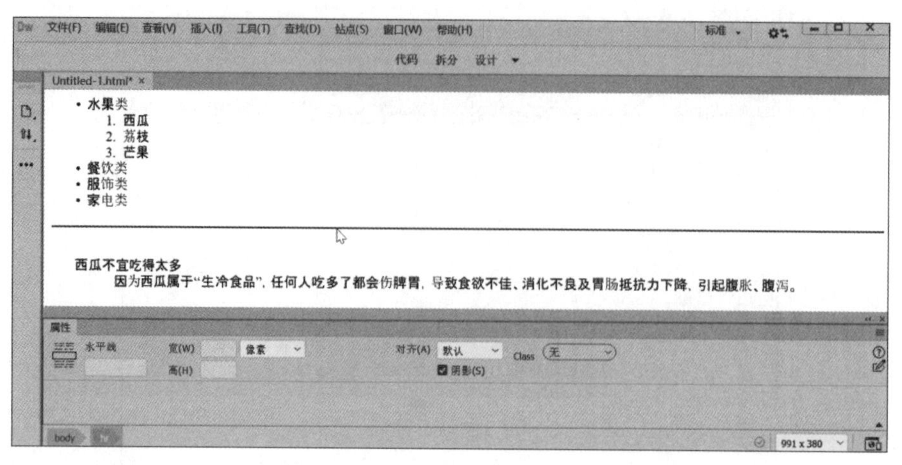

图 6-38　插入水平线后的"属性"面板

存文件时自动更新该日期，但它实际上是一个静态时间，是不会走动的。如果想要得到一个动态变化的时间和日期，可以利用一些特效代码实现。

选择"插入"|HTML|"日期"选项，在弹出的"插入日期"对话框中选择日期和时间的样式，单击"确定"按钮即可插入，如图6-39所示。

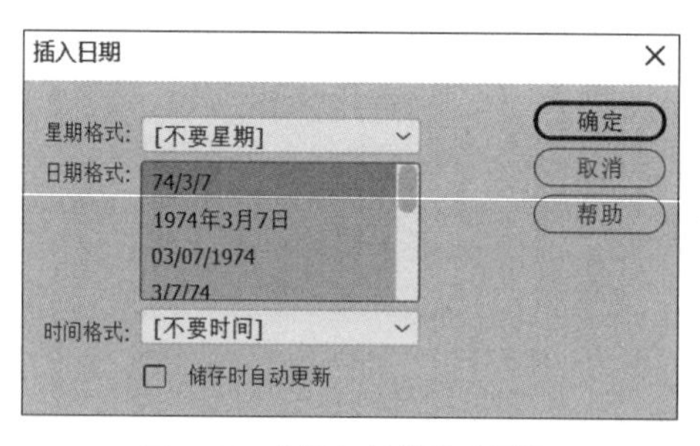

图 6-39　"插入日期"对话框

6.5.4　创建一个纯文字页面的实例

下面是一个纯文字网页的创建实例。

(1) 打开 Dreamweaver CC 2019，新建一个 HTML 文档，选择"文件"|"页面属性"选项，弹出"页面属性"对话框，将上边距和左边距设置为0。

(2) 输入导航文本"首页 | 潮流女装 | 时尚男装 | 萌趣童装 | 鞋类箱包 | 母婴用品"，选中文本，在 HTML"属性"面板中设置格式为"标题 3"，效果如图 6-40 所示；在 CSS"属性"面板中单击"居中对齐"按钮，让文本居中，效果如图 6-41 所示。

(3) 按 Enter 键新建段落，并在 CSS"属性"面板中将对齐方式设置为左对齐，输入文本"线上购物介绍"，选中文本，在 HTML"属性"面板中设置格式为"标题 3"，效果如图 6-42 所示。

(4) 按 Enter 键新建段落，空两格后输入文本"线上购物就是通过互联网检索商品信息，并通过电子订购单发出购物请求，然后填上私人支票账号或信用卡的卡号，厂商通过邮

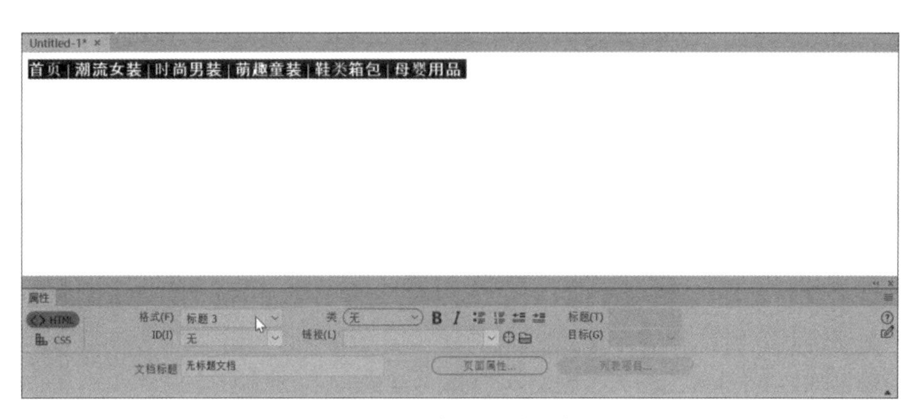

图 6-40　插入导航文本

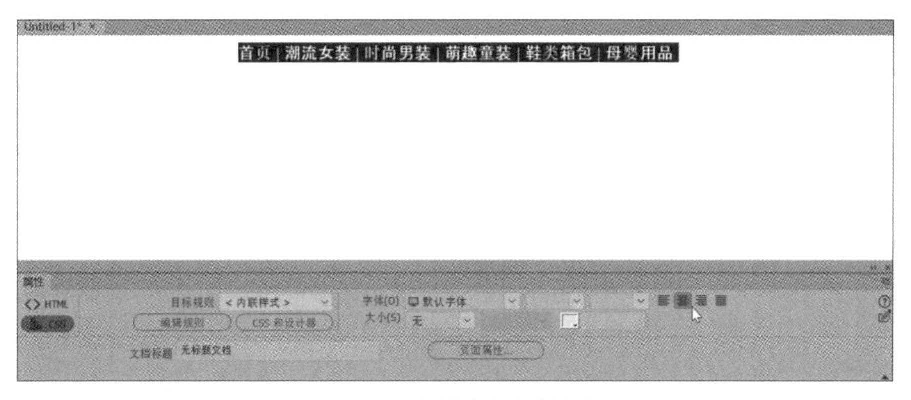

图 6-41　设置居中对齐效果

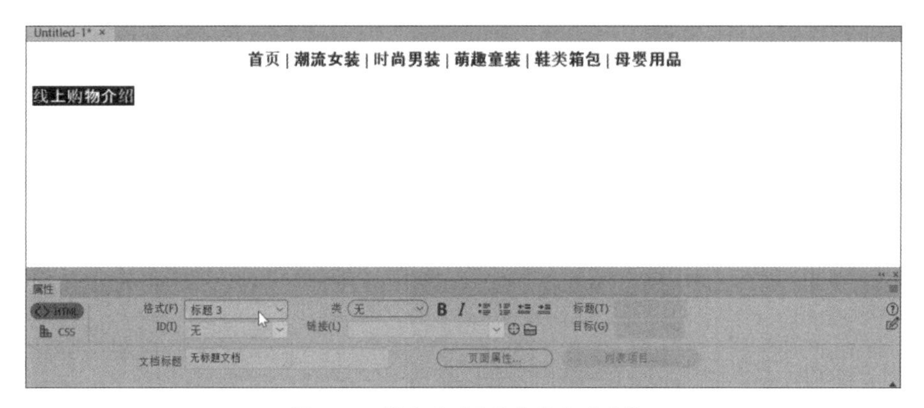

图 6-42　输入文本“线上购物介绍”

购的方式发货，或是通过快递公司送货上门。中国国内的网上购物，一般付款方式是款到发货(直接银行转账或在线汇款)，如果是担保交易则是货到付款等。”，效果如图 6-43 所示。

(5) 按 Enter 键新建段落，输入文本“产品介绍”，在 HTML“属性”面板中将其格式设置为“标题 3”；按 Enter 键新建段落，选择“编辑”|“列表”|“无序列表”选项，插入无序列表符号，输入文本“潮流女装：羽绒服 毛呢大衣 毛衣 冬季外套”，按 Enter 键，可以看到创建了新

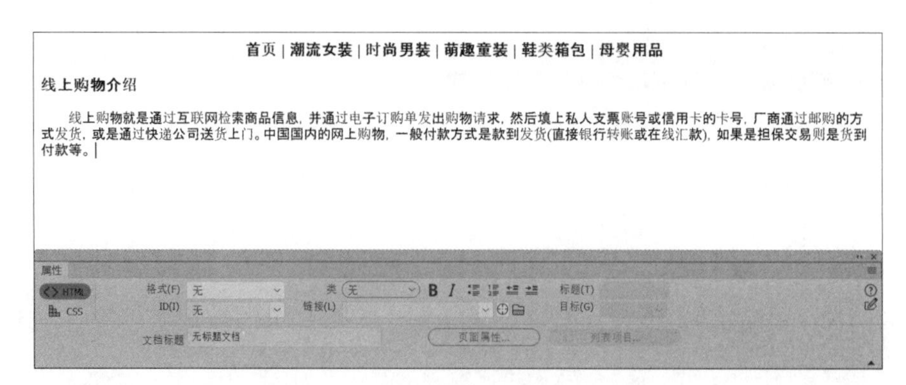

图 6-43　输入一段文本

的项目列表，在符号后输入“时尚男装：秋冬新品 淘特莱斯 时尚套装 爸爸装”，同理输入“鞋类箱包：女鞋 男鞋 运动鞋”，效果如图 6-44 所示。

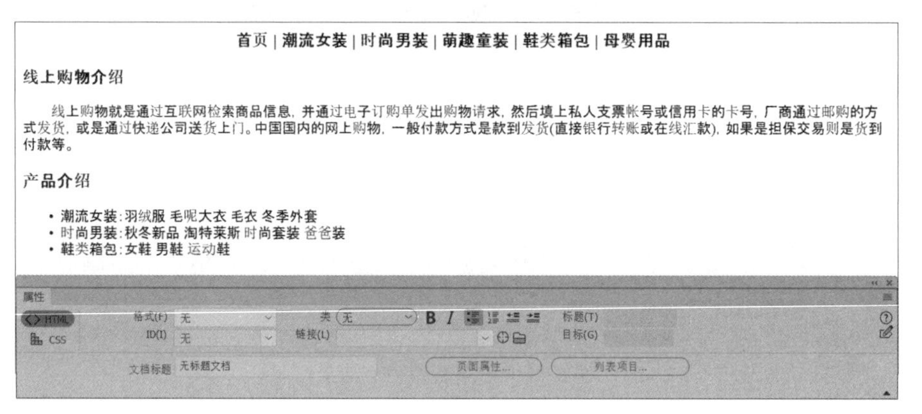

图 6-44　创建项目列表

(6) 连续按 3 次 Enter 键，选择“插入”|HTML|“水平线”选项，选中水平线，在“属性”面板中设置水平线的宽为 80%，高为 1，对齐方式为“居中对齐”，效果如图 6-45 所示。

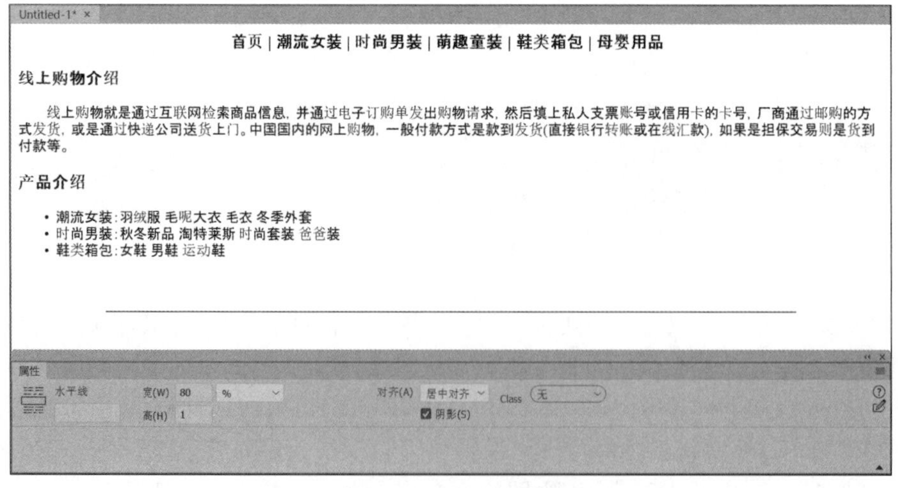

图 6-45　插入水平线

(7) 按 Enter 键新建段落，输入版权声明“Copyright©2022 Leo All Rights Reserved.”，按 Enter＋Shift 组合键换行，输入联系方式“邮箱：abcdefgh@163.com”；选中这两行文字，在 CSS“属性”面板中单击“居中对齐”按钮，让文本居中，设置字体大小为 14px，颜色为＃666666，效果如图 6-46 所示。

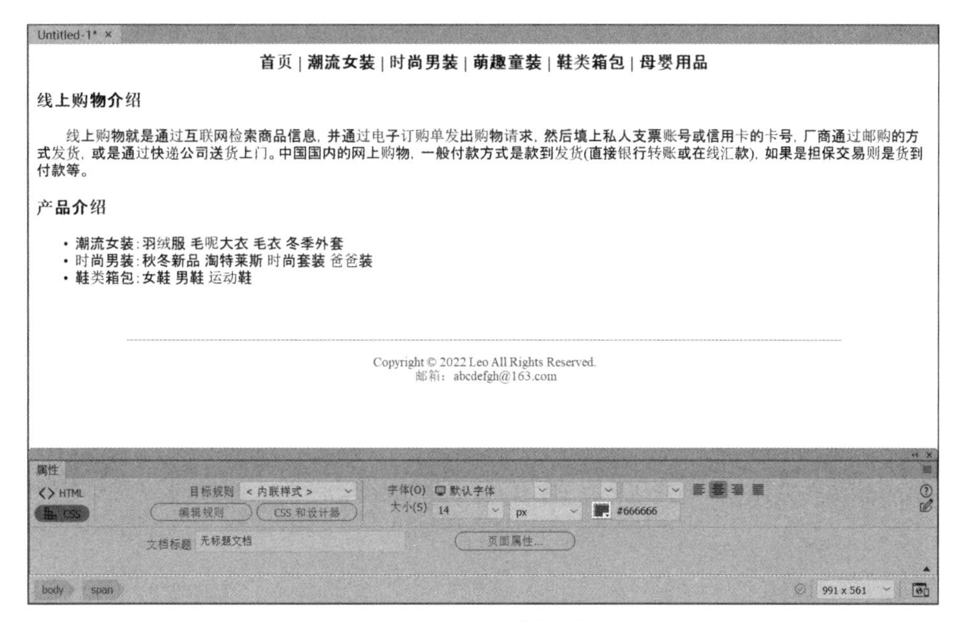

图 6-46　设置版权栏

(8) 一个纯文本的页面做好了，保存并浏览文件，效果如图 6-47 所示。

图 6-47　纯文本的页面效果

6.6　插入图像

图像是网页中的基本元素之一，它不仅能使页面更加美观，而且可以很好地配合文本传递信息。对于网络来说，图像应该既精美又小巧，以便于传播。在网页中，常用的图像格式

有 GIF、JPEG 和 PNG 三种。其中,GIF 格式的图像通常用于网页中的小图标、Logo 图标和背景图像等;JPEG 是非常流行的图形文件格式,多用于大幅的图像展示;PNG 格式因其高保真性、透明性及文件体积较小等特性常用于透明图像,利于将图像和网页背景和谐地融于一体。

6.6.1 图像的添加

要在 Dreamweaver CC 2019 文档中添加图像,该图像最好位于本地站点的相关文件夹内,也就是用相对路径调用图像,否则后期有可能因路径出错而造成图像不能正确显示。所以在建立站点时,网站设计者常常会先创建一个名为 image 的文件夹,并将需要的图像复制到其中。

在网页中插入图像的具体操作步骤如下。

(1) 在文档编辑窗口中,将光标放置在要插入图像的位置。

(2) 通过以下三种方法启用 image 命令,弹出“选择图像源文件”对话框,如图 6-48 所示。

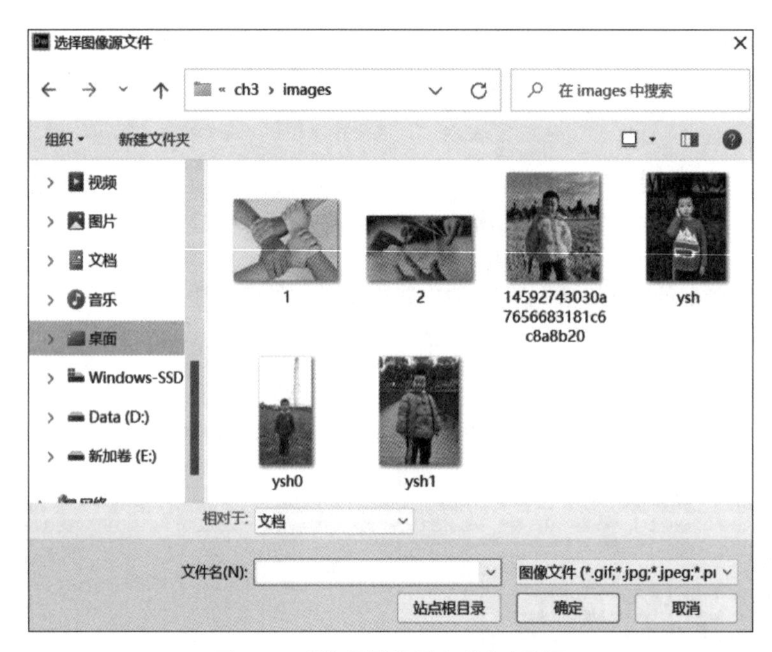

图 6-48 “选择图像源文件”对话框

① 单击“插入”面板 HTML 选项卡中的 image 按钮。

② 选择菜单“插入”|Image 选项。

③ 按 Ctrl+Alt+I 组合键。

在该对话框中选择图像文件,单击“确定”按钮即可插入指定的图像。

6.6.2 图像属性的设置

插入图像后,“属性”面板中显示了该图像的属性,如图 6-49 所示。下面介绍各选项的含义,如表 6-7 所示。

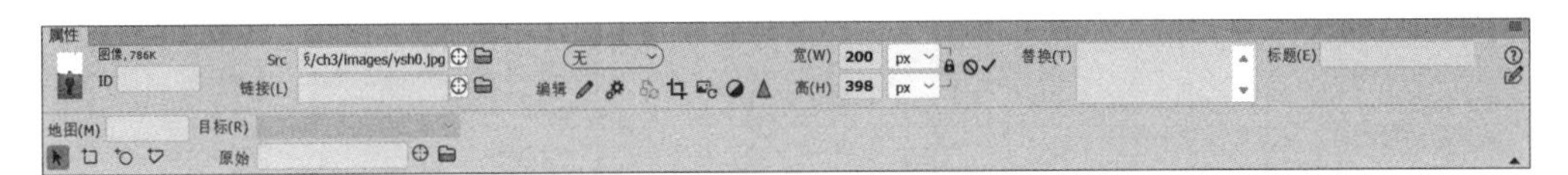

图 6-49 图像的"属性"面板

表 6-7 各种图像属性及其作用

属性名称	作用
ID	指定图像的 ID 名称
Src	指定图像的源文件
链接	指定单击图像时要显示的网页文件
无	指定图像应用的 CSS 样式
"编辑"按钮组	用于编辑图像文件，包括编辑、编辑图像设置、从源文件更新、裁剪、重新取样、亮度和对比度、锐化功能
宽和高	分别设置图像的宽和高
替换	指定替换图像的文本
标题	指定图像的标题
地图和"热点工具"按钮组	用于设置图像的热点链接
目标	指定链接页面应该在其中载入的框架或窗口
原始	为了节省浏览者浏览网页的时间，可通过此选项指定在载入主图像之前快速载入的低品质图像

6.6.3 给图像添加文字说明

当图像不能在浏览器中正常显示时，网页中的图像位置就变成了空白区域，这样很不友好。为了让浏览者在图像不能正常显示时也能够了解图像信息，可以为网页中的图片设置"替换"属性，即将图像的说明文字输入"替换"文本框，这样当图像不能正常显示时，网页中的图像空白处就有了文字说明效果。

(1) 打开一个有图像的页面，如图 6-50 所示。

图 6-50 打开一个有图像的页面

(2) 打开“属性”面板,选中图像,在“替换”文本框中输入相应的图像说明文字,如图 6-51 所示。

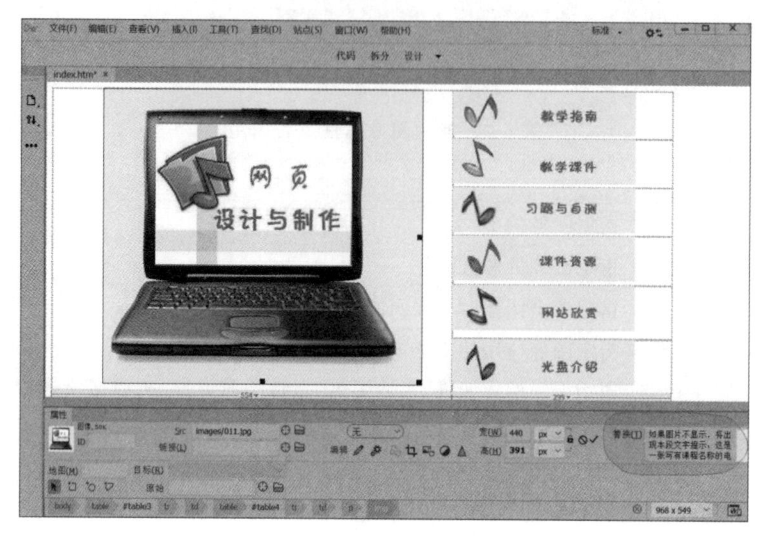

图 6-51　给图像写替换文字

(3) 在网页文件夹中删除设置了说明文字的图像,在 Dreamweaver CC 2019 中单击右下角的“预览”按钮,在浏览器中,图像已经看不到了,取而代之的是“属性”面板中“替换”文本框中的说明文字,如图 6-52 所示。

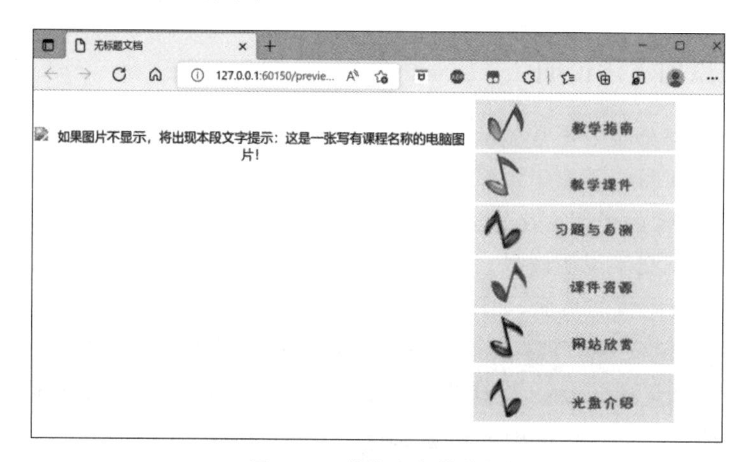

图 6-52　替换文字的效果

6.6.4　编辑图像

Dreamweaver CC 2019 提供了一些图像编辑功能,可以实现对图像的重新取样、裁剪、调整亮度和对比度、锐化等操作。下面着重介绍裁剪、调整亮度和对比度功能。

1. 裁剪图像

在 Dreamweaver CC 2019 中,不需要借助外部图像编辑软件,利用自带的裁剪功能就可以将图像中多余的部分删除,以突出图像的主题,下面通过一个例子演示裁剪的操作步骤。

(1) 新建一个页面，插入一张图像，如图 6-53 所示；选中图像，单击"属性"面板中的"裁剪"按钮[裁剪图标]，此时图像边框上会出现 8 个控制手柄，拖曳控制手柄圈住需要的部分，阴影区域为删除部分，如图 6-54 所示。

图 6-53　插入图像

图 6-54　调整裁剪区域

(2) 再次单击"裁剪"按钮[裁剪图标]完成图像的裁剪，裁剪后的效果如图 6-55 所示。

图 6-55　裁剪后的效果

2. 调整图像的亮度和对比度

在 Dreamweaver CC 2019 中，可以通过"亮度和对比度"按钮调整网页中过亮或过暗的图像，使图像色调一致或更加清晰。下面通过例子演示调整亮度和对比度的操作步骤。

(1) 新建一个页面,插入一张图像,如图 6-56 所示;单击“属性”面板中的“亮度和对比度”按钮◙,弹出“亮度/对比度”对话框,设置亮度为 52,对比度为 15,如图 6-57 所示。

图 6-56 插入图像

图 6-57 设置亮度和对比度

(2) 单击“确定”按钮完成调整,效果如图 6-58 所示。

注意:一般不在 Dreamweaver CC 2019 中对图像进行加工,而是用专业的图像加工软件(如 Photoshop)加工相关的图像,毕竟 Dreamweaver 不擅长对图像的加工。

6.6.5 创建添加图像元素的页面的实例

在 6.5.4 节的纯文本网页基础上添加一些图像元素。

(1) 打开 6.5.4 节做好的纯文本页面,将光标放至列表项“鞋类箱包”的最后,按 Enter

图 6-58 设置后的效果

键两次，打开“属性”面板，在 CSS“属性”面板中单击“居中对齐”按钮，让光标居中对齐。

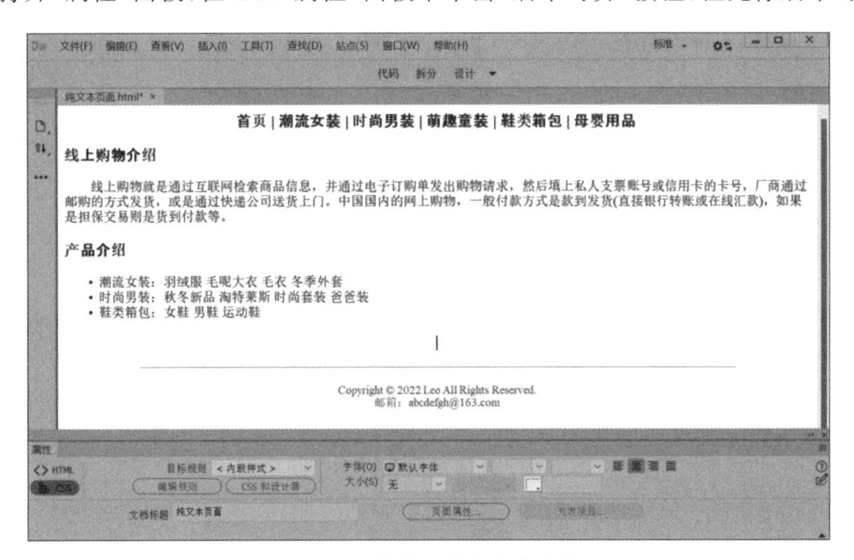

图 6-59 选择放置图像的位置

（2）选择“插入”|image 选项，弹出“选择图像源文件”对话框，找到需要插入的图像，如图 6-60 所示，单击“确定”按钮即可插入图像。

（3）选中图像，在“属性”面板中可以设置图像的属性。保存并浏览网页，添加图像后的网页效果如图 6-61 所示。

图 6-60 “选择图像源文件”对话框

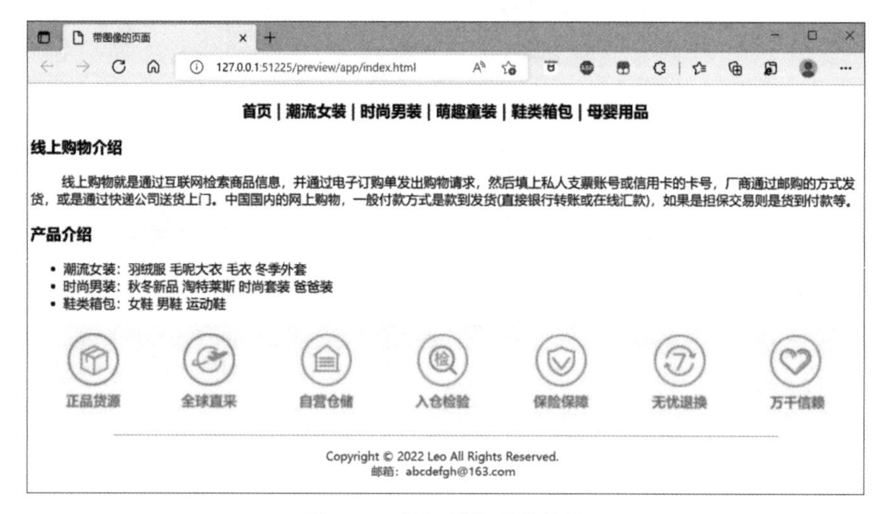

图 6-61 添加图像后的效果

6.7 插入多媒体

在网页中，除了使用文本和图像元素表达信息之外，还可以向其中插入 Flash 动画、FLV 视频等多媒体，以丰富网页的内容。虽然这些多媒体元素能够使网页更加丰富多彩，但有时是以牺牲浏览速度和兼容性为代价的，所以网站为了保证浏览者的浏览速度，网站一般不会大量运用多媒体元素。

6.7.1 插入 Flash

Dreamweaver CC 2019 中提供了插入对象的功能，但要注意 Flash 动画的格式，Flash 的源文件(fla)格式的文件是不能在浏览器中显示的，Flash SWF(swf)格式的文件是 Flash 影片的压缩格式，可以在浏览器中显示。用户在页面中插入 Flash 动画的操作步骤如下。

（1）在文档编辑窗口的“设计”视图中，将光标移至需要插入 Flash 动画的位置。

（2）通过以下 3 种方法打开“选择 SWF”对话框。

① 单击“插入”面板 HTML 选项卡中的 Flash SWF 按钮。

② 选择“插入”|HTML|Flash SWF 选项。

③ 按 Ctrl+Alt+F 组合键。

（3）在弹出的“选择 SWF”对话框中选择一个扩展名为 swf 的文件，然后单击“确定”按钮，在弹出的“对象标签辅助功能属性”对话框中设置动画的标题、访问键和索引键，如图 6-62 所示，设置完毕后单击“确定”按钮，即可插入一个 Flash 动画。

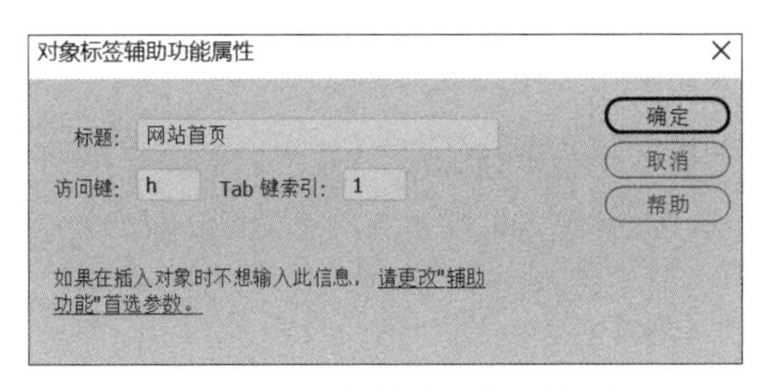

图 6-62 “对象标签辅助功能属性”对话框

（4）插入的 Flash 动画并不会直接在文档窗口中显示内容，而是以一个带有字母 F 的灰色框表示。在文档窗口单击这个 Flash 文件，可以在 Flash 的“属性”面板中设置它的属性，如图 6-63 所示。

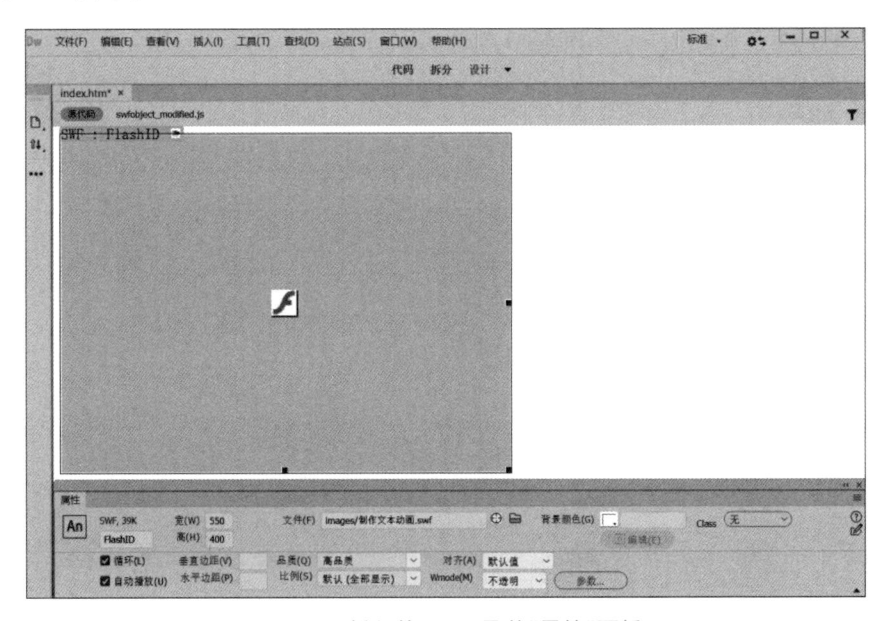

图 6-63 插入的 Flash 及其“属性”面板

6.7.2 插入音频

声音能极好地烘托网页页面的氛围，网页中常见的声音格式有 WAV、MP3、MIDI 等。

1. 添加背景音乐

在页面中可以嵌入背景音乐,在 Dreamweaver 中,添加背景音乐可以通过"代码"视图完成。

(1) 打开网页文档,由"设计"视图切换到"代码"视图,在代码视图中找到标记<body>,并在其后面输入"<b",弹出代码提示菜单,选择 bgsound 选项,如图 6-64 所示,添加背景音乐代码 bgsound。

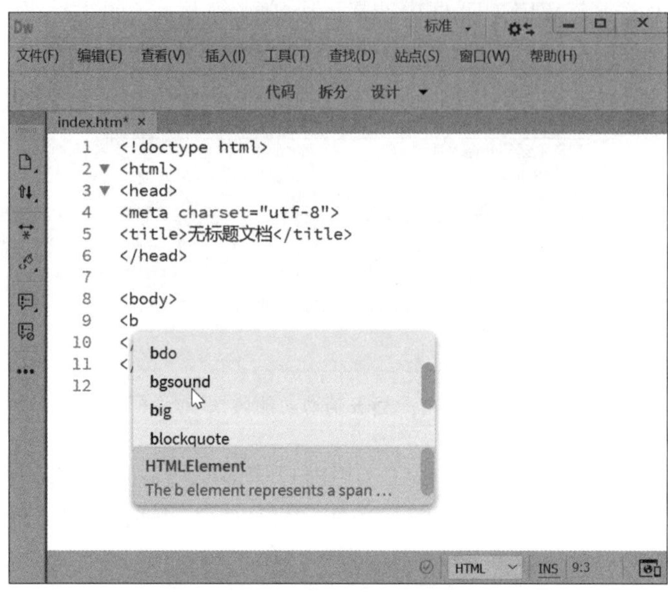

图 6-64 选择 bgsound 选项

(2) 按 Space 键,弹出该标记允许的属性列表,从中选择属性 src,这个属性用来设置背景音乐文件的路径,如图 6-65 所示。

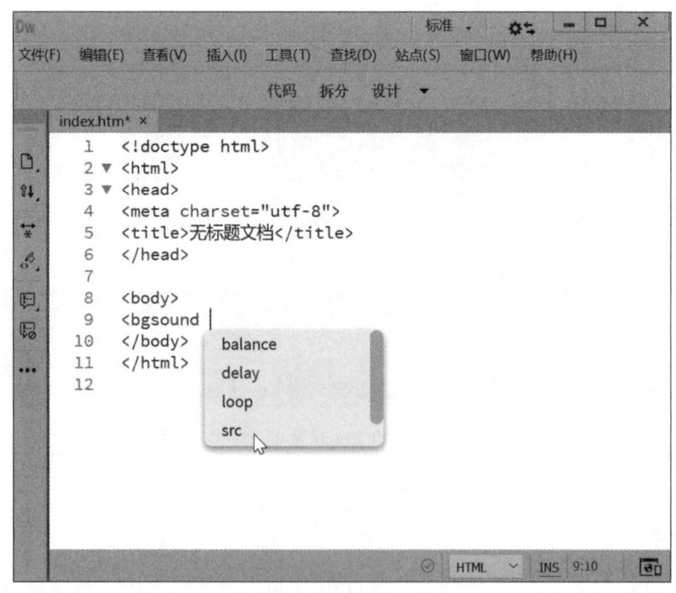

图 6-65 选择 src 属性

(3) 单击后出现“浏览”字样，弹出“选择文件”对话框，在对话框中选择音乐文件后，单击“确定”按钮即可插入音乐文件；在插入的音乐文件后按 Space 键可以继续设置其他属性，所有属性设置完毕后输入“/>”结束代码的输入，这样就插入了一个背景音乐。

注意：使用 bgsound 标记插入背景音乐只适用于 IE 浏览器。

2. 嵌入音乐

嵌入音乐可以将声音直接插入页面，但只有浏览器具有所选声音文件的适当插件后，声音才可以播放。如果希望在页面显示播放器的外观，可以使用以下两种方法。

(1) 将光标放置于想要显示播放器的位置，单击“插入”面板 HTML 选项卡中的“插件”按钮，或者选择“插入”|HTML|“插件”选项，在弹出“选择文件”对话框中选择需要插入的音频文件，单击“确定”按钮后，插入的插件在文档窗口中将以图标显示；选中该图标，在“属性”面板中可以对播放器的属性进行设置，如图 6-66 所示。

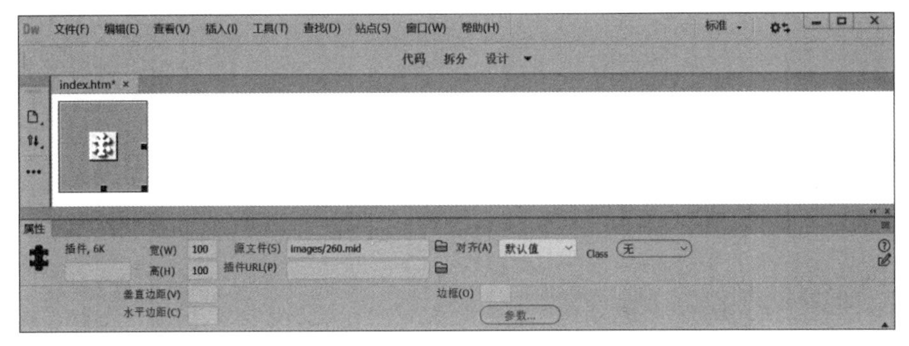

图 6-66　播放器的“属性”面板(1)

(2) 将光标放置于想要显示播放器的位置，单击“插入”面板 HTML 选项卡中的 HTML5 Audio 按钮，或者选择“插入”|HTML|HTML5 Audio 选项，此时页面中插入了一个内部带有小喇叭的矩形块，如图 6-67 所示。选中该图形，在“属性”面板中单击“源”选项右侧的“浏览”按钮，在弹出的“选择音频”对话框中选择音频文件，单击“确定”按钮即可插入一段音乐。通过这种方式插入的音乐播放器的外观比第一种方法的简单，少几个按钮。

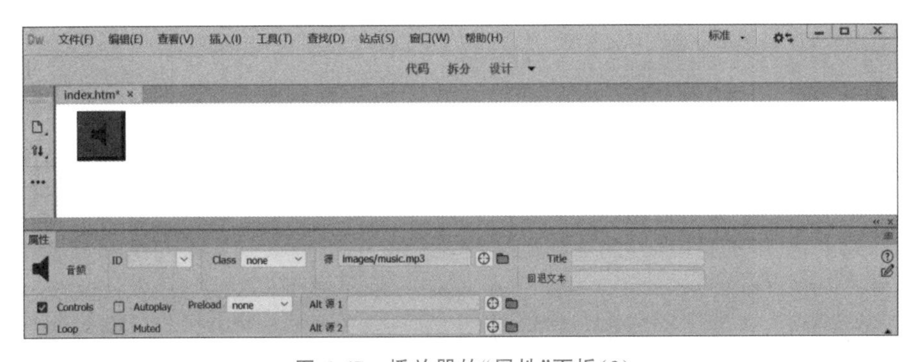

图 6-67　播放器的“属性”面板(2)

6.7.3 插入视频

Dreamweaver CC 2019 插入视频时,根据视频格式的不同可以分为两类,一类是普通视频,例如 MP4、WAM、AVI、MPEG 和 RMVB 等格式;另一类是 FLV(Flash Video)视频,也叫 Flash 视频,具有文件极小、加载速度快等特性。

1. 插入普通视频

Dreamweaver CC 2019 根据不同的视频格式选用不同的播放器,默认情况下使用 Windows Media Player 播放器。插入普通视频的方法:将光标置于需要插入视频的地方,单击"插入"面板 HTML 选项卡中的"插件"按钮,或者选择"插入"|HTML|"插件"选项,在弹出"选择文件"对话框中找到要插入的视频文件,单击"确定"按钮即可插入一个视频插件,选中这个插件,在插件的"属性"面板中可以设置相关属性。

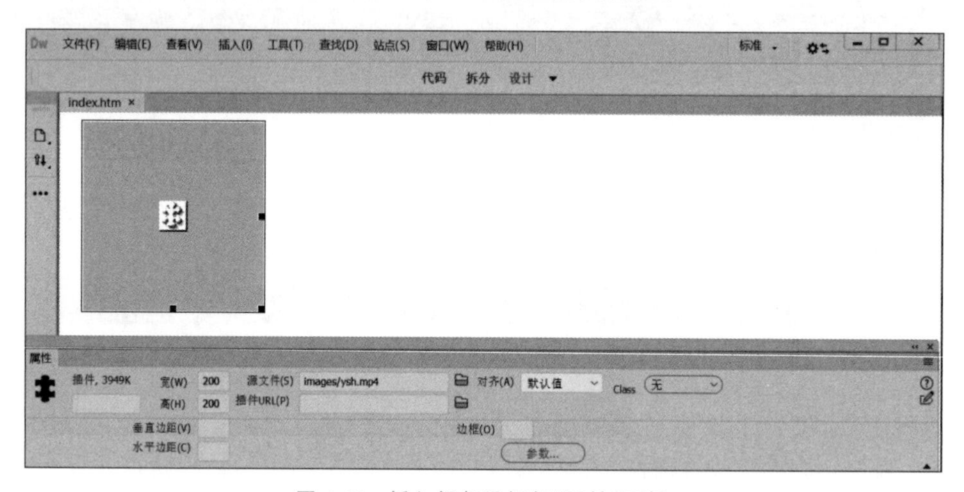

图 6-68 插入视频及视频"属性"面板

2. 插入 FLV 视频

FLV 视频可以通过 Flash 自带的转换功能或 FLV 格式转换软件由其他格式的视频转换得到。在 Dreamweaver CC 2019 中插入 FLV 视频的方法如下。

(1) 将光标置于需要插入 FLV 视频的地方。

(2) 单击"插入"面板 HTML 选项中的 Flash Video 按钮,或者选择"插入"|HTML|Flash Video 选项,弹出"插入 FLV"对话框,先选择"视频类型"选项,再完成相应的设置,如图 6-69 所示。

"视频类型"可以选择"累进式下载视频"和"流视频"两种。

① 累进式下载视频:将 FLV 文件下载到浏览者的硬盘上,并允许在下载完成之前就开始播放视频文件。选择"累进式下载视频"选项后,各选项的含义如下。

- URL:指定 FLV 文件的相对路径或绝对路径。
- 外观:指定视频组件的外观,所选外观的预览会显示在"外观"下拉菜单的下方。
- 宽度:以像素为单位指定 FLV 文件的宽度。

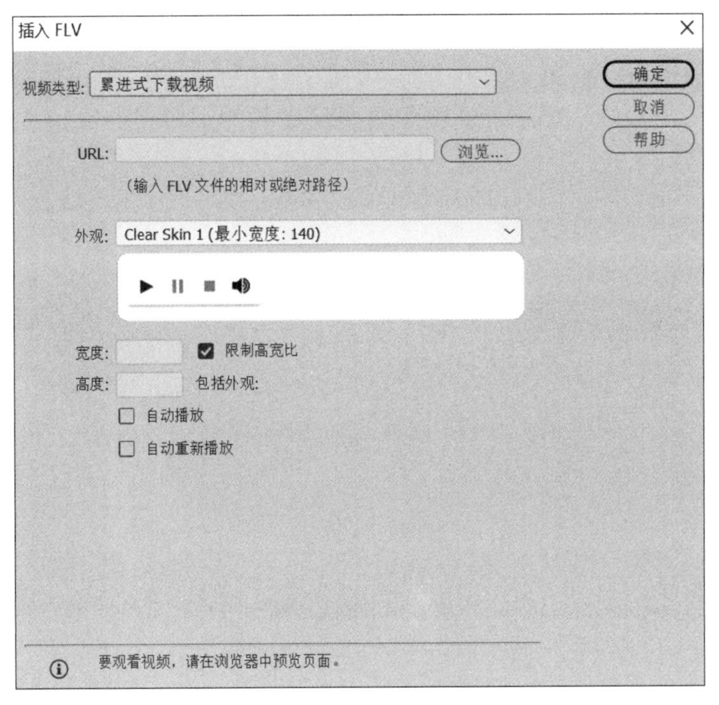

图 6-69 “插入 FLV”对话框

- 高度：以像素为单位指定 FLV 文件的高度。
- 限制高宽比：保持视频组件的宽度和高度的比例不变，默认情况下会勾选此复选框。
- 自动播放：指定在页面打开时是否播放视频。
- 自动重新播放：指定播放控件在视频播放完之后是否返回起始位置重新播放。

② 流视频：对视频内容进行流式处理，并在可确保流畅播放的缓冲时间后播放该视频，选择“流视频”选项后，各选项含义如下。

- 服务器 URL：指定服务器名称、应用程序名称和实例名称。
- 流名称：指定想要播放的 FLV 文件的名称。
- 实时视频输入：指定视频内容是否是实时的。
- 缓冲时间：指定在视频开始播放之前进行缓冲处理所需的时间。

(3) 完成各项设置后，单击“确定”按钮即可插入 FLV 视频；选中 FLV 视频，在 FLV 视频“属性”面板中可以设置相关的属性。

6.7.4 创建添加多媒体元素的页面的实例

在 6.6.5 节的图文网页的基础上添加一些多媒体元素。

(1) 打开 6.6.5 节做好的页面，将光标放至“产品介绍”的前面，选择“插入”|HTML|“插件”选项，在弹出的“选择文件”对话框中选择要插入的视频文件，单击“确定”按钮即可插入一个视频，如图 6-70 所示。

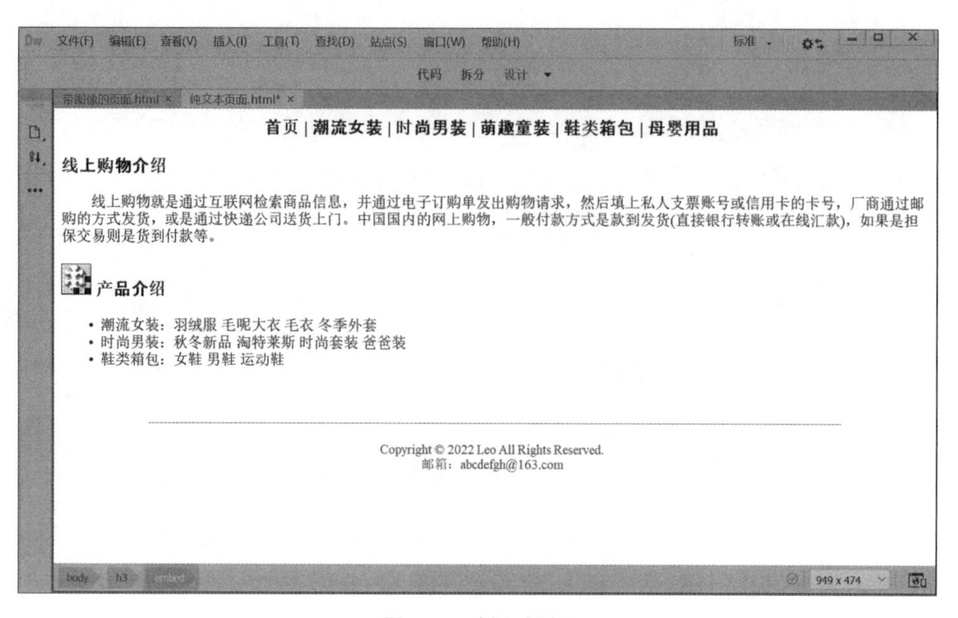

图 6-70　插入视频

(2) 选中插入的视频插件,在“属性”面板中将“宽”设置为200,“高”设置为150,“对齐”设置为“左对齐”,如图6-71所示。

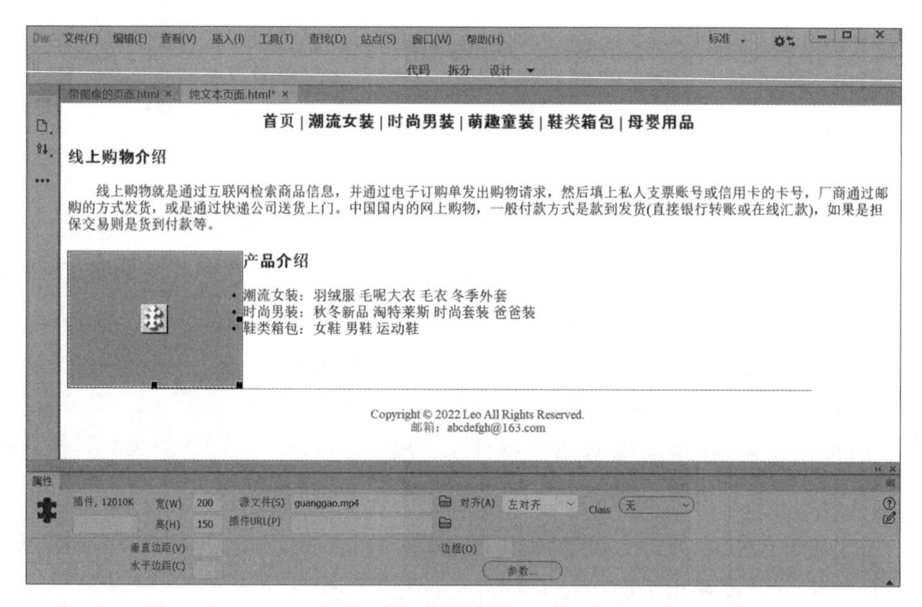

图 6-71　插入视频的相关属性

(3) 调整水平线和列表的位置,如图6-72所示。

(4) 保存并浏览文件,插入多媒体元素后的页面效果如图6-73所示。

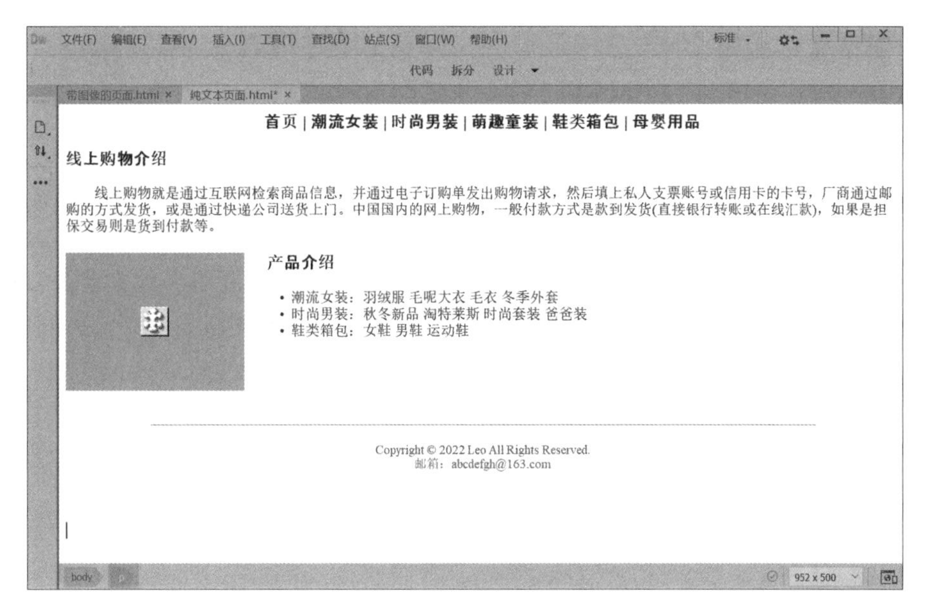

图 6-72　调整水平线和列表的位置

图 6-73　插入多媒体元素后的页面效果

6.8 创建超链接

超链接是指从一个对象指向另一个对象的指针，承载超链接的可以是网页中的一段文字，也可以是一张图像，甚至可以是图像中的某一部分。在网页中使用超链接、使网页之间建立相互关系是 Internet 受欢迎的一个重要原因。根据链接对象的不同，超链接可分为文本链接、图像链接、电子邮件链接和锚记链接等。

6.8.1 创建文本链接

文本链接是网页中最常用的一种链接方式,创建文本超链接的方法也非常简单,下面介绍为文本添加超链接的 3 种方法。

(1) 直接输入或单击"浏览文件"按钮。选中需要建立超链接的文本,在"属性"面板的"链接"文本框中直接输入链接对象的路径,如图 6-74 所示,或者通过单击文本框右侧的"浏览文件"按钮查找需要作为链接的对象,其右方的"目标"文本框用来设置链接对象的打开方式。

图 6-74 文本超链接的"属性"面板

(2) 使用插入超链接的菜单。选择"插入"|Hyperlink 选项,弹出 Hyperlink 对话框,如图 6-75 所示,按要求进行设置后,单击"确定"按钮即可在网页中插入文本超链接。

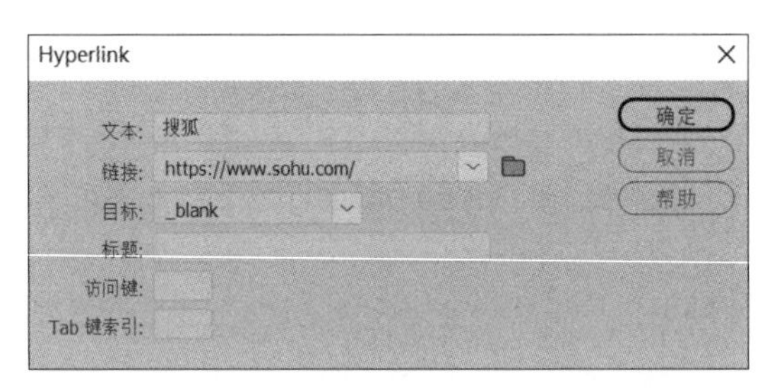

图 6-75 Hyperlink 对话框

(3) 单击"指向文件"按钮。在文档编辑窗口选中作为链接对象的文本,在"属性"面板中拖曳"指向文件"按钮指向右侧站点窗口内要链接的对象,如图 6-76 所示。释放左键,"链接"文本框中会显示所建立的链接。

6.8.2 创建图像链接

为图像建立超链接和为文本建立超链接类似,但是为图像建立超链接还可以在一张图片上实现多个局部区域指向不同的链接对象的效果。比如一张动物园游览示意图中,单击不同区域的链接可以跳转到不同动物的介绍网页,其中,图中可以单击的区域称为热点。

在图像"属性"面板的左下方有一组设置热点区域的按钮。在 Dreamweaver 中插入一张图像后,在"属性"面板上选择相应的热点工具,在插入的图像上拖曳鼠标左键,即可绘制出淡蓝色的热点区域,如图 6-77 所示。

此时,"属性"面板变为热点区域的面板,如图 6-78 所示。用建立文本链接的方法为这个热点区域创建一个超链接。同理,在图中可以建立多个超链接。

图 6-76　“指向文件”按钮的运用

图 6-77　设置图像热点

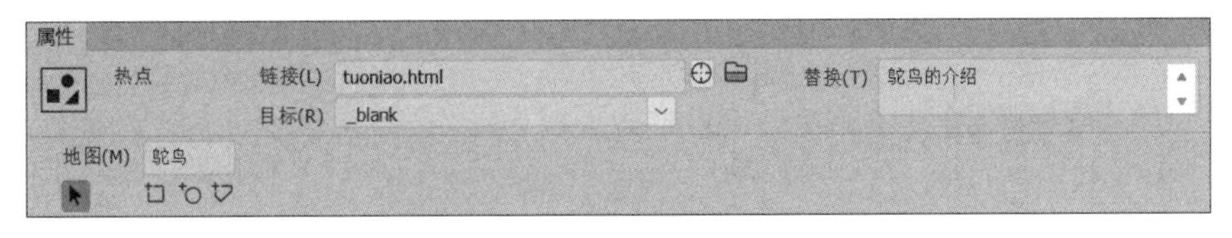

图 6-78　热点区域的“属性”面板

6.8.3 创建电子邮件链接

在网页制作中,经常会看到这样的超链接:单击链接后,会弹出电子邮件发送程序,联系人的地址已经填写好了,这就是电子邮件超链接。创建方法为:先选定要链接的图片或文字(比如:欢迎与我联系!),在“插入”面板的 HTML 选项卡中单击“电子邮件链接”按钮,或者选择“插入”|HTML|“电子邮件链接”选项,弹出“电子邮件链接”对话框,输入联系人的 E-mail 地址,单击“确定”按钮即可,如图 6-79 所示。

图 6-79 “电子邮件链接”对话框

6.8.4 创建锚记链接

锚记链接是网页中一种特殊的超链接形式。锚记是指在文档中设置一个位置标记,并给该位置设置一个名称,以便引用。通过创建的锚记可以使链接指向当前文档或不同文档中的指定位置。锚记链接常常用来实现到特定主题或者文档顶部的跳转,使浏览者能够快速浏览选定的位置,加快信息检索速度。

创建锚记链接可分为两步:首先创建命名锚记,然后创建指向命名锚记的链接。具体操作步骤如下。

(1) 打开一个内容较长的网页,如图 6-80 所示;将光标置于文档中“唯品会”文本的前面(文档中需要设置锚记的地方),在“属性”面板中设置锚点位置标签的 ID 值,如设置标题标签的 ID 值为 w,如图 6-81 所示。

图 6-80 打开的原始文件

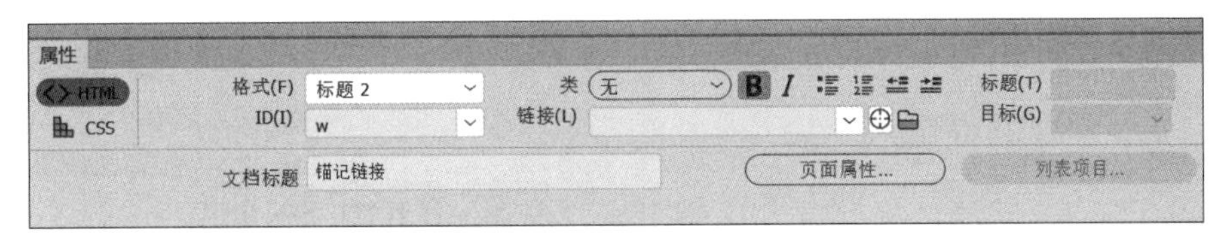

图 6-81 设置锚记的 ID

(2) 在编辑窗口中选中或插入要链接到锚点的文字、图像等对象，如图 6-82 所示。

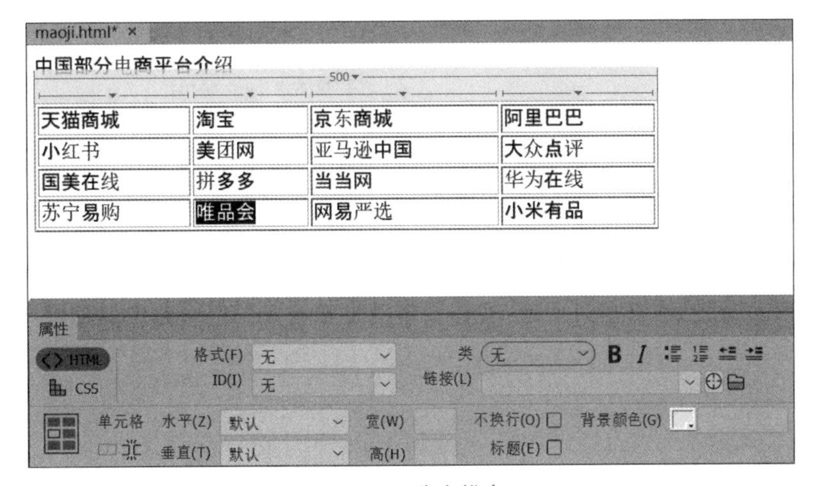

图 6-82 选中锚点

(3) 在“属性”面板的“链接”文本框中输入“＃＋锚点名称”，如输入“＃w”，如图 6-83 所示。

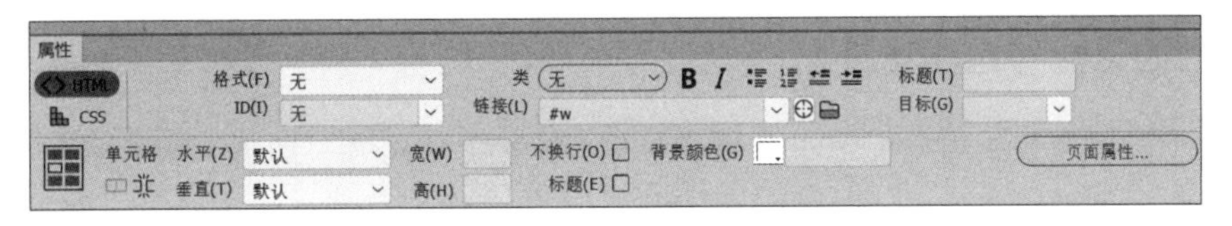

图 6-83 设置锚点链接

(4) 如果需要，可以为其他几个文本都建立锚记链接，保存并预览，单击锚记链接，如图 6-84 所示，很容易找到所需内容，如图 6-85 所示。

注意：锚记链接不仅可以链接当前文档中的内容，还可以链接外部文档中的内容，方法是文档的 URL＋文档名＋“＃”＋锚记名称；如果创建的锚记链接属于一个外部的网页文档，则可以将其链接的目标设置为“_blank”。

6.8.5 创建空链接

空链接是一种特殊的链接，它实际上并没有指定具体的链接目标，创建空链接的步骤如下。

(1) 在文档编辑窗口中选择需要设置链接的文本、图像或其他对象。

(2) 在“属性”面板的“链接”文本框中输入“＃”，如图 6-86 所示。

图 6-84　单击锚记链接

图 6-85　快速找到指定内容

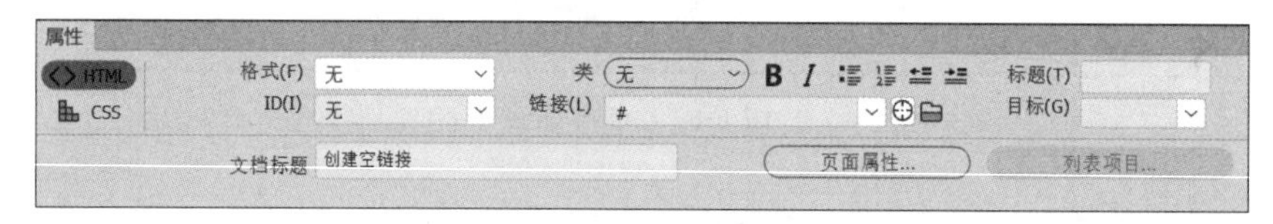

图 6-86　设置空链接

6.8.6　创建鼠标经过图像

鼠标经过图像是指当光标经过一幅图像时，图像会变成另一图像。鼠标经过的图像实际上是由两张图像组成的，一张称为原始图像，另一张称为鼠标经过图像。一般来说，原始图像和鼠标经过图像的尺寸必须相同，如果图像的大小不同，则 Dreamweaver 会自动调整鼠标经过图像的大小，使之与原始图像匹配。建立鼠标经过图像的操作步骤如下。

(1) 在文档编辑窗口中将光标置于需要添加光标经过图像的位置。选择“插入”|HTML|“鼠标经过图像”选项，在“插入鼠标经过图像”对话框中分别单击“原始图像”和“鼠标经过图像”文本框右侧的“浏览”按钮，设置图像路径；在“替换文本”文本框中可设置替换文字；在“按下时，前往的 URL”文本框中设置跳转的网页文件路径，当浏览者单击图像时会打开此网页。设置如图 6-87 所示。

(2) 单击“确定”按钮，按 F12 键预览网页，没有移动光标之前的效果如图 6-88 所示，光标移到图片上的效果如图 6-89 所示。

实际上，鼠标经过图像功能是通过“交换图像”和“回复交换图像”两个行为实现的。

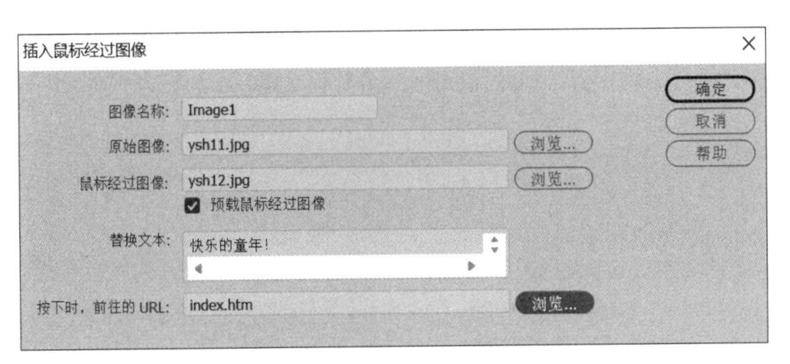

图 6-87　“插入鼠标经过图像”对话框

图 6-88　光标未移动前的效果

图 6-89　光标移到图片上的效果

6.8.7　检查与修复链接

对于一个网站来说,通常包含大量的超链接,使用 Dreamweaver 的检查与修复链接功能可对网站中所有页面的超链接进行检查,报告网页中断掉的链接并进行修复。具体操作步骤如下。

(1) 选择“窗口”|“结果”|“链接检查器”选项,打开“链接检查器”面板,如图 6-90 所示。

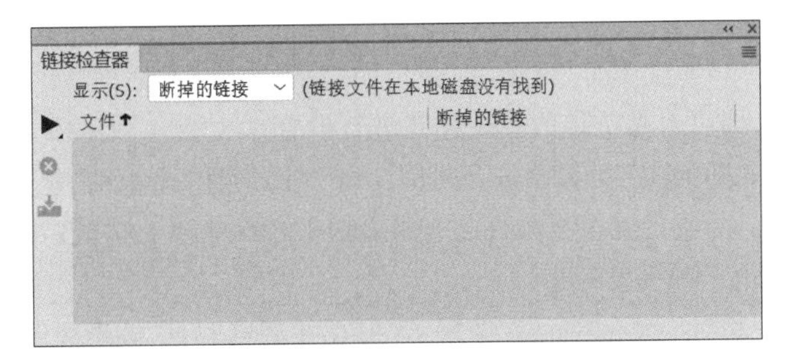

图 6-90　“链接检查器”面板

(2) 在面板中设置“显示”为“断掉的链接”,单击面板左侧的▶按钮,在弹出的下拉菜单中选择“检查当前文档中的链接”选项,面板中就会显示断掉的链接,如图6-91所示。

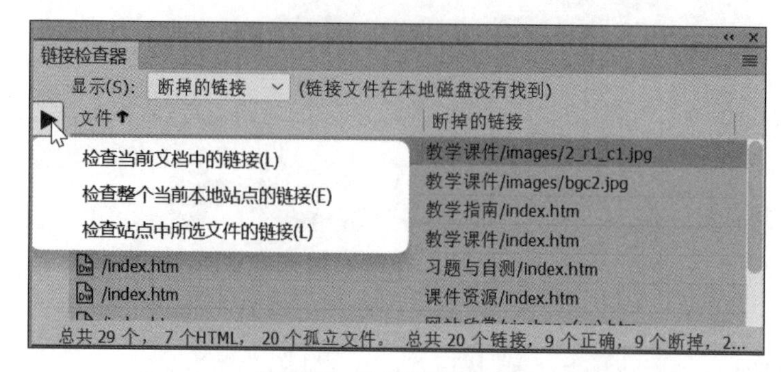

图 6-91 检查断掉的链接

(3) 单击文件名即可对断掉的链接进行修改;此外,在“显示”中还可以选择“外部链接”“孤立的文件”选项进行相关的检查和修复。

6.8.8 创建添加超链接的页面的实例

在6.7.4节的图文并茂的网页的基础上添加一些超链接。

(1) 打开6.7.4节做好的页面,选中要添加超链接的文字“首页”,在“属性”面板的“链接”文本框中输入要链接的页面,如图6-92所示;用同样的方法为导航栏中的其他栏目添加超链接,添加超链接后的效果如图6-93所示。

图 6-92 超链接的“属性”面板

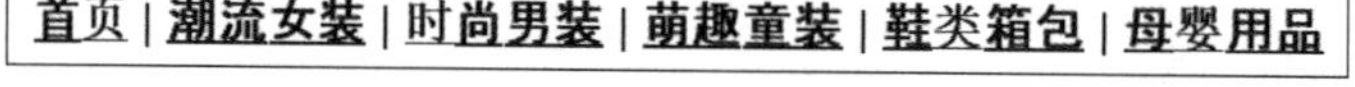

首页 | 潮流女装 | 时尚男装 | 萌趣童装 | 鞋类箱包 | 母婴用品

图 6-93 添加超链接后的效果

(2) 选择“文件”|“页面属性”选项,在弹出的“页面属性”对话框中选择“链接(CSS)”选项,如图6-94所示,即可对超链接的相关样式进行设置。

(3) 选中页面底部的文字abcdefgh@163.com,将“属性”面板的“链接”设置为mailto:abcdefgh@163.com,为它设置电子邮件超链接,如图6-95所示,这样在浏览网页时,单击电子邮件链接将弹出电子邮件发送窗口。

(4) 这样,一个相对完整的网页就做好了,保存并浏览网页,效果如图6-96所示。

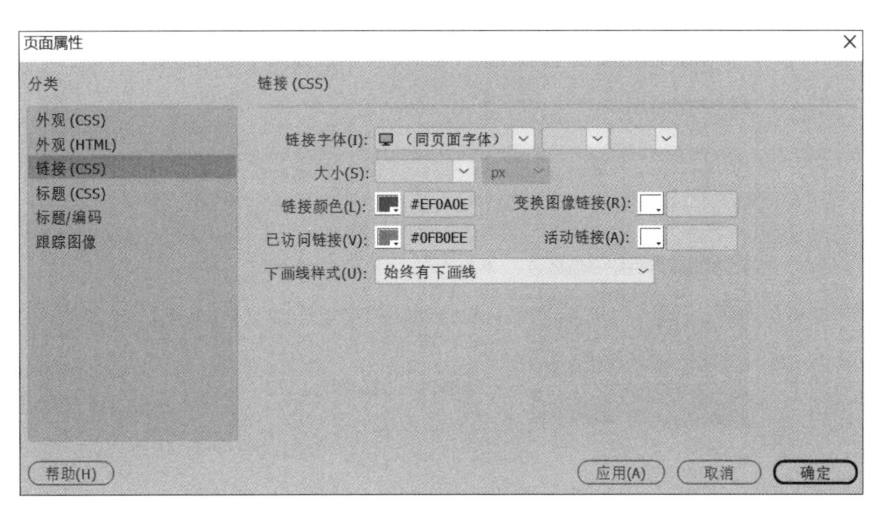

图 6-94 “页面属性”对话框

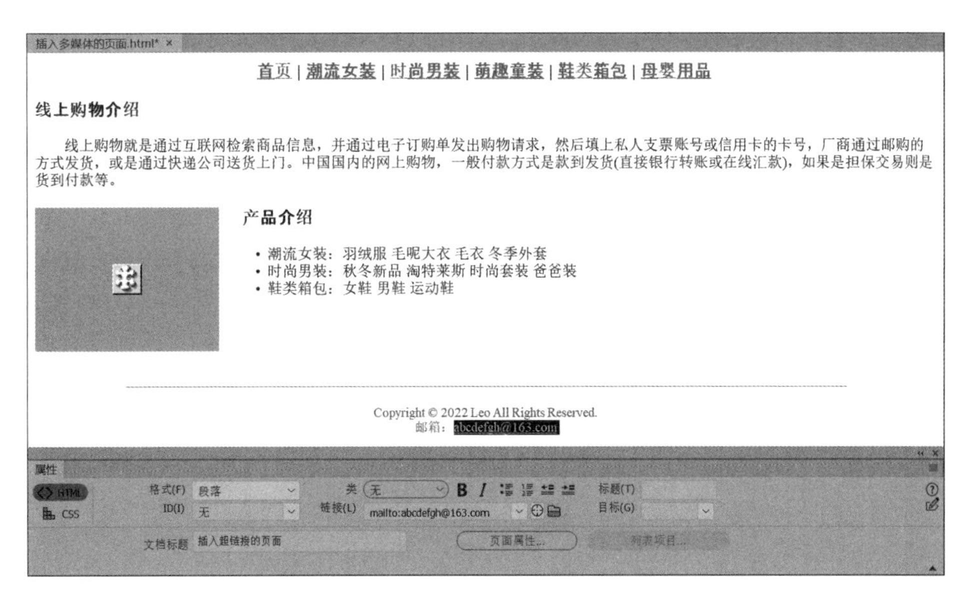

图 6-95 设置电子邮件超链接

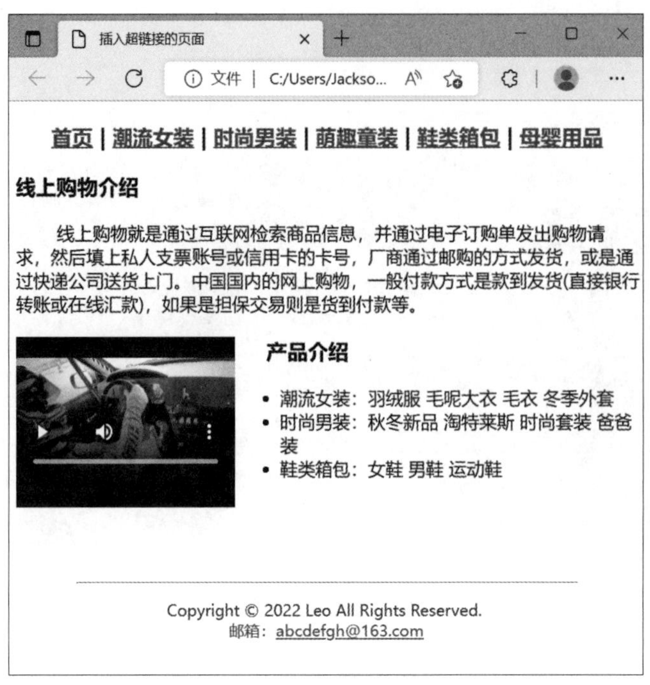

图 6-96　添加超链接后的页面效果

6.9 表格的使用

表格是网页设计中非常有用的工具，它能以简洁明了和高效快捷的方式将图片、文本、数据和表单等元素有序地显示在页面上；使用表格排版的页面在不同平台、不同分辨率的浏览器中都能保持其原有的布局，所以表格是网页中常用的排版方式。

6.9.1 创建表格

创建表格的步骤如下。

(1) 运行 Dreamweaver CC 2019，新建一个 HTML 文档。

(2) 将光标定位在需要插入表格的位置，选择“插入”|Table 选项，或者在“插入”面板的 HTML 选项卡中单击 Table 按钮，弹出 Table 对话框，如图 6-97 所示。

Table 对话框中的各选项及其作用如表 6-8 所示。

表 6-8　Table 对话框中的各选项及其作用

选　项	作　用
行数	指定表格行的数目
列	指定表格列的数目
表格宽度	以像素或百分比为单位指定表格的宽度
边框粗细	以像素为单位指定表格边框的宽度
单元格边距	指定单元格边框与单元格内容之间的像素值

续表

选　项		作　　用
单元格间距		指定相邻单元格之间的像素值
标题	无	对表格不启用行或列标题
	左	将表格的第一列作为标题列
	顶部	将表格的第一行作为标题行
	两者	在表格中输入行、列标题
标题		提供显示在表格外的表格标题
摘要		输入表格的说明

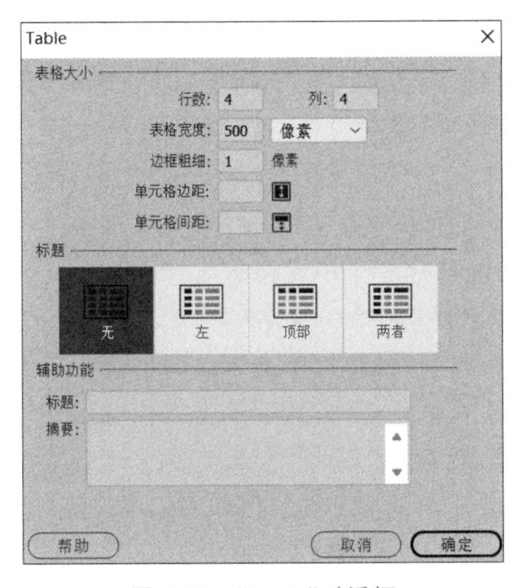

图 6-97　“Table”对话框

(3) 在 Table 对话框中将“行数”设置为 6,“列”设置为 4,“表格宽度”设置为 500 像素,“边框粗细”设置为 1,单击“确定”按钮即可插入表格,如图 6-98 所示。

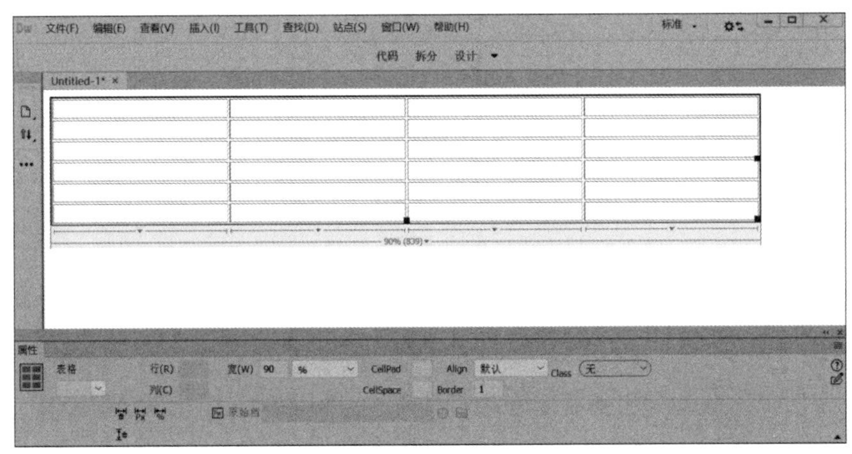

图 6-98　插入一张表格

6.9.2 选择表格元素

要对表格、行、列、单元格属性进行操作，首先要选择它们。

1. 选择整个表格

可以通过以下几种方法选择整个表格。

- 将光标移动到表格的左上角、上边框或者下边框的任意位置，当光标变成表格网格图标时，或者将光标移到行和列的边框时，单击即可选择整个表格。
- 将光标置于表格内的任意位置，单击文档窗口左下角的<table>标记。

2. 选择行或列

可以通过以下几种方法选择行中所有的连续单元格或者列中所有的连续单元格。

- 将光标移动到行的最左端或列的最上端，当光标变为向右或向下的黑箭头➡⬇时，单击即可选择单个行或列。
- 按住左键不放从左至右或者从上至下拖曳，即可选中相应的行或列，通过这种方法也可以选择多个连续的行或列。

3. 选择单元格

可以通过以下几种方法选择单个单元格。

- 按住左键并拖曳，可以选择一个单元格。
- 按住 Ctrl 键，然后单击要选中的单元格。
- 将光标放置在要选择的单元格中，单击 3 次即可选中单元格。
- 将光标放置在要选择的单元格中，然后单击文档窗口左下角的<td>标记。

4. 选择不相邻的单元格、行与列

选择不相邻的行、列或单元格的方法是：按住 Ctrl 键，单击要选择的行、列或单元格。

6.9.3 表格的属性设置

1. 设置表格的属性

选中表格后，在表格的"属性"面板中可以设置表格的属性，如图 6-99 所示。

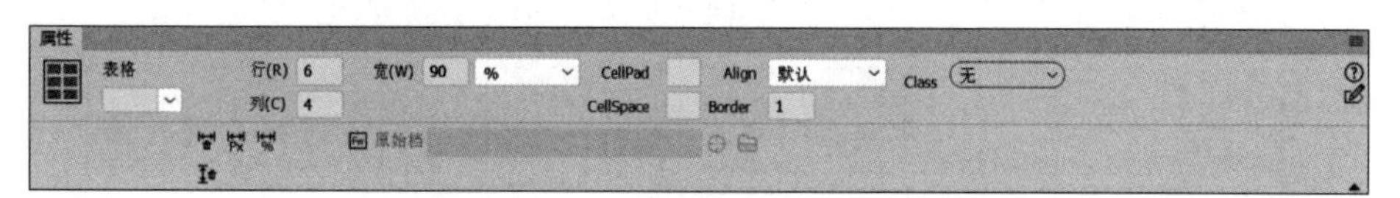

图 6-99 表格的"属性"面板

表格的"属性"面板中的各选项及其作用如表 6-9 所示。

表 6-9 表格"属性"面板中的各选项及其作用

选 项	作 用
表格	设置表格的名称，便于 CSS 控制表格样式
行和列	设置表格中行和列的数目
宽	设置表格的宽度

续表

选 项	作 用
CellPad	单元格内容和单元格边框之间的像素数
CellSpace	相邻的单元格之间的像素数
Align	表格在页面中相对于同一段落其他元素的显示位置
Border	设置表格边框的宽度
Class	设置表格样式
“清除列宽”按钮	从表格中删除所有明确指定的列宽的数值
“清除行高”按钮	从表格中删除所有明确指定的行高的数值
“将表格宽度转换成像素”	将表格每列宽度的单位转换为像素，还可将表格宽度的单位转换为像素
“将表格宽度转换成百分比”	将表格每列宽度的单位转换为百分比，还可将表格宽度的单位转换为百分比

2. 设置单元格属性

选中单元格后，在单元格的“属性”面板中可以设置单元格的属性，如图 6-100 所示。

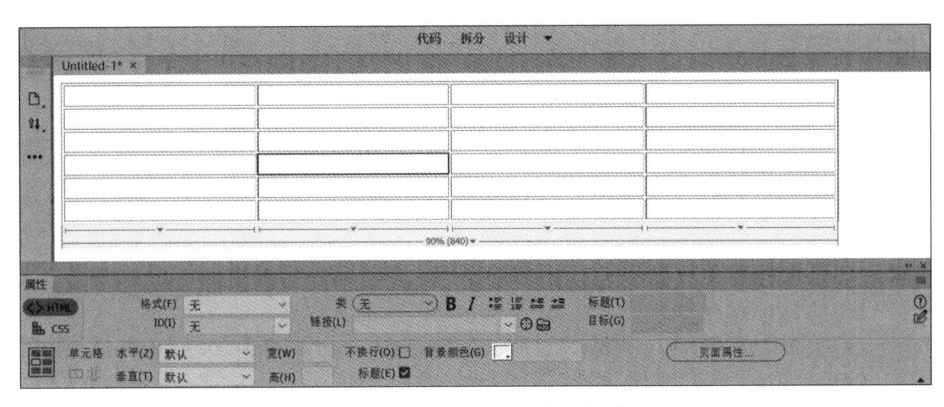

图 6-100 单元格的“属性”面板

单元格的“属性”面板中的各选项及其作用如表 6-10 所示。

表 6-10 单元格“属性”面板中的各选项及其作用

选 项	作 用
“合并所选单元格，使用跨度”按钮	将选定的多个单元格、选定的行或列的单元格合并成一个单元格
“拆分单元格为行或列”按钮	将选定的一个单元格拆分成多个单元格。一次只能对一个单元格进行拆分，若选择多个单元格，则按钮禁用
水平	设置单元格中内容的水平对齐方式，包含“默认”“左对齐”“居中对齐”和“右对齐”
垂直	设置单元格中内容的垂直对齐方式，包含“默认”“顶端”“居中”“底部”和“基线”

续表

选　项	作　　用
宽和高	以像素为单位设置单元格的宽度与高度
不换行	设置单元格文本是否换行。如果选择"不换行"选项,则当输入的数据超出单元格的宽度时,会自动增加单元格的宽度以容纳数据
标题	设置是否将行或列的每个单元格的格式设置为表格标题单元格的格式
背景颜色	设置单元格的背景颜色

6.9.4　表格的基本操作

1. 调整表格和单元格的大小

1) 调整表格的大小

选择整个表格后,在表格的右边框、下边框和右下角会出现3个控制点,如图6-101所示。通过拖曳这些控制点可以使表格横向、纵向或者整体放大、缩小。

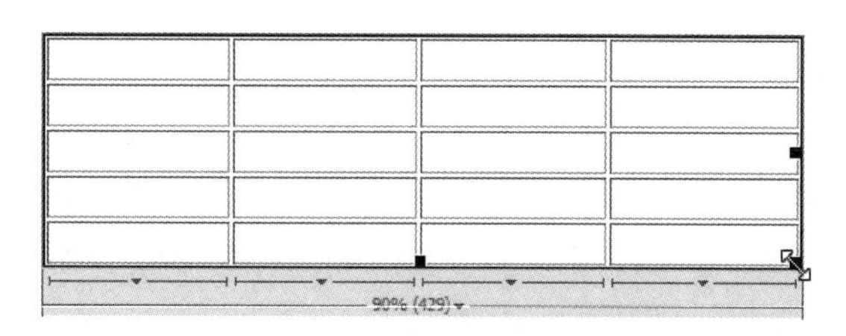

图6-101　调整表格大小

2) 调整单元格的大小

除了可以在单元格的"属性"面板中调整行或列的大小外,还可以通过拖曳的方式调整其大小。将光标移动到单元格的边框上,当光标变成左右箭头或者上下箭头时,如图6-102所示,单击并横向或纵向拖曳即可改变行或列的大小。

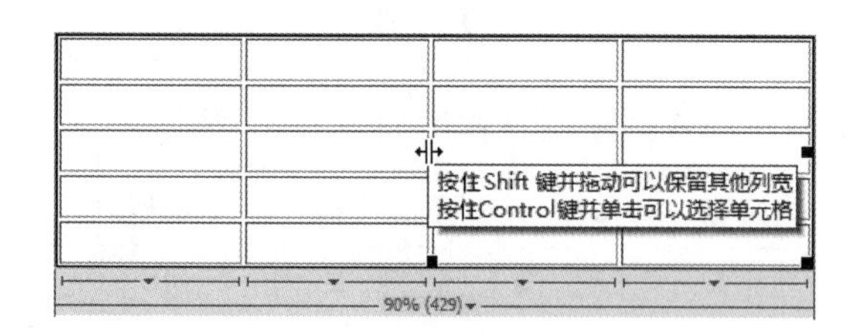

图6-102　调整单元格的大小

2. 增加、删除行或列

1) 插入单行或单列

(1) 插入单行。

① 选择"编辑"|"表格"|"插入行"选项,在所选单元格的上面插入一行。

② 按Ctrl+M组合键,在所选单元格的上面插入一行。

③ 在所选单元格内右击，在弹出的菜单中选择“表格”|“插入行”选项，在所选单元格的上面插入一行。

（2）插入单列。

① 选择“编辑”|“表格”|“插入列”选项，在所选单元格的左侧插入一列。

② 按 Ctrl＋Shift＋A 组合键，在所选单元格的左侧插入一列。

③ 在所选单元格内右击，在弹出的菜单中选择“表格”|“插入列”选项，在所选单元格的左侧插入一列。

2）插入多行或多列

选中一个单元格，选择“编辑”|“表格”|“插入行或列”选项，弹出“插入行或列”对话框。根据需要在对话框中进行设置，可实现在当前行的上面或下面插入多行，如图 6-103 所示；或在当前列的左侧或右侧插入多列，如图 6-104 所示。

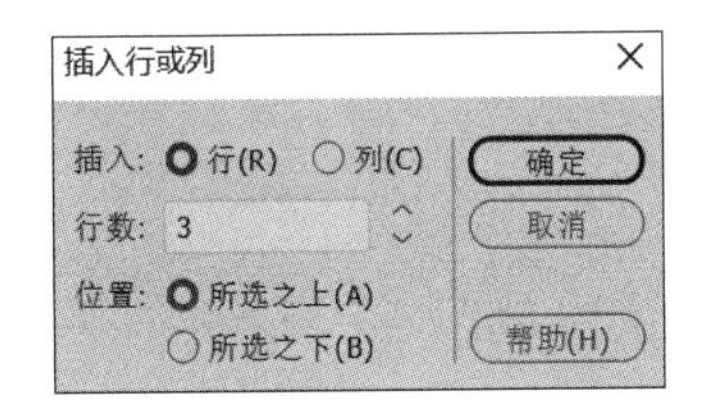

图 6-103　插入多行

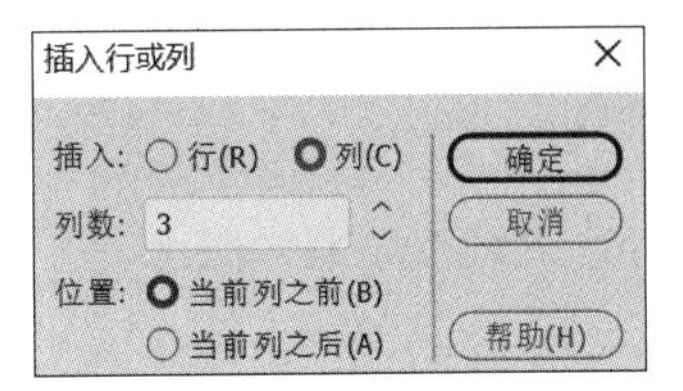

图 6-104　插入多列

3）删除行或列

如果想要删除表格中的某行或某列，可以将光标置于该行或列的某个单元格中，选择“编辑”|“表格”|“删除行”或“删除列”选项即可。

3. 拆分、合并单元格

在应用表格时，有时需要对单元格进行拆分与合并。实际上，不规则的表格是由规则的表格拆分或合并而成的。下面通过一个例子介绍单元格的拆分与合并。

（1）运行 Dreamweaver CC 2019，新建一个 HTML 文档，插入一个 2×2 的表格，如图 6-105 所示。

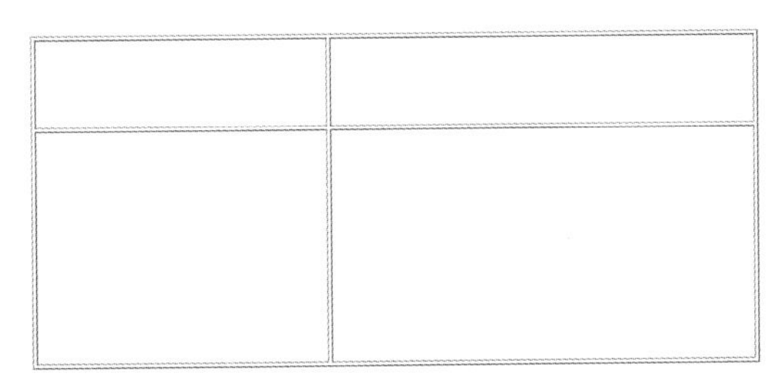

图 6-105　插入表格

（2）选中表格左边的两个单元格，然后单击“属性”面板上的“合并单元格”按钮，可以将左边的两个单元格合并成一个单元格，如图 6-106 所示。

（3）将光标置于右上方的单元格中，单击“属性”面板上的“拆分单元格”按钮，弹出“拆分单元格”对话框，如图 6-107 所示，将其拆分为左右两列，拆分后的效果如图 6-108 所示。

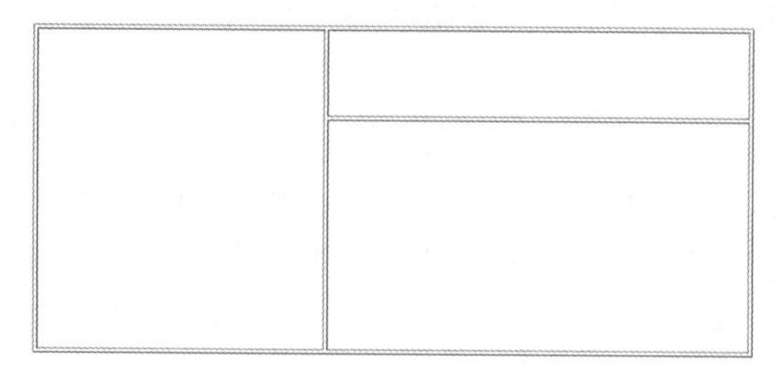

图 6-106 合并单元格

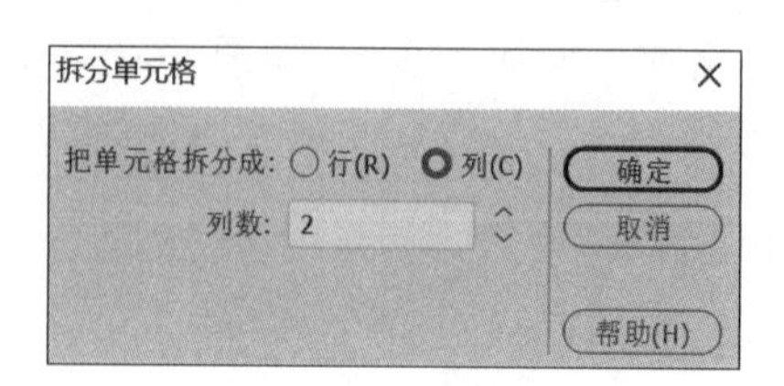

图 6-107 “拆分单元格”对话框

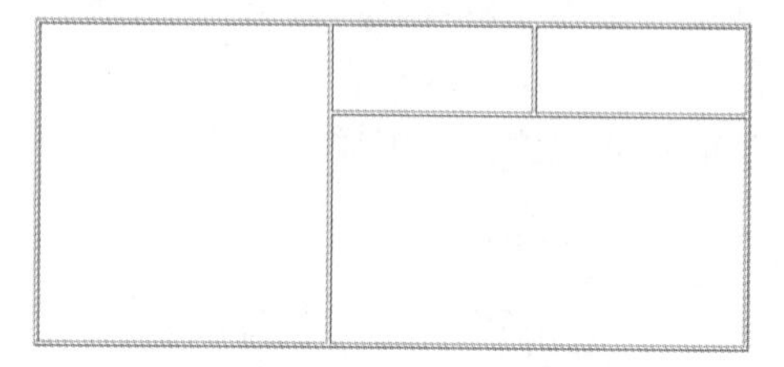

图 6-108 拆分后的效果

(4) 在表格的相应位置插入文本和图像,最终效果如图 6-109 所示。

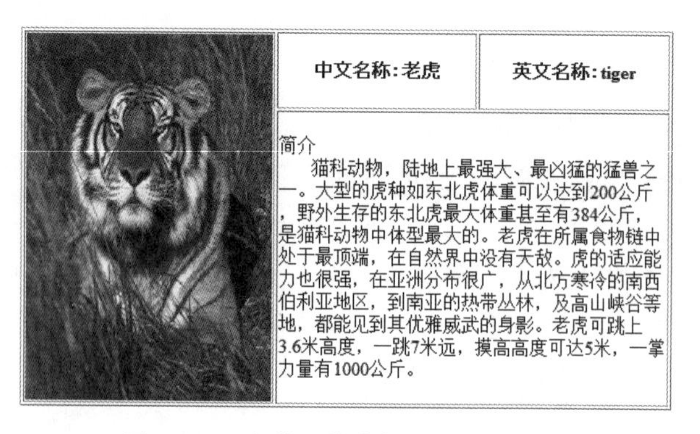

图 6-109 在单元格中插入文字和图像

4. 插入嵌套表格

表格中还有表格即为嵌套表格。网页的排版有时会很复杂,在外部需要一个表格控制总体布局,如果内部排版的细节也通过总表格实现,则容易引起行高、列宽等的冲突,给表格的制作带来困难。其次,浏览器在解析网页时要将整个网页的结构下载完毕才能显示表格,如果不使用嵌套,一旦表格非常复杂,浏览者就要等待很长时间才能看到网页内容。

引入嵌套表格,由总表格负责整体排版,由嵌套的表格负责各个子栏目的排版,并插入总表格的相应位置,各司其职,互不冲突。另外,通过嵌套表格,利用表格的背景图像、边框、单元格间距和单元格边距等属性可以得到漂亮的边框效果,制作出精美的网页。

创建嵌套表格的操作方法是:先插入总表格,然后将光标置于要插入嵌套表格的地方,继续插入表格即可,如图 6-110 所示。

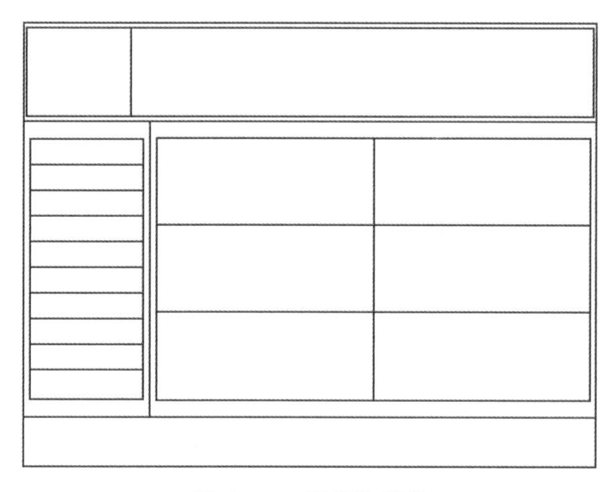

图 6-110　表格的嵌套

6.9.5　表格运用的实例

下面是运用表格制作个人简历的例子。

(1) 运行 Dreamweaver CC 2019，新建一个 HTML 文档，设置页面属性中的左边距和上边距为 0；插入一个 15 行 7 列的表格，宽设为 700，边框设为 1，单元格边距和单元格间距均设为 0，设置如图 6-111 所示。

(2) 在"属性"面板中设置每行的行高为 40，设置第 1、3、5 列的列宽为 70，第 2、4、6 列的列宽为 125，并将表格的对齐方式设为居中对齐，设置后的表格如图 6-112 所示。

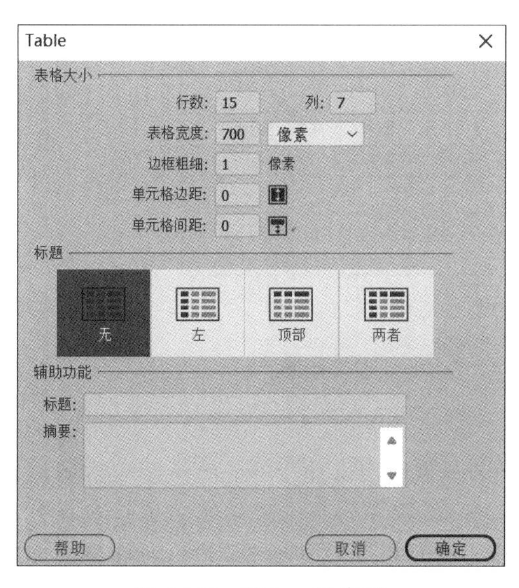

图 6-111　插入一张表格

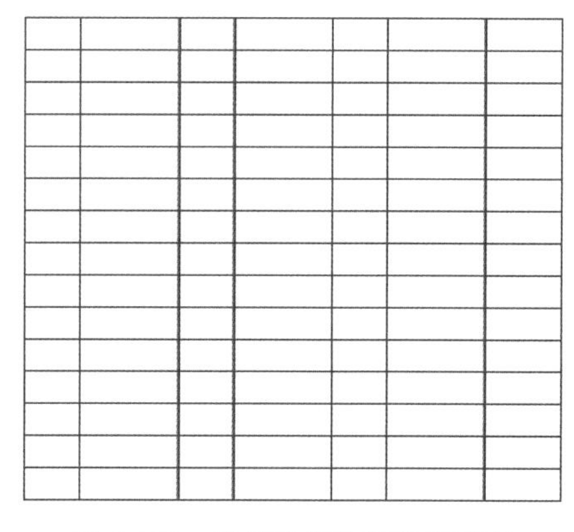

图 6-112　设置表格的行高和列宽

(3) 合并相关的单元格，并将第 5、9、14 行单元格的背景颜色设为 FFFF99，设置后的效果如图 6-113 所示。

(4) 选中所有的单元格，在"属性"面板中将水平对齐方式设置为居中对齐，向表格输入

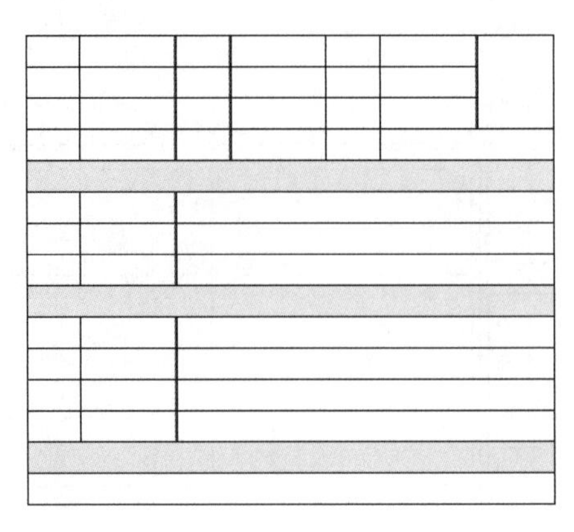

图 6-113　合并单元格并设置背景颜色

内容,最终的表格效果如图 6-114 所示。

姓名	张三	性别	男	出生年月	1988-01-01	
籍贯	**省**市	民族	汉	政治面目	党员	
学历	本科	专业	信息管理与信息系统	身高	175cm	
英语等级	六级	计算机等级	三级网络	联系电话	1827091****	
学习或工作经历						
时间	单位		经历			
2009	**公司南昌分部		实习两个月			
2006-2010	**大学		就读于信息管理与信息系统专业			
奖惩情况						
时间	单位		经历			
2006-2010	**大学		分别获得**大学优秀学生奖学金特等奖3次、一等奖2次			
2006-2010	**大学		分别获得**大学"学习标兵"称号1次、"优秀学生干部"2次			
2010	**大学		获得**大学"优秀毕业生"称号			
自我评价						
本人有良好的团队精神和组织管理能力,善于沟通人际关系,吃苦耐劳,有良好的身体素质和适应环境的能力。						

图 6-114　表格的最终效果

6.9.6　表格的布局功能

在 Dreamweaver 中,表格的作用不仅是安放网页元素和记载资料,还是网页排版的灵魂,是页面布局的重要方法,它可以将网页中的文本、图像等内容有效地组合成符合设计效果的页面。表格布局的操作过程一般是先根据设计的效果图制作表格,然后向表格中添加内容。下面通过一个例子讲解利用表格布局设计网页的基本方法。

1. 设计结构图

根据预想的效果图进行切割,得到网页设计的结构图。例如根据图 6-115 所示的"蝴蝶的天空"网页的效果图进行分析,得到该网页的布局结构如图 6-116 所示。

图 6-115 “蝴蝶的天空”网页效果图

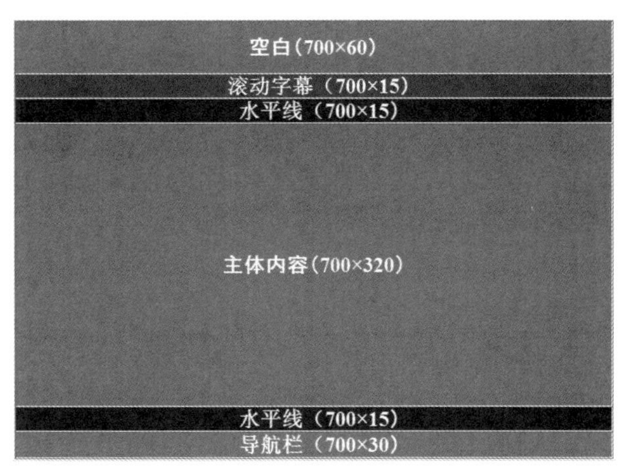

图 6-116 “蝴蝶的天空”网页布局结构图

2. 建立页面，使用表格布局

(1) 运行 Dreamweaver CC 2019，新建一个 HTML 文档，设置页面属性的上下左右边距均为 0。

(2) 参照布局结构图插入一个 6 行 1 列的表格，宽设为 700，边框设为 1，在“属性”面板中将对齐方式设为居中对齐。

(3) 编辑各个单元格的高度，设置第 1 行的行高为 60，第 2、3、5 行的行高为 15，第 4 行的行高为 320，第 6 行的行高为 30，设置后的表格如图 6-117 所示。

图 6-117 插入表格

3. 向表格中添加元素

(1) 把光标放在第 2 行需要插入滚动字幕的地方，选择“编辑”|“快速标签编辑器”选项，在“输入 HTML”文本框中输入或选择 marquee 标

签，如图6-118所示；切换到“拆分”视图，在marquee标签内插入一段需要滚动显示的文字，设置文字的大小为2，颜色为#6666FF，加粗，如图6-119所示；滚动文字在页面中的效果如图6-120所示。

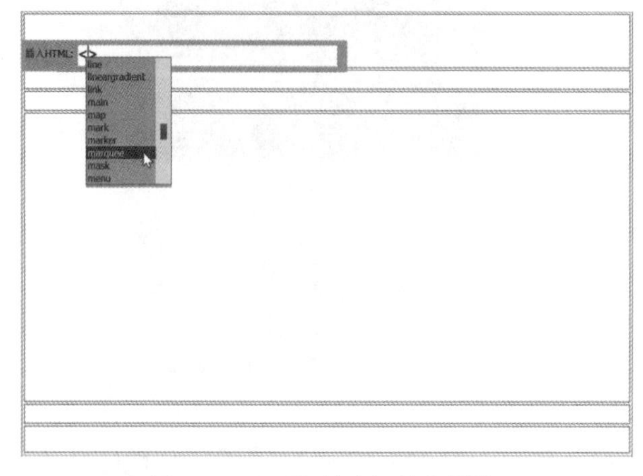

图6-118　运用“快速标签编辑器”

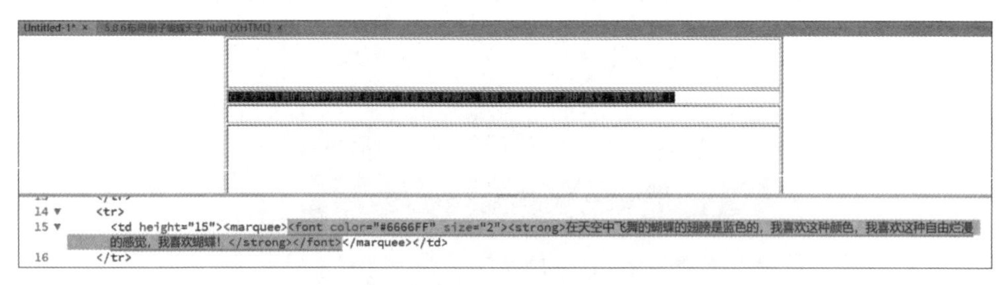

图6-119　插入滚动文字并修饰

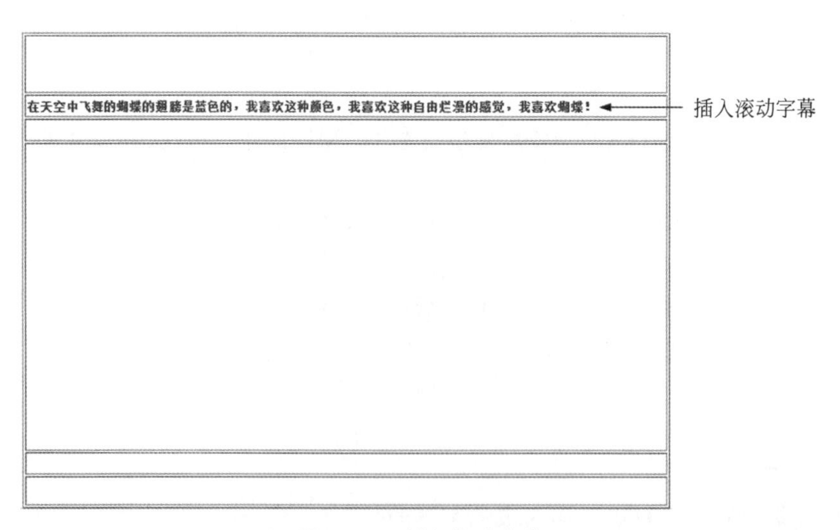

图6-120　插入滚动字幕

(2) 将光标放到第3行，选择“插入”|HTML|“水平线”选项，插入一条水平线，在“属

性”面板中设置其宽为 100%，高为 1，插入水平线后的页面如图 6-121 所示。

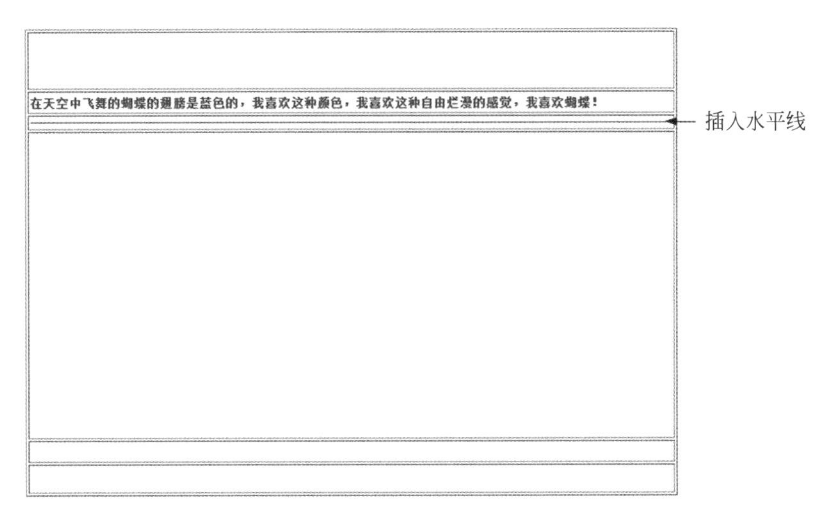

图 6-121　插入水平线

(3) 将第 4 行单元格的水平对齐方向设置为居中对齐，插入一张图片及版权声明，并为图片及文字设置必要的超链接，此时的页面如图 6-122 所示。

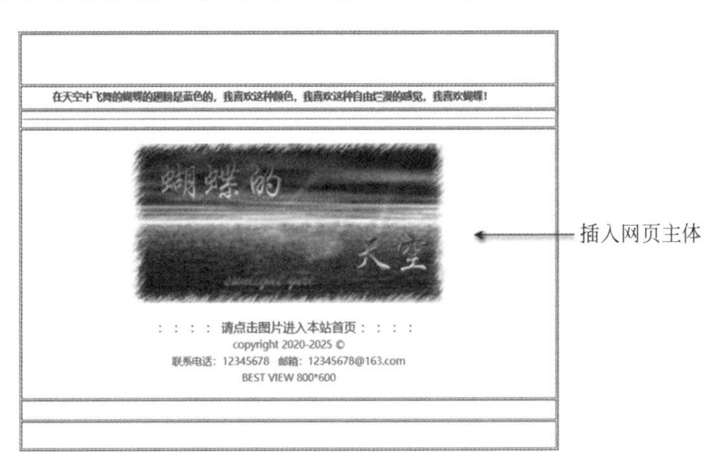

图 6-122　插入网页主体内容

(4) 将光标放到第 5 行，选择“插入”|HTML|“水平线”选项，插入一条水平线，设置其宽为 100%，高为 1，效果如图 6-123 所示。

(5) 将第 6 行单元格的水平对齐方向设置为居中对齐，在其中输入文字，并添加超链接和制作导航栏，效果如图 6-124 所示。

(6) 如果要给网页添加背景音乐，可以切换到“代码”视图，添加<bgsound>标记；选中整个表格，在“属性”面板中将表格边框设为 0，这样整个网页就制作完成了，保存并浏览，最终的效果如图 6-125 所示。

图 6-123　再插入一条水平线

图 6-124　插入导航栏

图 6-125　最终的网页效果

6.9.7　应用表格布局设计网页的实例

下面使用表格布局功能设计一个网站的首页，具体步骤如下。

(1) 针对构思的网页效果(图 6-126)进行分析，得到网页布局的结构(图 6-127)。

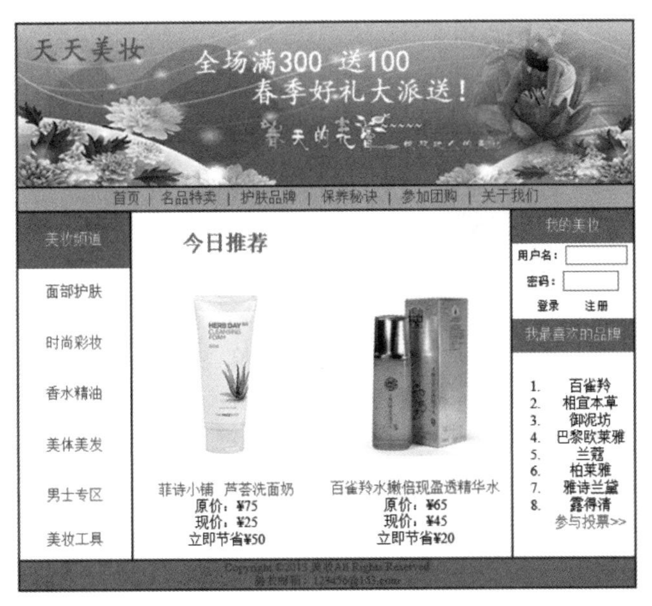

图 6-126　“天天美妆”网页效果图

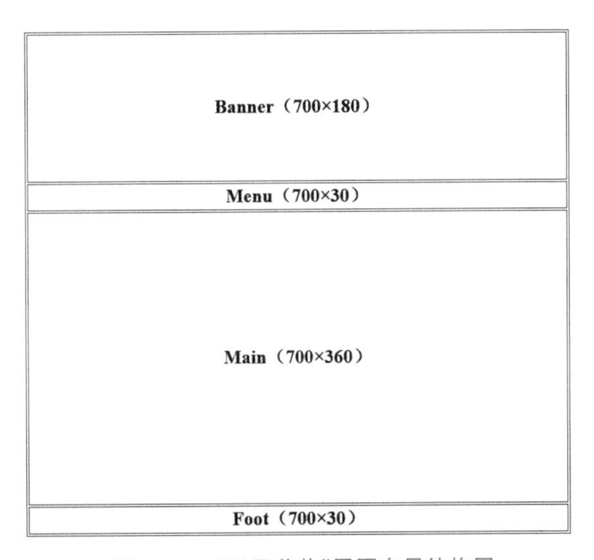

图 6-127　“天天美妆”网页布局结构图

(2) 运行 Dreamweaver CC 2019，新建一个 HTML 文档，选择“文件”|“页面属性”选项，弹出“页面属性”对话框，选择“外观(CSS)”选项，将上边距和左边距设置为 0，选择“链接(CSS)”选项，将“链接颜色”设置为＃666，“下画线样式”设置为“始终无下画线”。

(3) 插入一个 4 行 3 列的表格，宽设为 700，边框设为 1，单元格边距和单元格间距均设为0,如图6-128所示;选中表格,在表格的"属性"对话框中将对齐方式设为居中对齐,插入的表格如图6-129所示。

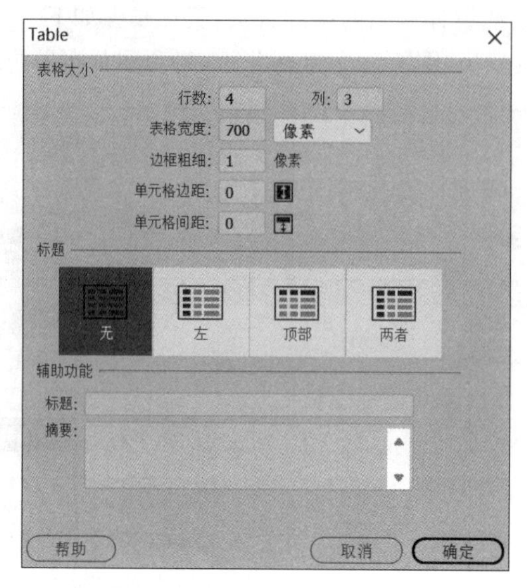

图 6-128 Table 对话框

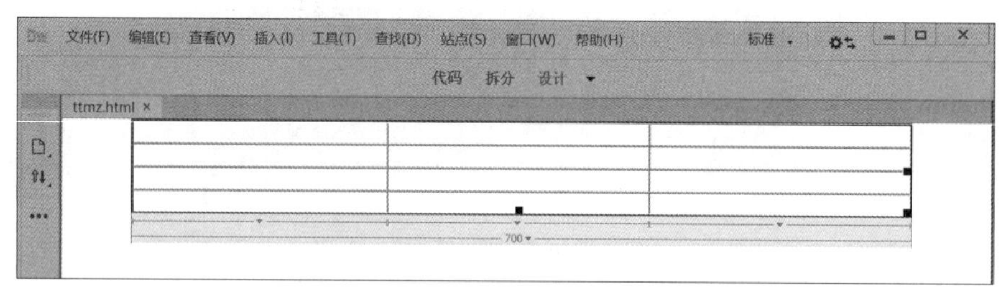

图 6-129 插入表格

(4) 合并第1行的单元格,并设置第1行的行高为180,插入banner图片;合并第2行的单元格,设置单元格的高为30,水平对齐方式设为居中对齐,背景颜色设为#B4D77D,输入文本"首页 | 名品特卖 | 护肤品牌 | 保养秘诀 | 参加团购 | 关于我们",并为它们设置相应的超链接,效果如图6-130所示。

图 6-130 表格第1行和第2行的设计

(5) 设置第3行的高为360,左边一列的宽为127,中间一列的宽为433,右边一列的宽为 140;将光标放置在第 3 行左列,在单元格“属性”面板中将“水平”设为“居中对齐”,将“垂直”设为“顶端”,插入一个 7 行 1 列的表格,表格宽度为 100%,边框设为 0,单元格间距和单元格边距均设置为 0,将第 1 行行高设为 60,其他 6 行行高均设为 50,使其均匀充满,如图 6-131 所示;选中所有的行,设置水平对齐方式为居中对齐,设置第 1 行单元格的背景颜色为#FF00FF,输入文本“美妆频道”,并设置字体颜色为#FFFFFF(白色);在其他单元格中输入相应的内容,并为它们设置超链接,如图 6-132 所示。

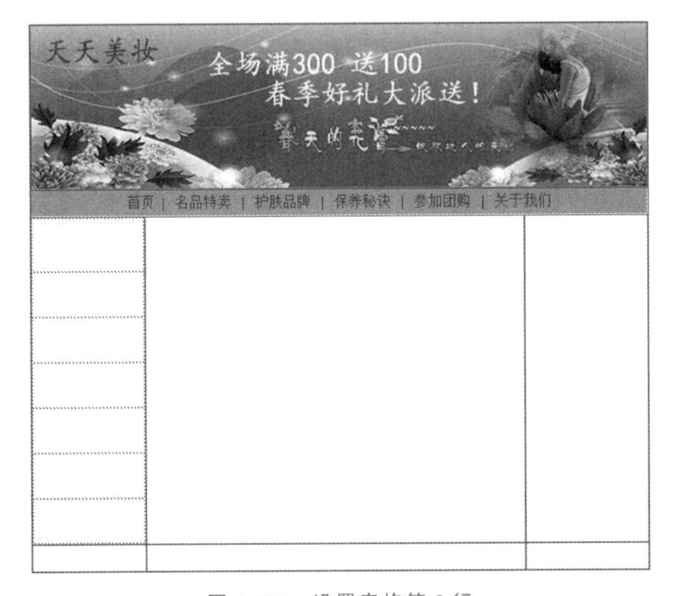

图 6-131 设置表格第 3 行

图 6-132 第 3 行左列的设计

(6) 将光标放置在第 3 行右列,在单元格的“属性”面板中将“水平”设为“居中对齐”,将“垂直”设为“顶端”,插入一个 6 行 1 列的表格,宽设为 140,边框设为 0,设置单元格间距和单元格边距设为 0;将第 1 行和第 5 行的行高设为 35,第 2、3、4 行的行高设为 27,第 6 行的行高设为 209,如图 6-133 所示。

(7) 选中第 3 行右列中嵌套表格的所有行,设置“水平”为“居中对齐”;选中第 1 行,设置背景颜色为#FF00FF,输入文本“我的美妆”,设置字体颜色为白色;在第 2 行中输入“用户名:”,设置字体大小为 2,再选择“插入”|“表单”|“文本”选项,插入表单中的文本域,在“属性”面板中将字符宽度设置为 6;在第 3 行中输入“密码:”,设置字体大小为 2,再选择“插入”|“表单”|“密码”选项,插入表单中的密码域,在“属性”面板中将字符宽度设置为 6;在第 4 行中输入“登录　注册”,设置字体大小为 2,如图 6-134 所示。

(8) 选择第 5 行,将其背景颜色设为#FF00FF,输入文本“我最喜欢的品牌”,设置字体颜色为白色;选择第 6 行,设置“水平”为“左对齐”,输入图 6-135 所示的内容,其中,将“参与投票”字体的颜色设为#FF00FF。

(9) 将光标移至中间一列,在单元格的“属性”面板中将“水平”设为“居中对齐”,将“垂直”设为“顶端”,插入一个 3 行 2 列的表格,宽设为 430,边框设为 0,设置单元格间距和单元格边距设为 0,设置第 1 行的行高为 40,第 2 行的行高为 220,第 3 行的行高为 100,如图 6-136 所示。

图 6-133　在第 3 行右列插入表格

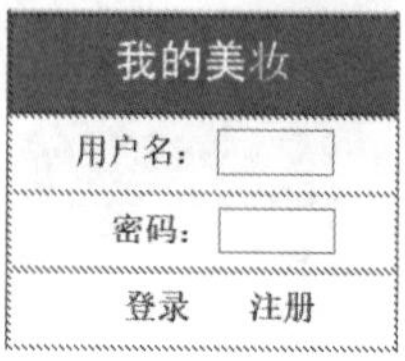

图 6-134　设计右列表格的第 1～4 行

图 6-135　设计右列表格的第 5～6 行

图 6-136　在第 3 行中插入表格

(10) 选择所有的单元格,设置“水平”为“居中对齐”;将第 1 行第 1 列和第 2 列合并,输入文本“今日推荐”,颜色设置为#FF00FF,格式为“标题 2”;选择第 2 行,在左右两列插入图片;选择第 3 行,输入相关的文字,效果如图 6-137 所示。

(11) 合并大表格的最后一行,行高设为 30,设置“水平”为“居中对齐”,背景颜色为#52A701,输入“版权声明”和“联系方式”等文字,设置字体大小为 2,颜色设为#666,如图 6-138 所示。

(12) 为网页中需要超链接的地方添加超链接,这样整个网页就做好了,最终效果如图 6-139 所示。

图 6-137　第 3 行中的商品展示

Copyright ©2013 美妆All Rights Reserved
美妆邮箱：123456@163.com

图 6-138　表格第 4 行的设计

图 6-139　网页的最终效果

6.9.8　嵌入式框架在表格中的应用

嵌入式框架(iframe)是框架的一种，它可以嵌入在网页中的任何部分，从而广泛应用于网页设计中，比如嵌在一个表格中的某个单元格内，在其他单元格建立链接可以在这个内嵌的框架中显示相应的内容,这种方式仅靠表格自身是实现不了的,嵌入式框架让表格间接地实现了框架的功能。

下面通过一个简单的例子讲解嵌入式框架在表格中的使用方法。

(1) 打开 Dreamweaver CC 2019,新建一个 HTML 文档,设置页面属性中的上下左右边距均为 0;插入一个 3 行 1 列的表格并设置其属性,如图 6-140 所示。

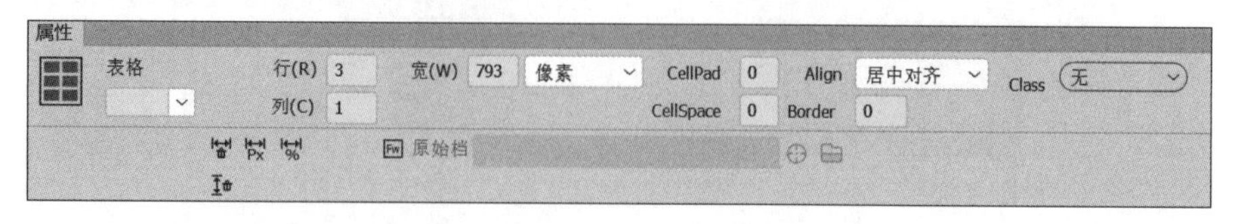

图 6-140　设置表格的属性

(2) 将表格的第 1 行单元格的水平对齐方向设为左对齐,第 2 行和第 3 行单元格的水平对齐方向设为居中对齐,给第 1 行和第 2 行输入相应的文字,如图 6-141 所示。

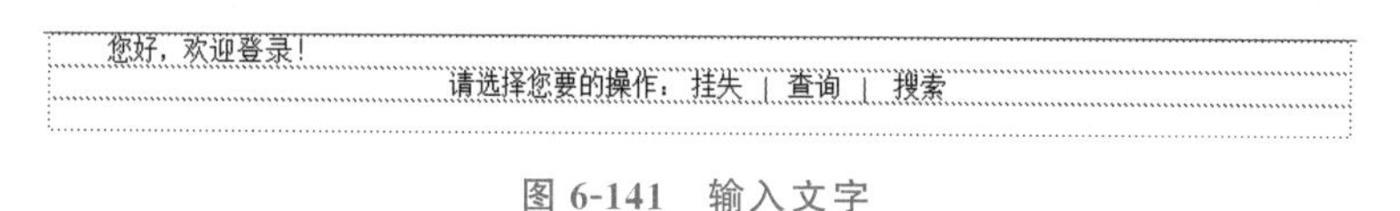

图 6-141　输入文字

(3) 将光标放到表格第 3 行的中间,选择"插入"|HTML|IFRAME 选项,插入一个嵌入式框架,如图 6-142 所示。

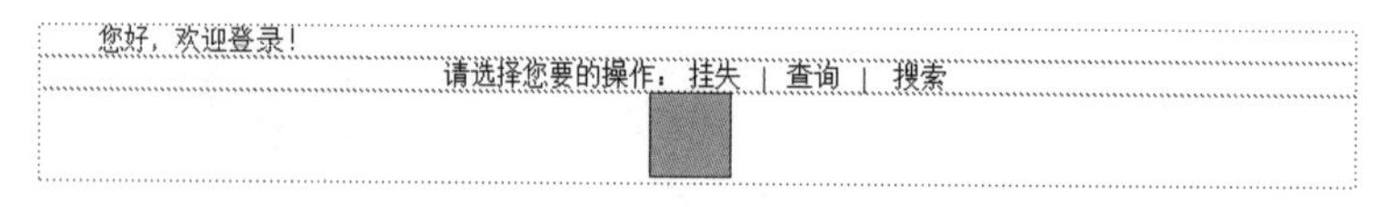

图 6-142　插入嵌入式框架

(4) 选中框架,切换到"拆分"视图,可以看到嵌入式框架的代码为<iframe></iframe>,这里主要涉及嵌入式框架的源文件、名称、宽度、高度、滚动、显示边框等参数的设置。下面先介绍<iframe>标记。格式:

```
<iframe src="file_url" name="value" width="value" height=" value" marginwidth
="value" marginheight="value" align="left/middle/right" scrolling="value"
frameborder="value">
```

属性如下。

- src:嵌入式框架中初始的网页元素的 URL 地址。
- name:嵌入式框架的名称。
- width 和 height:嵌入式框架的大小。
- marginwidth 和 marginheight:边距宽度和边距高度,即嵌入式框架和表格单元格之间的距离。
- align:嵌入式框架在表格单元格中的对齐方式。
- scrolling:当内容长度超过框架高度时是否出现滚动条,取值为 yes 或 no。

- frameborder：嵌入式框架边框的粗细，设为 0 表示不显示嵌入式框架的边框。

本例的设置如下：

```
<iframe src="image.jpg" name="kuangjia" width="793" marginwidth="0" height="733" marginheight = " 0" align = " middle " scrolling = " No " frameborder = " 0 " > </iframe>,
```

完成参数设置后保存并预览页面，可以看到嵌入式框架中初始显示的内容是图片 image，如图 6-143 所示。

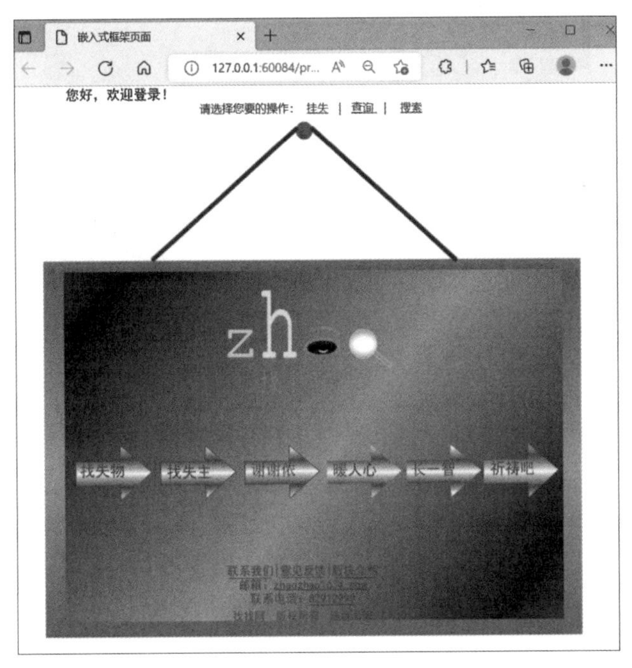

图 6-143 嵌入式框架中显示图片 image

(5) 选中第 2 行的文本“挂失”，在“属性”面板中设置超链接，并将“目标”设置为 kuangjia(前面给嵌入式框架取的名称)，如图 6-144 所示；同理，为“查询”和“搜索”设置相应的超链接，“目标”都设为 kuangjia。

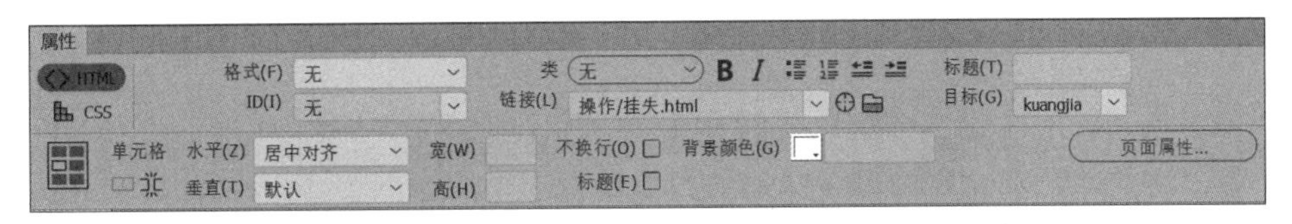

图 6-144 设置超链接

(6) 这样，一个插入嵌入式框架的例子就做好了，保存并浏览页面，单击超链接后，就会在图片的位置出现相应的网页内容，效果如图 6-145～图 6-147 所示。

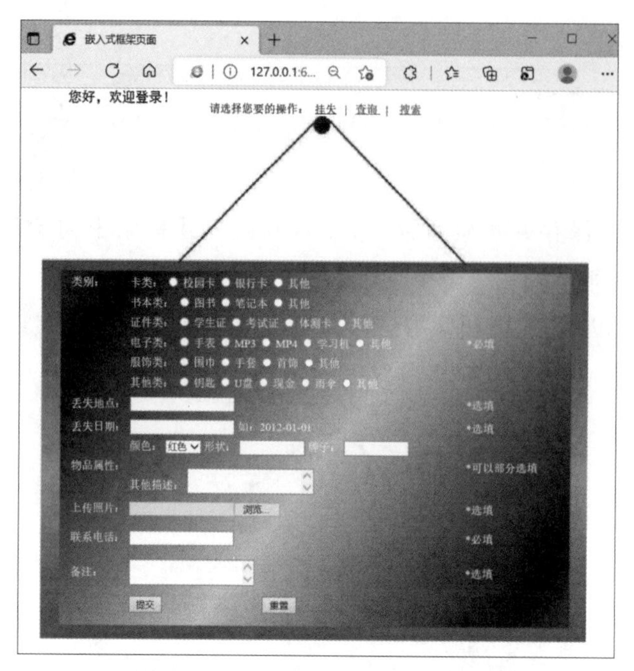

图 6-145　单击超链接“挂失”的效果

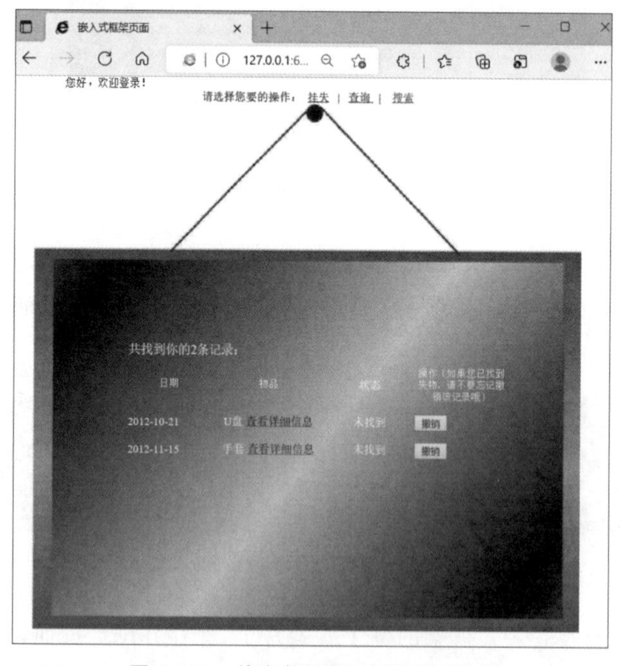

图 6-146　单击超链接“查询”的效果

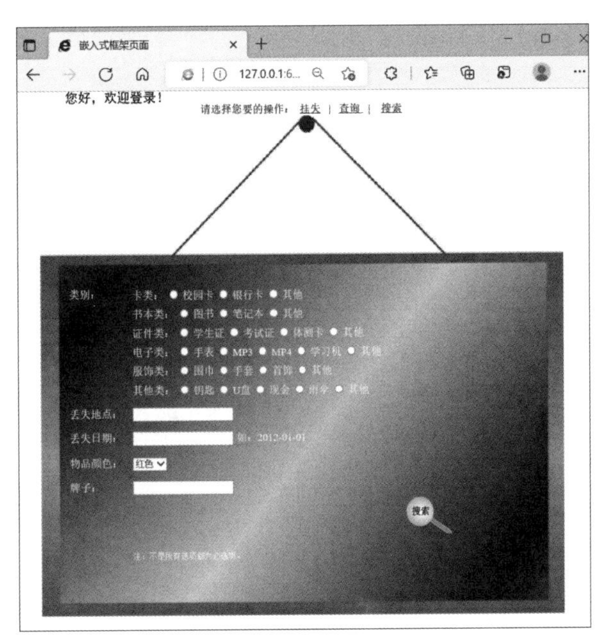

图 6-147　单击超链接“搜索”的效果

6.10　表单的使用

表单是构成动态网站必不可少的元素之一，是提供交互式操作的主要方法。通过表单，网站管理者可以与 Web 站点的访问者进行交流或从他们那里收集信息。常见的表单有搜索表单、用户登录注册表单、调查表单等。

使用表单必须具备两个条件：一个是建立含有表单元素的网页文档，另一个是具备服务器端的表单处理应用程序或者客户端的脚本程序（如 CGI、ASP、JSP、PHP 等），它能够处理用户输入到表单的信息。

6.10.1　创建表单

创建一个表单的步骤如下。

（1）将光标移到需要插入表单的位置，选择“插入”|“表单”|“表单”选项，即可插入一个表单区域，如图 6-148 所示，表单区域以红色虚线框显示，但在浏览器中是不可见的，表单元素必须插在表单之中。

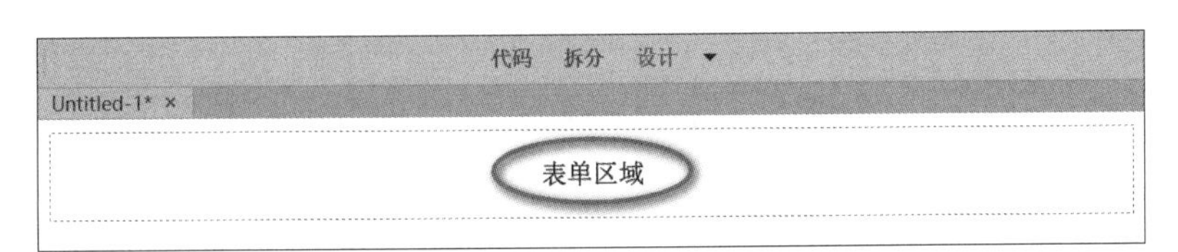

图 6-148　插入一个表单区域

(2) 插入表单后,可以在表单的“属性”面板中设置表单的属性,如图 6-149 所示。

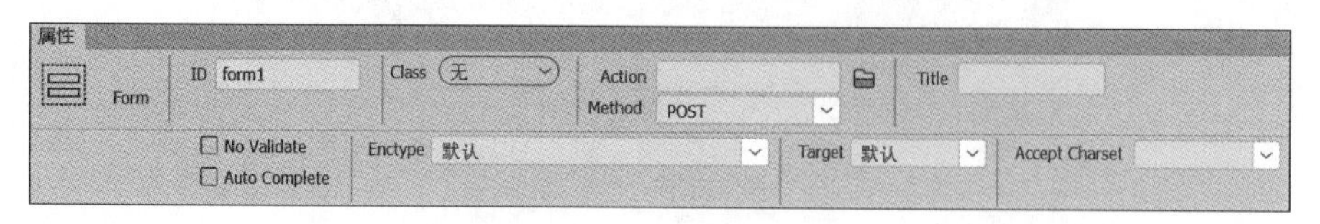

图 6-149 表单的“属性”面板

表单“属性”面板中的各选项及其作用如表 6-11 所示。

表 6-11 表单“属性”面板中的各选项及其作用

选　　项	作　　用
ID	为表单输入一个名称
Class	将 CSS 规则应用于表单
Action	识别处理表单信息的服务器端应用程序
Method	定义表单数据处理的方式,包括 3 个选项,默认:使用浏览器的默认设置将表单数据发送到服务器,通常默认方法为 GET。GET:将在 HTTP 请求中的嵌入表单数据传送给服务器。POST:将值附加到请求该页的 URL 中传给服务器
Title	设置表单域的标题名称
No Validate	该属性为 HTML5 新增的表单属性,勾选该复选项表示当前表单不对表单中的内容进行验证
Auto Complete	该属性为 HTML5 新增的表单属性,勾选该复选项表示启用表单的自动完成功能
Enctype	设置发送数据,共有 2 个选项,分别为 application/x-www-form-urlencoded 和 multipart/form-data,默认的编码类型是前者,它通常和 POST 方法协同使用。如果表单中包含文件上传域,则应该选择后者
Target	指定一个窗口,在该窗口中显示调用程序返回的数据
Accept Charset	设置服务器表单数据接受的字符集,在该选项的下拉列表中共有 3 个选项,分别为“默认”、UTF-8 和 ISO-8859-1

6.10.2 添加表单元素

使用 Dreamweaver CC 2019 可以创建各种表单元素,有文本域、按钮、图像域、复选框、单选按钮、选择(列表/菜单)、文件域、隐藏域及跳转菜单等。“插入”面板的“表单”类别中列出了所有表单元素,如图 6-150 所示。

下面介绍一些常见的表单元素。

1. 文本域

制作网页时,通常使用表单的文本域接收用户输入的信息,文本域包括单行文本域、密码文本域、多行文本域。

1) 单行文本域

将光标置于要插入文本域的位置,单击“插入”面板的“表单”选项卡中的“文本”按钮,或者选择“插入”|“表单”|“文本”选项,即可插入一个单行文本域。在单行文本域的“属性”面

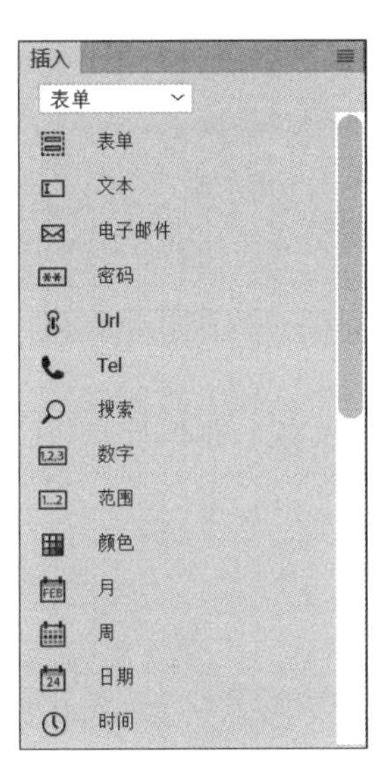

图 6-150　“插入”面板中的表单对象

板上可以对其进行设置，如图 6-151 所示。

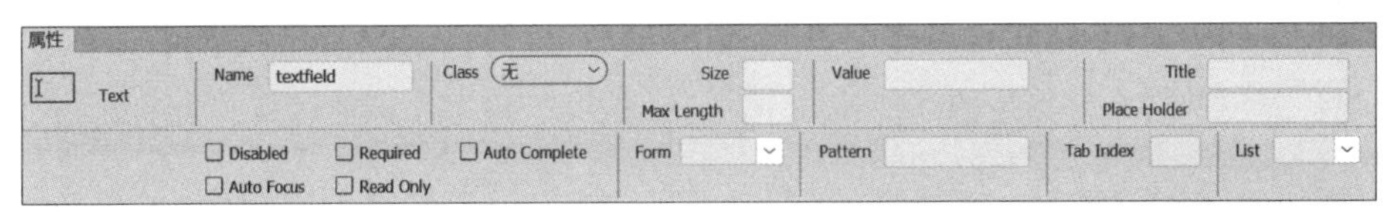

图 6-151　单行文本域的“属性”面板

单行文本域“属性”面板中的各选项及其作用如表 6-12 所示。

表 6-12　单行文本域“属性”面板中的各选项及其作用

选　项	作　　用
Name	设置文本域的名称
Class	将 CSS 规则应用于表单
Size	设置文本域中最大显示的字符数
Max Length	设置文本域中最大输入的字符数
Value	输入提示性文本
Title	设置文本域的提示标题文字
Place Holder	该属性为 HTML5 新增的表单属性，用户可在此设置文本域预期值的提示信息，该提示信息会在文本域为空时显示，并在文本域获得焦点时消失
Disabled	勾选该复选项表示禁用该文本字段，被禁用的文本域既不可用，也不可以单击
Auto Focus	该属性为 HTML5 新增的表单属性，勾选该复选项表示当网页被加载时，该文本域会自动获得焦点
Required	该属性为 HTML5 新增的表单属性，勾选该复选项表示在提交表单之前必须填写所选文本域

续表

选　项	作　　用
Read Only	勾选该复选项表示所选文本域为只读属性，不能对该文本域的内容进行修改
Auto Complete	该属性为HTML5新增的表单属性，勾选该复选项表示所选文本域启用自动完成功能
Form	设置表单元素相关的表单标签的ID，可以在该选项的下拉列表中选择网页中已经存在的表单域标签
Pattern	该属性为HTML5新增的表单属性，设置文本域的模式或格式
Tab Index	设置表单元素的Tab键控制次序
List	该属性为HTML5新增的表单属性，设置引用的数据列表，其中包含文本域的预定义选项

2）密码文本域

密码域是特殊类型的文本域。当用户在密码域中输入文本时，输入的文本被替换为星号或项目符号，以隐藏该文本，保护这些信息不被他人看到。将光标置于要插入密码域的位置，单击“插入”面板的“表单”选项卡中的“密码”按钮，或者选择“插入”|“表单”|“密码”选项，即可插入一个密码文本域。在密码文本域的“属性”面板上可以对其进行设置，如图6-152所示。

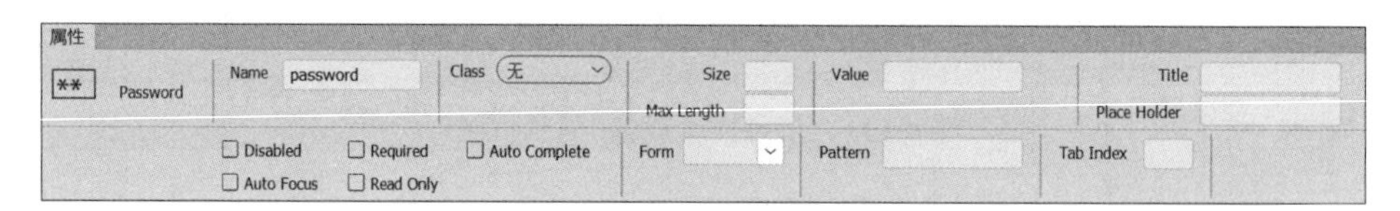

图6-152　密码文本域的“属性”面板

密码域属性的设置与单行文本域属性的设置相同，只是Max Length属性将密码限制为10个字符。

3）多行文本域

多行文本域为浏览者提供了一个较大的区域，供其输入反馈。在此可以指定浏览者最多输入的可见行数以及对象的字符宽度。如果输入的文本超过了这些设置，则该域将按照“换行”属性中指定的设置进行滚动。

将光标置于要插入多行文本域的位置，单击“插入”面板的“表单”选项卡中的“文本区域”按钮，或者选择“插入”|“表单”|“文本区域”选项，即可插入一个多行文本域。在多行文本域的“属性”面板上可以对其进行设置，如图6-153所示。

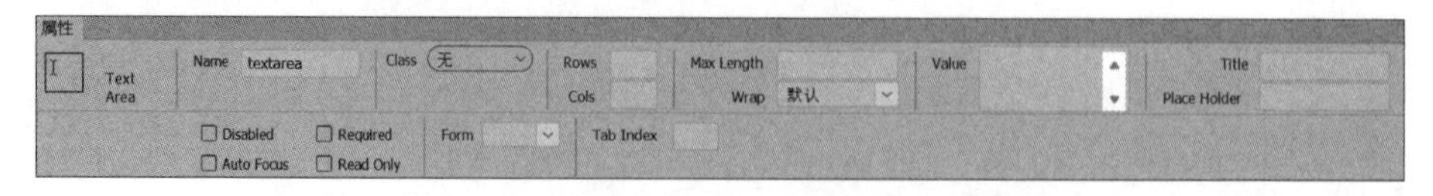

图6-153　多行文本域的“属性”面板

多行文本域“属性”面板中的部分选项及其作用如表6-13所示。

表 6-13 多行文本域“属性”面板中的部分选项及其作用

选 项	作 用
Rows 项	设置文本域的可见高度,用行计数
Cols	设置文本域的字符宽度
Wrap	通常情况下,当用户在文本域中输入文本后,浏览器会将文本按照输入时的状态发送给服务器。注意,只有在用户按 Enter 键的地方才会产生换行。如果希望启用换行功能,用可以将 Wrap 选项设置为 virtual 或 physical,这样当用户输入的文本超过文本域的宽度时,浏览器会自动将多余的文本移动到下一行显示
Value	设置文本域的初始值,可以在文本框中输入相应的内容

4）文本域的应用

单行文本域、密码文本域、多行文本域的应用效果如图 6-154 所示。

2. 选择域

表单中有两种选择式按钮可供浏览者选择,若要从一组选项中选择一个选项,则设计时应使用单选按钮;若要从一组选项中选择多个选项,则设计时应使用复选框。

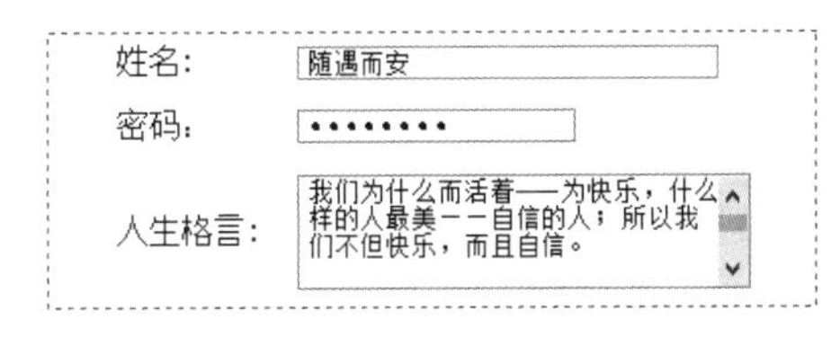

图 6-154 添加文本域

1）单选按钮

为了使单选按钮的布局更加灵活、合理,通常采用逐个插入单选按钮的方式,如果要一次性插入多个单选按钮,则可以用后面介绍的单选按钮组的方式。将光标置于要插入单选按钮的位置,单击“插入”面板的“表单”选项卡中的“单选按钮”按钮,或者选择“插入”|“表单”|“单选按钮”选项,即可插入一个单选按钮,“属性”面板上显示了单选按钮的属性,如图 6-155 所示。

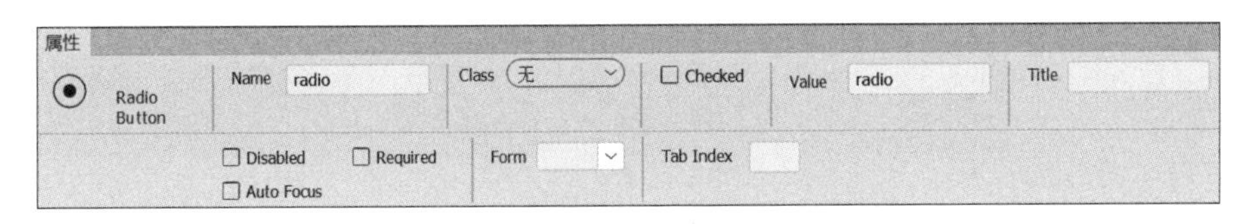

图 6-155 单选按钮的“属性”面板

- Checked:设置该单选按钮的初始状态,即当浏览器中载入表单时,该单选按钮是否处于被选中的状态。

2）单选按钮组

将光标置于要插入单选按钮组的位置,单击“插入”面板的“表单”选项卡中的“单选按钮组”按钮,或者选择“插入”|“表单”|“单选按钮组”选项,弹出“单选按钮组”对话框,如图 6-156 所示。“属性”面板上显示了单选按钮组的属性。

“单选按钮组”对话框中的选项及其作用如下。

- 名称:输入该单选按钮组的名称,每个单选按钮组的名称都不能相同。
- ➕和➖按钮:向单选按钮组内添加或删除单选按钮。
- 🔼和🔽按钮:重新为单选按钮排序。

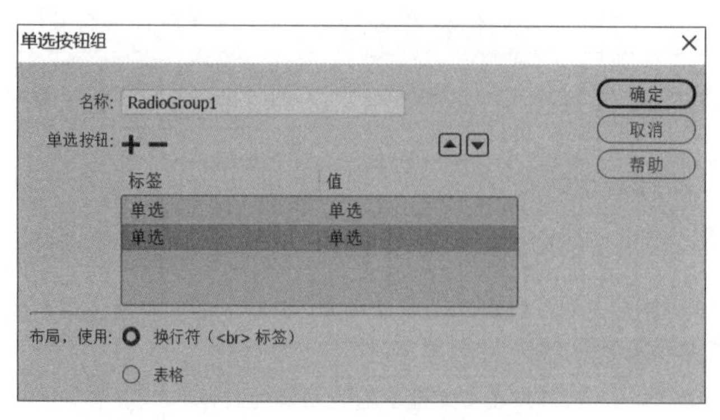

图 6-156 “单选按钮组”对话框

- 标签：设置单选按钮右侧的提示信息。
- 值：设置此单选按钮代表的值，一般为字符型数据，即当用户选定该单选按钮时，表单指定的处理程序获得的值。
- 换行符或表格：使用换行符或表格设置这些按钮的布局方式。

根据需要设置单选按钮组的每个选项，单击“确定”按钮，在文档编辑窗口的表单中将出现单选按钮组，如图 6-157 所示。

图 6-157 插入单选按钮组

3）复选框

为了使复选框的布局更加灵活、合理，通常采用逐个插入复选框的方式，如果要一次性插入多个复选框，则可以用后面介绍的复选框组的方式。将光标置于要插入复选框的位置，单击“插入”面板的“表单”选项卡中的“复选框”按钮，或者选择“插入”|“表单”|“复选框”选项，即可插入一个复选框，“属性”面板上显示了复选框的属性，如图 6-158 所示。

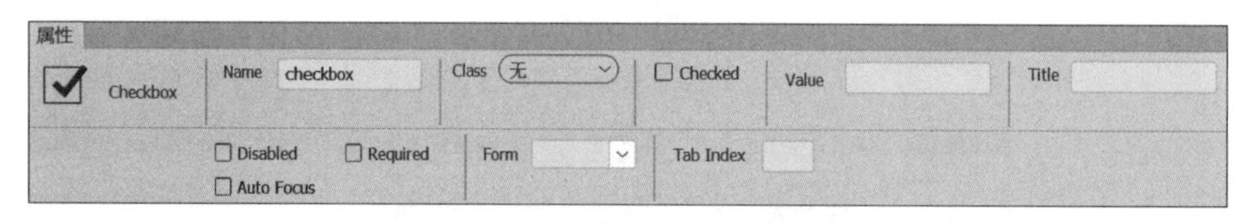

图 6-158 复选框的“属性”面板

插入复选框组的操作与插入单选按钮组的类似，不再赘述。

4）选择域的应用

将光标移到要插入选择域的位置，选择相关的复选框和单选按钮，如图 6-159 所示。

图 6-159 插入选择域

3. 下拉菜单和滚动列表

表单中有两种类型的菜单，一种是下拉菜单，另一种是滚动列表。将光标置于要插入菜单或列表的位置，单击“插入”面板的“表单”选项卡中的“选择”按钮，或者选择“插入”|“表单”|“选择”选项，即可插入一个菜单或列表，“属性”面板上显示了菜单和列表的属性，如图 6-160 所示。

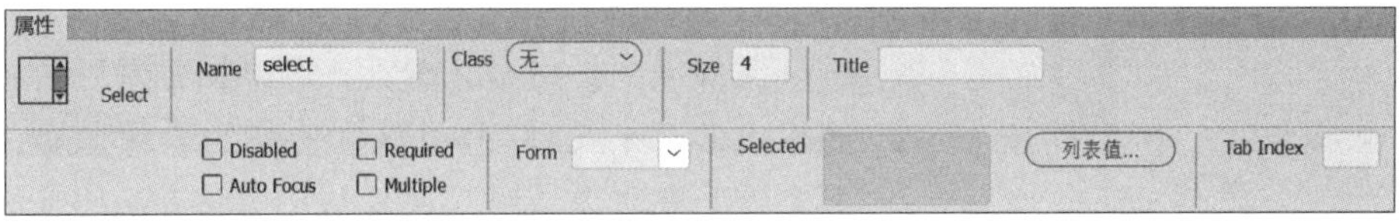

图 6-160　菜单和列表的“属性”面板

菜单和列表“属性”面板中的各选项及其作用如下。

- Size：设置页面中显示的高度，它也是用来区分下拉菜单和列表的重要参数，Size 的值大于 1 为列表，Size 的值等于 1 为下拉菜单。
- Selected：设置下拉菜单中默认选择的菜单项。
- 列表值：单击此按钮会弹出如图 6-161 所示的“列表值”对话框，在该对话框中可单击“加号”按钮 + 或“减号”按钮 − 在下拉菜单中添加或删除列表项。菜单项在列表中出现的顺序与在“列表值”对话框中出现的顺序一致。

在“属性”面板中将 Size 设为 4，单击“列表值”按钮，弹出“列表值”对话框，输入列表或者菜单选项，建立的列表效果如图 6-162 所示。

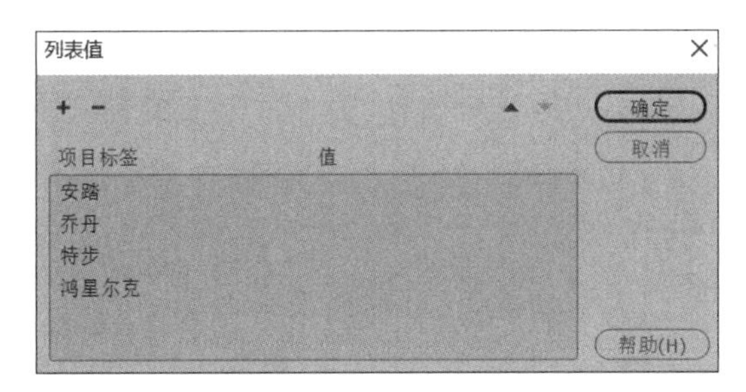

图 6-161　“列表值”对话框

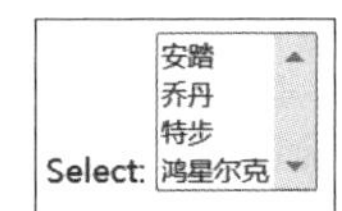

图 6-162　列表效果

4. 按钮

按钮的作用是控制表单的操作。一般情况下，表单中设有普通按钮、“提交”按钮和“重置”按钮等，浏览者在网上申请 QQ、邮箱或注册会员时都会见到。在表单域插入普通按钮的方法是：将光标移到要插入按钮的地方，单击“插入”面板的“表单”选项卡中的“按钮”按钮，或者选择“插入”|“表单”|“按钮”选项，即可插入一个按钮表单。选中按钮，“属性”面板上会显示按钮的属性，如图 6-163 所示，通过改变 Value 的值可以改变按钮上的提示文字。

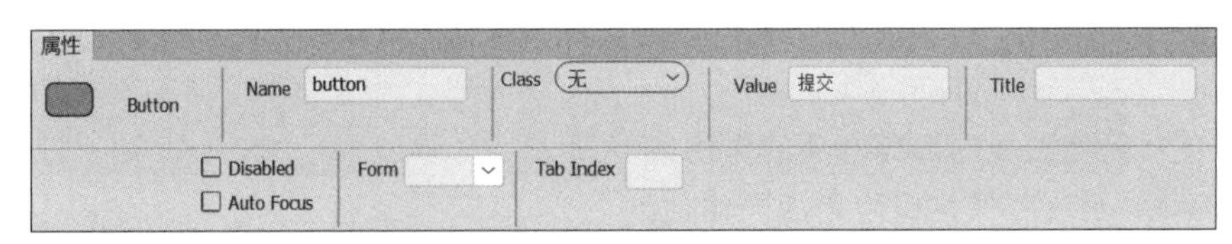

图 6-163　按钮的“属性”面板

采用类似的方法可以分别插入“提交”按钮和“重置”按钮，其中，“提交”按钮的作用是通知表单将表单数据提交给处理应用程序或脚本，“重置”按钮的作用是将所有表单域重置为其原始值。在表单域插入“提交”按钮和“重置”按钮的效果如图 6-164 所示。

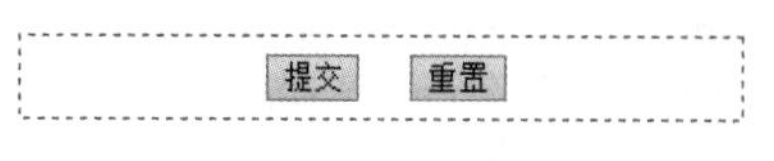

图 6-164 按钮效果

5. 文件域

文件域的作用是让浏览者可以浏览并选择本地计算机上的某个文件，并将该文件作为表单数据上传到服务器。在表单域插入文件域的方法是：将光标移到要插入文件域的地方，单击“插入”面板的“表单”选项卡中的“文件”按钮，或者选择“插入”|“表单”|“文件”选项，即可插入一个文件域。选中文件域，“属性”面板上会显示文件域的属性，如图 6-165 所示。

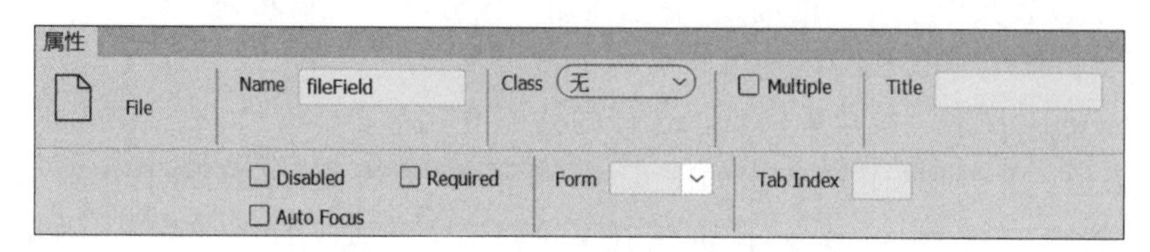

图 6-165 文件域的“属性”面板

文件域“属性”面板的部分选项的作用如下。

- Multiple：该属性为 HTML5 新增的表单元素属性，勾选该复选项表示该文件域可以直接接收多个值。
- Required：该属性为 HTML5 新增的表单元素属性，勾选该复选项表示在提交表单之前必须设置相应的值。

在表单域插入文件域的效果如图 6-166 所示。

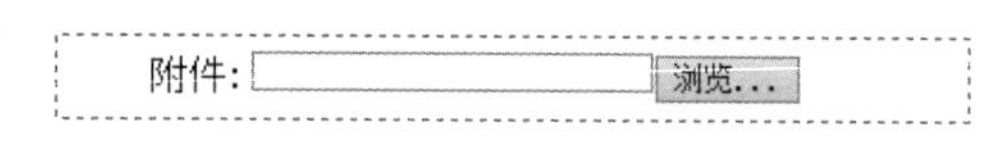

图 6-166 文件域效果

6. 图像域

图像域可以在表单中插入图像以代替表单按钮，使界面更漂亮。在表单域插入图像域的方法是：将光标移到要插入图像域的地方，单击“插入”面板的“表单”选项卡中的“图像按钮”按钮，或者选择“插入”|“表单”|“图像按钮”选项，在弹出的“选择图像源文件”对话框中选择作为按钮的图像文件，即可插入图像域。选中图像域，“属性”面板上会显示图像域的属性，如图 6-167 所示。

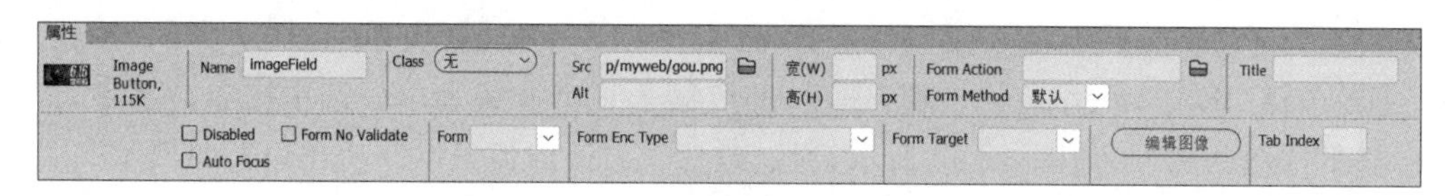

图 6-167 图像域的“属性”面板

图像域“属性”面板的部分选项的作用如下。

- Src：显示该图像按钮使用的图像地址。
- 宽和高：设置图像按钮的宽和高。
- Form Action：设置为按钮使用的图像。
- Form Method：设置如何发送表单数据。
- 编辑图像：单击该按钮将启动外部图像编辑软件对该图像域使用的图像进行编辑。

在表单域插入图像域的效果如图 6-168 所示。

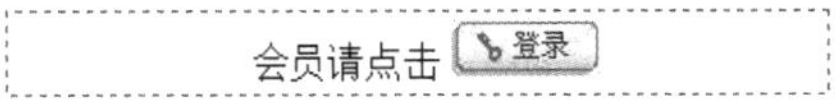

会员请点击
登录

图 6-168　图像域效果

6.10.3　制作表单页面的实例

使用表单制作一个用户注册网页，具体步骤如下。

(1) 打开 Dreamweaver CC 2019，新建一个 HTML 文档，输入“欢迎您注册！”，在 HTML 的“属性”选项中将格式设为“标题 1”，在 CSS 的“属性”选项中将对齐方式设为居中对齐；选择“插入”|“表单”|“表单”选项插入一个表单，将光标放至在表单内，插入一个 10 行 2 列、宽 550 像素、边框为 0、单元格边距和间距均为 1 的表格，表格对齐方式设为居中对齐，调整列宽，将左边单元格的宽度设为 100 像素，如图 6-169 所示。

代码
拆分
设计
表单.html ×
欢迎您注册！

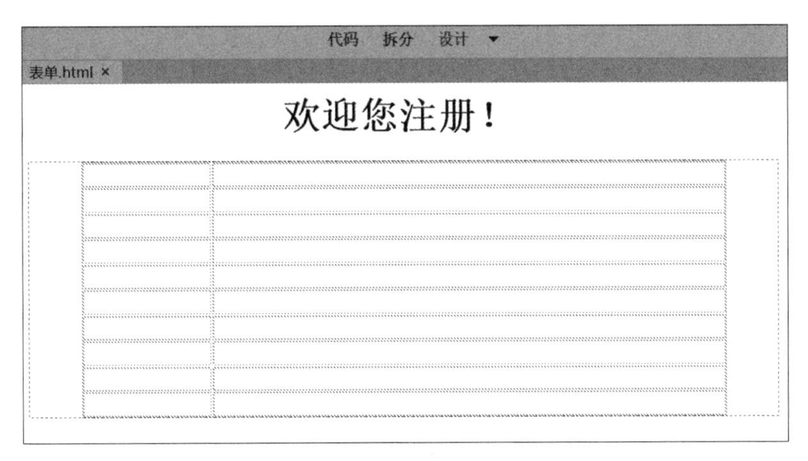

图 6-169　创建表单并插入表格

(2) 选中表格左列，“水平”设为“右对齐”，选中右列，“水平”设为“左对齐”。在左列中输入注册表单的各个项目的名称，如图 6-170 所示。

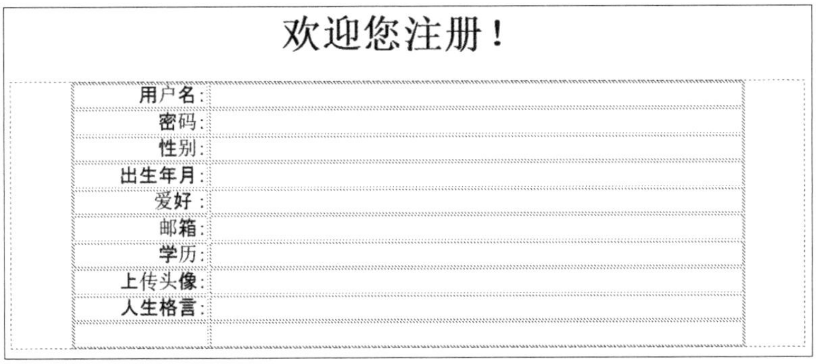

欢迎您注册！
用户名：
密码：
性别：
出生年月：
爱好：
邮箱：
学历：
上传头像：
人生格言：

图 6-170　输入表单项目名称

(3) 在右列插入表单的各种表单元素，并在第 10 行插入“提交”和“重置”按钮，如图 6-171 所示。

(4) 这样，一个注册页面就制作完成了，保存并浏览，效果如图 6-172 所示。

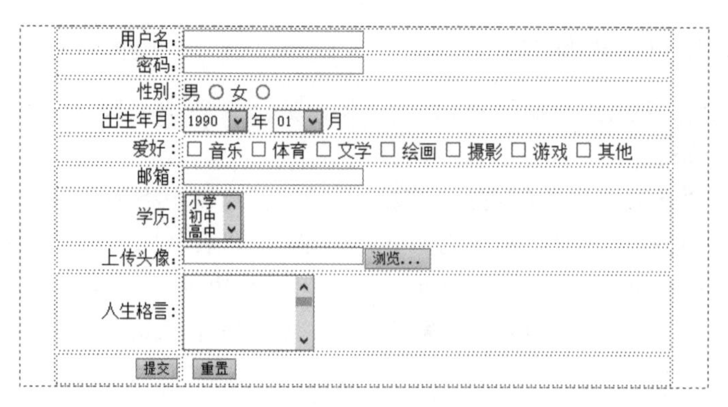

图 6-171 插入表单元素

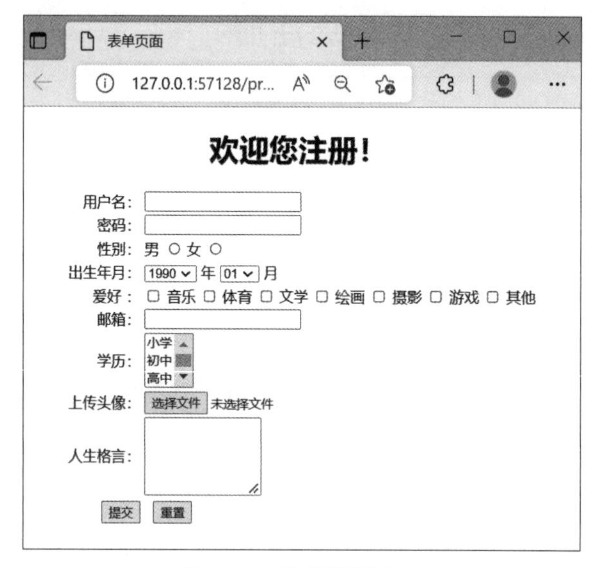

图 6-172 注册页面效果

6.11 模板的使用

在制作网站时,使用模板有以下好处。

(1) 可以生成大批风格相近的网页。模板可以帮助设计者把网页的布局和内容分离,快速制作出大量风格和布局相似的页面,使网页设计更规范,制作效率更高。

(2) 一旦修改模板,将自动更新使用该模板的一批网页。基于模板创建的文档与该模板保持着链接状态(除非以后分离该文档),当模板改变时,所有使用这种模板的网页都将随之改变,使网站维护变得更轻松。

在创建一个模板时,必须设置模板的可编辑区域和锁定区域,在编辑模板时,设计者可以修改模板的任何可编辑区域和锁定区域,而当设计者在制作基于模板的网页时,只能修改可编辑区域,锁定区域是不可以改变的。

6.11.1　模板的基本操作

1. 创建模板

模板的创建有以下 3 种方式。

1）利用“模板”面板

（1）选择“窗口”|“资源”选项，打开“资源”面板，单击左下角的“模板”按钮，切换到模板子面板，如图 6-173 所示。

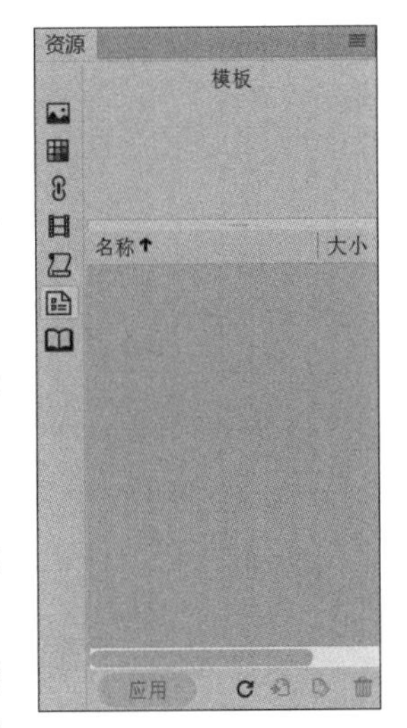

图 6-173　打开模板子面板

（2）单击模板子面板右上角的“扩展”按钮，在弹出的菜单中选择“新建模板”选项，或者单击右下角的“新建模板”按钮，这时在模板列表区会出现一个未命名的模板文件，给模板命名，如图 6-174 所示。

（3）单击右下角的“编辑”按钮，打开模板进行编辑，编辑完成后保存模板，即可完成模板的创建。

2）将普通网页另存为模板

（1）打开一个已经制作完成的网页，删除网页中不需要的部分，保留网页共同需要的区域。

（2）选择“文件”|“另存为模板”选项，弹出“另存模板”对话框，如图 6-175 所示。对话框中的“站点”下拉列表框用来设置模板保存的站点位置；“现存的模板”框中显示了当前站点的所有模板；“另存为”文本框用来给模板命名（扩展名默认为 dwt）。设置完成后，单击“保存”按钮，即可把当前的网页转换成模板，同时将模板另存到选择的站点中。

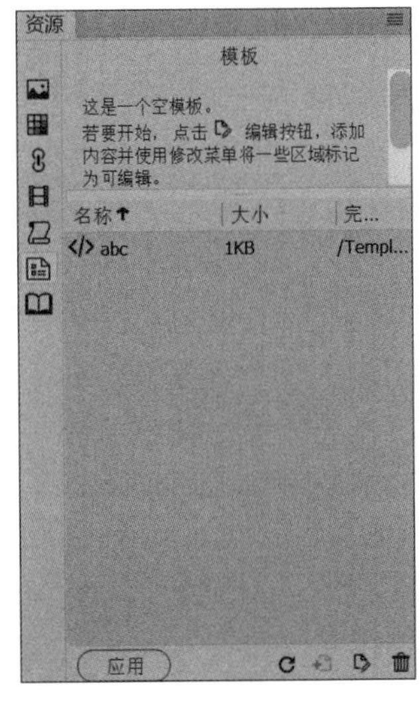

图 6-174　新建模板

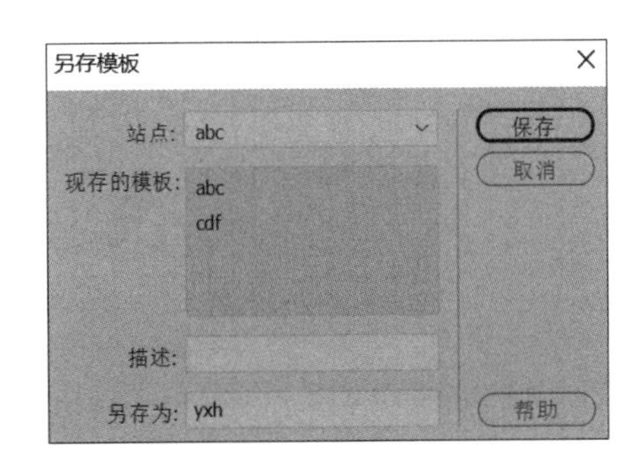

图 6-175　“另存模板”对话框

3）通过菜单创建模板

选择“文件”|“新建”选项，弹出“新建文档”对话框，选择“新建文档”选项，在“文档类型”列表框中选择“HTML 模板”选项，如图 6-176 所示，单击“创建”按钮即可创建一个空白模板。

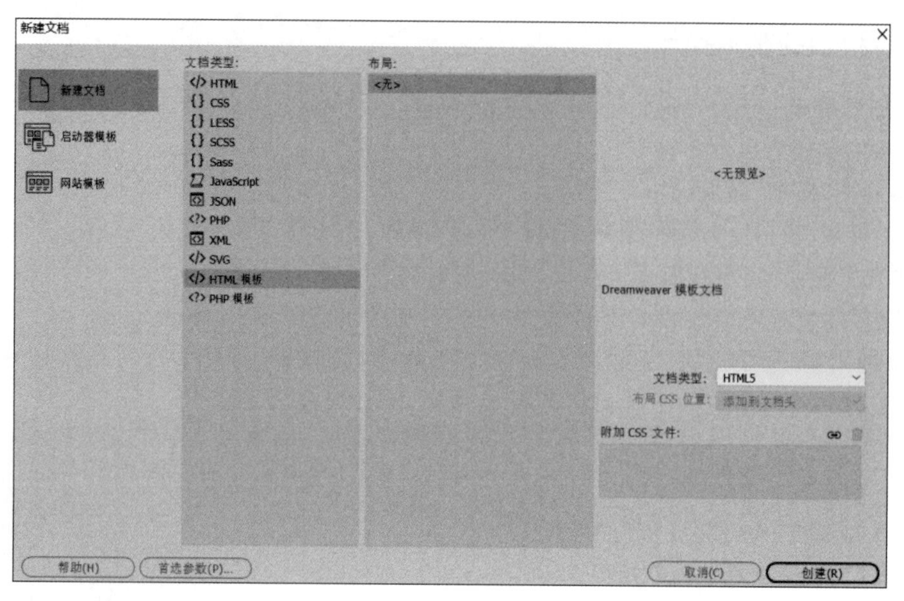

图 6-176 “新建文档”对话框

2. 模板区域

创建模板时可指定基于模板的网页中的哪些区域是可编辑的,方法是在模板中插入模板区域。创建模板时,可编辑区域和锁定区域都可以更改。但是,在基于模板的网页设计时,用户只能在可编辑区域进行更改,而无法修改锁定区域。模板区域有以下三种类型:可编辑区域、重复区域和可选区域。

1) 定义可编辑区域

可编辑区域是指基于模板的页面中的未锁定区域,它是用户可以编辑的部分。在网页模板中,所有内容和风格相同的区域都被定义为不可编辑区域,该部分在通过该模板创建的网页中是保持一致的,起到统一风格的作用。此外,还需要在模板中插入可编辑区域,用来编辑各个网页中的不同内容。一般来说,要让模板生效,至少应该设置一个可编辑区域。定义可编辑区域的具体步骤如下。

(1) 在网页模板文件中将光标定位在要插入可编辑区域的地方。

图 6-177 “新建可编辑区域”对话框

(2) 选择“插入”|“模板”|“可编辑区域”选项,或在“插入”面板中选择“模板”选项,然后选择“可编辑区域”选项,弹出“新建可编辑区域”对话框,如图 6-177 所示。

(3) 在“新建可编辑区域”对话框的“名称”文本框中输入可编辑区域的名称,单击“确定”按钮,即可完成可编辑区域的创建。注意:在对采用表格布局的模板进行定义时,可编辑区域可将整个表格或表格的某个单元格定义为可编辑区域,但是不能同时将多个单元格定义为一个单独的可编辑区域。

2) 定义重复区域

网页模板中的重复区域不同于可编辑区域,在基于模板创建的网页中,重复区域不可编

辑，但可以多次复制。因此，重复区域通常被设置为网页中需要多次重复插入的部分，多用于表格。若希望编辑重复区域，则可以在重复区域中嵌套一个可编辑区域。具体步骤如下。

(1) 在打开的网页模板文件中将光标定位于要插入重复区域的位置，或选中要设为“可编辑重复区域”的文本或内容，完成区域选择。

(2) 选择“插入”|“模板”|“重复区域”选项，打开“新建重复区域”对话框，如图 6-178 所示。在“新建重复区域”对话框的“名称”文本框中输入重复区域的名称，单击“确定”按钮，即可插入可编辑的重复区域。

图 6-178　“新建重复区域”对话框

(3) 在重复区域中插入需要重复的内容，实现重复区域的编辑；将光标置于重复区域中的相应位置，选择“插入”|“模板”|“可编辑区域”选项，在重复区域中插入可编辑区域。

3) 定义可选区域

可选区域是指在模板中指定为可选显示的部分，可将其设置为在基于模板的页面中显示或隐藏。插入可选区域后，既可以为模板参数设定特定的值，又可以为模板区域定义条件语句(if…else 语句)。可以使用简单的真/假操作，也可以定义比较复杂的条件语句或表达式。可以根据用户定义的条件在其创建的基于模板的页面中编辑参数，并控制是否显示可选区域。插入可选区域的步骤如下。

(1) 在文档窗口中将光标定义在要插入可选区域的位置。

(2) 选择“插入”|“模板”|“可编辑的可选区域”选项，或在“插入”面板的“模板”选项中选择“可编辑的可选区域”选项，弹出“新建可选区域”对话框，如图 6-179 所示。

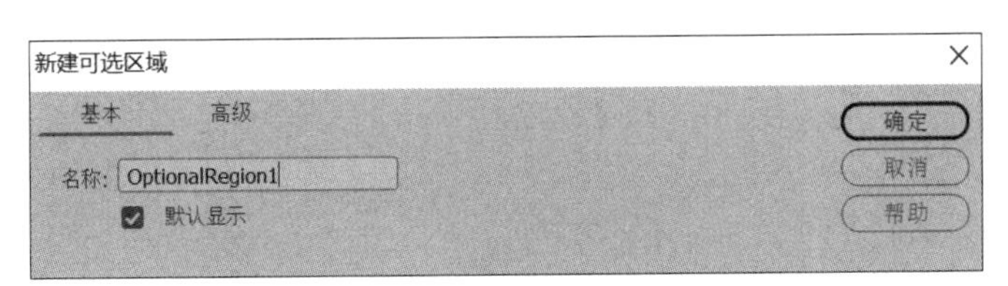

图 6-179　“新建可选区域”对话框

(3) 在“新建可选区域”对话框的“名称”文本框中输入可选区域的名称，单击“确定”按钮，即可插入可选区域。如果要设置可选区域的值，则可在“高级”选项卡中进行相关设置。

4) 修改模板区域

对于页面中已设置的模板区域，可对其进行修改或删除操作，步骤如下。

(1) 在文档窗口中选择需要删除的区域标识。

(2) 选择“工具”|“模板”|“删除模板标记”选项，即可删除设置的模板区域。

(3) 对于可选区域，选中其标识后，在“属性”面板中单击“编辑”按钮即可对其进行修改。

6.11.2　模板的应用实例

应用模板可以快速批量地制作出同一风格的页面，下面介绍一个基于模板建立网页的例子。

(1) 打开一个页面 ttmz.html,如图 6-180 所示;选择"文件"|"另存为模板"选项,弹出"另存模板"对话框,在"站点"文本框中选择模板存放的网站 abc,在"另存为"文本框中给模板命名为 ttmz,然后单击"保存"按钮,如图 6-181 所示。

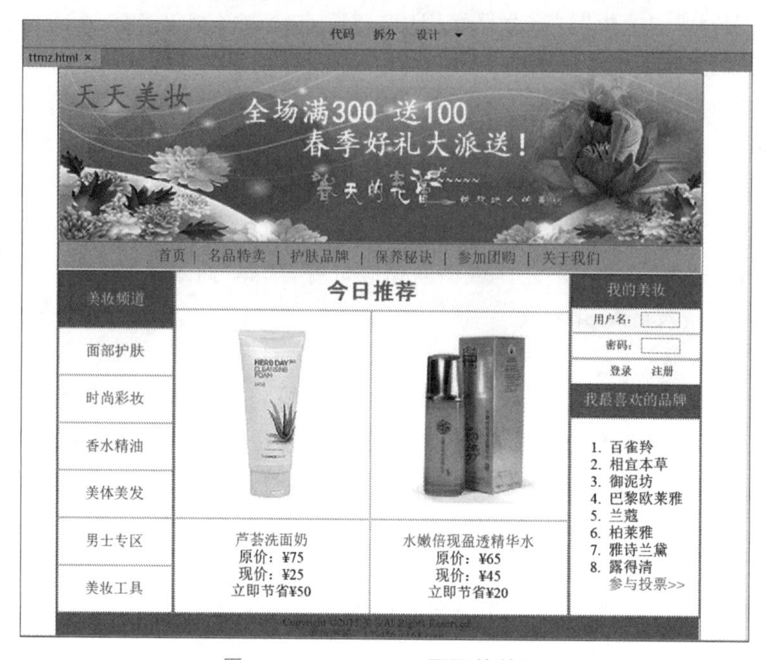

图 6-180 ttmz.html 页面的效果

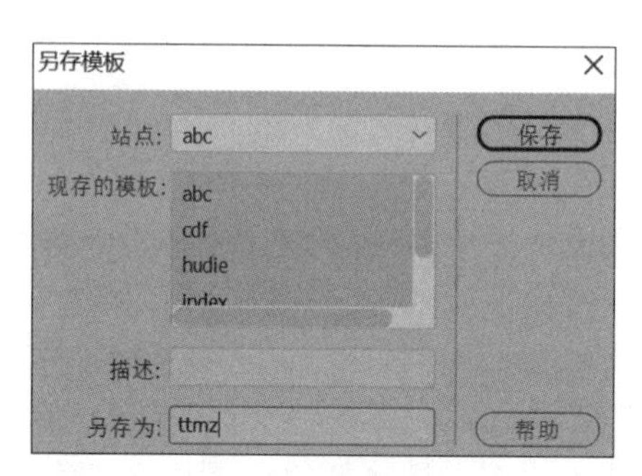

图 6-181 "另存模板"对话框

(2) 弹出"要更新链接吗?"的提示,选择"是",此时在站点内将自动生成一个名为 Templates 的文件夹,名为 ttmz.dwt 的模板文件将被保存在该文件夹中;选中需要设置为可编辑区域的部分(可更换内容的区域)并右击,在弹出的菜单中选择"模板"|"新建可编辑区域"选项,弹出"新建可编辑区域"对话框,在该对话框中给该区域命名,然后单击"确定"按钮,即可设置一处可编辑区域;根据需要,依上述方法可设置多处可编辑区域,如图 6-182 所示,共设置了 5 处可编辑区域,设置完毕后保存,即可完成模板的制作。

(3) 新建一个空白网页 ttmz1.html,选择"窗口"|"资源"选项,打开"资源"面板;单击"资源"面板的"模板"按钮,在"资源"面板中可以看见 ttmz.dwt 文件,选中 ttmz.dwt 文件,

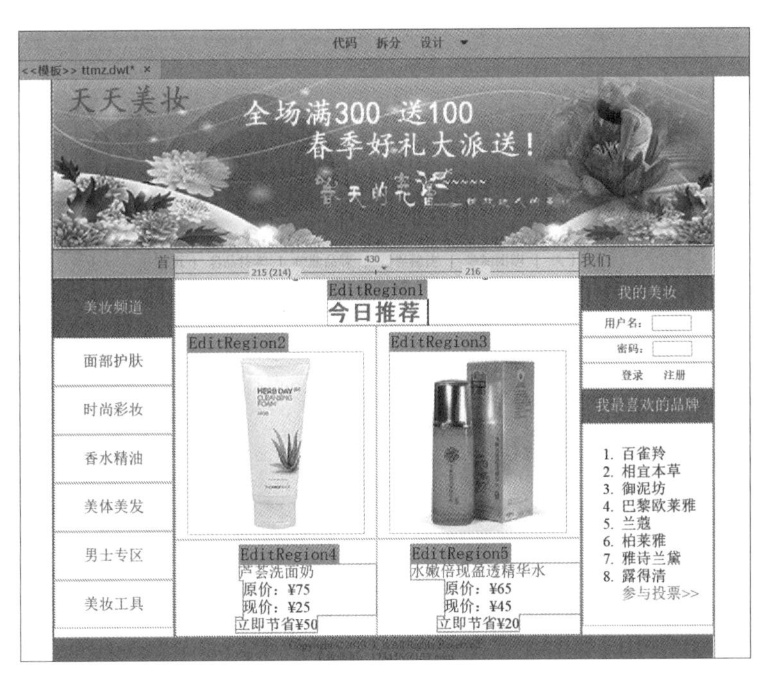

图 6-182　设置可编辑区域

按住左键直接将其拖曳到 ttmz1.html 的文档窗口中，如图 6-183 所示。也可以通过选择"工具"|"模板"|"应用模板到页"选项实现模板的应用操作。

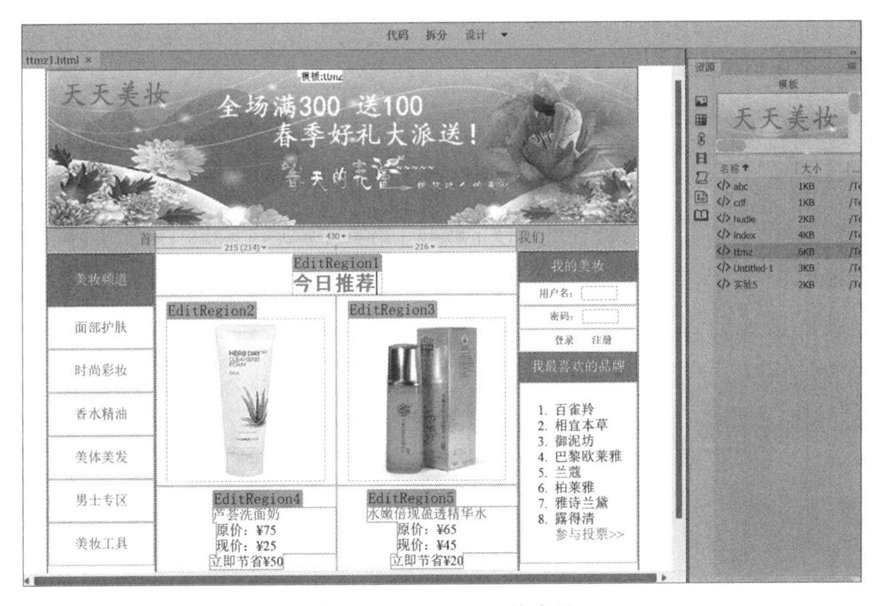

图 6-183　ttmz.dwt 的应用

（4）在可编辑区域中输入新的网页内容，保存后即可快速制作出一个风格一致的页面，如图 6-184 所示。

图 6-184　ttmz1.html 页面的效果

6.12　行为的应用

Dreamweaver CC 2019 提供了丰富的行为，这些行为可以为网页对象添加一些动态效果和简单的交互功能，让那些网页初学者不需要书写任何代码即可方便快捷地设计出通过编写 JavaScript 语言才能实现的动态功能。

在 Dreamweaver 中，行为是事件与动作的组合，一般的行为都是由事件激活动作的。动作由预先写好的能够执行某种任务的 JavaScript 代码组成，例如交换图像、弹出提示信息等；而事件一般与浏览器前的用户的操作相关，例如单击、页面加载完毕等。例如，当光标移动到网页的图片上方时，图片高亮显示，此时的光标移动称为事件，图片的变化称为动作。

6.12.1　行为的基本操作

Dreamweaver CC 2019 中使用行为的主要途径是"行为"面板。使用"行为"面板的方法为：选择"窗口"|"行为"选项或按 Shift＋F4 组合键打开"行为"面板，如图 6-185 所示。"行为"面板由以下几部分组成。

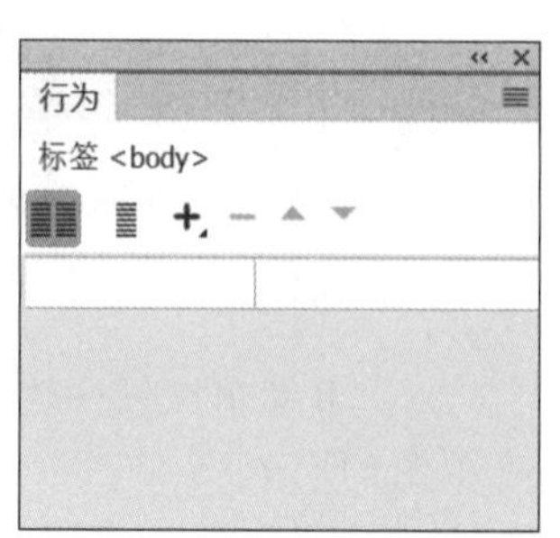

图 6-185　"行为"面板

- "添加行为"按钮[+]：单击此按钮将弹出动作菜单，选择需要的动作即可添加行为。
- "删除事件"按钮[−]：在面板中删除所选的事件和动作。
- "增加事件"值按钮[▲]、"降低事件值"按钮[▼]：在面板中通过上下移动选择的动作调整动作的顺序；在"行为"面板中，所有事件和动作都按照它们在面板中的显示顺序发生，设计时要根据实际情况调整动作的顺序。

6.12.2　常见的行为事件和行为动作

1. 常见的行为事件

事件是触发动作的用户操作，是动作发生的条件，一般由浏览器决定。打开 Dreamweaver CC 2019，选择"窗口"|"行为"选项，打开"行为"面板，然后单击"显示所有事件"按钮，即可在行为列表中列出所有事件，如图 6-186 所示。常见的事件名称及其含义如表 6-14 所示。

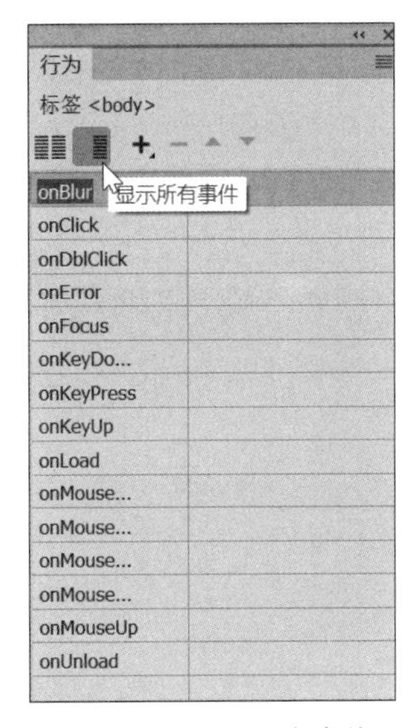

图 6-186　显示所有事件

表 6-14　常用的事件名称及其含义

事件名称	事件含义
OnBlur	当指定的元素停止从用户的交互动作上获得焦点时触发该事件。例如，当用户在交互文本框中单击后，再在文本框之外单击，浏览器会针对该文本框产生一个 OnBlur 事件
OnClick	单击使用行为的元素时触发该事件
OnDblClick	在页面中双击使用行为的元素时触发该事件
OnError	当浏览器下载页面或图像发生错误时触发该事件
OnFocus	指定元素通过用户的交互动作获得焦点时触发该事件。例如，在一个文本框中单击时，该文本框就会产生一个 OnFocus 事件
OnKeyDown	按下一个键且尚未释放该键时触发该事件。该事件常与 OnKeyPress 与 OnKeyUp 事件组合使用
OnKeyPress	按键被按下并释放一个键时触发该事件
OnKeyUp	按下一个键又释放该键时触发该事件
OnLoad	当网页或图像完全下载到用户浏览器后触发该事件

续表

事件名称	事件含义
OnMouseDown	单击网页中建立行为的元素且尚未释放鼠标之前触发该事件
OnMouseMove	当光标在使用行为的元素上移动时触发该事件
OnMouseOut	当光标从使用行为的元素上移出后触发该事件
OnMouseOver	当光标指向一个使用行为的元素时触发该事件
OnMouseUp	在使用行为的元素上按下鼠标左键并释放后触发该事件
onUnload	离开当前网页时(关闭浏览器或跳转到其他网页)触发该事件

2. 常见的行为动作

行为其实就是标准的JavaScript程序,Dreamweaver CC 2019中提供了很多行为动作,每个动作都可以完成特定的任务。在"行为"面板中单击"添加行为"按钮+即可弹出行为下拉菜单,如图6-187所示。常见的动作命令及其含义如表6-15所示。

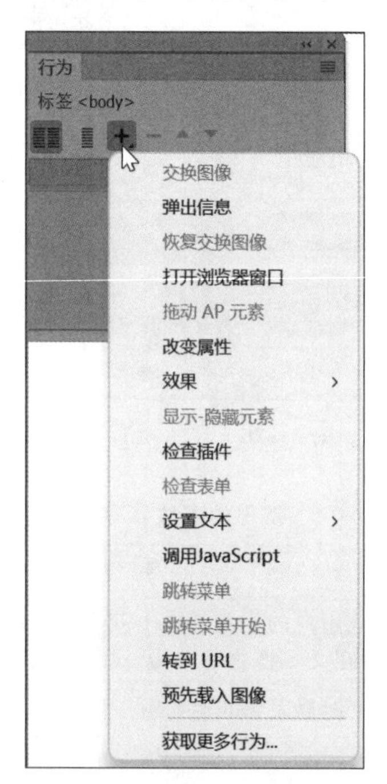

图6-187 "行为"下拉菜单

表6-15 常用的动作命令及其含义

动作命令	命令含义
交换图像	创建图像变换效果。可以是一对一的变换,也可以是一对多的变换
弹出信息	在浏览器中弹出一个新的信息框
恢复交换图像	将设置的变换图像还原成变换前的图像

续表

动作命令	命令含义
打开浏览器窗口	在新的浏览器中载入一个URL。用户可以为这个窗口指定一些具体的属性,也可以不加以指定
拖动AP元素	可让访问者拖曳绝对定位的AP元素。使用此行为可创建拼板游戏、滑块控件和其他可移动的界面元素
改变属性	改变页面元素的各项属性
效果	可改变对象的各种显示效果,包括增大/收缩、挤压、显示/渐隐、晃动、遮帘、高亮颜色
显示-隐藏元素	可显示、隐藏或恢复一个或多个页面元素的默认可见性。此行为用于在用户与网页进行交互时显示信息
检查插件	可根据访问者是否安装了指定的插件将它们转到不同的页面
检查表单	可检查指定文本框的内容,以确保用户输入的数据类型正确
设置文本	使指定文本替代当前的内容。设置文本动作包括设置层文本、设置框架文本、设置文本域文本、设置状态栏文本
调用JavaScript	在事件发生时执行自定义函数或JavaScript代码行
跳转菜单	跳转菜单是文档内的弹出菜单,对浏览者可见,并列出链接到文档或文件的选项
跳转菜单开始	“跳转菜单开始”行为与“跳转菜单”行为密切关联;“跳转菜单开始”允许用户将一个“转到”按钮和一个“跳转菜单”关联起来,在使用此行为之前,文档中必须已存在一个“跳转菜单”
转到URL	可在当前窗口或指定的框架中打开一个新的页面。此行为适用于通过一次单击更改两个或多个框架的内容的操作
预先载入图像	可以缩短显示时间,其方法是对在页面打开之初不会立即显示的图像(例如通过行为或JavaScript载入的图像)进行缓存

6.12.3 行为的应用实例

行为是某个事件和由该事件触发的动作的结合体。行为的创建操作一般是先在“行为”面板中指定一个动作,然后指定触发该动作的事件,以此将行为添加到页面中。下面通过一个“创建弹出信息”的实例介绍Dreamweaver中常用行为的添加方法。

(1) 运行Dreamweaver CC 2019,打开一个页面,如图6-188所示。

(2) 单击文档左下角的<body>标记,选中整个文档内容;选择“窗口”|“行为”选项,打开“行为”面板,单击“添加行为”按钮+,在弹出的下拉菜单中选择“弹出信息”选项,如图6-189所示。

(3) 在弹出的“弹出信息”对话框的“消息”文本框中输入要显示的信息内容,如图6-190所示,单击“确定”按钮返回“行为”面板。

(4) 系统默认“弹出信息”行为的事件为onLoad,可以单击事件名称右侧的下拉箭头,在打开的下拉列表中根据需要重新设置,如图6-191所示。

(5) 如果需要对设置的行为进行修改,可右击已经添加的行为,在弹出的快捷菜单中选择“编辑行为”选项,如图6-192所示。

(6) 保存文档并在浏览器中预览,当页面加载完成后,会弹出一个信息提示框,如图6-193所示。

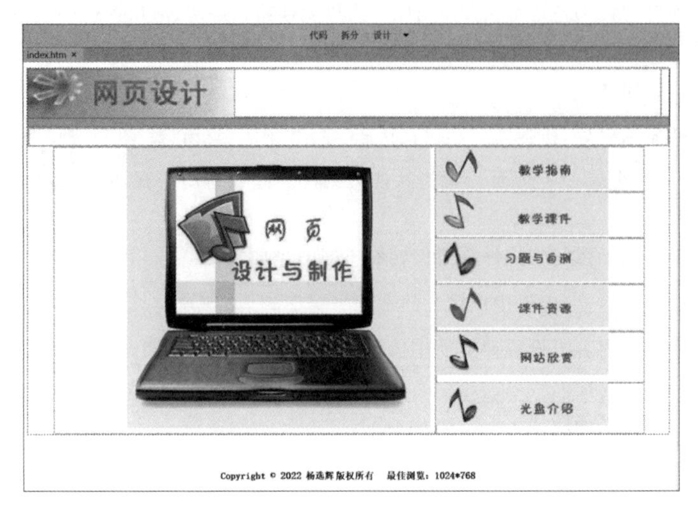

图 6-188 打开一个页面

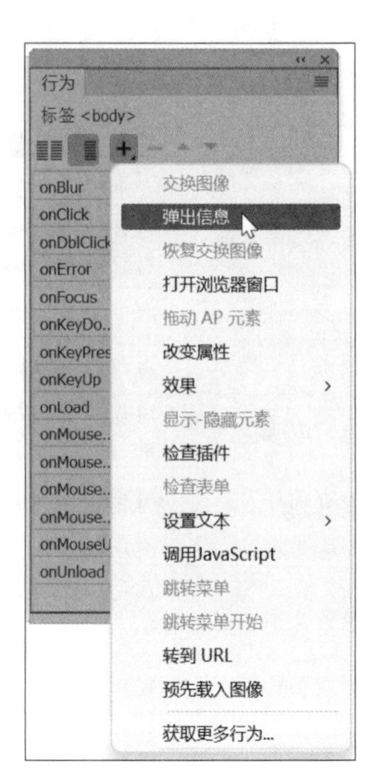

图 6-189 选择“弹出信息”选项

图 6-190 “弹出信息”对话框

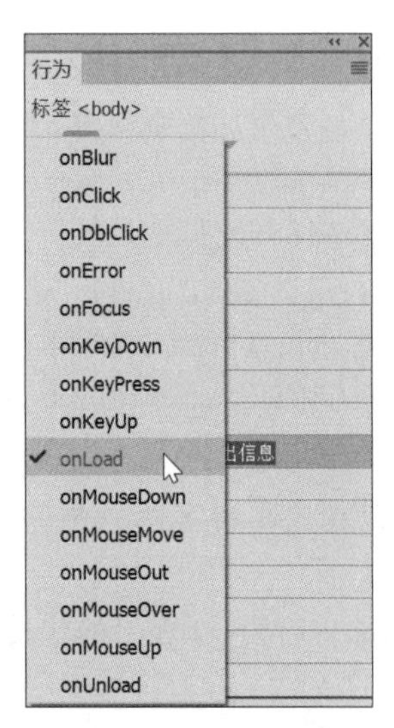

图 6-191 设置事件

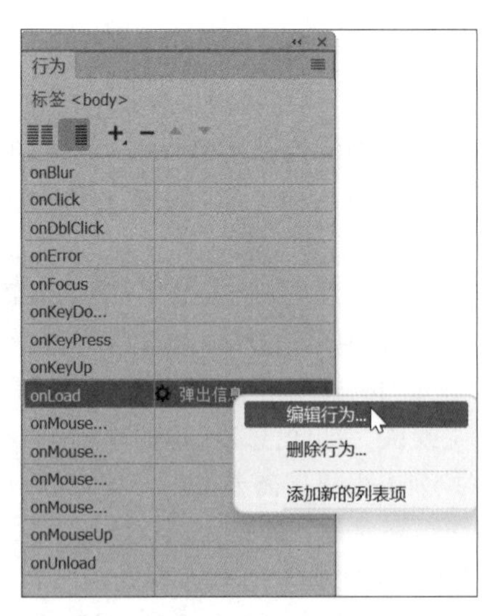

图 6-192 编辑行为

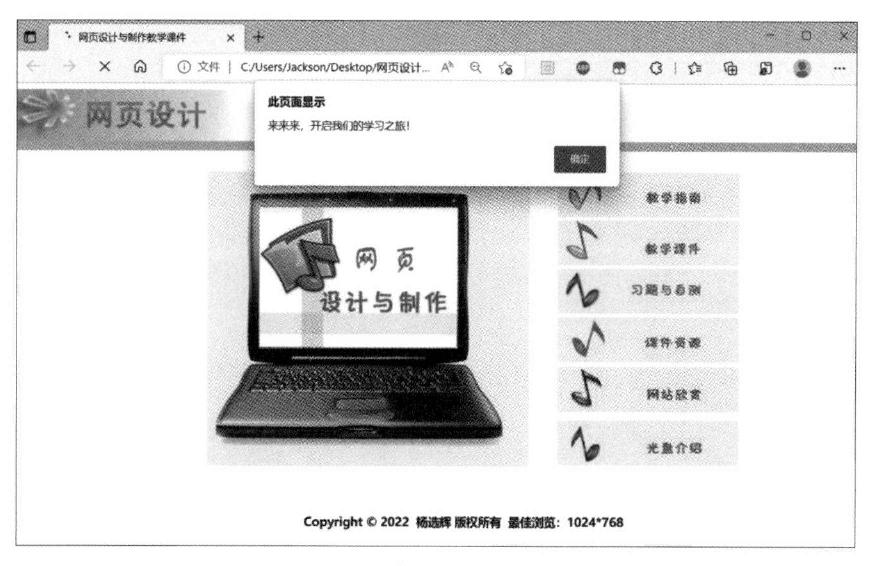

图 6-193 弹出信息的页面效果

6.13 CSS 的应用

CSS 是网页制作过程中常用的技术之一，通过 CSS 不仅可以控制大多数传统的文本格式属性，如字体、字号和对齐方式等，还可以定义一些特殊的效果，如定位、光标特效、滤镜效果等。在 Dreamweaver CC 2019 中，CSS 的应用主要是通过 CSS 设计器完成的。

6.13.1 “CSS 设计器”面板

使用“CSS 设计器”面板可以创建、编辑和删除 CSS 样式，并且可以将外部样式表附加到文档中。

选择“窗口”|“CSS 设计器”选项，弹出“CSS 设计器”面板，如图 6-194 所示，该面板由 4 个选项组组成，分别是“源”选项组、“@媒体”选项组、“选择器”选项组和“属性”选项组。

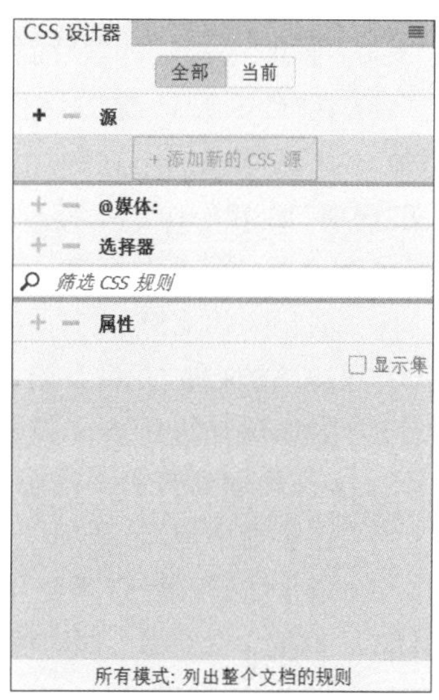

图 6-194 “CSS 设计器”面板

- “源”选项组：用于创建样式、附加样式、删除内部样式表和附加样式表。
- “@媒体”选项组：用于控制所选源中的所有媒体查询。
- “选择器”选项组：用于显示所选源中的所有选择器。
- “属性”选项组：用于显示所选选择器的相关属性，属性分为“布局”、“文本”、“边框”、“背景”和“更多” 5 种类别，显示在“属性”选项组的顶部，如图 6-195 所示。添加属性后，在该项属性的右侧会出现“禁用 CSS 属性”按钮和“删除 CSS 属性”按钮，如图 6-196 所示。

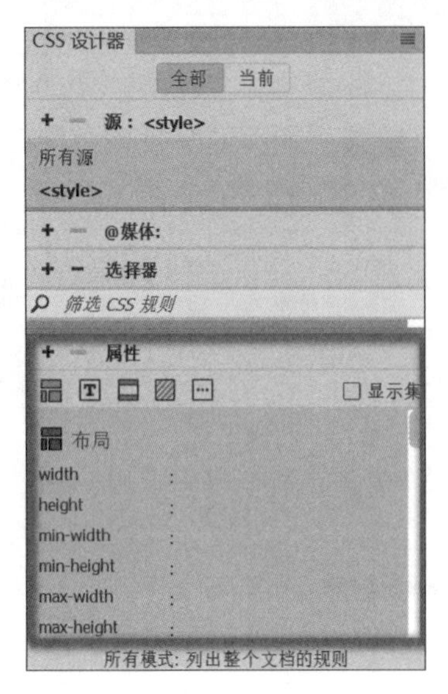

图 6-195　属性的类别

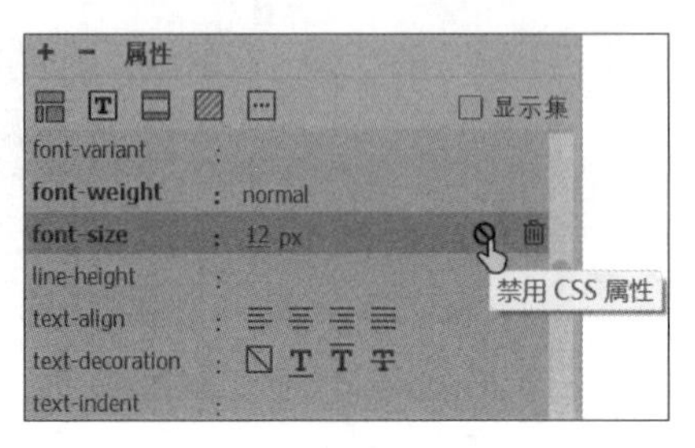

图 6-196　属性的操作按钮

- “禁用 CSS 属性”按钮：单击该按钮可以将该项属性禁用，再次单击可启用该项属性。
- “删除 CSS 属性”按钮：单击该按钮可以删除该项属性。

6.13.2　创建 CSS 样式

若要为不同网页元素设定相同的格式，可先创建一个自定义样式，然后把它应用到文档的各网页元素上。使用“CSS 设计器”面板可以创建类选择器、标签选择器、ID 选择器和复合选择器等 CSS 样式。创建 CSS 样式的操作步骤如下。

(1) 新建或打开一个文档。选择“窗口”|“CSS 设计器”选项，弹出“CSS 设计器”面板。

(2) 在“CSS 设计器”面板中，单击“源”选项组中的“添加 CSS 源”按钮，在弹出的菜单中选择“在页面中定义”选项，如图 6-197 所示。选择该选项后，在“源”选项组中将出现<style>标签。

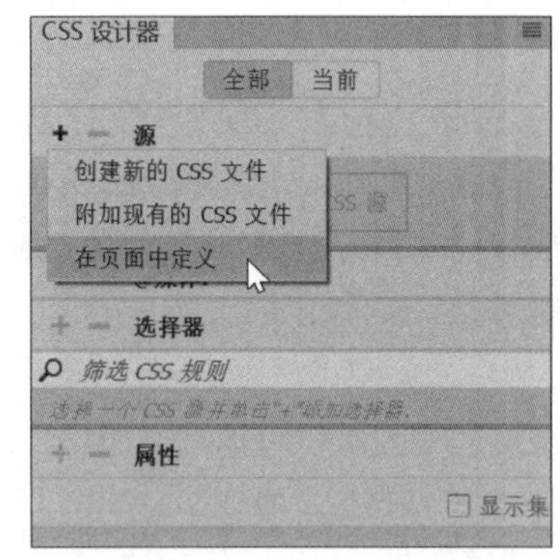

图 6-197　添加 CSS 源

- “创建新的 CSS 文件”选项：用于创建一个独立的 CSS 文件，并将其附加到该文档中。
- “附加现有的 CSS 文件”选项：用于将现有的 CSS 文件附加到当前文档中。
- “在页面中定义”选项：用于将 CSS 文件定义在当前文档中。

(3) 单击“选择器”选项组中的“添加选择器”按钮，在“选择器”选项组中将出现一个文本框。根据定义样式的类型输入名称，如定义类选择器要首先输入“.”，再输入名称，最后按 Enter 键确认，如图 6-198 所示。

(4) 在“属性”选择组中单击“文本”按钮，切换到有关文本的 CSS 属性，根据需要添加属性，如图 6-199 所示。

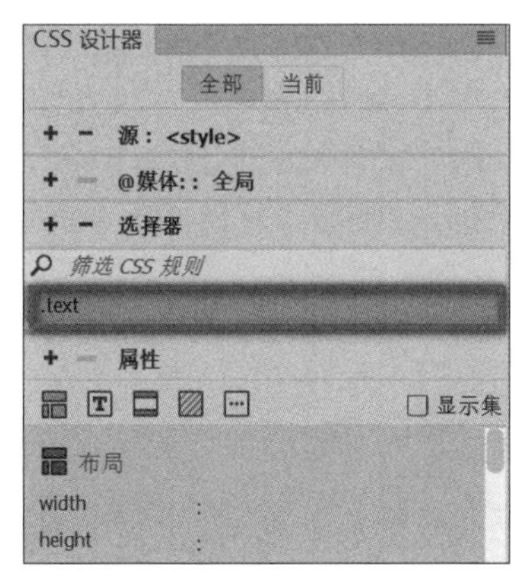

图 6-198 输入定义样式的名称

图 6-199 添加 CSS 属性

6.13.3 应用 CSS 样式

创建自定义样式后，还要为不同的网页元素应用不同类型的样式，具体操作如下。

(1) 在文档编辑窗口选择网页元素。

(2) 根据选择器类型的不同应用不同的方法。

对于类选择器：

① 在“属性”面板“类”选项的下拉列表中选择某自定义样式名。

② 在文档编辑窗口左下方的标签上右击，在弹出的菜单中选择“设置类”|“某自定义样式名”选项。在弹出的菜单中选择“设置类”|“无”选项可以撤销样式的应用。

对于 ID 选择器：

① 在“属性”面板“ID”选项的下拉列表中选择某自定义样式名。

② 在文档编辑窗口左下方的标签上右击，在弹出的菜单中选择“设置 ID”|“某自定义样式名”选项。在弹出的菜单中选择“设置 ID”|“无”选项可以撤销样式的应用。

6.13.4 创建和附加外部样式

如果不同网页的不同网页元素需要同一样式，则可通过附加外部样式实现。首先创建一个外部样式，然后在不同网页的不同 HTML 元素中附加定义好的外部样式即可。

1. 创建外部样式

(1) 调出“CSS 设计器”面板。

(2) 在“CSS 设计器”面板中，单击“源”选项组中的“添加 CSS 源”按钮+，在弹出的菜单中选择“创建新的 CSS 文件”选项,如图 6-200 所示,弹出“创建新的 CSS 文件”对话框,如图 6-201 所示。

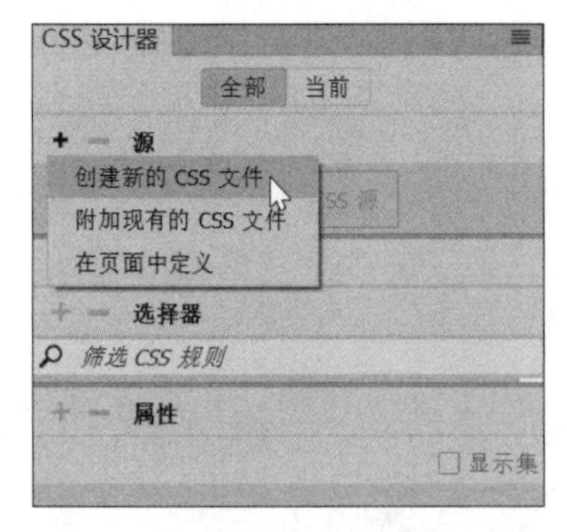

图 6-200 选择“创建新的 CSS 文件”选项

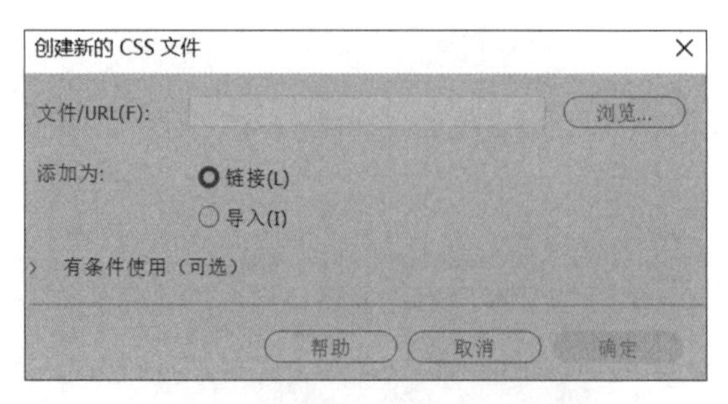

图 6-201 “创建新的 CSS 文件”对话框

(3) 单击“文件/URL”项右侧的“浏览”按钮,弹出“将样式表文件另存为”对话框。在“文件名”文本框中输入自定义样式的文件名称,如图 6-202 所示,单击“保存”按钮,返回“创建新的 CSS 文件”对话框,如图 6-203 所示。

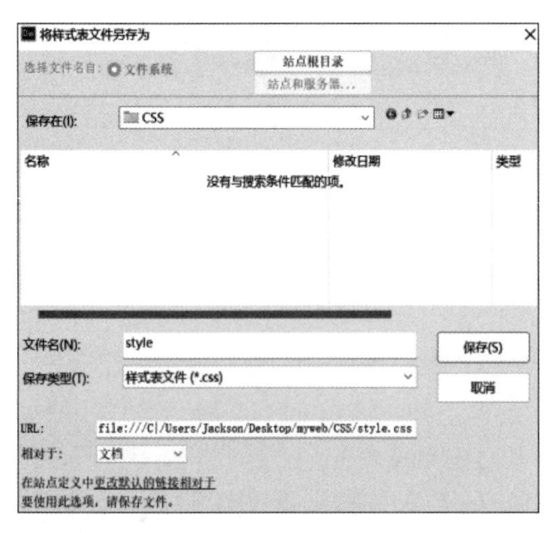

图 6-202 “将样式表文件另存为”对话框

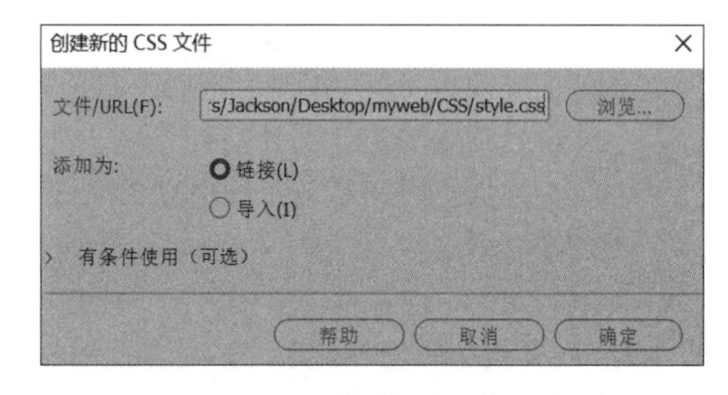

图 6-203 “创建新的 CSS 文件”对话框

(4) 单击“确定”按钮完成外部样式的创建。刚刚创建的外部样式会出现在“CSS 设计器”面板的“源”选项组中。

2. 附加外部样式

为不同网页的不同网页元素附加相同的外部样式的具体操作步骤如下。

(1) 在文档编辑窗口中选择网页元素。

(2) 通过以下 3 种方法打开“使用现有的 CSS 文件”对话框,如图 6-204 所示。

① 选择“文件”|“附加样式表”选项。

② 选择“工具”|CSS|“附加样式表”选项。

③ 在“CSS 设计器”面板中,单击“源”选项组中的“添加 CSS 源”按钮[+],在弹出的菜单中选择“附加现有的 CSS 文件”选项。

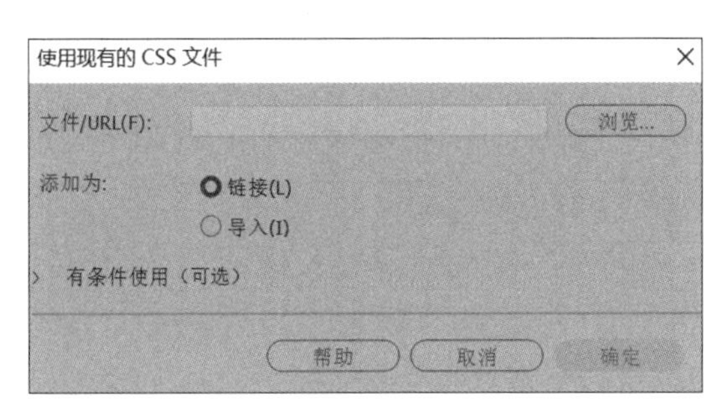

图 6-204　“使用现有的 CSS 文件”对话框

(3) 单击“文件/URL”项右侧的“浏览”按钮，在弹出的“选择样式表文件”对话框中选择 CSS 样式，单击“确定”按钮，返回“使用现有的 CSS 文件”对话框，如图 6-204 所示。对话框中各选项的作用如下。

- 文件/URL：直接输入外部样式的文件名，或单击“浏览”按钮选择外部样式文件。
- 添加为：包括“链接”和“导入”两个单选项。“链接”选项表示传递外部 CSS 样式信息而不将其导入网页文档，在页面代码中生成<link>标签；“导入”选项表示将外部 CSS 样式信息导入网页文档，在页面代码中生成<@Import>标签。

(4) 单击“确定”按钮完成外部样式的附加。刚刚附加的外部样式会出现在“CSS 设计器”面板的“源”选项组中。

6.13.5　编辑样式

网站设计者有时需要修改应用于文档的内部样式和外部样式，如果修改内部样式，则系统会自动重新设置受它控制的所有 HTML 对象的格式；如果修改外部样式文件，则系统会自动重新设置与它链接的所有 HTML 文档。编辑样式有以下两种方法。

(1) 在“CSS 设计器”面板的“选择器”选项组中选中某样式，然后在“属性”选项组中根据需要设置 CSS 属性，如图 6-205 所示。

(2) 在“属性”面板中单击“编辑规则”按钮，如图 6-206 所示；弹出“.text 的 CSS 规则定义”对话框，如图 6-207 所示，根据需要设置 CSS 属性，单击“确定”按钮完成设置。

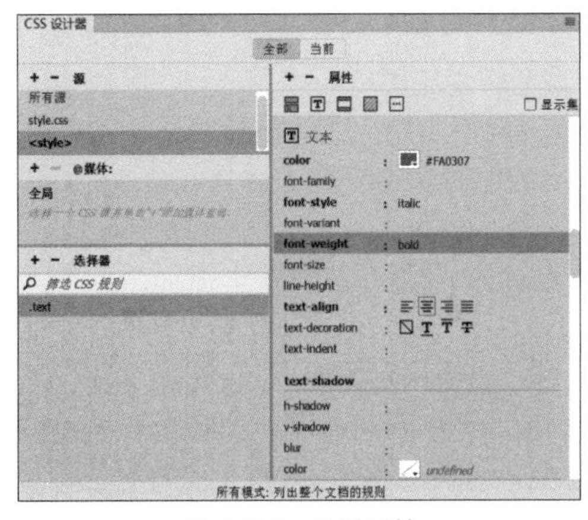

图 6-205　设置属性

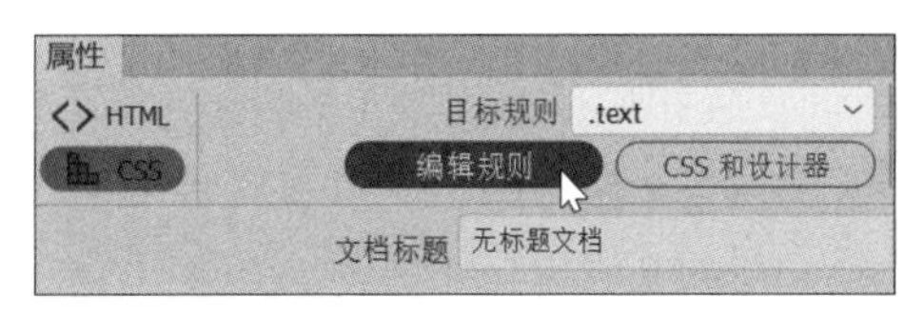

图 6-206　单击“编辑规则”按钮

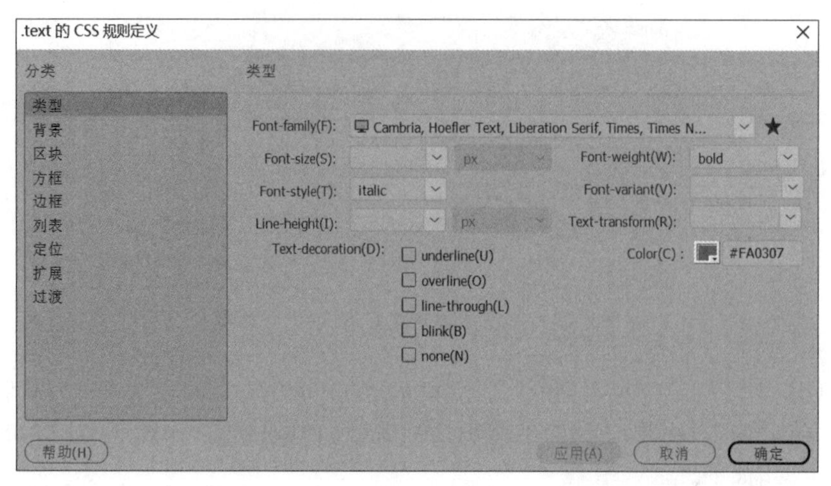

图 6-207 “.text 的 CSS 规则定义”对话框

6.13.6 CSS 属性

CSS 样式可以控制网页元素的外观,如定义字体、颜色、边距等,这些都是通过设置 CSS 样式的属性实现的。CSS 样式的属性包括“布局”“文本”“边框”和“背景”4 个分类,分别用于设定不同网页元素的外观。下面分别进行介绍。

1. “布局”选项组

“布局”选项组用于控制网页中块元素的大小、边距、填充和位置属性等,如图 6-208 所示。

“布局”选项组包括以下 CSS 属性。

- width 和 height:设置元素的宽度和高度,使盒子的宽度不受它所包含内容的影响。
- min-width(最小宽度)和 min-height(最小高度):设置元素的最小宽度和最小高度。
- max-width(最大宽度)和 max-height(最大高度):设置元素的最大宽度和最大高度。
- display(显示):指定是否以及如何显示元素。none(无)表示关闭应用此属性元素的显示。
- box-sizing:以特定的方式定义匹配某个区域的特定元素。
- margin(边界):控制围绕块元素的间隔数量,包括 top(上)、bottom(下)、left(左)和 right(右)4 个选项。若单击“更改所有属性”按钮,则可设置块元素具有相同的间隔效果;否则块元素具有不同的间隔效果。
- padding(填充):控制元素内容与盒子边框的间距,包括 top(上)、bottom(下)、left(左)和 right(右)4 个选项。若单击“更改所有属性”按钮,则可为块元素的各个边设置相同的填充效果;否则单独设置块元素的各个边的填充效果。
- position(定位):确定定位的类型,其下拉列表包括 static(静态)、absolute(绝对)、fixed(固定)和 relative(相对)4 个选项。static 表示以对象在文档中的位置为坐标原点,将层放在它所在文本中的位置;absolute 表示以页面左上角为坐标原点,使用 position 选项中输入的坐标值放置层;fixed 表示以页面左上角为坐标原点放置内

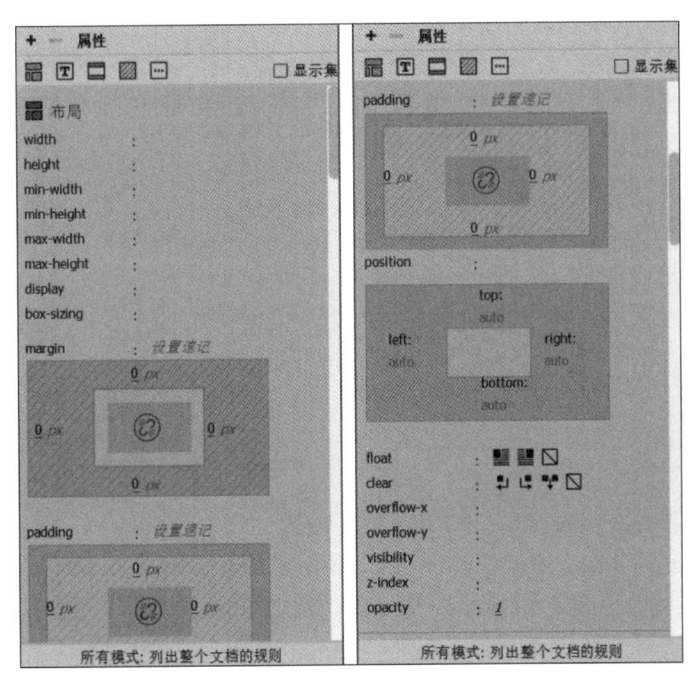

图 6-208　“布局”选项组

容，当用户滚动页面时，内容将在此位置保持固定；relative 表示以对象在文档中的位置为坐标原点，使用 position 选项中输入的坐标放置层，确定定位类型后，可通过 top、right、bottom 和 left 4 个选项确定元素在网页中的具体位置。

- float(浮动)：设置网页元素(如文本、层、表格等)的浮动效果。
- clear(清除)：清除设置的浮动效果。
- overflow-x(水平溢出)和 overflow-y(垂直溢出)：此选项仅限于 CSS 层，用于确定在层的内容超出它的尺寸时的显示状态；其中，visible(可见)表示当层的内容超出层的尺寸时，层向右下方扩展以增加层的大小，使层内的所有内容均可见。hidden(隐藏)表示保持层的大小并剪辑层内任何超出层的尺寸的内容。scroll(滚动)表示不论层的内容是否超出层的边界，都在层内添加滚动条。auto(自动)表示滚动条仅在层的内容超出层的边界时才显示。no-content(无内容)表示若没有满足内容框的内容，则隐藏整个内容框。no-display(无显示)表示若没有满足内容框的内容，则删除整个内容框。
- visibility(显示)：确定层的初始显示条件，包括 inherit(继承)、visible(可见)、hidden(隐藏)和 collapse(合并)4 个选项；inherit 表示继承父级层的可见性属性，如果层没有父级层，则它将是可见的。visible 表示无论父级层如何设置，都显示该层内容。hidden 表示无论父级层如何设置，都隐藏层的内容。如果不设置为 visibility，则默认情况下大多数浏览器都继承父级层的属性。
- z-index(z 轴)：确定层的堆叠顺序，为元素设置重叠效果。编号较高的层显示在编号较低的层的上面。该选项使用整数，可以为正，也可以为负。
- opacity(不透明度)：设置元素的不透明度，取值范围为 0～1，值为 0 表示元素完全透明,值为1表示元素完全不透明。

2. “文本”选项组

“文本”选项组用于控制网页中文字的字体、字号、颜色、行距、首行缩进、对齐方式、文本阴影和列表属性等,如图6-200所示。

“文本”选项组包括以下CSS属性。

- color(颜色):设置文本的颜色。
- font-family(字体):为文字设置字体。
- font-style(样式):指定字体的风格为normal(正常)、italic(斜体)或oblique(偏斜体)。默认设置为normal。
- font-variant(变体):将正常文本缩小一半尺寸后大写显示。IE浏览器不支持该选项。Dreamweaver CC 2019不在文档编辑窗口中显示该选项。
- font-weight(粗细):为字体设置粗细效果,包括normal(正常)、bold(粗体)、bolder(特粗)、lighter(细体)和具体粗细值多个选项,通常normal选项等于400像素,bold选项等于700像素。
- font-size(大小):定义文本的大小。在选项右侧的下拉列表中可以选择具体数值和度量单位,一般以像素为单位,可以有效防止浏览器破坏文本的显示效果。

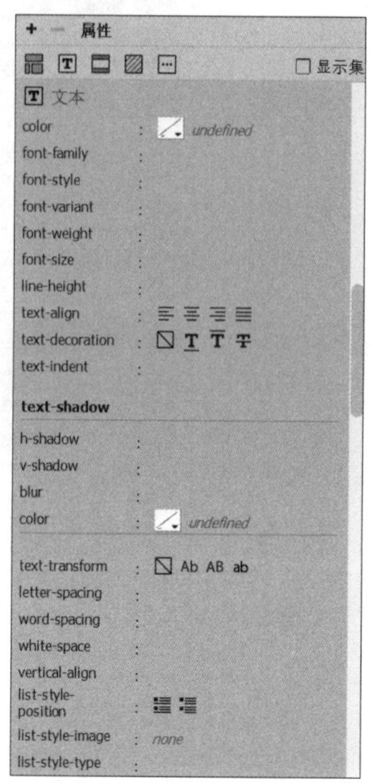

图6-209 “文本”选项组

- line-height(行高):设置文本所在行的行高。在选项右侧的下拉列表中可以选择具体数值和度量单位。若选择normal选项,则自动计算字体大小以适应行高。
- text-align(文本对齐):设置区块文本的对齐方式,包括left(左对齐)、center(居中对齐)、right(右对齐)和justify(两端对齐)4个按钮。
- text-decoration(修饰):控制链接文本的显示形态,包括none(无)、underline(下画线)、overline(上画线)、“Line-through”(删除线)4个按钮。正常文本的默认设置是none,链接的默认设置为underline。
- text-indent(文字缩进):设置区块文本的缩进程度。若让区块文本凸出显示,则该选项值为负值,但显示主要取决于浏览器。
- text-shadow(文本阴影):设置文本的阴影效果。可以为文本添加一个或多个阴影效果。h-shadow(水平阴影位置)选项设置阴影的水平位置;v-shadow(垂直阴影位置)选项设置阴影的垂直位置;blur(模糊)选项设置阴影的边缘模糊效果;color(颜色)选项设置阴影的颜色。
- text-transform(大小写):将选定内容中的每个单词的首字母大写,或将文本设置为全部大写或小写,包括none、capitalize(首字母大写)、uppercase(大写)和lowercase(小写)4个项。
- letter-spacing(字母间距):设置字母间的间距。若要减少字母间距,则可以设置为负值。

- word-spacing(单词间距)：设置文字间的间距。若要减少单词间距，则可以设置为负值，但其显示取决于浏览器。
- white-space(空格)：控制元素中的空格输入，包括 normal、nowrap(不换行)、pre(保留)、pre-line(保留换行符)和 pre-wrap(保留换行)5 个选项。
- vertical-align(垂直对齐)：控制文字或图像相对于其母体元素的垂直位置。若将图像同其母体元素文字的顶部垂直对齐，则该图像将在该行文字的顶部显示。该选项包括 baseline(基线)、sub(下标)、super(上标)、top(顶部)、text-top(文本顶对齐)、middle(中线对齐)、bottom(底部)和 text-bottom(文本底对齐)8 个选项。baseline 选项表示将元素的基准线同母体元素的基准线对齐；top 选项表示将元素的顶部同最高的母体元素对齐；bottom 选项表示将元素的底部同最低的母体元素对齐；sub 选项表示将元素以下标形式显示；super 选项表示将元素以上标形式显示；text-top 选项表示将元素顶部同母体元素文字的顶部对齐；middle 选项表示将元素中点同母体元素文字的中点对齐；text-bottom 选项表示将元素底部同母体元素文字的底部对齐。
- list-style-position(位置)：用于描述列表的位置，包括 inside(内)和 outside(外)2 个项。
- list-style-image(项目符号图像)：为项目符号指定自定义图像，包括 URL 和 none2 个选项。
- list-style-type(类型)：设置项目符号或编号的外观。在其下拉列表中有 21 个选项，其中比较常用的有 disc(圆点)、circle(圆圈)、square(方块)、decimal(数字)、lower-roman(小写罗马数字)、upper-roman(大写罗马数字)、lower-alpha(小写字母)、upper-alpha(大写字母)和 none 等。

3. “边框”选项组

“边框”选项组用于控制块元素的边框粗细、样式、颜色及圆角，如图 6-210 所示。

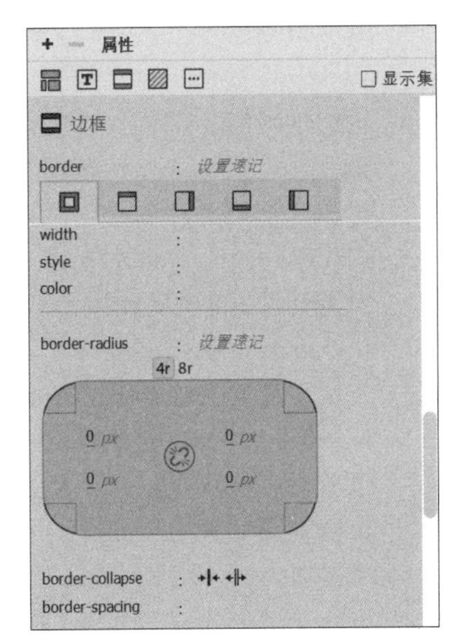

图 6-210　“边框”选项组

“边框”选项组包括以下 CSS 属性。

- border(边框)：以速记的方法设置所有边框的粗细、样式及颜色。如果需要对单个边框或多个边框进行自定义，可以单击 border 选项下方的“所有边”按钮、“顶部”按钮、“右侧”按钮、“底部”按钮、“左侧”按钮，以切换到相应的属性。通过 width(宽度)、style(样式)和 color(颜色)3 个属性设置边框的显示效果。
- width(宽度)：设置块元素边框线的粗细，在其下拉列表中包括 thin(细)、medium(中)、thick(粗)和具体值 4 个选项。
- style(样式)：设置块元素边框线的样式，在其下拉列表中包括 none、dotted(点画线)、dashed(虚线)、solid(实线)、double(双线)、groove(槽状)、ridge(脊状)、inset

(凹陷)和 outset(凸出)9 个选项。若取消勾选“全部相同”复选框，则可为块元素的各边框设置不同的样式。

- color(颜色)：设置块元素边框线的颜色。若取消勾选“全部相同”复选框，则可为块元素各边框设置不同的颜色。
- border-radius(圆角)：以速记的方法设置所有边角的半径(r)。例如设置速记为10px，则表示所有边角的半径均为 10px。如果需要设置单个边角的半径，则可直接在相应的边角处输入数值。
- 4r：单击此按钮，边角以 4r 的方式输入。
- 8r：单击此按钮，边角以 8r 的方式输入。
- border-collapse(边框折叠)：设置边框是否折叠为单一边框显示，包括 collapse(合并)和 separate(分离)2 个按钮。
- border-spacing(边框空间)：设置 2 个相邻边框之间的距离。仅用于选项 border-collapse 设置为 separate 时。

4. “背景”选项组

“背景”选项组用于在网页元素后加入背景图像或背景颜色，如图 6-211 所示。

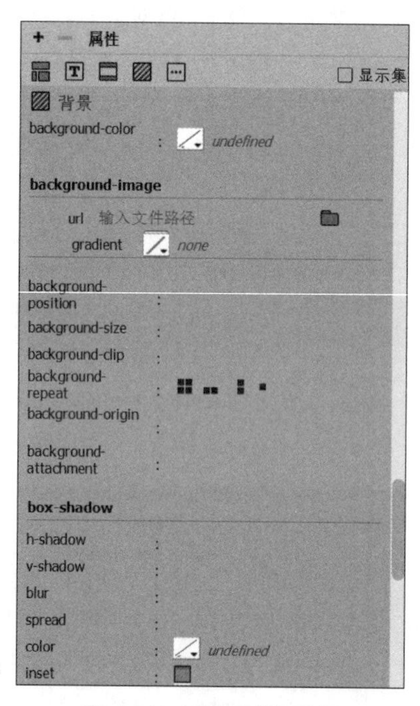

图 6-211 “背景”选项组

“背景”选项组包括以下 CSS 属性。

- background-color(背景颜色)：设置网页元素的背景颜色。
- background-image(背景图像)：设置网页元素的背景图像。
- background-position(背景位置)：设置背景图像相对于元素的初始位置，包括 left、right 和 center、top、bottom、center 6 个选项。该选项可将背景图像与页面中心垂直和水平对齐。
- background-size(背景尺寸)：设置背景图像的宽度和高度以确定背景图像的大小。
- background-clip(背景剪辑)：设置背景的绘制区域，包括 padding-box(剪辑内边框)、border-box(剪辑边框)、content-box(剪辑内容框)3 个选项。
- background-repeat(重复)：设置背景图像的平铺方式，包括 repeat(重复)、repeat-x(横向重复)、repeat-y(纵向重复)和 no- repeat(不重复)4 个按钮。若单击 repeat 按钮，则在元素的后面水平或垂直平铺图像；若单击 repeat-x 按钮或 repeat-y 按钮，则分别在元素的后面沿水平方向平铺图像或沿垂直方向平铺图像，此时图像被剪辑以适合元素的边界；若单击 no- repeat 按钮，则在元素开始处按原图大小显示一次图像。
- background-origin(背景原点)：设置 background-position 选项以哪种方式进行位置定位，包括 padding-box、border-box、content-box 3 个选项。当 background-attachment 选项为 fixed 时，该属性无效。

- background-attachment(背景滚动)：设置背景图像为固定或随页面内容的移动而移动，包括 scroll(滚动)和 fixed(固定)2 个选项。
- box-shadow(方框阴影)：设置方框的阴影效果，可为方框添加一个或多个阴影。通过 h-shadow(水平阴影位置)和 v-shadow(垂直阴影位置)选项设置阴影的水平和垂直位置；blur(模糊)选项设置阴影的边缘模糊效果；color(颜色)选项设置阴影的颜色，inset(可选)选项设置外部阴影与内部阴影之间的切换。

6.13.7　CSS 的应用实例

导航条是设计网页时必须掌握的方法，经典的方法是使用"列表＋CSS"的方法创建，下面介绍如何使用 CSS 创建出漂亮的导航条。

(1) 打开 Dreamweaver CC 2019，新建一个空白文档，输入导航条的项目名称，创建超链接，选中所有项目并右击，在弹出的菜单中选择"列表"|"项目列表"选项，得到如图 6-212 所示的列表。

(2) 将视图模式切换到"拆分"模式，并在 ul 标签中输入 id 为 nav，如图 6-213 所示。

- 首页
- 潮流女装
- 时尚男装
- 萌趣童装
- 鞋类箱包
- 母婴用品
- 更多爆款

图 6-212　项目列表

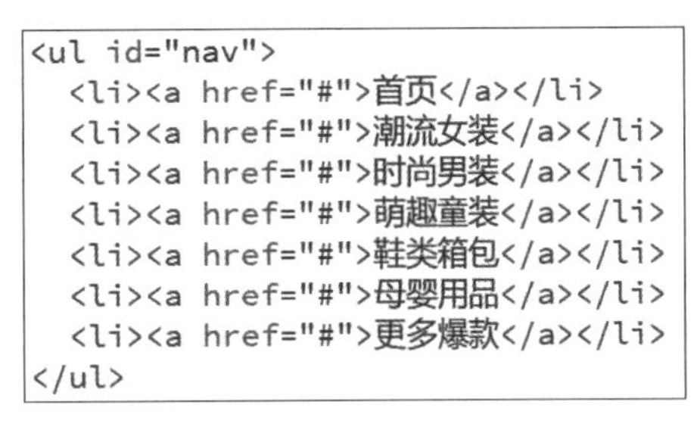

图 6-213　为 ul 标签增加 id

(3) 在"CSS 设计器"面板的"源"选项组中单击"添加 CSS 源"按钮[+]，在下拉列表中选择"在页面中定义"选项，如图 6-214 所示。

(4) 在"CSS 设计器"面板的"选择器"选项组中单击"添加选择器"按钮[+]，在文本框中输入"＃nav li"，按 Enter 键确认，如图 6-215 所示。在"属性"选择组中单击"布局"按钮，在下方找到 float 属性，设置 float 为 left(让列表变为横向排列)；在"属性"选择组中单击"文本"按钮，在下方找到 list-style-type 属性，设置 list-style-type 为 none(去除列表前面的符号)；勾选右边的"显示集"复选框，可以看到当前已设置的属性情况，如图 6-216 所示。此时，文档编辑窗口的效果如图 6-217 所示。

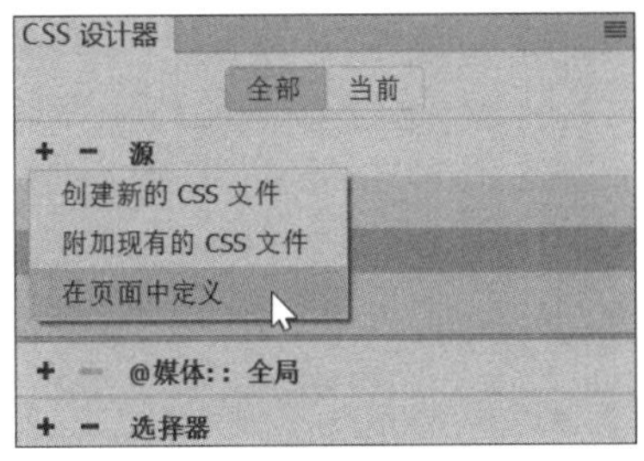

图 6-214　添加 CSS 源

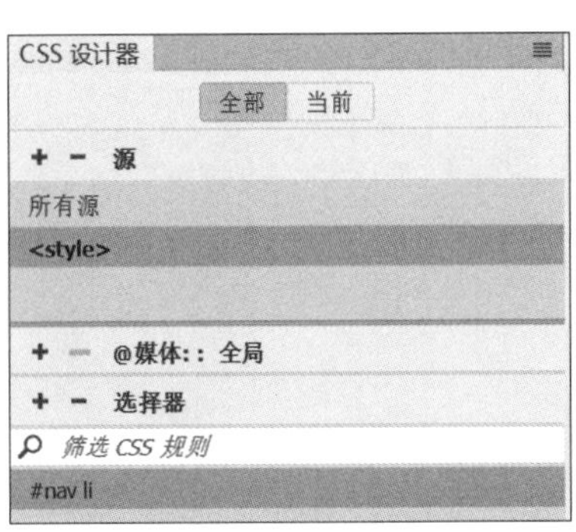

图 6-215　创建"＃nav li"

图 6-216 “＃nav li”的属性设置

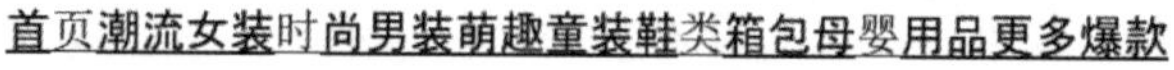

首页潮流女装时尚男装萌趣童装鞋类箱包母婴用品更多爆款

图 6-217 让列表横向排列

(5) 新建一个 CSS 样式,“选择器名称”设为“＃nav li a”,在属性中进行如下设置:在“属性”选择组中单击“文本”按钮,设置 color 为＃000(将字体颜色设为黑色)、text-decoration 为 none(去除超链接的下画线效果)、text-align 为 center(将菜单文字居中);在“属性”选择组中单击“背景”按钮,设置 background-color 为＃CCC(将文本背景设为灰色);在“属性”选择组中单击“文本”按钮,设置 width 为 97px(调整菜单元素的宽度)、height 为 22px(设置背景的高度)、display 为 block(将链接以块级元素显示)、padding-top 为 4px(设置菜单与上边框的距离)、margin-left 为 2px(使每个菜单之间空 2px 的距离)。所有的属性设置如图 6-218 所示,设置后的效果如图 6-219 所示。

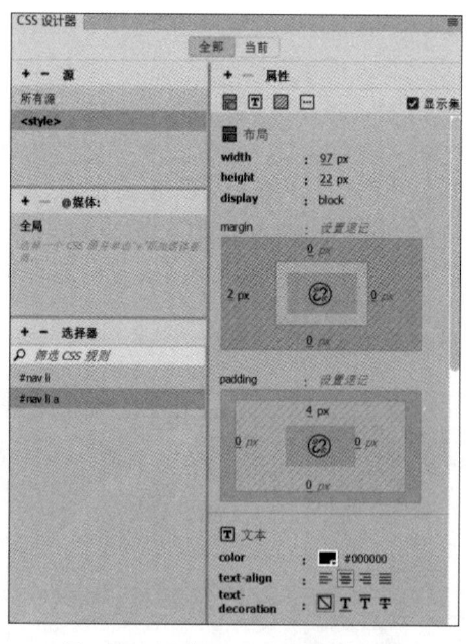

图 6-218 “＃nav li a”的属性设置

首页　潮流女装　时尚男装　萌趣童装　鞋类箱包　母婴用品　更多爆款

图 6-219　添加 CSS 后的效果

(6) 新建一个 CSS 样式,“选择器名称”设为“#nav li a:hover”,在属性中进行如下设置:在“属性”选择组中单击“文本”按钮,设置 color 为#FFF(将字体颜色设为白色);在“属性”选择组中单击“背景”按钮,设置 background-color 为#999(将文本背景设为深灰色),运用这个 CSS 样式的作用是当光标放在栏目区域时,字体和背景会变色。所有的属性设置如图 6-220 所示。

图 6-220　“#nav li a:hover”的属性设置

(7) 保存并浏览文件,最终的导航条效果如图 6-221 所示。

图 6-221　导航条效果

思考与练习

1. 单项选择题

(1) 当网页既设置了背景图像又设置了背景色时,那么(　　)。

A. 以背景图像为主　　B. 以背景色为主

C. 产生一种混合效果　　D. 冲突,不能同时设置

(2) 在 Dreamweaver 中,想要在用户单击超链接时弹出一个新的网页窗口,需要在超链接中定义目标的属性为(　　)。

A. parent　　B. _bank　　C. _top　　D. _self

(3) 在“属性”面板的“链接”里直接输入“#”,就可以制作一个(　　)。

A. 内部链接　　B. 外部链接　　C. 空链接　　D. 脚本链接

(4) 在 Dreamweaver 中,如果网页中的某幅图片(ysj.gif)和该网页的地址从“C:\my document\123\”变为“D:\123\my document\123 \”,则在不改变该网页的地址设置的前提下,仍然能正确地在浏览器中浏览该图像的地址设置是(　　)。

A. C:\my document\123\ysj.gif　　B. \my document\123\ysj.gif

C. \123\ysj.gif　　D. ysj.gif

(5) 在网页中插入日期和时间,以下说法中正确的是(　　)。

A. 不能实现自动更新

B. 通过设置,每次保存网页时能自动更新

C. 默认设置可实现自动更新

D. 有时能实现,有时不能实现自动更新

(6) 在 Dreamweaver 中,不可以通过(　　)进行网页结构布局排版。

A. 表格　　B. AP 元素　　C. 框架　　D. 表单

(7) 在 Dreamweaver 的操作使用中,下列说法中正确的是(　　)。

A. 网页上任意两个单元格都可以相互合并

B. 在表格中可以插入行

C. 单元格的边框宽度不可为 0

D. 在单元格中不可以设置背景图片

(8) 使用表格排版网页时,(　　)能加快网页的显示速度。

A. 拆分表格　　B. 缩短表格长度　　C. 插入小图片　　D. 减少单元格间距

(9) 在 Dreamweaver 中,表格的宽度可以被设置为 100%,这意味着(　　)。

A. 表格的宽度是固定不变的

B. 表格的宽度会随着浏览器窗口大小的变化而自动调整

C. 表格的高度是固定不变的

D. 表格的高度会随着浏览器窗口大小的变化而自动调整

(10) 在表格中不可以插入的内容是(　　)。

A. 文字　　B. 图片　　C. 表格　　D. 网页

(11) 在表格属性设置中,间距指的是(　　)。

A. 单元格内文字距离单元格内部边框的距离

B. 单元格内图像距离单元格内部边框的距离

C. 单元格内文字距离单元格左部边框的距离

D. 单元格与单元格之间的宽度

(12) 下列说法中错误的是(　　)。

A. 每个框架都有自己独立的网页文件

B. 每个框架的内容都不会因其他框架内容的改变而改变

C. 表格可以对窗口区域进行划分

D. 表格单元中不仅可以输入文字,也可以插入图片

2. 多项选择题

(1) 一般来说,适合使用信息发布式网站模式的题材有(　　)。

A. 软件下载　　B. 新闻发布　　C. 个人简介

D. 音乐下载　　E. 文学作品大全

(2) 关于相对路径,以下说法中正确的有(　　)。

A. 相对路径表述的是源端点同目标端点之间的相互位置

B. 如果链接中的源端点和目标端点位于同一个目录下,则链接路径中只需要指明目标端点的文档名称即可

C. 如果链接中的源端点和目标端点不在同一个目录下,就无法使用相对路径

D. 如果链接中的源端点和目标端点不在同一个目录下,就需要将目录的相对关系也表示出来

(3) 下列关于热区的使用中说法正确的是(　　)。

A. 使用矩形热区工具、椭圆形热区工具和多边形热区工具分别可以创建不同形状的热区

B. 热区一旦创建,便无法再修改其形状,要想修改则必须删除后重新创建

C. 选中热区之后,可在“属性”面板中为其设置链接

D. 使用热区工具可以为一张图片设置多个链接

(4) 超链接是网页中重要的组成元素,下列叙述中正确的是(　　)。

A. 可以给空格创建超链接

B. 右击文本或图像,在快捷菜单中选择“创建链接”选项即可创建超链接

C. 一幅图片可以创建多个超链接

D. 选中文本,在其属性栏就会出现链接框,输入链接文件的地址即可创建超链接

3. 问答题

(1) 普通图像链接和图像热点链接有什么不同之处?

(2) 锚记链接可以实现什么功能? 创建锚记链接的步骤是什么?

(3) 嵌入式框架的作用是什么? 它与表格有什么区别?

(4) 在制作网站时使用模板有什么好处?

(5) 什么是行为、动作和事件?

4. 实践题

(1) 使用表格制作一个教学安排表的页面,效果如图 6-222 所示。

(2) 参照图 6-223 制作一个表单页面。

(3) 利用表格布局技术制作一个效果如图 6-224 所示的页面。

(4) 利用表格布局技术将 3.8 节的例 3-20 的页面效果用 Dreamweaver 再实现一遍,效果如图 6-225 所示。

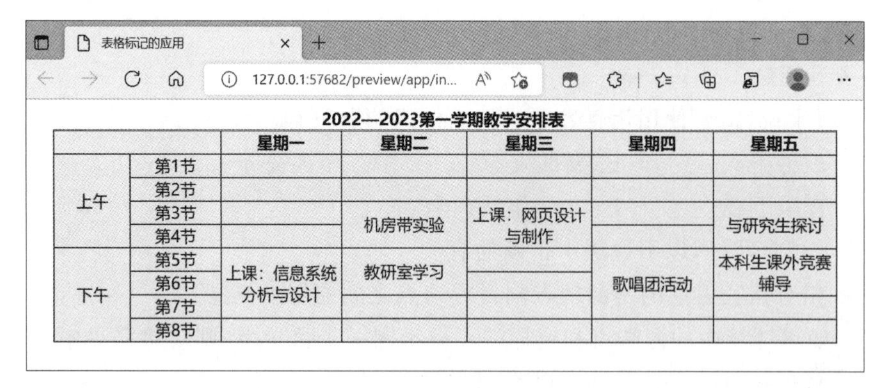

<table>
<caption>2022—2023第一学期教学安排表</caption>
<tr><th colspan="2"></th><th>星期一</th><th>星期二</th><th>星期三</th><th>星期四</th><th>星期五</th></tr>
<tr><td rowspan="4">上午</td><td>第1节</td><td></td><td></td><td></td><td></td><td></td></tr>
<tr><td>第2节</td><td></td><td></td><td></td><td></td><td></td></tr>
<tr><td>第3节</td><td></td><td rowspan="2">机房带实验</td><td rowspan="2">上课：网页设计与制作</td><td></td><td rowspan="2">与研究生探讨</td></tr>
<tr><td>第4节</td><td></td><td></td></tr>
<tr><td rowspan="4">下午</td><td>第5节</td><td rowspan="3">上课：信息系统分析与设计</td><td rowspan="2">教研室学习</td><td></td><td rowspan="3">歌唱团活动</td><td rowspan="2">本科生课外竞赛辅导</td></tr>
<tr><td>第6节</td><td></td></tr>
<tr><td>第7节</td><td></td><td></td><td></td></tr>
<tr><td>第8节</td><td></td><td></td><td></td><td></td><td></td></tr>
</table>

图 6-222　教学安排表

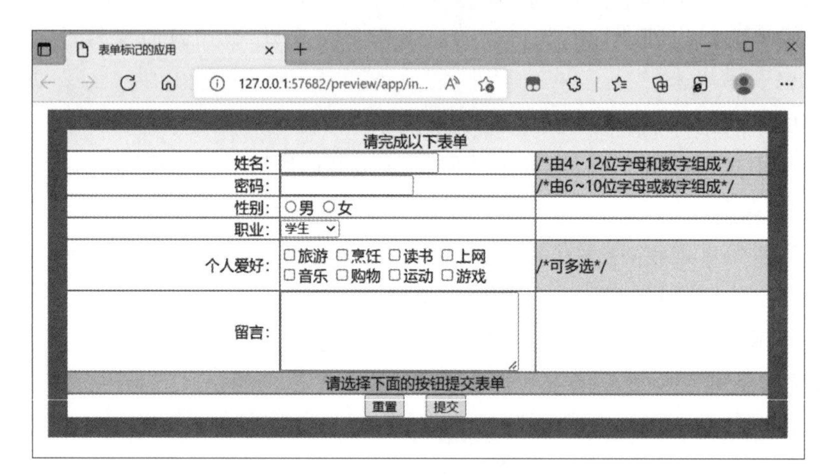

图 6-223　表单效果

图 6-224　页面效果图

图 6-225 “咖啡时光”页面效果

(5) 给自己的页面制作以下行为效果：当打开页面时，会自动弹出一个信息框，显示“欢迎访问我的网站！”。请叙述其操作步骤。

第7章 网站赏析

网页的构成要素中，除了有传统的文字、图形、色彩等基本构成要素之外，还有声音、视频、动画等多媒体要素，以及一些特效和交互功能。正因为如此，网页的赏析也是多角度、全方位的。通过前面的学习，在掌握了基本的网站开发知识和技能的前提下，大家对网页的感知也会从感性上升到理性，对网站也能做一些基本的赏析。本章将针对静态网站的设计提出一套客观合理的评价指标体系，帮助大家全面地评测一个网站，以提高自身的网站赏析能力。

7.1 网站评价指标体系

网站开发中有一条非常重要的原则：内容第一，形式第二。因此在赏析网站时，首先考查的是网站的内容性，其次是网站的使用性，第三是网站的艺术性。依此构建的网站评价指标体系如表7-1所示。

表7-1 网站评价指标体系

一级评价指标	二级评价指标	分值	
内容性	主题鲜明有价值	12	46
	内容准确丰富	12	
	表现形式多样	12	
	提高原创成分	10	
使用性	导航清晰易用	8	24
	栏目设置丰富	8	
	结构简洁合理	8	
艺术性	布局巧妙，构思独特	10	30
	色彩均衡，搭配恰当	10	
	风格新颖，富有创意	10	
总　分			100

7.2 内容性

对于网站而言，内容性是最重要的，它是网站的核心。下面从主题、内容、表现形式和原创性四方面详细阐述网站的内容性。

7.2.1 主题鲜明有价值

1.主题鲜明

主题鲜明是指网站的主题明确、一目了然。网站是做什么的、怎么做的,要将最主要的内容呈现给用户,它是用户的直观体验。主题鲜明有利于用户快速寻找所需的信息,节约用户的时间成本,减少冗余信息,有利于提高用户体验满意度。网站开发可以选择的主题有很多,可以是人、事、物等。

1)以人为主题

例如,图7-1所示是刘德华的个人网站,通过这个网站,大家可以深入了解刘德华本人,了解他的最新资讯,在平台上与他及他的"粉丝"进行互动等。

例如,学生制作的以巴金为主题的人物网站如图7-2所示,以此纪念一代伟大的文学巨匠巴金。

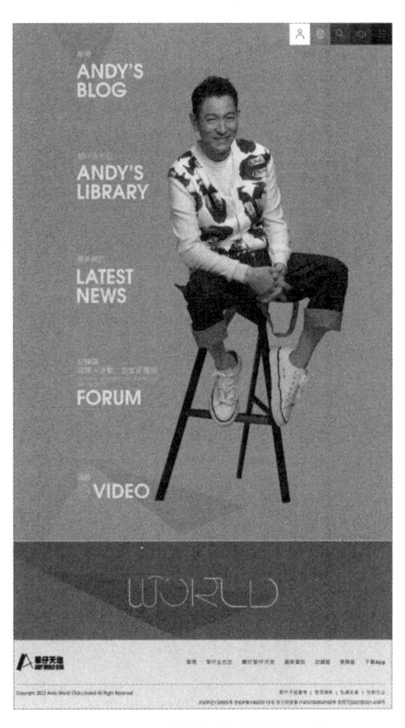

图7-1 刘德华个人网站

2)以事为主题

例如,Trustdata是知名的移动互联网大数据监测平台,它为客户提供专业的移动端各领域的数据产品和咨询等服务。该网站的首页用全球互联的底图和醒目的英文突显了网站性质,主题非常鲜明,如图7-3所示。

例如,学生制作的"气候行动网"是围绕全球气候问题而创建的网站,主题来源于联合国17个可持续发展目标之目标13——采取紧急行动应对气候变化及其影响。该网站的栏目名取得很有特色:蔚蓝你知否、蔚蓝要你忆、蔚蓝要你唱、蔚蓝靠你创、蔚蓝由你想,表达了一种向往蔚蓝的情感,如图7-4所示。

3)以物为主题

例如,比亚迪公司以车为主题,网站中运用了大量优美的汽车图片,充满了美感和科技感,如图7-5所示。

例如,学生制作的网站"诗画江南"以介绍江南古镇为主题,页面中大幅唯美的古镇图片引人入胜,令人向往,如图7-6所示。

2. 价值性

网站本身是没有价值的,它的价值源于网站内容及运营所带给浏览者的价值。能间接反映网站价值的一个指标就是用户体验,拥有良好的用户体验会让用户喜欢该网站,并愿意主动向他人推荐该网站。用户体验的效果可以用以下3点衡量。

(1)网站页面的浏览量或点击量。

(2)网站页面的停留时间。

(3)网站被分享推广的次数。

另外,对于一个企业来说,网站的价值性主要体现在以下三方面。

图 7-2　学生网站作品——巴金

图 7-3　Trustdata 公司网站

图 7-4　学生网站作品——气候行动网

图 7-5　比亚迪公司网站

图7-6 学生网站作品——诗画江南

1）通过网站引入新的企业经营模式

很多企业在网站建设之初并没有想着要做电商，但是随着互联网经济的发展，电商已经成为必然趋势，而企业网站正好可以帮助企业很好地引入电商模式，帮助企业拓宽营销渠道。

2）提升企业业务量和影响力

通过宣传网站可以为企业带来大量的线上流量，一个保持超高流量的网站对企业来说就是业绩新的增长点。从客户的需求出发，引导客户来到企业网站并形成转化可以推动企业业务量的增长。

3）帮助企业树立网络品牌形象

企业网站上线后，客户就可以通过搜索引擎搜索到关于网站的所有信息，可以对企业的业务和服务有深入的了解。当客户有需要时，就会想到该企业网站，这对帮助企业树立良好的网络形象非常有益。

例如，天虹股份2021年全年的营业收入约为122.68亿元，线上商品销售及数字化服务收入逾51亿元，线上业务能取得这么好的业绩，天虹商场网站的宣传和推广作用功不可没，如图7-7所示。

7.2.2 内容准确丰富

1. 内容准确

网站最重要的一项功能是传递信息，网站内容的准确性是保证网站质量的基石。准确的内容必须建立在事实的基础上，只有遵循事实的信息才有价值。网站内容应该充分表达信息的准确性，不能弄虚作假、胡编瞎造、误导浏览者，作为网站开发者尤其要重视这一点。如果网站中的文字、图片、多媒体等网页要素涉及与版权、知识产权等相关的内容，则一定要

图 7-7 天虹商场网站

注明出处与来源，有的要取得原作者的许可，否则就会违法。

例如，法治网（http://www.legaldaily.com.cn/）是中央政法委机关报《法治日报》主办的综合新闻信息服务门户网站，2020 年 8 月 17 日列入中央重点新闻网站，是中央重点新闻网站中的唯一一家法治类新闻网站，如图 7-8 所示。法治网坚持以习近平新时代中国特色社会主义思想，特别是习近平法治思想为指导，秉承“传播法治理念，推动法治进步”的办网宗旨，围绕“一个中心，两大任务，三个平台”打造“党领导的全面依法治国网上舆论阵地、权威信息平台和重要宣传窗口”。

图 7-8 法治网

例如，中国互联网络信息中心（http://www.cnnic.net.cn/）负责国家网络基础资源的运行管理和服务，承担国家网络基础资源的技术研发和安全保障，开展互联网发展研究并提供咨询，促进全球互联网的开放合作和技术交流，不断追求成为“专业·责任·服务”的世界一流互联网络信息中心，如图 7-9 所示。

图 7-9　中国互联网络信息中心网站

2. 内容丰富

网站内容丰富即网站展示的主题内容要尽可能完整、全面,尽可能满足用户的一站式服务。一站式服务是指客户的所有需求在一个网站平台内都可以得到解决,没有必要找第二个、第三个网站。

例如,中国庐山网对于景点庐山的介绍是最全、最专业的,不仅通过文字、图片、视频进行介绍,还运用了虚拟技术全景展示了景点,特别是旅游方面的内容也介绍得相当全面,主页中部左侧有一个“游购娱吃住行”便捷导航栏,可以帮助浏览者快速找到自己想要的内容,如图 7-10 所示。如果要做景点类的网站,认真研究中国庐山网一定会大有收获。

图 7-10　中国庐山网

例如，学生制作的网站“瓦罐煨汤”详细介绍了江西省南昌市的特色瓦罐煨汤小吃，从瓦罐汤的由来、品种、搭配小吃、做法、店家推荐等多方面入手，将南昌这一地方特色小吃描述得非常详细，让人在品尝美食的同时收获一份文化，如图 7-11 所示。

图 7-11　学生网站作品——瓦罐煨汤

7.2.3　表现形式多样

表现形式多样是指不仅通过基本的文字、图片表达网站内容，还运用音频、视频、动画和特效等多媒体技术增加网页的生动性和趣味性。

例如，学生制作的化妆品网站“七十二变”如图 7-12 所示。该网站首页巧妙地运用了动画、文本滚动特效和嵌入式视频等多种手段介绍化妆品，形式多样，让页面充满了活力，整体效果不错。

7.2.4　提高原创成分

一般来说，网站的原创成分越多，用户的黏度越高，原创成分包括内容原创和设计原创。

1）内容原创。

一个含有大量原创内容的网站一般价值比较高，例如文学述评、随笔、读后感、旅行日记等，这些一手的资源都深受用户喜欢。所以景点类网站，例如中国庐山网就专门开辟了旅游攻略栏目，内设自游攻略和旅游日记两个子栏目，供游客发布原创文章。

例如，起点中文网是国内的原创文学网站之一（如图 7-13 所示），2021 年小说网站排行榜位居第 1 名。起点中文网以推动中国原创文学事业为宗旨，长期致力于原创文学作者的挖掘与培养，因此拥有大量的原创内容，吸引了众多小说爱好者。

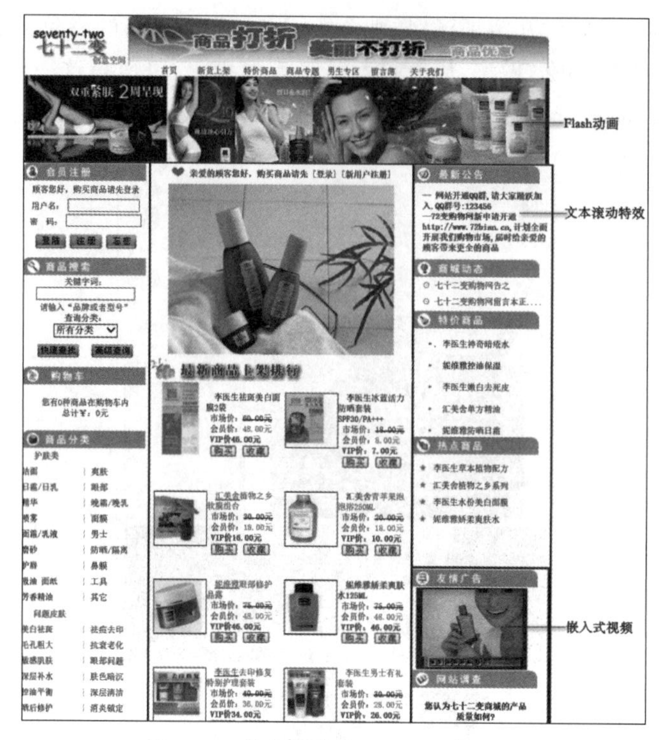

图 7-12　学生网站作品——七十二变

图 7-13　起点中文网首页

2）设计原创

独特的网站 Logo、特有的花边、专属的布局方式等都属于设计原创。通过对这些原创设计的识别可以引发联想和增强记忆，从而提高网站的认知度和美誉度。

例如，红牛官网首页以红色作为主色调(如图 7-14 所示)，与品牌中的“红”字相对应。网站 Logo 的设计是水平方向从左往右依次显示中文、图形和英文的“红牛”，在饮料瓶上则是垂直方向从上往下依次排列图形、英文和中文的“红牛”，原创 Logo 的辨识度高，不用解释，一目了然。类似的还有中国工商银行的标志、大众汽车的标志等。

图 7-14 红牛官网

7.3 使用性

7.3.1 导航清晰易用

在网站设计中，通过导航把一个个独立的网页联系起来而形成完整有序的网站，因此导航设计就成为网站建设中的一个关键点。浏览者访问网站时，如果导航系统不清晰、操作复杂，浏览者找到他们想要的网站信息可能会需要较长时间，甚至找不到，从而影响网站的信息传递。

网站导航设计就是要让用户快速有效地浏览网站，准确找到自己所需的信息，进而增加网站黏度，达到优化网站用户体验的目的。因此，导航设计应做到以下两点。

(1) 网站导航的结构应清晰明了、简洁直观。浏览者在使用导航时，能对网站逻辑结构一目了然，从而使浏览者可以快速找到自己所找的栏目，进而获取自己所需的信息。

(2) 网站导航系统的链接应醒目，操作应尽可能地简单，让浏览者能够快速找到所要点击的链接，并用尽量少的点击次数找到所需的内容。

例如，小米商城网站(https://www.mi.com/)的首页如图 7-15 所示，该页面给出了多条查找商品的通道：页面上方的导航栏列出了一些常购商品的链接，便于用户快速查找；页面左侧用分类的方式列出了小米的所有产品，单击产品大类，页面中部将列出该大类下的所有商品，用户可以根据需求进行二次选择，直至找到心仪商品。

7.3.2 栏目设置丰富

网站栏目设置要合理、丰富，栏目名称要准确、简明直观，并有特色专题栏目。主栏目和子栏目的个数要合理，层次分明。

例如，本教材配套的多媒体教学课件的首页如图 7-16 所示，左上为课件 Logo，中间两列，一列用计算机屏幕体现课件名称，另一列呈现课件的所有栏目，下面为版权栏，整体设计干脆利落、简单明了。单击“教学课件”按钮即可进入“教学课件”栏目，如图 7-17 所示，该页采用了混合式框架设计，上框架为 Logo 和导航栏，下框架又分为左右框架，左框架为课件目录，右框架为课件内容，设计合理，实用性强。

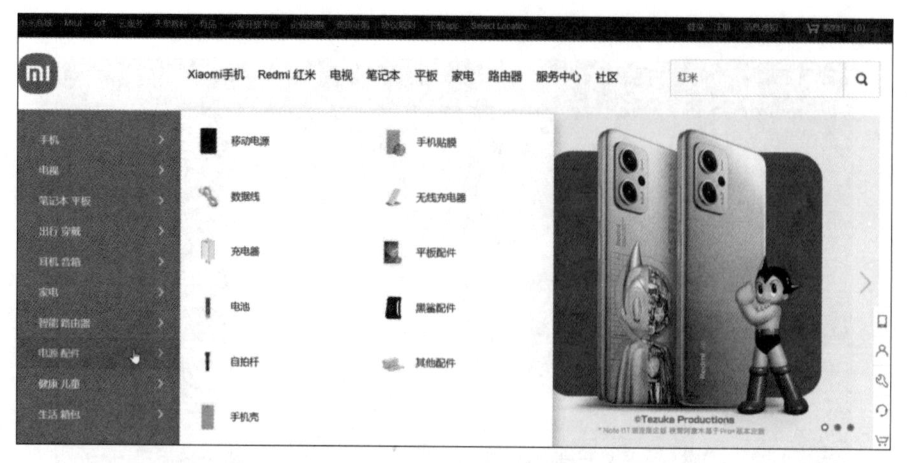

图 7-15　小米商城网站首页

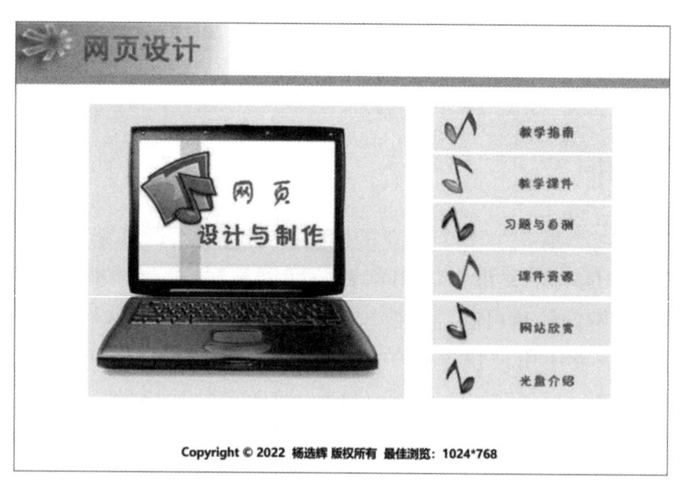

图 7-16　课件首页

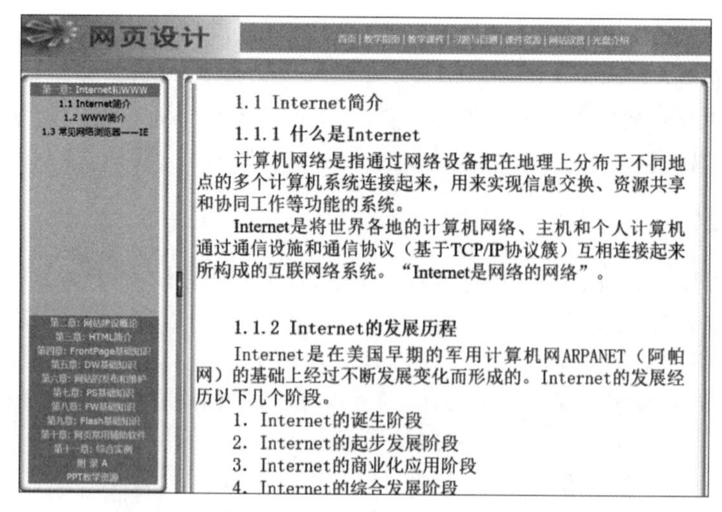

图 7-17　“教学课件”子栏目

7.3.3　结构简洁合理

网页结构设计实际上是对网页内容布局进行规划，网站结构的好坏会直接影响用户体验。因此，页面结构布局合理、区域划分一目了然、内容主次分明都能很好地提高用户体验。简洁性是网页设计首先需要遵循的原则，在具体设计时应注意以下 3 点。

(1) 颜色：不宜太多，在设计中使用 3～7 种不同的颜色为宜，主色不超过 3 种；文本颜色需要避免过于显眼突兀的配色，并始终确保它与背景颜色形成对比，以确保可读性。

(2) 字体：字体应该高度易读，不要使用过于艺术化的字体，通常建议在一个页面中最多使用 3 种不同的字体和字体大小；此外，字体大小要适中，字体较大会影响整个页面的布局和美感；字体较小则可读性较差。

(3) 图形：网页中出现的图形应当具有功能性，而不应仅仅是为装饰和视觉效果而使用。

例如，W3school 学习网站是完善的在线教程网站，整个网站结构和谐，顶部 Logo 设计简洁，主页三列分布便捷，网页内容突出，如图 7-18 所示；CSS 教程的学习界面如图 7-19 所示。

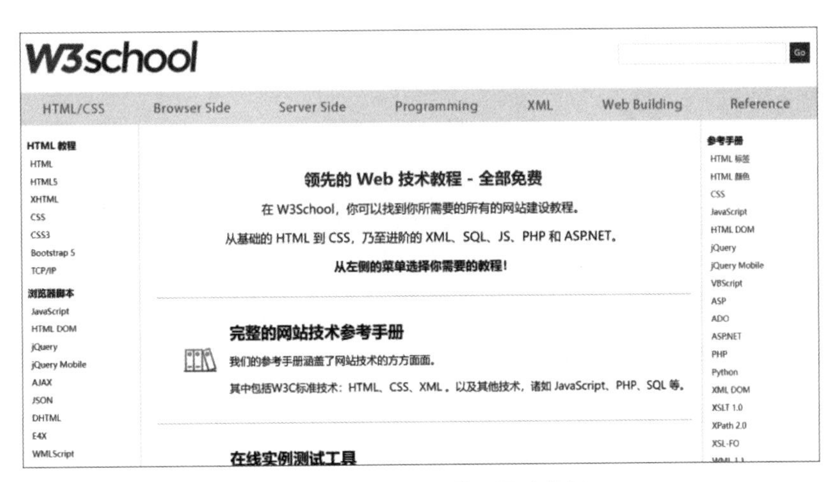

图 7-18　W3school 学习网站首页

图 7-19　CSS 教程的学习界面

7.4 艺术性

7.4.1 布局巧妙,构思独特

布局就是以最适合浏览的方式将图片和文字等网页元素排放在页面的不同位置,各区域的切割应符合美学原理。从整体看,版面的设计通过文字、图形等的空间组合表达出和谐与美,整体布局达到合理化、有序化;从局部看,栏间距、行间距、图文间距要恰当,图标、线条设计要精致,文字的字体、字号、字色运用要科学,前景色和背景色要互映生辉。如果有出人意料的版面设计,则会让人拍案叫绝、流连忘返。

例如,学生制作的一个手机服务网站"手机集中营"如图 7-20 所示,它巧妙地利用了诺基亚 7600 型号的手机作为主界面。这款造型独特的手机带给人很多想象:例如手机按键可以代表手机品牌,但如何进行排序可以思考;手机屏幕可以运用嵌入式框架,当单击按键后,屏幕将出现什么内容可以进一步思考。

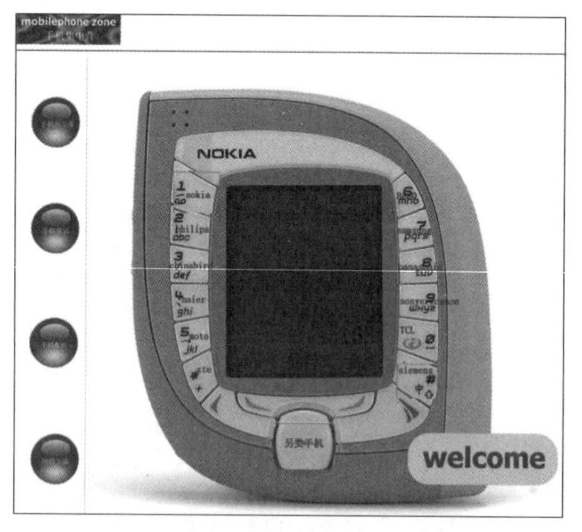

图 7-20 学生网站作品——手机集中营

例如,网上的一个网页作品如图 7-21 所示,它的"家庭影院"栏目的设计就非常有新意、

图 7-21 网上网站作品首页

有特色；在首页选择“家庭影院”栏目后会进入一个仿真家庭影院间，如图 7-22 所示，巧妙的界面设计让人身临其境，感同身受；单击右下方的“显示列表”按钮可以弹出歌曲播放清单供用户选择，如图 7-23 所示。

图 7-22　“家庭影院”栏目

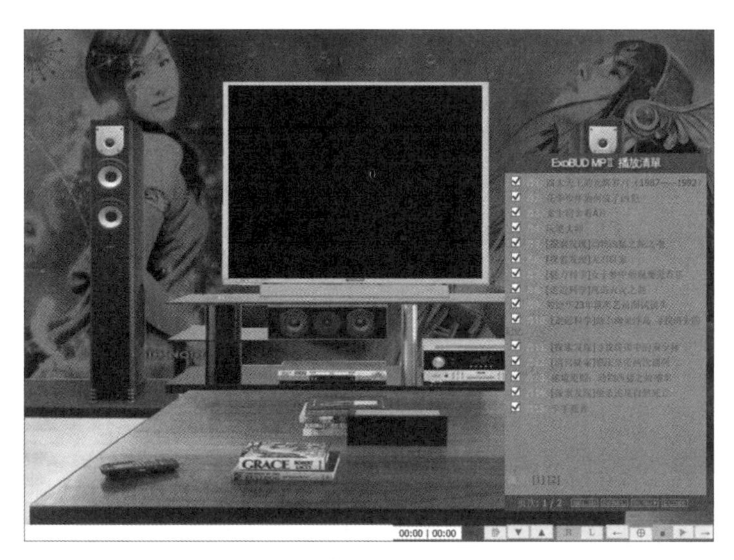

图 7-23　“家庭影院”播放清单

7.4.2　色彩均衡，搭配恰当

在网站设计中，色彩展现的不仅是设计华丽的外表，更是一种具有丰富情感和象征性的语言，因此，色彩搭配是一项十分重要的工作。要根据网站特点及受众进行分析，确定要选用的色彩及配色原则，使网站具有更强的视觉冲击力。

网页色彩应当均衡，要突现可读性，切忌将所有颜色都用到，一般色彩控制在 3 种以内；

要避免采用花纹类的复杂图片和纯度很高的色彩作为背景色,同时背景色要与文字的色彩对比强烈,可视度要高;进行色彩搭配时,要遵循艺术规律,从而设计出色彩鲜明、性格独特的网站。

例如,中国高等教育学生信息网(https://www.chsi.com.cn/)是一个教育类的网站,首页如图 7-24 所示,网页的色调以天蓝色为主,蓝色具有让人感觉凉爽、清新、专业的色性。

图 7-24 中国高等教育学生信息网

例如学生制作的一个参赛作品,该比赛要求设计一个校党建网站。图 7-25 所示是一个网站引导页,该页上下两道红色块的运用特别醒目,衬托着中间浮雕上的“红土地”三个字,非常恢宏、大气;单击引导页底部的“进入首页”按钮可以进入如图 7-26 所示的网站首页,整个页面以红色为主色调,特别是 banner、导航栏和版权页上大块红色的运用,搭配中部红色栏目条的使用,很好地烘托了党建主题,色彩运用十分到位。

图 7-25 学生网站作品——党建网引导页

图 7-26　学生网站作品——党建网首页

7.4.3 风格新颖,富有创意

网页除了应设计整齐、美观、清晰易用、图片运用恰当之外,整体风格也要符合主题定位的需要,此外,网站还可以含有一些个性化、富有创意的项目以体现网站特点。创意贵在创新,新的构思、新的布局、新的表现手法都能瞬间吸引浏览者的眼球,产生不同凡响的感染力,让人注目思考。

例如,学生制作的一个个人休闲网站,进入网站映入眼帘的是网站的引导页面,如图 7-27 所示,一瞬间给人的感觉是点错了按钮、进错了页面或机器出了问题,其实是这个引导页模仿了 Windows 操作系统的锁屏开机界面,意想不到的创意让人印象深刻;在引导页中单击“风一样的男子”按钮进入网站,让人再次惊讶的是模仿 Windows 操作系统工作界面的首页,如图 7-28 所示,单击左边的相关按钮可以进入对应子栏目。所以创意带给人的是惊喜、惊叹和惊讶,我们需要这种感觉!

例如,网上的一个网页作品“365 爱学网”如图 7-29 所示,整个网站犹如置身于浩瀚宇宙中的一个星球,网站 Logo 位于页面中间,牵引着 10 个子栏目,光标移上去,栏目区字体会放大并出现栏目的介绍框,伴随着声音效果让人充满了好奇和神秘感,创意十足。

图 7-27　学生网站作品——Windows 风格的引导页

图 7-28　学生网站作品——Windows 风格的首页

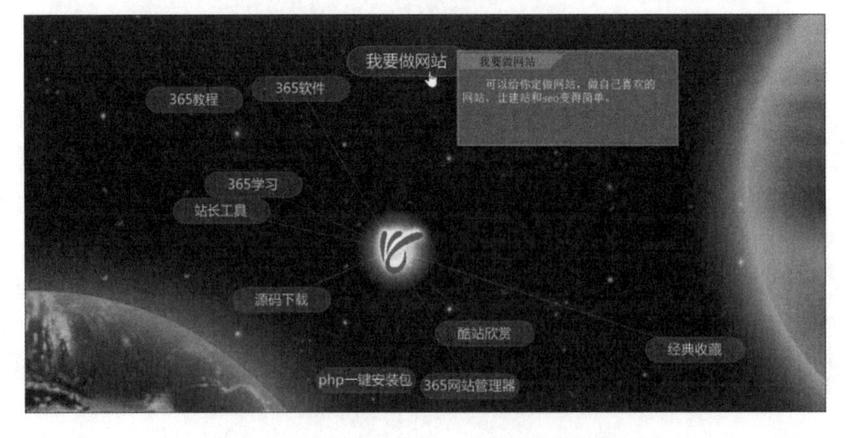

图 7-29　网上网站作品——365 爱学网首页

思考与练习

问答题

(1) 针对表7-1所示的网站评价指标体系提出你的看法,并说明理由。

(2) 可以从哪些方面赏析网站的内容性?

(3) 如何提升网站的价值性?

(4) 找出一些在布局或风格方面有特色的网站并与大家分享。

(5) 举例说明网站颜色搭配的重要性。

(6) 针对一个网站,试写一份网站赏析报告。

第 8 章　利用 CSS 修饰网页元素

使用 HTML 只能对网页元素进行一些简单的样式设置，而使用 CSS 则更加灵活、精确。本章将介绍如何使用 CSS 对文本、图像、表格、表单、超链接、列表、导航菜单等网页元素进行样式设置。

8.1 设置文本样式

不管网页内容如何丰富，文本自始至终是网页中最基本的元素，在网页中添加文本并不难，但使用 CSS 可以对文本效果进行更精确的控制，让文本看上去编排有序、整齐美观。CSS 样式中，有关文本控制的常用属性如表 8-1 所示。

表 8-1　文本控制的常用属性

属性名称	说　明	属性名称	说　明
font-family	设置字体类型	color	设置文本颜色
font-size	设置字体大小	background-color	设置文本的背景颜色
font-weight	设置字体粗细	text-decoration	设置文本的修饰效果
font-style	设置字体倾斜		

8.1.1 设置字体类型

功能：在 CSS 中，利用 font-family 属性可以控制文字的字体类型。

语法：

```
font-family: 字体名称
```

参数：字体名称按优先顺序排列，以逗号隔开。如果字体名称包含空格，则用引号括起。

说明：一般来说，浏览者的计算机中不会安装诸如“方正卡通简体”等特殊字体，因此如果网页设计者使用这些特殊字体，则极有可能造成浏览者看到的页面效果与设计者的本意存在很大的差异，为了避免这种情况发生，一般使用系统默认的“宋体”“仿宋体”“黑体”和 Arial 等常规字体，如果一定要用特殊字体，则可以将其制作成图片并插入页面。

【例 8-1】　字体设置，本例的页面显示效果如图 8-1 所示。

```
<html>
<head>
<title>字体设置</title>
```

```
<style type="text/css">
  h1{
    font-family:黑体;
  }
  p{
    font-family: Arial, "Times New Roman";
  }
</style>
</head>
<body>
<h1>什么叫超链接?</h1>
<p>超链接是指从一个网页指向一个目标的连接关系,这个目标可以是另一个网页、一张图片、一个动画、一个文件,甚至是一个应用程序。超链接是一个网站的精髓,通过超链接将各个网页链接在一起后,才能真正构成一个网站。</p>
</body>
</html>
```

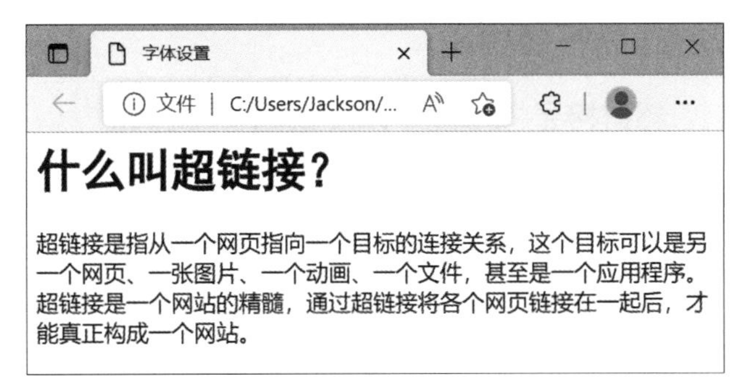

图 8-1 设置字体后的页面显示效果

8.1.2 设置字体尺寸

功能：在设计页面时,可以使用不同尺寸的字体突出要表现的主题内容。

语法：

```
font-size: 绝对尺寸 | 相对尺寸 | 百分比
```

参数：属性的值可以有多种指定方式,绝对尺寸、相对尺寸、百分比都可以用来定义字体的尺寸。

【例 8-2】 字体尺寸设置,本例的页面显示效果如图 8-2 所示。

```
<html>
<head>
<title>字体尺寸设置</title>
<style type="text/css">
  h1{
    font-family:黑体;
  }
```

```
  p{
    font-family: Arial, "Times New Roman";
    font-size:22pt;
  }
</style>
</head>
<body>
<h1>什么叫超链接?</h1>
<p>超链接是指从一个网页指向一个目标的连接关系,这个目标可以是另一个网页、一张图片、一个动画、一个文件,甚至是一个应用程序。超链接是一个网站的精髓,通过超链接将各个网页链接在一起后,才能真正构成一个网站。</p>
</body>
</html>
```

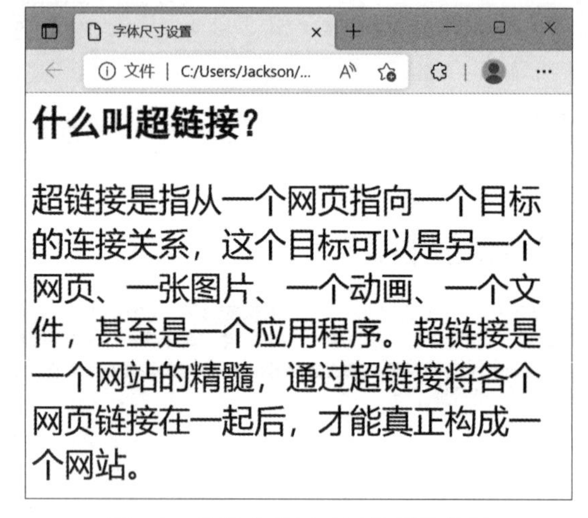

图 8-2 设置字体尺寸后的页面效果

8.1.3 设置字体粗细

功能：设置文本字体的粗细。

语法：

```
font-weight: normal | bold | bolder | lighter | 100-900
```

参数：normal 表示默认,bold 表示粗体,bolder 表示粗体再加粗,lighter 表示比默认字体更细,100～900 共分为 9 个层次(100,200,…,900),数字越小字体越细,数字越大字体越粗,数字值 400 相当于关键字 normal,数字值 700 相当于关键字 bold。

【例 8-3】 字体粗细设置,本例的页面显示效果如图 8-3 所示。

```
<html>
<head>
<title>字体粗细设置</title>
```

```
<style type="text/css">
  .one {
    font-weight:bold;
    font-size:30px;
  }
  .two {
    font-weight:400;
    font-size:30px;
  }
  .three {
    font-weight:900;
    font-size:30px;
  }
</style>
</head>
<body>
钱学森:<span class="one">不要失去信心,只要坚持不懈,就终会有成果的。</span>华罗庚:<span class="two">天才在于积累,聪明在于勤奋。</span>毛泽东:<span class="three">多少事,从来急;天地转,光阴迫。一万年太久,只争朝夕。</span>
</body>
</html>
```

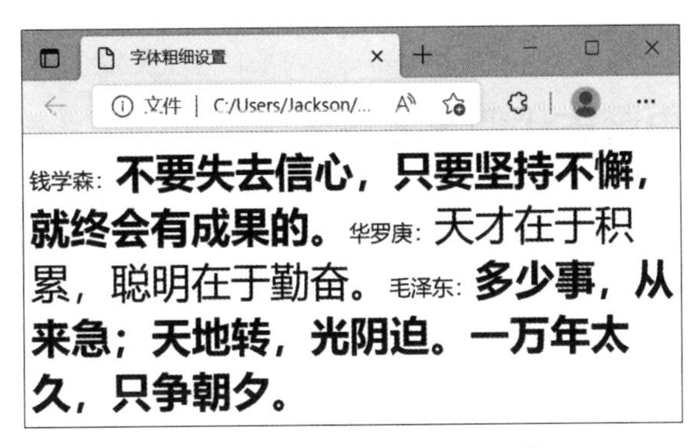

图 8-3　设置字体粗细后的页面效果

8.1.4　设置字体倾斜

功能：使用 CSS 中的 font-style 属性可以设置字体的倾斜效果。

语法：

```
font-style: normal | italic | oblique
```

参数：normal 为正常(默认值),italic 为斜体,oblique 为倾斜体。

【例 8-4】　字体倾斜设置,本例的页面显示效果如图 8-4 所示。

```
<html>
```

```
<head>
<meta charset="gb2312">
<title>字体倾斜设置</title>
<style type="text/css">
  h1{
    font-family:黑体;
  }
  p.italic {
    font-family: Arial, "Times New Roman";
    font-style:italic;
  }
</style>
</head>
<body>
<h1>中国古代四大发明</h1>
<p class="italic">四大发明是中国古代创新的智慧成果和科学技术,包括造纸术、指南针、火药、印刷术。</p>
</body>
</html>
```

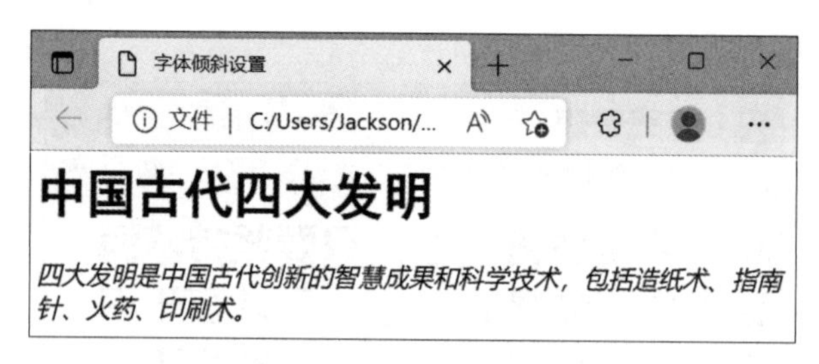

图 8-4 设置字体倾斜后的页面效果

8.1.5 设置文本颜色

功能：对文字增添颜色效果。

语法：

```
color:颜色值;
```

参数：颜色值可以有多种表达方式。

- 用颜色的英文名称,如 color:red;
- 用颜色的十六进制值,如 color:#000000;
- 用颜色的 RGB 代码,如 color: rgb(128,80,210)。

【例 8-5】 文字颜色设置,本例的页面显示效果如图 8-5 所示。

```
<html>
<head>
```

```
<title>文本颜色设置</title>
<style type="text/css">
body {
  color:blue;
}
h1 {
  color:#008000;
}
p.red {
  color:rgb(255,0,0);
}
</style>
</head>
<body>
<h1>我是标题 1,我被设置成了绿色</h1>
<p class="red">我喜欢红色,因此我用 RGB 值把自己设置成了红色!</p>
<p>由于在 body 中定义了页面文本颜色为蓝色,因此没有应用任何样式的普通段落的文字都为蓝
色,本段话为蓝色。</p>
</body>
</html>
```

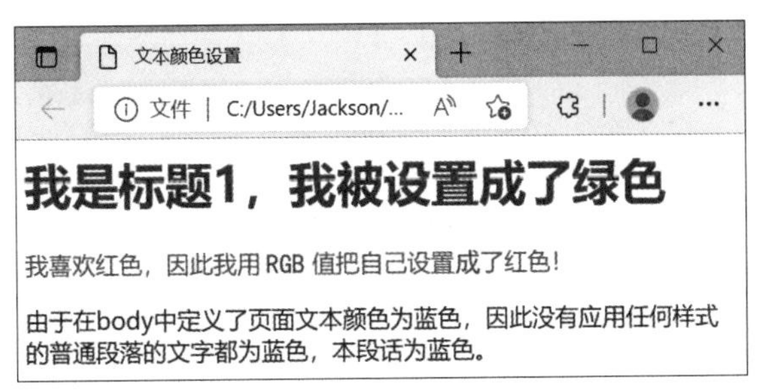

图 8-5　设置文本颜色后的页面效果

8.1.6　设置文本的背景颜色

功能：在 HTML 中，可以使用标签的 bgcolor 属性设置网页的背景颜色，而在 CSS 中，不仅可以用 background-color 属性设置网页的背景颜色，还可以设置文字的背景颜色。

语法：

```
background-color: color | transparent
```

参数：color 用来指定颜色；transparent 表示透明，是浏览器的默认值。background-color 不能继承，如果一个元素没有指定背景色，则背景色是透明的，这样才能看到其父元素的背景。

【例 8-6】　设置文字的背景颜色，本例的页面显示效果如图 8-6 所示。

```
<html>
<head>
```

```
<title>设置背景颜色</title>
<style>
body {
  background-color: green;
}
h1{
  background-color:#FFFF00;
}
p{
  background-color:rgb(0,255,255);
}
</style>
</head>
<body>
<h1>我是标题 1,我的背景颜色是黄色的</h1>
<p>整个页面的背景颜色设置了绿色,但我这一段例外,我给它设置了蓝色的背景颜色!
</p>
</body>
</html>
```

图 8-6　设置背景颜色后的页面效果

8.1.7　设置文本的修饰效果

功能：使用 CSS 样式可以对文本进行简单的修饰，text 属性提供的 text-decoration 属性可以实现给文本加下画线、上画线和删除线等效果。

语法：

```
text-decoration: underline | overline | line-through | none
```

参数：underline 为下画线，overline 为上画线，line-through 为贯穿线，none 为无修饰效果。

【例 8-7】　文本修饰设置，本例的页面显示效果如图 8-7 所示。

```
<html>
<head>
<title>文本修饰效果设置</title>
```

```
<style type="text/css">
  p.one {
    font-size:30px;
    text-decoration: overline;
  }
  p.two {
    font-size:30px;
    text-decoration: line-through;
  }
  p.three {
    font-size:30px;
    text-decoration: underline;
  }
</style>
</head>
<body>
效果一: <p class="one">我是上画线!看清楚了吗?</p>
效果二: <p class="two">我是贯穿线!我在中间哈!</p>
效果三: <p class="three">我是下画线!我到下面来了!</p>
</body>
</html>
```

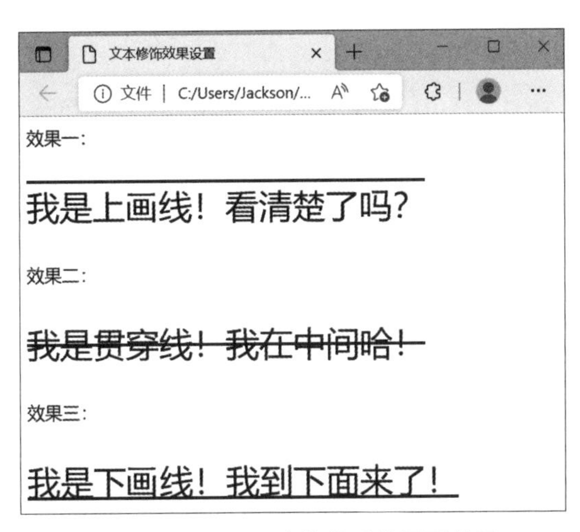

图 8-7　设置了文本修饰后的页面效果

8.2　设置段落样式

网页的排版除了需要对文字进行设置，还需要对文字段落进行设置，CSS 样式中有关段落控制的常用属性如表 8-2 所示。

表 8-2　段落控制的常用属性

属性名称	说　明	属性名称	说　明
text-align	设置文本水平对齐方式	line-height	设置行间距
text-indent	设置首行缩进	letter-spacing	设置字符间距
first-letter	设置首字下沉	text-overflow	设置文本溢出效果

8.2.1　设置文本水平对齐方式

功能：使用 CSS 样式中的 text-align 属性可以设置网页中文本的水平对齐方式。

语法：

```
text-align: left | right | center | justify
```

参数：left 为左对齐，right 为右对齐，center 为居中，justify 为两端对齐。

【例 8-8】　设置文本的对齐方式，本例的页面显示效果如图 8-8 所示。

```
<html>
<head>
<title>文本对齐方式设置</title>
<style type="text/css">
  h1{
    font-family:黑体;
    text-align: center;
  }
  p{
    font-family: Arial, "Times New Roman";
    text-align: left;
  }
  p.right{
    text-align: right;
  }
</style>
</head>
<body>
<h1>“网站设计与开发”课程简介</h1>
<p class="right">作者: 杨选辉</p>
<p>本课程将以目前流行的网页设计软件作为技术支持，由浅入深系统地介绍了网页的构思、规划、制作和网站建设的全过程，帮助初学者在最短的时间快速掌握 HTML、CSS 及常用网页设计工具的使用，培养学生掌握制作网页、建立网站的能力，为将来建设动态网站打下基础。</p>
</body>
</html>
```

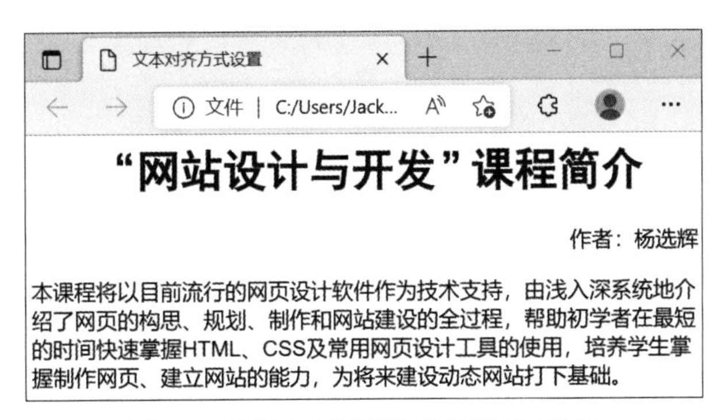

图 8-8　设置文本对齐方式后的页面效果

8.2.2　设置首行缩进

功能：将段落的第一行从左向右缩进一定的距离，本段落的其他行保持不变，以便于阅读和区分文章结构。

语法：

```
text-indent: length
```

参数：length 为百分比数值或由浮点数字、单位标识符组成的长度值，允许为负值。

说明：使用 text-indent 可以定义两种缩进方式：一种是直接定义缩进的长度；另一种是定义缩进百分比。而最常用的是用 2em 表示缩进两个汉字的距离，1em 等于 1 个中文字符，两个英文字符相当于一个中文字符。如果用户需要让英文段落的首行缩进两个英文字符，则只需要设置“text-indent:1em;”即可。

【例 8-9】　设置段落的首行缩进，本例的页面显示效果如图 8-9 所示。

```
<html>
<head>
<title>首行缩进设置</title>
<style type="text/css">
  h1{
    font-family:黑体;
  }
  p.one{
    font-family: Arial, "Times New Roman";
    text-indent:2em;
  }
  p.two{
    font-family: Arial, "Times New Roman";
    text-indent:2cm;
  }
  p.three{
```

```
    font-family: Arial, "Times New Roman";
    text-indent:10%;
  }
</style>
</head>
<body>
<h1>Internet 的功能</h1>
<p class="one">1.信息的获取与发布</p>
<p class="two">2.电子邮件(E-mail)服务</p>
<p class="three">3. 网上事务处理</p>
</body>
</html>
```

图 8-9　设置文本对齐方式后的页面效果

8.2.3　设置首字下沉

功能：选中元素内容中的第一个字符，设置其字体大小，还可以让它向下移动一定距离，实现首字下沉效果。

语法：

```
元素: first-letter{ font-size,color,margin,padding,float…}
```

说明：在"{}"中使用 font-size 等属性可以设置元素内容首字符的大小等，还可以通过 float 属性实现首字下沉效果。

【例 8-10】　设置段落的首字下沉，本例的页面显示效果如图 8-10 所示。

```
<html>
<head>
<title>首字下沉设置</title>
<style type="text/css">
  h1{
    font-family:黑体;
  }
  p:first-letter {
    float:left;            /* 设置浮动,其目的是占据多行空间 */
    font-size:2em;         /* 设置下沉字体的大小为其他字体的 2 倍 */
    font-weight:bold;      /* 设置首字体加粗显示 */
  }
</style>
```

```
</head>
<body>
<h1>端午节的由来</h1>
<p>端午节起源于中国,最初为古代百越地区(长江中下游及以南一带)崇拜龙图腾的部族举行图腾祭祀的节日,百越之地春秋之前有在农历五月初五以龙舟竞渡形式举行部落图腾祭祀的习俗。后因战国时期的楚国诗人屈原在该日抱石跳汨罗江自尽,统治者为树立忠君爱国标签将端午作为纪念屈原的节日。</p>
</body>
</html>
```

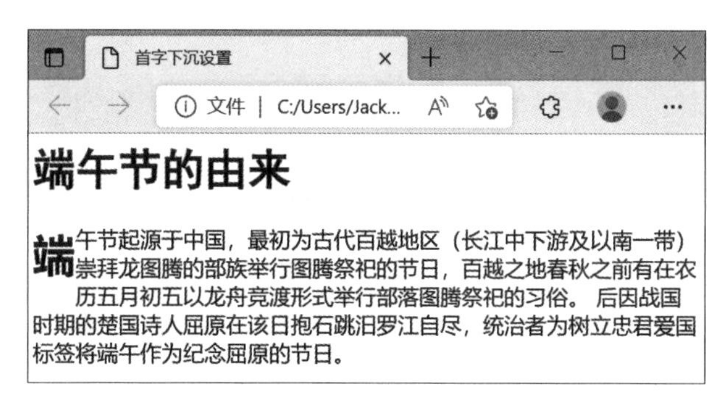

图 8-10　设置首字下沉后的页面效果

8.2.4　设置行间距

功能：段落中两行文字之间的垂直距离称为行间距。在 HTML 中是无法控制行高的，在 CSS 样式中，使用 line-height 属性可以控制行与行之间的垂直间距。

语法：

```
line-height: length | normal
```

参数：length 为由百分比数字或由数值、单位标识符组成的长度值，允许为负值，其百分比取值基于字体的高度尺寸；normal 为默认行间距。

【例 8-11】　设置行间距离，本例的页面显示效果如图 8-11 所示。

```
<html>
<head>
<title>行间距设置</title>
<style type="text/css">
  h1{
    font-family:黑体;
  }
  p.have {
    line-height:200%;                    /* 使用百分比值设置行高为 200% */
    color:red;
  }
```

```
</style>
</head>
<body>
<h1>看看下面两段行间距的不同</h1>
<p>我的行间距是正常的：故天将降大任于是人也，必先苦其心志，劳其筋骨，饿其体肤，空乏其身，行拂乱其所为，所以动心忍性，曾益其所不能。</p>
<p class="have">我的行间距是增加了的：故天将降大任于是人也，必先苦其心志，劳其筋骨，饿其体肤，空乏其身，行拂乱其所为，所以动心忍性，曾益其所不能。</p>
</body>
</html>
```

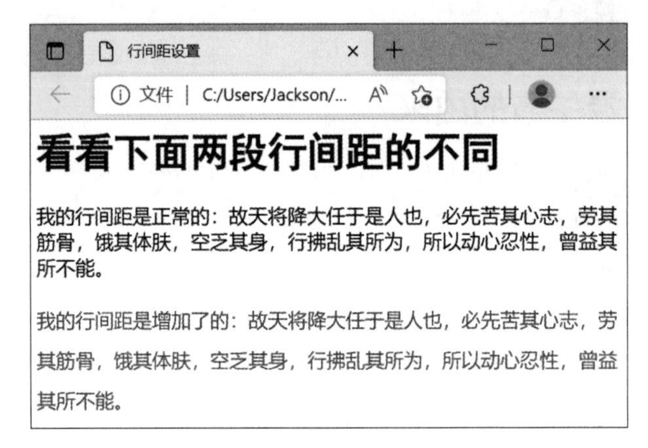

图 8-11　设置行间距后的页面效果

8.2.5　设置字符间距

功能：设置字符与字符之间的距离。

语法：

```
letter-spacing: length | normal
```

参数：normal 指默认，定义字符间的标准间距；length 指由浮点数字和单位标识符组成的长度值，允许为负值，设置负值可让字符之间变得更加拥挤。

【例 8-12】　设置字符间距，本例的页面显示效果如图 8-12 所示。

```
<html>
<head>
<title>字符间距设置</title>
<style type="text/css">
p.loose {
  letter-spacing: 30px;
}
p.tight {
```

```
    letter-spacing: -0.25em;
  }
  </style>
  </head>
  <body>
  <h1>注意看清楚下面字符间距的变化</h1>
  <p>我是默认的标准字符间距</p>
  <p class="loose">我们之间排得松散一些</p>
  <p class="tight">我们之间排得紧凑一些</p>
  </body>
  </html>
```

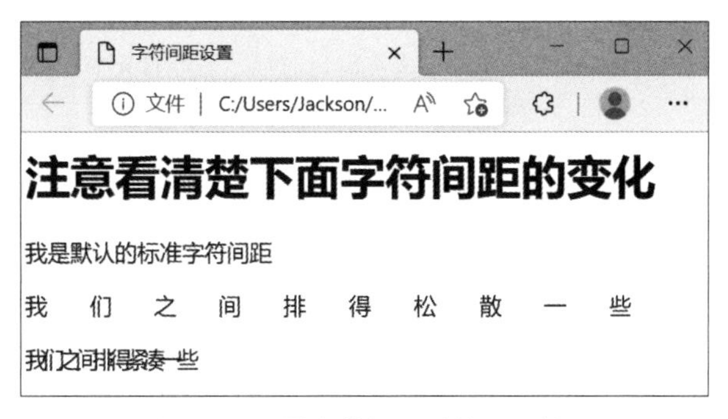

图 8-12　设置字符间距后的页面效果

8.2.6　设置文本溢出效果

功能：利用 text-overflow 属性定义文本溢出时省略文本的表现方式。要实现文本溢出时产生省略效果，还要同时定义：强制文本在一行内显示（white-space：nowrap）及溢出内容为隐藏（overflow：hidden）。

语法：

```
text-overflow: clip | ellipsis
```

参数：clip 用于定义简单的裁切，不显示省略符号（…）；ellipsis 用于定义文本溢出时显示省略符号（…）。

【例 8-13】　设置文本溢出的效果，本例的页面显示效果如图 8-13 所示。

```
<html>
<head>
<title>文本溢出效果设置</title>
<style type="text/css">
  h1{
    font-family:黑体;
```

```
    }
    p.clip{
    width:350px;                    /* 设置裁切的宽度 */
    height:20px;                    /* 设置裁切的高度 */
    overflow:hidden;                /* 溢出隐藏 */
    white-space:nowrap;             /* 强制文本在一行内显示 */
    text-overflow:clip;             /* 当文本溢出时不显示省略标记(…) */
    }
    p.ellipsis{
    width:350px;
    height:20px;
    overflow:hidden;
    white-space:nowrap;
    text-overflow:ellipsis;         /* 当文本溢出时显示省略标记(…) */
    }
</style>
</head>
<body>
<h1>溢出的两种表现效果</h1>
<p class="clip">《网站设计与开发》课程将以目前流行的网页设计软件作为技术支持,由浅入深系统地介绍了网页的构思、规划、制作和网站建设的全过程,帮助初学者在最短的时间快速掌握HTML、CSS及常用网页设计工具的使用。</p>
<p class="ellipsis">《信息系统分析与设计》课程按照传统的结构化开发方法由浅入深、完整地介绍了信息系统的设计与开发的全过程;还着重介绍了当前最为流行的面向对象的信息系统分析与设计方法。</p>
</body>
</html>
```

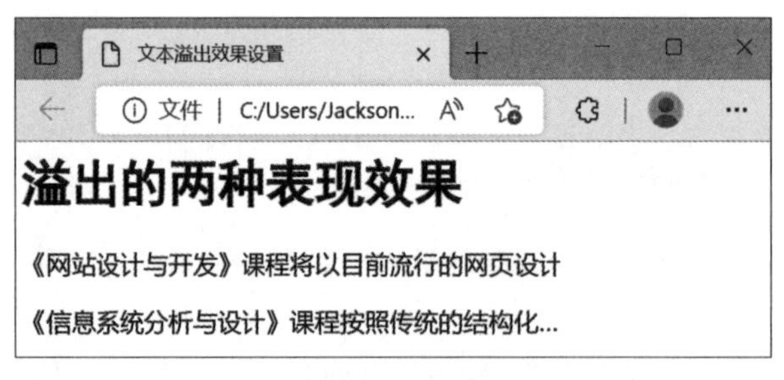

图 8-13　设置文本溢出后的页面效果

8.3 设置图像样式

图像是网页中不可缺少的内容,它能使页面更加丰富多彩。在 HTML 中,虽然能对图像做一些修饰,但利用 CSS 不但可以更加精确地调整图像的各种属性,实现很多特殊的效果,还可以进行批量管理。CSS 样式中有关图像控制的常用属性如表 8-3 所示。

表 8-3　图像控制的常用属性

属性名称	说　明
border	设置图像边框
width、height	设置图像缩放
text-align	设置图像横向对齐方式
vertical-align	设置图像纵向对齐方式
background-image	设置背景图像
background-repeat	设置背景重复
background-position	设置背景图像定位

8.3.1　设置图像边框

在 HTML 中，可以直接通过<img>标记的 border 属性为图像添加边框，属性值为边框的粗细，以像素为单位，当设置 border 属性值为 0 时，显示为没有边框。如图 8-14 上方所示，图像的边框从左往右依次加粗。然而使用这种方法存在很大的限制，即所有的边框都只能是黑色实线，风格也十分单一。如果希望更换边框的颜色或者换成虚线边框，仅仅依靠 HTML 是无法实现的，可以利用 CSS 样式美化图像的边框，美化效果如图 8-14 下方所示。

【例 8-14】　设置图像边框，本例的页面显示效果如图 8-14 所示。

```
<html>
<head>
<title>边框设置</title>
<style type="text/css">
.test1{
  border-style:dotted;                    /* 边框为点画线 */
  border-color:#FF0000;                   /* 边框颜色为红色 */
  border-width:4px;                       /* 边框粗细为 4px */
  margin:2px;
}
.test2{
   border-style:dashed;                   /* 边框为虚线 */
   border-color:blue;                     /* 边框颜色为蓝色 */
   border-width:2px;                      /* 边框粗细为 2px */
   margin:2px;
}
.test3{
   border-style:solid dotted dashed double;
                          /* 按上、右、下、左的顺序依次为实线、点画线、虚线和双线边框 */
   border-color:red green blue purple;
                          /* 按上、右、下、左的顺序边框颜色依次为红色、绿色、蓝色和紫色 */
   border-width:1px 2px 3px 4px;
                          /* 按上、右、下、左的顺序边框粗细依次为 1px、2px、3px 和 4px */
```

```
    margin:2px;
  }
  </style>
  </head>
  <body>
    <img src="images/scenery.jpg" border="0">
    <img src="images/scenery.jpg" border="1">
    <img src="images/scenery.jpg" border="5">
    <p><img src="images/scenery.jpg" class="test1">
    <img src="images/scenery.jpg" class="test2">
    <img src="images/scenery.jpg" class="test3"></p>
  </body>
  </html>
```

图 8-14　设置图像边框后的页面效果

说明：如果希望分别设置4条边框的样式，只需要分别设定 border-left、border-right、border-top 和 border-bottom 的样式即可，依次对应左、右、上、下4条边框。

8.3.2　设置图像缩放

使用 CSS 样式中的 width 和 height 两个属性可以控制图像的缩放。需要注意的是，当 width 和 height 两个属性的取值使用百分比数值时，它是相对于父元素而言的。如果将这两个属性设置为相对于 body 的宽度或高度，就可以实现在浏览器窗口改变的同时图像大小也发生相应变化的效果。

【例 8-15】　设置图像的缩放，本例的页面显示效果如图 8-15 所示。

```
<html>
<head>
<title>图片缩放设置</title>
<style type="text/css">
  #box {
    padding:2px;
    width:550px;
    height:280px;
    border:2px dashed red;
  }
  img.test1{
    width:30%;              /* 相对宽度为 30% */
    height:60%;             /* 相对高度为 60% */
  }
  img.test2{
    width:150px;            /* 绝对宽度为 150px */
    height:150px;           /* 绝对高度为 150px */
  }
</style>
</head>
<body>
<div id="box">
<img src="images/scenery.jpg">
<img src="images/scenery.jpg" class="test1">
<img src="images/scenery.jpg" class="test2">
</div>
</body>
</html>
```

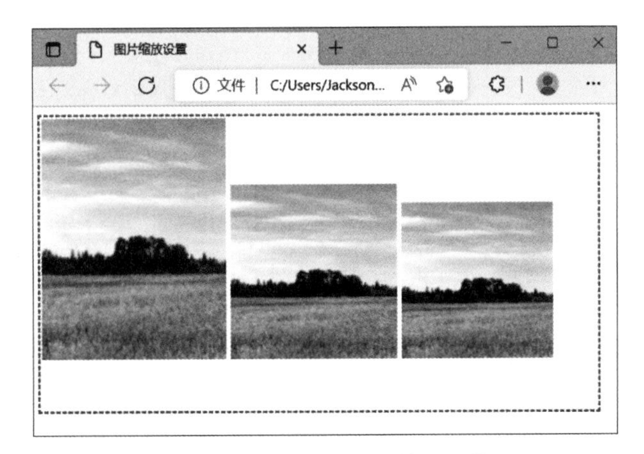

图 8-15　设置图像缩放后的页面效果

说明：本例中图像的父元素为 id="box"的 Div 容器，因此在 img.test1 中定义的宽度和高度的取值为百分比数值,该数值是相对于这个容器而言的;img.test2 的宽度和高度的取值为绝对像素值,图像将按定义的像素值显示大小。

8.3.3 设置图像横向对齐方式

图片横向对齐是指在水平方向上进行对齐,其对齐样式和文字对齐比较相似,都有 3 种对齐方式,分别为“左”“中”和“右”。

如果要定义图片对齐方式,则不能在 CSS 样式表中直接定义图片样式,需要在图片的上一个标记级别(父标记定义)让图片继承父标记的对齐方式。之所以这样定义父标记的对齐方式,是因为 img 本身没有对齐属性,需要使用 CSS 继承父标记的 text-align 以定义对齐方式。

【例 8-16】 设置图像横向对齐,本例的页面显示效果如图 8-16 所示。

```
<html>
<head>
<title>图片横向对齐设置</title>
<style type="text/css">
  p.test1{
    text-align:left;
  }
  p.test2{
    text-align:center;
  }
  p.test3{
    text-align:right;
  }
</style>
</head>
<body>
<p class="test1"><img src="images/tiger.jpg">图片左对齐</p>
<p class="test2"><img src="images/tiger.jpg">图片居中对齐</p>
<p class="test3"><img src="images/tiger.jpg">图片右对齐</p>
</body>
</html>
```

8.3.4 设置图像纵向对齐方式

纵向对齐就是垂直对齐,即在垂直方向上和文字搭配使用。通过在图片的垂直方向上进行设置可以设定图片和文字的高度一致。在 CSS 中,对于图片的纵向设置,通常使用 vertical-align 属性定义。

vertical-align 属性可以设置元素的垂直对齐方式,即定义行内元素的基线相对于该元素所在行的基线的垂直对齐,允许指定负值和百分比值。在表单元格中,这个属性会设置单元格中的单元格内容的对齐方式,其语法格式如下:

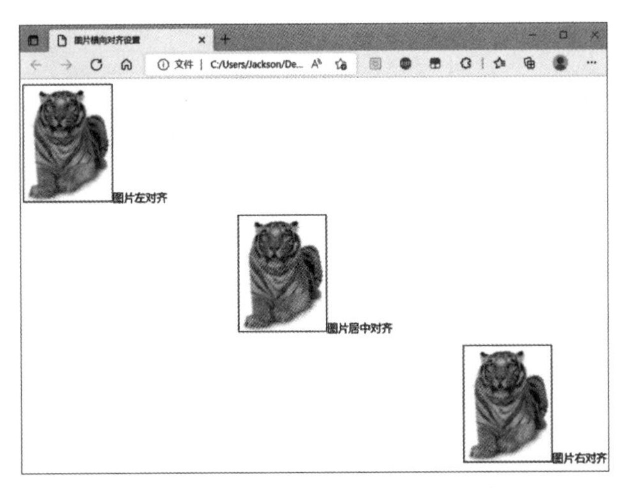

图 8-16　设置图像横向对齐后的页面效果

```
vertical-align: baseline | sub | super | top | middle | bottom | length
```

说明：baseline 为与基线对齐；sub、super 分别为垂直对齐文本的下标和上标；top、middle、bottom 分别表示与对象的顶端、中部、底端对齐；length 是由浮点数字和单位标识符组成的长度值或者百分数，可为负值，length 定义由基线算起的偏移量，基线对于数值来说为 0，对于百分数来说为 0%。

【例 8-17】　设置图像纵向对齐，本例的页面显示效果如图 8-17 所示。

```
<html>
<head>
<title>图片纵向对齐设置</title>
<style type="text/css">
  img.test1{
    vertical-align:baseline;
  }
  img.test2{
    vertical-align:super;
  }
  img.test3{
    vertical-align:top;
  }
  img.test4{
    vertical-align:middle;
  }
</style>
</head>
<body>
```

```
<p>图片按 baseline 纵向对齐<img src="images/tiger.jpg" class="test1"></p>
<p>图片按 super 纵向对齐<img src="images/tiger.jpg" class="test2"></p>
<p>图片按 top 纵向对齐<img src="images/tiger.jpg" class="test3"></p>
<p>图片按 middle 纵向对齐<img src="images/tiger.jpg" class="test4"></p>
</body>
</html>
```

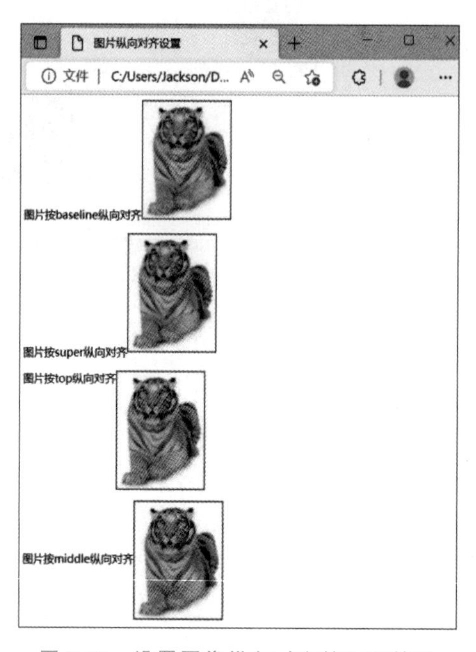

图 8-17 设置图像纵向对齐的页面效果

8.3.5 设置背景图像

功能：CSS 除了可以设置页面的背景颜色，还可以用 background-image 属性给页面添加背景图像。

语法：

```
background-image: url(url) | none
```

参数：括号中的 url 为要插入的背景图像的路径，none 表示不加载图像。

说明：如果网页中某元素同时具有 background-image 属性和 background-color 属性，那么 background-image 属性优先于 background-color 属性，也就是说，背景图像永远覆盖于背景色之上。

【例 8-18】 设置背景图像，本例的页面显示效果如图 8-18 所示。

```
<html>
<head>
<title>设置背景图像</title>
```

```
<style type="text/css">
body {
    background-color: green;
    background-image:url(images/horse.jpg);
    background-repeat:no-repeat;
}
</style>
</head>
<body>
</body>
</html>
```

图 8-18　设置背景图像后的页面效果

8.3.6　设置背景重复

功能：用背景重复属性 background-repeat 设置背景图片以何种方式在网页中显示。通过背景重复，设计人员使用很小的图片就可以填充整个页面，有效地减少了图片字节的大小。

语法：

```
background-repeat: repeat | no-repeat | repeat-x | repeat-y
```

参数：在默认情况下，图像会自动向水平和竖直两个方向平铺，如果不希望平铺或者只希望沿着一个方向平铺，可以使用属性值控制。repeat 表示背景图像在水平和垂直方向平铺，是默认值；no-repeat 表示背景图像不平铺；repeat-x 表示背景图像在水平方向平铺；repeat-y 表示背景图像在垂直方向平铺。

【例 8-19】　设置背景水平方向重复，本例的页面显示效果如图 8-19 所示。

```
<html>
<head>
<title>背景重复设置</title>
<style type="text/css">
body {
    background-color:green;
    background-image:url(images/horse.jpg);
    background-repeat:repeat-x;
}
</style>
</head>
<body>
</body>
</html>
```

图 8-19　设置背景图像水平方向重复后的页面效果

8.3.7　设置背景图像定位

功能：当在网页中插入背景图片时，每次插入的位置都是网页的左上角，可以通过 background-position 属性改变图像的插入位置。

语法：

```
background-position: length || length
background-position: position || position
```

参数：length 为百分比或者由数字和单位标识符组成的长度值，position 可取 top、center、bottom、left、right 之一。

说明：利用百分比和长度设置图像位置时要指定两个值，并且这两个值都要用空格隔开，一个代表水平位置，一个代表垂直位置。水平位置的参考点是网页页面的左边，垂直位置的参考点是网页页面的上边。关键字在水平方向的主要有 left、center、right，关键字在垂直方向的主要有 top、center、bottom。水平方向和垂直方向应相互搭配使用。

设置背景定位有以下 3 种方法。

1. 使用关键字进行背景定位

关键字参数的取值及含义如下。

- top：将背景图像同元素的顶部对齐。
- bottom：将背景图像同元素的底部对齐。
- left：将背景图像同元素的左边对齐。
- right：将背景图像同元素的右边对齐。
- center：将背景图像相对于元素水平居中或垂直居中。

【例 8-20】　使用关键字进行背景定位，本例的页面显示效果如图 8-20 所示。

```
<html>
<head>
<title>背景定位设置</title>
<style type="text/css">
body {
  background-color:yellow;
}
#box {
  width:500px;
  height:400px;
  border:6px dashed #f33;
  background-image:url(images/yeshu.jpg);
  background-repeat:no-repeat;
  background-position:center bottom;          /*定位背景向 box 底部中央对齐*/
}
</style>
</head>
<body>
<div id="box"></div>
</body>
</html>
```

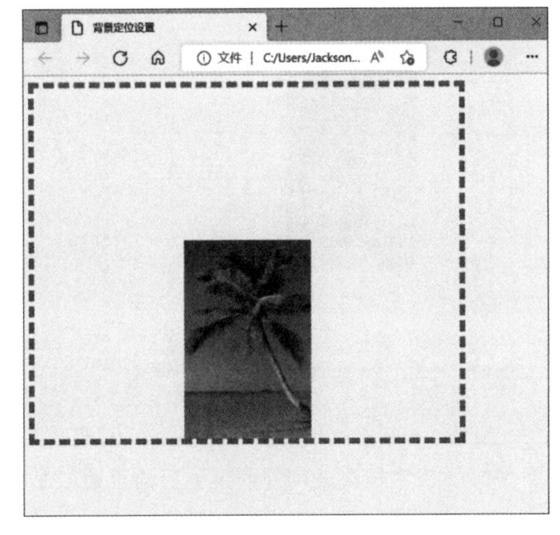

图 8-20　使用关键字进行背景定位后的页面效果

2. 使用长度进行背景定位

长度参数可以对背景图像的位置进行更精确地控制,实际上定位的是图像左上角相对于元素左上角的位置。

【例 8-21】 使用长度进行背景定位,本例的页面显示效果如图 8-21 所示。

```
<html>
<head>
<title>背景定位设置</title>
<style type="text/css">
body {
  background-color:yellow;
}
#box {
  width:500px;
  height:400px;
  border:6px dashed #f33;
  background-image:url(images/yeshu.jpg);
  background-repeat:no-repeat;
  background-position: 150px 70px;
                              /*定位背景在距 box 左 150px、距顶 70px 的位置*/
}
</style>
</head>
<body>
<div id="box"></div>
</body>
</html>
```

图 8-21 使用长度进行背景定位后的页面效果

3. 使用百分比进行背景定位

使用百分比进行背景定位其实是将背景图像的百分比指定的位置和元素的百分比位置对齐。也就是说，百分比定位改变了背景图像和元素的对齐基点，不再像使用关键字或长度单位定位时使用背景图像和元素的左上角为对齐基点。

【例 8-22】 使用百分比进行背景定位，本例的页面显示效果如图 8-22 所示。

```
<html>
<head>
<title>背景定位设置</title>
<style type="text/css">
body {
  background-color:yellow;
}
#box {
  width:500px;
  height:400px;
  border:6px dashed #f33;
  background-image:url(images/yeshu.jpg);
  background-repeat:no-repeat;
  background-position: 100% 50%;
                              /* 定位背景在 box 容器 100%(水平方向)、50%(垂直方向)的位置 */
}
</style>
</head>
<body>
<div id="box"></div>
</body>
</html>
```

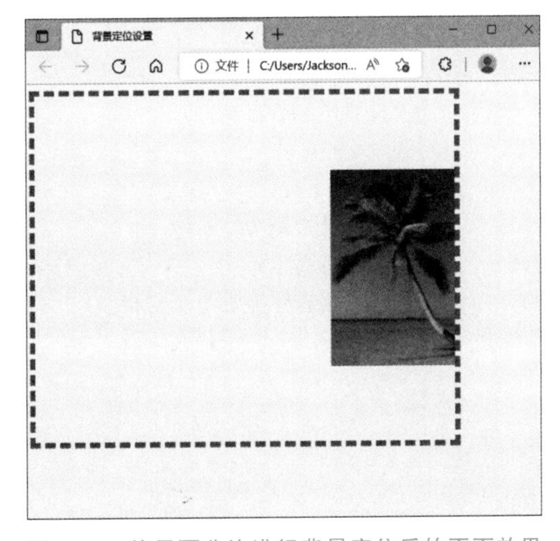

图 8-22　使用百分比进行背景定位后的页面效果

8.4 设置图文混排效果

图文混排是网页中最常见的排版方式,文字说明主题,图像呈现情境,两者结合起来相得益彰。CSS样式中有关图文混排的常用属性如表8-4所示。

表8-4 图文混排的常用属性

属性	说明
float	设置文字环绕效果
padding	设置图像与文字的间距

8.4.1 设置文字环绕效果

功能:在网页中进行排版时,可以将文字设置成环绕图片的形式,即文字环绕。在CSS中,可以使用float属性定义该效果,float属性主要用来定义元素在哪个方向浮动,一般情况下,这个属性应用于图像,以使文本围绕在图像周围。

语法:

```
float: none | left | right
```

参数:none表示对象不浮动,为默认值;left表示文本流向对象的右边;right表示文本流向对象的左边。

【例8-23】 设置文字左环绕效果,本例的页面显示效果如图8-23所示。

```
<html>
<head>
<title>文字环绕设置</title>
<style type="text/css">
  img{
    width:120px;
    float:right;            /*设置图片右浮动*/
  }
  p{
    margin:0px;             /*设置外边距为0*/
    line-height:1.7em;      /*设置行高*/
    text-indent:2em;        /*将段落首字缩进2个空格*/
  }
</style>
</head>
<body>
<img src="images/twg.jpg">
```

```
<p>滕王阁,位于江西省南昌市东湖区,地处赣江东岸,为南昌市地标性建筑、豫章古文明之象征,始建于唐永徽四年(653 年),为唐太宗李世民之弟滕王李元婴任江南洪州都督时所修,现存建筑为 1985 年重建景观;因初唐诗人王勃所作《滕王阁序》而闻名于世;与湖南岳阳岳阳楼、湖北武汉黄鹤楼并称为“江南三大名楼”,是中国古代四大名楼之一、“中国十大历史文化名楼”之一,世称“西江第一楼”。</p>
<p>滕王阁主体建筑高 57.5 米,建筑面积 13000 平方米;其下部为象征古城墙的 12 米高台座,分为两级;台座以上的主阁取“明三暗七”格式,为三层带回廊建筑,内部共有七层,分为三个明层、三个暗层及阁楼;正脊鸱吻为仿宋特制,高 3.5 米。</p>
</body>
</html>
```

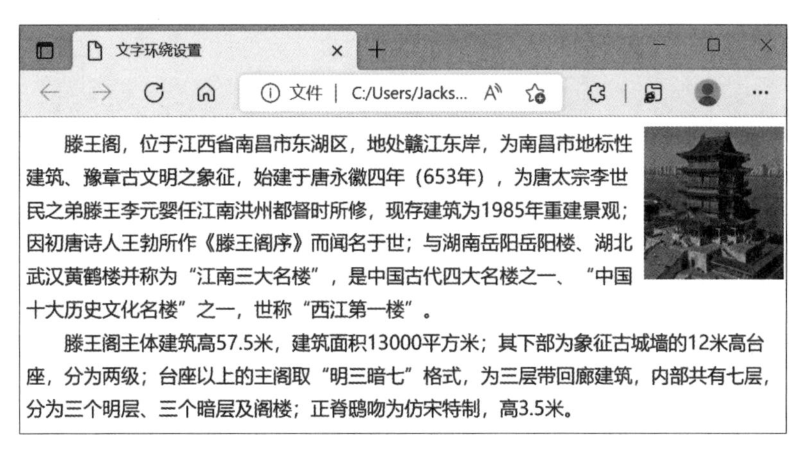

图 8-23　设置文字左环绕后的页面效果

8.4.2　设置图像与文字的间距

功能：如果需要设置图像和文字之间的距离，即图像与文字之间存在一定间距，不是紧紧地环绕，则可以使用 CSS 中的属性 padding 进行设置。

语法：

```
padding: padding-top | padding-right | padding-bottom | padding-left
```

参数：padding-top 用来设置距离顶部的内边距；padding-right 用来设置距离右边的内边距；padding-bottom 用来设置距离底部的内边距；padding-left 用来设置距离左边的内边距。

【例 8-24】　设置文字与图像的间距，本例的页面显示效果如图 8-24 所示。

```
<html>
<head>
<title>文字与图像间距设置</title>
<style type="text/css">
  img{
    width:120px;
```

```
    float:right;
    padding-top:10px;
    padding-left:50px;
    padding-bottom:10px;
   }
  p{
    margin:0px;
    line-height:1.7em;
    text-indent:2em;
   }
</style>
</head>
<body>
<img src="images/twg.jpg">
<p>滕王阁,位于江西省南昌市东湖区,地处赣江东岸,为南昌市地标性建筑、豫章古文明之象征,始建于唐永徽四年(653年),为唐太宗李世民之弟滕王李元婴任江南洪州都督时所修,现存建筑为1985年重建景观;因初唐诗人王勃所作《滕王阁序》而闻名于世;与湖南岳阳岳阳楼、湖北武汉黄鹤楼并称为"江南三大名楼",是中国古代四大名楼之一、"中国十大历史文化名楼"之一,世称"西江第一楼"。</p>
<p>滕王阁主体建筑高57.5米,建筑面积13000平方米;其下部为象征古城墙的12米高台座,分为两级;台座以上的主阁取"明三暗七"格式,为三层带回廊建筑,内部共有七层,分为三个明层、三个暗层及阁楼;正脊鸱吻为仿宋特制,高3.5米。</p>
</body>
</html>
```

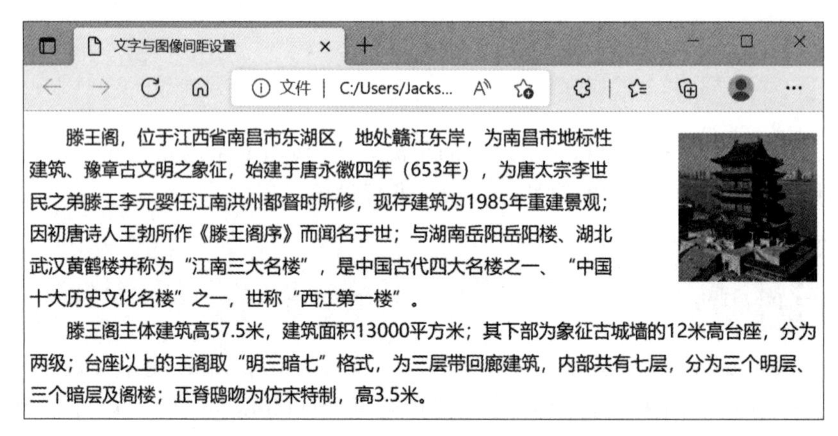

图 8-24　设置文字与图像间距后的页面效果

8.5 设置表格样式

8.5.1 常用的 CSS 表格属性

使用 CSS 表格属性可以大幅提高表格的美观度，常用的 CSS 表格属性如表 8-5 所示。

表 8-5　常用的 CSS 表格属性

属性名称	说　　明
border-collapse	设置表格的行和单元格的边是合并在一起还是按照标准的 HTML 样式分开
border-spacing	设置当表格边框独立时，行和单元格的边框在横向和纵向上的间距
caption-side	设置表格的 caption 对象在表格的哪一边
empty-cells	设置当表格的单元格无内容时是否显示该单元格的边框

1. border-collapse 属性

功能：设置表格的边框是合并成单边框还是分别有各自的边框。

语法：

```
border-collapse: separate | collapse
```

参数：separate 为默认值，边框分开，不合并；collapse 为边框合并，即如果两个边框相邻，则共用一个边框。

【例 8-25】 使用合并边框属性制作不同效果的表格，本例的页面显示效果如图 8-25 所示。

```
<html>
<head>
<title>表格边框设置</title>
<style type="text/css">
.one {
    border:2px solid #000000;
    border-collapse:separate;                    /*不合并单元格边框*/
}
.two{
    border:2px solid #000000;
    border-collapse:collapse;                    /*合并单元格边框*/
}
td {
    text-align:center;
}
</style>
</head>
<body>
<table class="one" width="480" border="1">
  <caption>游乐园项目列表</caption>
  <tr>
    <td>骑马</td><td>射箭</td>
  </tr>
  <tr>
```

```
    <td>划船</td><td>采摘</td>
  </tr>
</table>
<table class="two" width="480" border="1">
  <caption>游乐园项目列表</caption>
  <tr>
    <td>骑马</td><td>射箭</td>
  </tr>
  <tr>
    <td>划船</td><td>采摘</td>
  </tr>
</table>
</body>
</html>
```

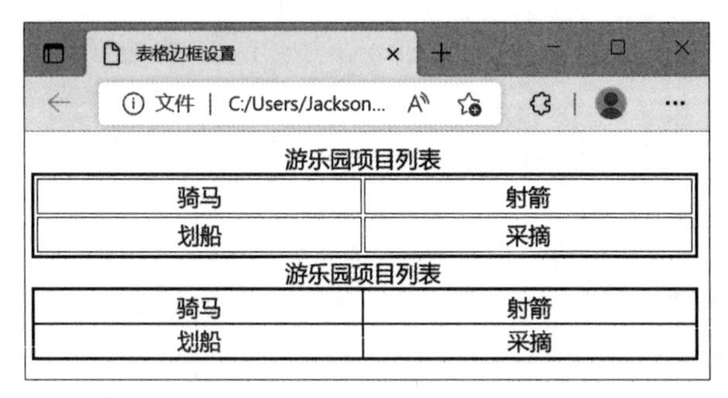

图 8-25 设置表格边框后的页面效果

2. border-spacing 属性

功能：设置相邻单元格边框之间的距离。

语法：

```
border-spacing: length || length
```

参数：由浮点数字和单位标识符组成的长度值，不可为负值。该属性用于设置当表格边框独立(边框不合并)时，单元格的边框在横向和纵向上的间距。当只指定一个 length 值时，这个值将作用于横向和纵向上的间距；当指定了两个 length 值时，第 1 个作用于横向间距，第 2 个作用于纵向间距。

【例 8-26】 设置相邻单元格边框间距，本例的页面显示效果如图 8-26 所示。

```
<html>
<head>
<title>表格单元格间距设置</title>
<style type="text/css">
table.one {
  width:480px;
  text-align:center;
```

```
  border-collapse: separate;
  border-spacing: 10px
}
table.two {
  width:480px;
  text-align:center;
  border-collapse: separate;
  border-spacing: 10px 50px
}
</style>
</head>
<body>
<table class="one" border="1">
<tr>
<td>骑马</td>
<td>射箭</td>
</tr>
<tr>
<td>划船</td>
<td>采摘</td>
</tr>
</table>
<br />
<table class="two" border="1">
<tr>
<td>骑马</td>
<td>射箭</td>
</tr>
<tr>
<td>划船</td>
<td>采摘</td>
</tr>
</table>
</body>
</html>
```

3. caption-side 属性

功能：设置表格标题的位置。

语法：

```
caption-side: top | bottom | left |right
```

参数：top 把表格标题定位在表格之上，为默认值；bottom 把表格标题定位在表格之下；left 把表格标题定位在表格左侧；right 把表格标题定位在表格右侧。

说明：caption-side 属性必须和表格的 caption 标记一起使用。

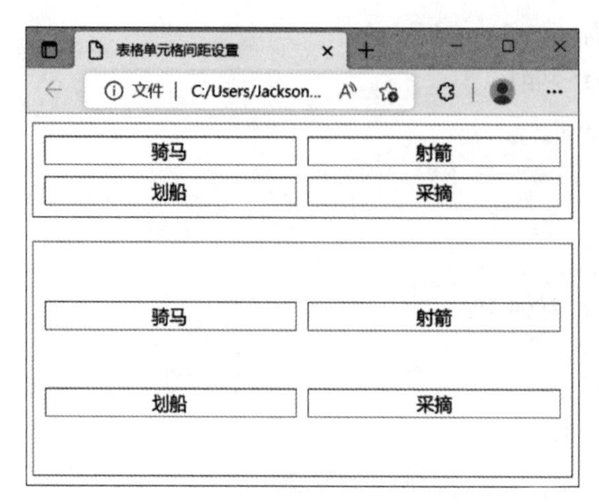

图 8-26　设置相邻单元格边框间距后的页面效果

4. empty-cells 属性

功能：当表格中的单元格无内容时，是否显示该单元格的边框。

语法：

```
empty-cells: hide | show
```

参数：hide 表示当表格的单元格无内容时隐藏单元格的边框；show 表示当表格的单元格无内容时显示单元格的边框，为默认值。

说明：只有当表格边框独立，即边框不合并时，该属性才能起作用。

【例 8-27】　设置表格的单元格在无内容时隐藏单元格的边框，本例的页面显示效果如图 8-27 所示。

```
<html>
<head>
<style type="text/css">
table {
  width: 350;
  border-collapse: separate;
  empty-cells: hide;
}
</style>
</head>
<body>
<table border="1">
<tr>
<td>骑马</td><td>射箭</td></tr>
<tr>
<td>划船</td><td></td>
```

```
</tr>
</table>
</body>
</html>
```

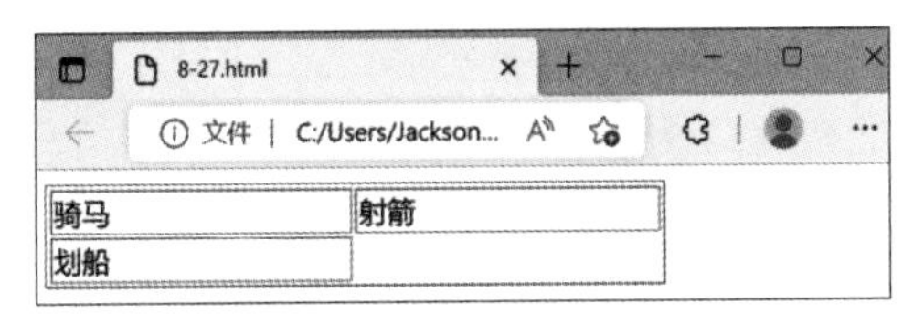

图 8-27　设置单元格无内容时隐藏边框后的页面效果

8.5.2　用 CSS 样式美化表格实例

【例 8-28】 美化一个表格。

(1) 用记事本新建一个文本文件，输入下列代码，建立本例的 HTML 结构，效果如图 8-28 所示。

```
<html>
<head>
<title>表格的美化</title>
</head>
<body>
<table width="400" border="0" cellspacing="0" >
<caption>期末考试成绩表</caption>
<thead>                                                    /*定义表格的表头*/
  <tr>
    <th>姓名</th>
    <th>计算机网络</th>
    <th>数据库原理</th>
    <th>网页设计</th>
    <th>总分</th>
  </tr>
</thead>
<tbody>                                                    /*定义表格的表体*/
      <tr class="even">
        <th>王二</th>
        <td>77</td>
        <td>66</td>
        <td>78</td>
        <td>150</td>
      </tr>
<tr>
        <th>张三</th>
```

```
            <td>88</td>
            <td>80</td>
            <td>86</td>
            <td>160</td>
        </tr>
        <tr class="even">
            <th>李四</th>
            <td>98</td>
            <td>57</td>
            <td>90</td>
            <td>145</td>
        </tr>
    <tr>
            <th>赵五</th>
            <td>67</td>
            <td>90</td>
            <td>69</td>
            <td>178</td>
    </tr>
    </tbody>
    <tfoot>/*定义表格的表尾*/
    <tr>
            <th>平均分</th>
            <td colspan="4">63.00</td>
            </tr>
    </tfoot>
    </table>
    </body>
    </html>
```

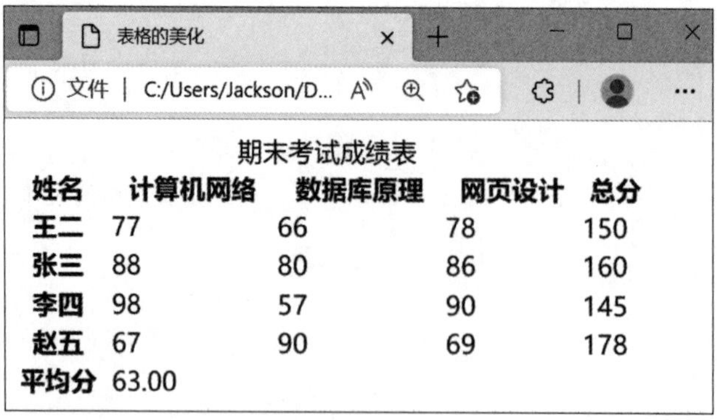

表格的美化

文件 | C:/Users/Jackson/D...

期末考试成绩表

姓名	计算机网络	数据库原理	网页设计	总分
王二	77	66	78	150
张三	88	80	86	160
李四	98	57	90	145
赵五	67	90	69	178
平均分	63.00			

图 8-28　创建一个表格

注释：每个表格可以有一个表头、一个表尾和一个或多个表体，分别以 thead、tfoot 和 tbody 元素表示。tbody 标记可以控制表格分行下载，当表格内容很大时比较实用；tbody

包含行的内容，下载后会优先显示，不必等待整个表格都下载完成。

(2) 在 head 标记中输入代码：<style type="text/css"></style>，然后在 style 标记之间输入下列 CSS 代码对表格做一些统一修饰，效果如图 8-29 所示。

```
table {
    font-family: "隶书";
    font-size: 16px;
    text-align: center;
}
```

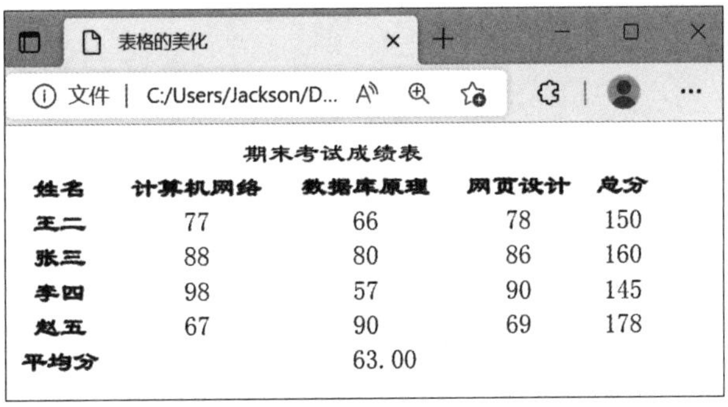
表格的美化
文件 | C:/Users/Jackson/D...
期末考试成绩表
姓名 计算机网络 数据库原理 网页设计 总分
王二 77 66 78 150
张三 88 80 86 160
李四 98 57 90 145
赵五 67 90 69 178
平均分 63.00

图 8-29　用 CSS 对整个表格做统一修饰

(3) 输入下列 CSS 代码，用 CSS 对表格标题做一些修饰，效果如图 8-30 所示。

```
table caption {
    font-size: 36px;
    font-weight: bold;
    background-color: #FF0;
    border-top-style:solid;
    border-bottom-width: 2px;
    border-bottom-style:solid;
    border-top-color: #F00;
    border-bottom-color: #F00;
}
```

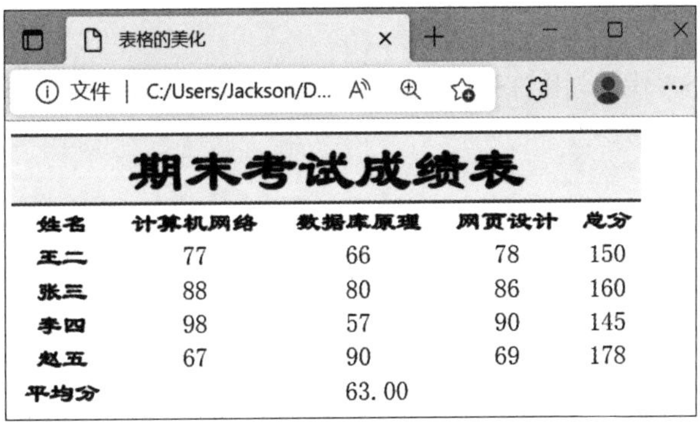
表格的美化
文件 | C:/Users/Jackson/D...
期末考试成绩表
姓名 计算机网络 数据库原理 网页设计 总分
王二 77 66 78 150
张三 88 80 86 160
李四 98 57 90 145
赵五 67 90 69 178
平均分 63.00

图 8-30　用 CSS 对表格标题做修饰

(4) 输入下列 CSS 代码,用 CSS 对表格的表体背景、边框、内边距等做一些修饰,改变表格表头和表尾的背景颜色,效果如图 8-31 所示。

```
tbody tr {
    background-color: #ccc;
}
td, th {
    border: 2px solid #eee;
    border-right-color: #999;
    border-bottom-color: #999;
    padding: 5px;
}
thead {
    background-color: #f7f2ea;
}
tfoot {
    background-color: #06F;
}
```

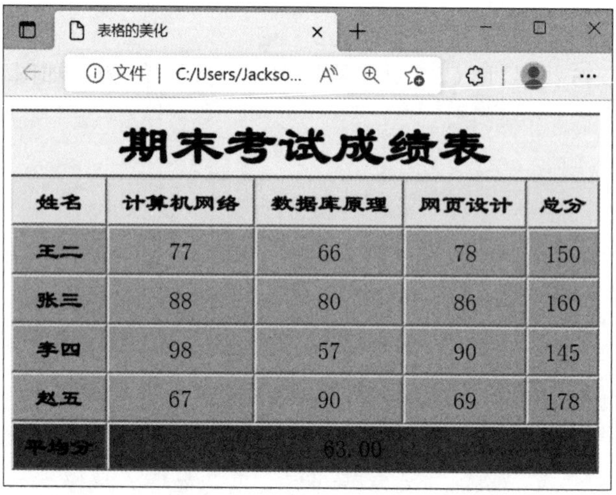
表格的美化
文件 | C:/Users/Jackso...
期末考试成绩表
姓名 计算机网络 数据库原理 网页设计 总分
王二 77 66 78 150
张三 88 80 86 160
李四 98 57 90 145
赵五 67 90 69 178
平均分 63.00

图 8-31 用 CSS 分别对表体、表头和表尾做修饰

(5) 输入下列 CSS 代码,用 CSS 设置单数行的背景颜色,制作完毕。用 CSS 对表格做修饰后的效果如图 8-32 所示。

```
tr.even {
    background-color: #999;
}
```

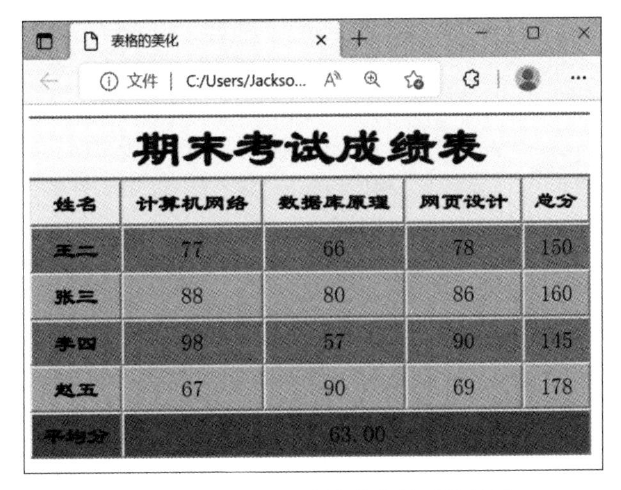

图 8-32　用 CSS 对表格做修饰后的效果

8.6 设置表单样式

8.6.1 美化常用的表单元素

表单中的元素很多，下面通过一些实例介绍如何使用 CSS 美化常用的表单元素。

1. 美化文本域

文本域主要用于采集用户在其中输入的文字信息，通过 CSS 可以对文本域内的字体、颜色以及背景图像进行设置，达到美化的效果。

【例 8-29】 使用 CSS 美化文本域，本例的页面显示效果如图 8-33 所示。

```
<html>
<head>
<title>美化文本域设置</title>
</head>
<style type="text/css">
.text1 {
  border:1px solid #f60;              /* 设为 1px 实线红色边框 */
  color:#03c;                         /* 设文字颜色为蓝色 */
}
.text2 {
  border:1px solid #c3c;              /* 设为 1px 实线紫红色边框 */
  height:25px;
  background:#FFF url(images/passwordbg.jpg) left center no-repeat;
                                      /* 背景图像无重复 */
  padding-left:30px;                  /* 设置左内边距为 30px */
}
.area {
  border:2px dashed #00f;             /* 虚线蓝色边框设为 2px */
```

```
}
</style>
<body>
<p><input type="text" name="normal"/>默认样式的单行文本域</p>
<p><input name="gbys" type="text" value="输入的文字显示为蓝色" class="text1"/>
改变边框和文字颜色的文本域</p>
<p><input name="zjbj" type="password" class="text2"/>增加背景图片的密码域</p>
<p><textarea name="ysys" cols="40" rows="5" class="area">改变边框颜色和样式的多
行文本域</textarea>
</p>
</body>
</html>
```

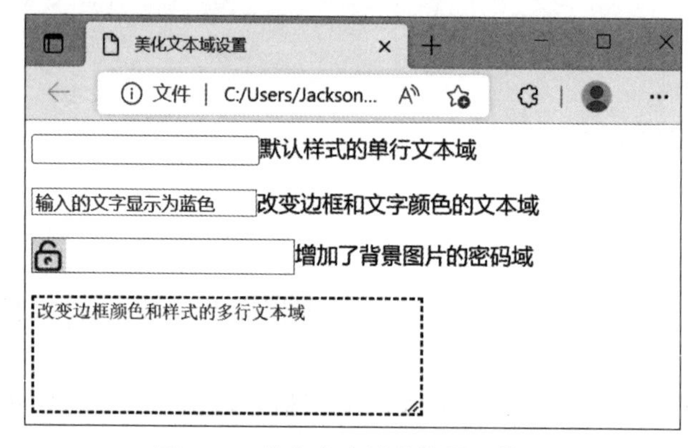

图 8-33 美化文本域后的页面效果

2. 美化按钮

按钮主要用于控制网页中的表单,通过 CSS 可以对按钮的字体、颜色、边框以及背景图像进行设置,达到美化的效果。

【例 8-30】 使用 CSS 美化按钮,本例的页面显示效果如图 8-34 所示。

```
<html>
<head>
<title>美化按钮设置</title>
</head>
<style type="text/css">
.btn01 {
  background-color: blue;            /* 背景颜色为蓝色 */
  cursor:pointer;                    /* 光标样式为手形 */
  color:#fff;                        /* 文字颜色为白色 */
}
.btn02 {
  background-color: green;           /* 背景颜色为绿色 */
```

```
  width:128px;
  height:35px;
  border:none;                                /* 无边框 */
  font-size:14px;
  font-weight:bold;                           /* 字体加粗 */
  color:red;
}
</style>
<body>
<p><input name="button" type="submit" value="提交" />默认的“提交”按钮 </p>
<p><input name="button01" type="submit" class="btn01" id="button1" value="我
是按钮" />改变样式按钮 1</p>
<p><input name="button02" type="submit" class="btn02" id="button2" value="免
费注册" />改变样式按钮 2</p>
</body>
</html>
```

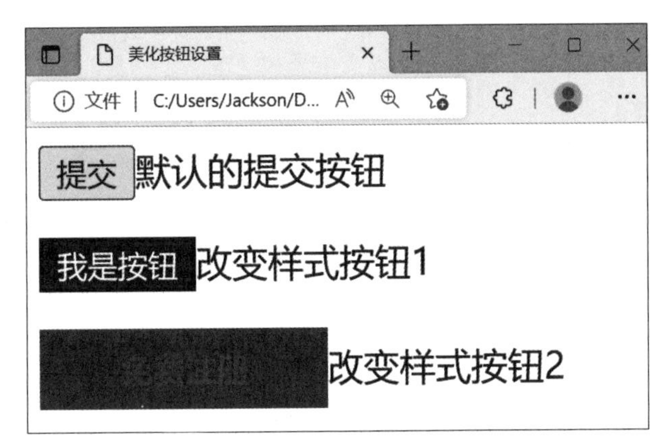

图 8-34　美化按钮后的页面效果

3. 美化登录框

许多网站中都会用到登录框，登录框包含的元素一般有用户名文本域、密码域、验证码文本域、“登录”按钮和“注册”按钮等，可以通过 CSS 对它们的字体、颜色、边框以及背景图像等进行设置，达到美化的效果。

【例 8-31】　使用 CSS 美化登录框，本例的页面显示效果如图 8-35 所示。

```
<html>
<head>
<title>登录框的制作</title>
<style type="text/css">
.login {                                  /* 登录框容器的样式 */
    margin:0 auto;                        /* 容器水平居中对齐 */
  width:280px;
```

```
    padding:14px;
    border: dashed 2px #b7ddf2;           /* 2px 虚线淡蓝色边框 */
    background:#ebf4fb;
  }
  .login * {                              /* 容器中所有元素的样式 */
    margin:0;
    padding:0;
    font-family:"宋体";
    font-size:12px;
    line-height:1.5em;
  }
  .login h2 {                             /* 容器中 2 级标题的样式 */
    text-align:center;
    font-size:18px;
    font-weight:bold;
    margin-bottom:10px;
    padding-bottom:5px;
    border-bottom:solid 1px #b7ddf2;  /* 下边框为 1px 实线淡蓝色边框 */
  }
  .login .frm_cont {                      /* 用户名文本域下外边距 */
    margin-bottom:8px;
  }
  .login .username input, .login .password input {  /* 用户名文本域和密码域的样式 */
    width:180px;
    height:18px;
    border:solid 1px #aacfe4;
  }
  .login .btns {                          /* 按钮的样式 */
    text-align:center;
  }
  </style>
  </head>
  <body>
  <div class="login">
    <h2>用户登录</h2>
    <div class="content">
      <form action="" method="post">
        <div class="frm_cont username">用户名:
      <label for="username"></label>
      <input type="text" name="username" id="username" />
        </div>
        <div class="frm_cont password">密  码:
      <label for="password"></label>
      <input type="password" name="password" id="password" />
```

```
        </div>
        <div class="btns">
      <input type="submit" name="button1" id="button1" value="登录" />
      <input type="button" name="button2"id="button2" value="注册" />
        </div>
      </form>
    </div>
  </div>
  </body>
  </html>
```

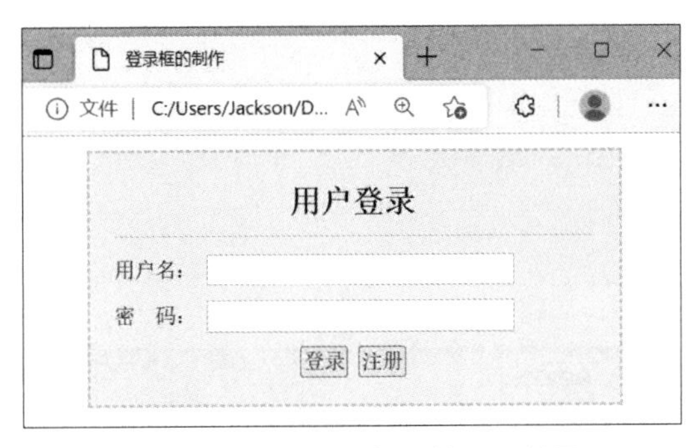

图 8-35　美化登录框后的页面效果

8.6.2　用 CSS 样式美化表单实例

【例 8-32】　美化一个表单。

(1) 用记事本新建一个文本文件,输入下列代码,建立本例的 HTML 结构,效果如图 8-36 所示。

```
<html>
<head>
<title>表单的美化</title>
</head>
<body>
<div class="exlist">
<center>快递运单信息</center>
<form method="post" action="">
<div class="row">
1. 收货人:<input style="width:100px" class="txt" type="text" />
2. 目的地:
<select>
<option>北京</option>
<option>上海</option>
<option>武汉</option>
```

```
<option>南昌</option>
</select>
</div>
<div class="row">
3. 联系电话:<input class="txt" type="text" />
</div>
<div class="row">
4. 详细地址: <textarea name="sign" cols="20" rows="4"></textarea>
</div>
<div class="row">
<input class="btn" type="submit" name="Submit" value="提 交" />
<input class="btn" type="reset" name="Submit2" value="重 置" />
</div>
</form>
</div>
</body>
</html>
```

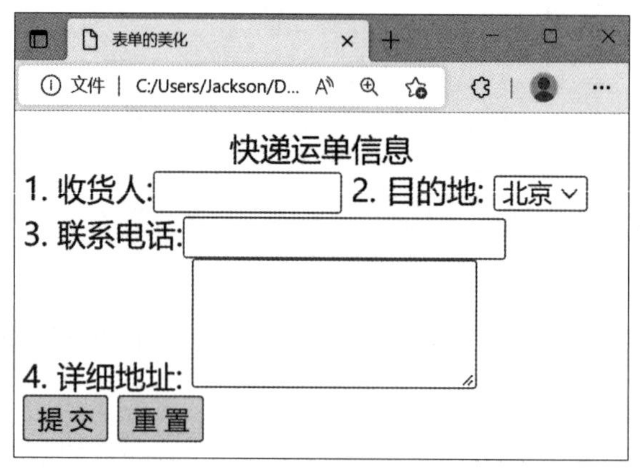

图 8-36　新建一个表单

(2) 在 head 标记中输入代码：<style type="text/css"></style>，然后在 style 标记之间输入下列 CSS 代码以修饰层 div，一个<div></div>相当于一个 1 行 1 列的表格，效果如图 8-37 所示。

```
.exlist{
    background-color:#F9EE70;
    margin:30px auto;
    padding:5px;
    width:400px;
    min-height:200px;
    height:auto;
    font-family:"微软雅黑";
}
```

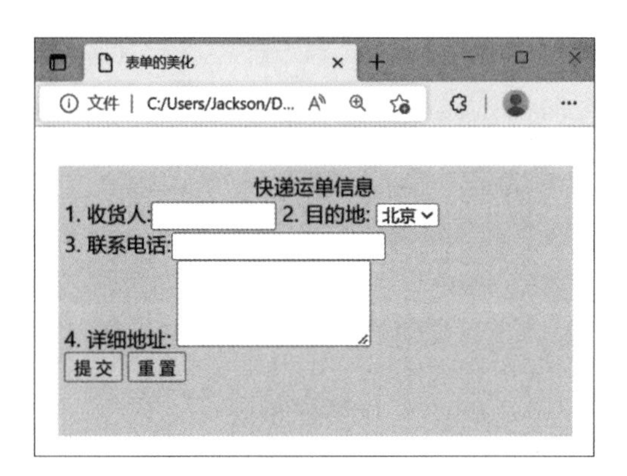

图 8-37　用 CSS 修饰整个表单区域

（3）输入下列 CSS 代码，用 CSS 设置层中每行的效果，效果如图 8-38 所示。

```
div.row {
    margin:10px;
    padding:5px;
}
```

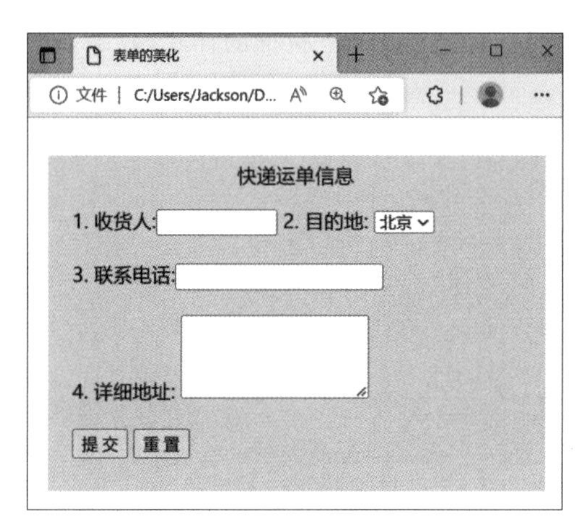

图 8-38　用 CSS 设置层中每行的效果

（4）输入下列 CSS 代码，用 CSS 设置文本框的样式，效果如图 8-39 所示。

```
input.txt{
    background-color:#F9EE70;
    color:#333;
    width:150px;
    height:20px;
    margin:0 10px;
    font-size:16px;
```

```
    line-height:20px;
    border:none;
    border-bottom:1px solid #565656;
}
```

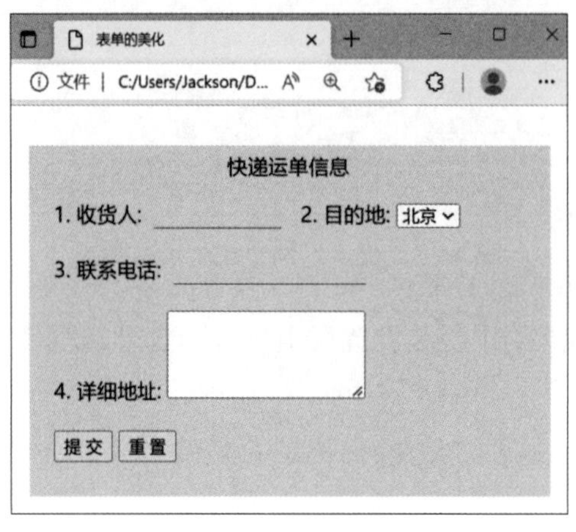

图 8-39　用 CSS 设置文本框的样式

(5) 输入下列 CSS 代码,用 CSS 设置下拉框的样式,效果如图 8-40 所示。

```
select{
    width: 100px;
    color: #00008B;
    background-color: #ADD8E6;
    border: 1px solid #00008B;
}
```

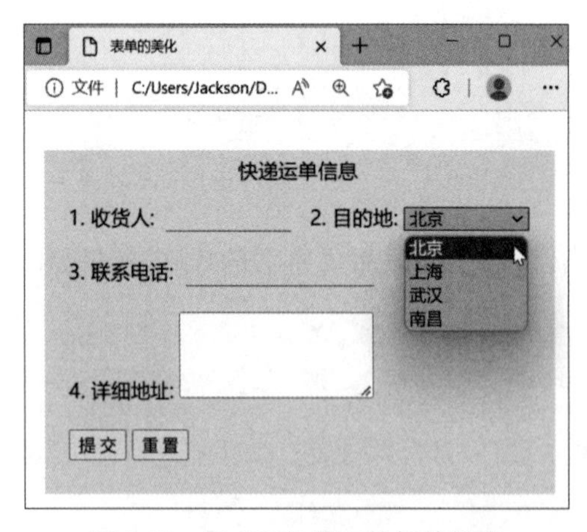

图 8-40　用 CSS 设置下拉框的样式

(6) 输入下列 CSS 代码,用 CSS 设置多行文本域的样式,效果如图 8-41 所示。

```
textarea{
    width: 200px;
    height: 40px;
    color: #00008B;
    background-color: #ADD8E6;
    border: 1px inset #00008B;
}
```

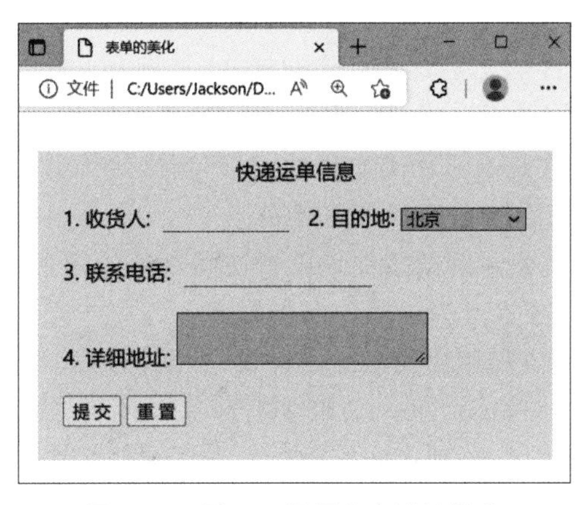

图 8-41　用 CSS 设置文本域的样式

（7）输入下列 CSS 代码，用 CSS 设置按钮的样式，制作完毕。用 CSS 对表单做修饰后的效果如图 8-42 所示。

```
input.btn{                                /* 按钮单独设置 */
    color: #00008B;
    background-color: #ADD8E6;
    border: 1px outset #00008B;
    padding: 1px 2px 1px 2px;
}
```

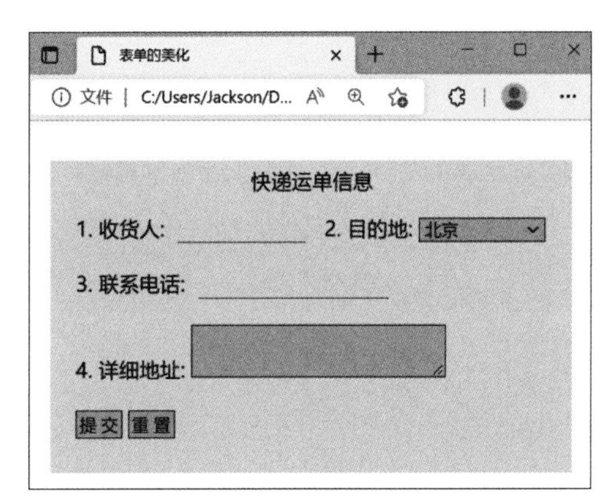

图 8-42　用 CSS 对表单做修饰后的效果

8.7 设置超链接效果

超链接是网页上最普通的元素，通过超链接能够实现页面跳转、功能激活等功能，要想实现链接的多样化效果，就需要用CSS进行修饰。

8.7.1 改变超链接基本样式

在HTML中，超链接是通过<a>标记实现的，承载超链接功能的是超文本，它可以是文字或图片。添加了超链接的文字具有自己的样式，从而和其他文字有所区别，其中，默认链接样式为带下画线的蓝色文字。不过，通过CSS属性可以修饰超链接，从而达到美观的效果。CSS设置超链接样式是通过伪类实现的，对于超链接伪类，其详细信息如下。

- a:link：定义a对象在未被访问前的样式。
- a:visited：定义a对象在其链接地址已被访问过后的样式。
- a:hover：定义a对象在其光标悬停时的样式。
- a:active：定义a对象被用户激活时的样式(在鼠标点击与释放之间发生的事件)。

需要说明的是，:link、:visited、:hover和:active这4种状态的顺序不能颠倒，在用CSS指定样式时也要遵循这个顺序，否则可能导致伪类样式不能实现，并且这4种状态并不是每次都会用到，一般情况下只需要定义超链接标记的样式以及:hover伪类样式即可。

【例8-33】 设置动态超链接的外观，光标未悬停时的效果如图8-43所示，光标悬停时的效果如图8-44所示。

```
<html>
<head>
<title>动态超链接设置</title>
<style type="text/css">
.nav a {
  padding:8px 15px;
  text-decoration:none;              /*设置文本无下画线*/
}
.nav a:hover {
  color:#f00;                        /*光标悬停时改变颜色*/
  font-size:20px;                    /*光标悬停时字体放大*/
  text-decoration:underline;         /*设置文本带下画线*/
}
</style>
<body>
<div class="nav">
<a href="#">吃在南昌</a>
<a href="#">住在洪城</a>
<a href="#">游在豫章</a>
<a href="#">购在洪都</a>
```

```
</div>
</body>
</html>
```

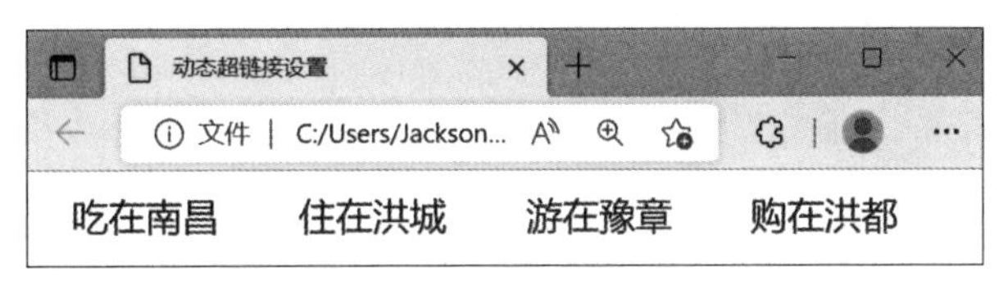

图 8-43 光标未悬停的外观

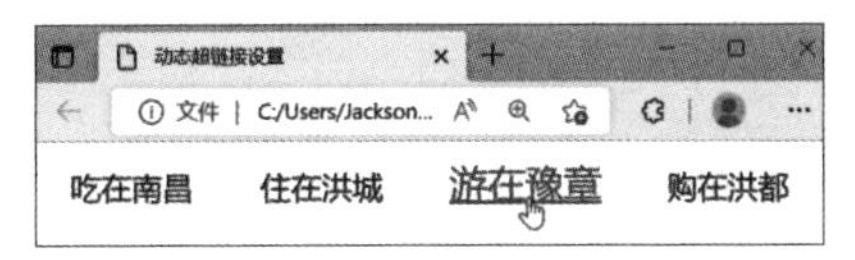

图 8-44 光标悬停时的外观

8.7.2 制作带有提示信息的超链接

在网页显示时,有时一个超链接并不能说明这个链接背后的含义,通常还要为这个链接加上一些介绍性信息,即提示信息。此时可以通过超链接<a>标记的 title 属性实现这个效果。title 属性的值即为提示内容,当光标停留在超链接上时会出现提示内容,且不会影响页面排版的整洁。

【例 8-34】 设置带有提示信息的超链接,光标悬停在超链接上时的效果如图 8-45 所示。

```
<html>
<head>
<title>超链接提示信息设置</title>
<style type="text/css">
a {
  color:#005799;
  text-decoration:none;
}
a:link {
  color:#545454;
}
a:hover {
  color:#f60;
  text-decoration:underline;
}
a:active {
  color:#ff6633;
  text-decoration:none;
```

```
}
</style>
<body>
<div class="nav">
<a href="#" title="在这里带你尝遍南昌美食!">吃在南昌</a>
</div>
</body>
</html>
```

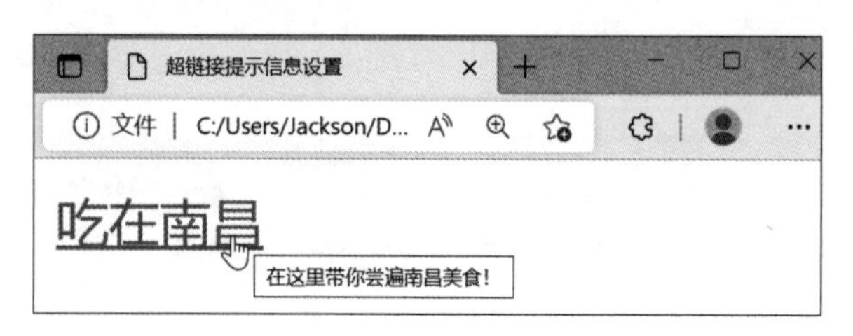

图 8-45　光标悬停时出现提示信息的效果

8.7.3　制作有背景图的超链接

一般来说,要么是文本超链接,要么是图片超链接,都可以通过 background-image 属性将图片作为背景图添加到超链接里面,让超链接具有一定的变化。

【例 8-35】 设置超链接的背景图,光标未悬停时链接的效果如图 8-46 所示,光标悬停在链接上时的效果如图 8-47 所示。

```
<html>
<head>
<title>背景图超链接设置</title>
<style>
a{
  background-image:url(images/anbj1.jpg);          /* 初始背景图片 */
  margin:2px;
  color:red;
  text-decoration:none;
}
a:hover{
  color:#FFFFFF;
  background-image:url(images/anbj2.jpg);          /*悬停时变换背景图片 */
  text-decoration:underline;
}
</style>
</head>
<body>
```

```
<a href="#">流行音乐</a><a href="#">精品小说</a><a href="#">休闲游戏</a><a
href="#">指上运动</a>
</body>
</html>
```

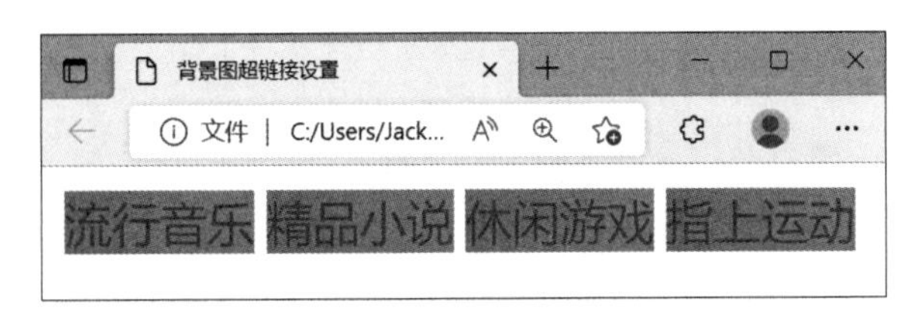

图 8-46　光标未悬停的外观

图 8-47　光标悬停时的外观

8.7.4　制作按钮式的超链接

按钮式超链接的实现就是对超链接样式的 4 个边框的颜色分别进行设置，左和上设置为加亮效果，右和下设置为阴影效果，当光标悬停在按钮上时，加亮效果与阴影效果刚好相反。

【例 8-36】　制作按钮式超链接，当光标悬停到按钮上时，可以看到超链接出现类似“按钮被按下”的效果，如图 8-48 所示。

```
<html>
<head>
<title>按钮式超链接设置</title>
<style type="text/css">
  a{                                          /* 统一设置所有样式 */
    text-align:center;
    margin:3px;
  }
  a:link,a:visited{                           /* 超链接正常状态、被访问过的样式 */
    color: #333;
    padding:4px 10px 4px 10px;
    background-color: #ddd;
    text-decoration: none;
    border-top: 1px solid #eee;               /* 边框实现阴影效果 */
    border-left: 1px solid #eee;
    border-bottom: 1px solid #717171;
```

```
    border-right: 1px solid #717171;
  }
  a:hover{                                  /* 光标悬停时的超链接 */
    color:red;                              /* 改变文字颜色 */
    padding:5px 8px 3px 12px;               /* 改变文字位置 */
    background-color:#ccc;                  /* 改变背景颜色 */
    border-top: 1px solid #717171;          /* 边框变换,实现"按下去"的效果 */
    border-left: 1px solid #717171;
    border-bottom: 1px solid #eee;
    border-right: 1px solid #eee;
  }
</style>
</head>
<body>
<a href="#">首页</a><a href="#">新闻</a><a href="#">财经</a><a href="#">体育</a>
</body>
</html>
```

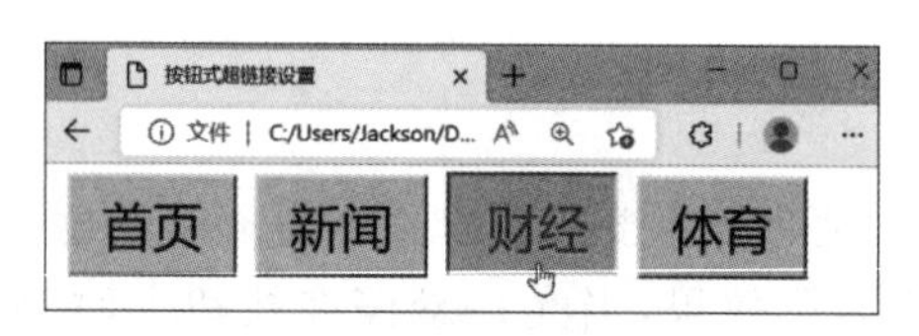

图 8-48　光标悬停时的效果

8.8 设置列表效果

在 HTML 中,项目列表用来罗列显示一系列相关的文本信息,包括有序列表、无序列表、自定义列表等。当引入 CSS 后,就可以运用 CSS 美化项目列表了。在 CSS 中可以通过属性改变列表修饰符的类型,常用的 CSS 列表属性如表 8-6 所示。

表 8-6　常用的 CSS 列表属性

属性名称	说　明
list-style-type	设置列表项标记的类型
list-style-image	将图像设置为列表项标记
list-style-position	设置列表项位置

8.8.1　设置列表项标记的类型

通常的项目列表主要通过<ul>或<ol>标记,然后配合<li>标记罗列各个项目。列表项标记就是出现在无序列表中各列表项旁边的圆点、方形等,或在有序列表中各列表项旁边的字母、数字等符号。在 CSS 样式中，列表项的标记类型是通过 list-style-type 属性设置和修改的。当给<ul>或<ol>标记设置 list-style-type 属性时，它们中间的所有<li>标记都采用该设置，而如果对<li>标记单独设置 list-style-type 属性，则仅仅作用在该项目上。常用的 list-style-type 属性值如表 8-7 所示。

表 8-7　常用的 list-style-type 属性值

属　性　值	说　　明
disc	默认值，标记是实心圆
circle	标记是空心圆
square	标记是实心正方形
decimal	标记是数字
upper-alpha	标记是大写英文字母，如 A、B、C、D、E、F 等
lower-alpha	标记是小写英文字母，如 a、b、c、d、e、f 等
upper-roman	标记是大写罗马字母，如 Ⅰ、Ⅱ、Ⅲ、Ⅳ、Ⅴ、Ⅵ、Ⅶ等
lower-roman	标记是小写罗马字母，如 ⅰ、ⅱ、ⅲ、ⅳ、ⅴ、ⅵ、ⅶ等
none	不显示任何符号

【例 8-37】　设置不同列表项的标记，本例的页面显示效果如图 8-49 所示。

```
<html>
<head>
<title>列表类型设置</title>
<style>
body
ul{
font-size:1.5em;
color:#00458c;
list-style-type:square;              /* 标记是实心正方形 */
}
li.one{
list-style-type:circle;              /* 标记是空心圆形 */
}
li.two{
list-style-type:disc;                /* 标记是实心圆形 */
}
</style>
</head>
<body>
```

```
<h2>旅游栏目</h2>
<ul>
  <li>旅业观察</li>
  <li>旅行攻略</li>
  <li class="one">旅游出行</li>
  <li class="two">酒店民宿</li>
</ul>
</body>
</html>
```

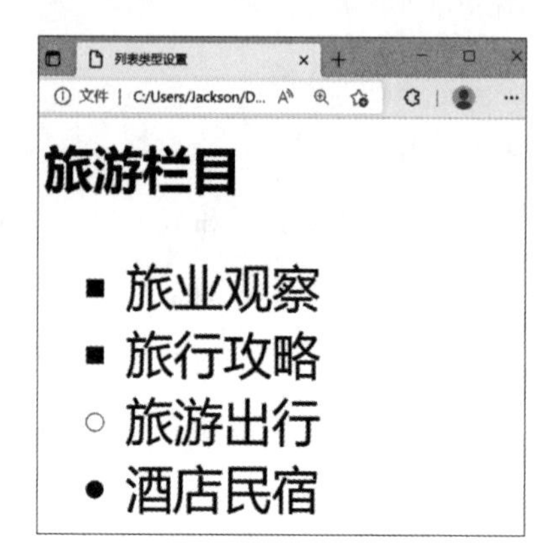

图 8-49　设置不同列表项标记后的效果

8.8.2　设置列表项图像标记

除了传统的项目符号外，CSS 还提供了 list-style-image 属性，它可以将项目符号显示为任意图像。当 list-style-image 属性的值为 none 或者设置的图像路径出错时，list-style-type 属性将会替代 list-style-image 属性对列表产生作用。

list-style-image 属性的值包括 URL(图像的路径)、none(默认值，无图像显示)。

【例 8-38】　设置不同列表项的图像标记，本例的页面显示效果如图 8-50 所示。

```
<html>
<head>
<title>列表项图像设置</title>
<style>
ul{
   font-size:1.5em;
   color:#00458c;
   list-style-image:url(images/new.jpg);          /*设置列表项图像*/
  }
  .img_fault{
```

```
      list-style-image:url(images/fault.jpg);
                                        /* 设置列表项图像错误的 URL,图像不能正确显示 */
    }
    .img_none{
      list-style-image:none;            /* 设置列表项图像为不显示,所以没有图像显示 */
    }
  </style>
  </head>
  <body>
  <h2>紧急联系电话</h2>
  <ul>
    <li>市场部</li>
    <li class="img_fault">财务部</li>
    <li>法务部</li>
    <li class="img_none">售后部</li>
  </ul>
  </body>
  </html>
```

图 8-50　设置列表项图像标记后的效果

8.8.3　设置列表项位置

list-style-position 属性用于设置在何处放置列表项标记，其属性值只有 outside(外部)和 inside(内部)两个关键词。使用 outside 属性值后，列表项标记被放置在文本以外，环绕文本且不根据标记对齐；使用 inside 属性值后，列表项标记放置在文本以内，如同插入在列表项内容最前面的行级元素一样。

【例 8-39】 设置不同列表项位置的实例，本例的页面显示效果如图 8-51 所示。

```
<html>
<head>
```

```
<title>列表项位置设置</title>
<style>
  ul.inside {
    list-style-position: inside;     /* 将列表修饰符定义在列表之内 */
  }
  ul.outside {
    list-style-position: outside;    /* 将列表修饰符定义在列表之外 */
  }
  li {
    font-size:1.5em;
    color:#00458c;
    border:1px solid #00458c;        /* 增加边框凸出显示效果 */
  }
</style>
</head>
<body>
<h2>项目分组</h2>
<ul class="inside">
  <li>划船射箭</li>
  <li>采摘钓鱼</li>
</ul>
<ul class="outside">
  <li>野战攀岩</li>
  <li>骑马摔跤</li>
</ul>
</body>
</html>
```

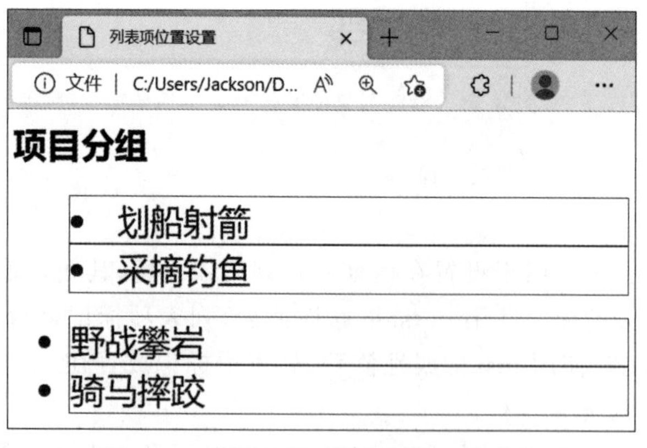

图 8-51　设置不同列表项位置后的效果

8.8.4　用 CSS 制作新闻标题列表

新闻标题列表是网页中经常可以看到的一种形式，简洁实用，下面用 CSS 样式实现这

一效果。

【例 8-40】　用 CSS 制作一个新闻标题列表。

（1）用记事本新建一个文本文件，输入下列代码，建立本例的 HTML 结构，效果如图 8-52 所示。

```
<html>
<head>
<title>用 CSS 制作新闻标题列表的效果</title>
</head>
<body>
<div class="a1">
<div class="a2"><span>热点新闻</span></div>
<ul>
<li><a href="#">围棋之道，非常之道：从围棋到为人</a><span>6 月 9 日</span></li>
<li><a href="#">全国首部围棋立法条例</a><span>6 月 8 日</span></li>
<li><a href="#">围棋 vs 象棋，哪个更复杂？</a><span>6 月 8 日</span></li>
<li><a href="#">围棋大赛再现“滑标”，围棋规则何去何从？</a><span>6 月 8 日</span></
li>
<li><a href="#">趣谈围棋八个典故，读懂围棋别称！</a><span>6 月 7 日</span></li>
<li><a href="#">保护研究围棋文化舍我其谁</a><span>6 月 7 日</span></li>
<li><a href="#">下围棋一定要进入下围棋的状态</a><span>6 月 6 日</span></li>
<li><a href="#">围棋死活知识点总结 </a><span>6 月 6 日</span></li>
<li><a href="#">学围棋的孩子，未来差不了！</a><span>6 月 6 日</span></li>
<li><a href="#">围棋下得好，能进清华吗？</a><span>6 月 5 日</span></li>
</ul>
</div>
</body>
</html>
```

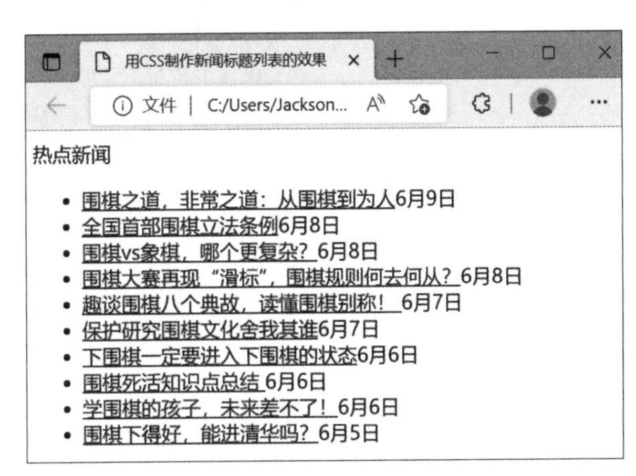

图 8-52　新建一个新闻标题列表页面

（2）在 head 标记中输入代码：<style type="text/css"></style>，然后在 style 标

记之间输入下列 CSS 代码,为列表设置一个边框,效果如图 8-53 所示。

```
.a1{
    width:450px;                    /* 设置边框宽度为 450px */
    border:1px solid #cccccc;       /* 设置边框为 1px 的灰色实线 */
    margin:30px auto;         /* 上下外边距为 30px,左右自动,实际效果为左右居中 */
}
```

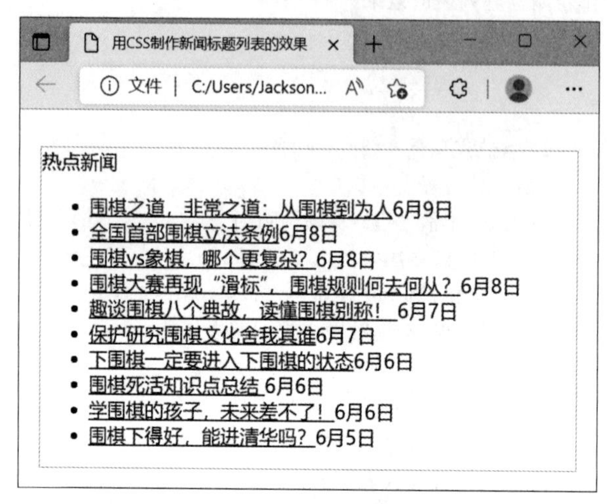

图 8-53 用 CSS 为列表增加一个边框

(3) 输入下列 CSS 代码,用 CSS 设置栏目标题的属性,效果如图 8-54 所示。

```
.a2{
    height:40px;
    line-height:40px;               /* 设置该元素内的文字行高为 40 像素,该元素的高
                                       也是 40 像素,这样文字就会竖直居中显示 */
    background-color:#f5f5f5;       /* 给栏目标题区域设置一个背景颜色 */
    border-top:2px solid #0066ff;   /* 设置上边框为 2px 的蓝色实线 */
    border-bottom:1px solid #cccccc; /* 设置下边框为 1px 的灰色实线 */
}
.a2 span{
    font-size:16px;
    font-weight:bold;               /* 设置栏目标题文字为粗体 */
    padding-left:18px;              /* 设置左边的内边距为 18px */
}
```

(4) 输入下列 CSS 代码,用 CSS 调整列表的属性,效果如图 8-55 所示。

```
ul{
    list-style:none;          /* 去除列表前的小黑点,也就是列表前什么都没有 */
    padding:10px;             /* 设置上右下左的内边距为 10px */
}
```

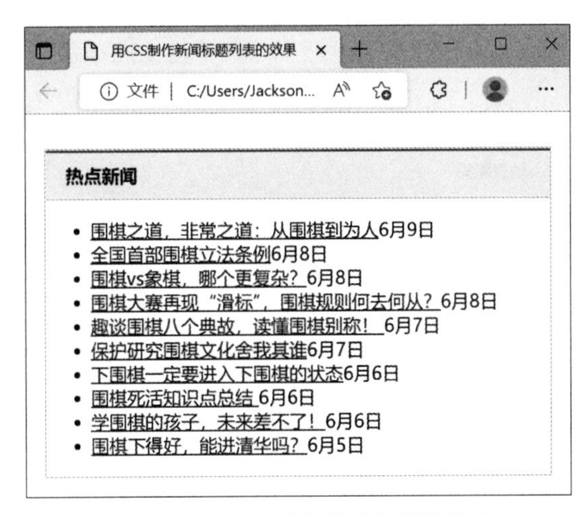

图 8-54　用 CSS 设置栏目标题的属性

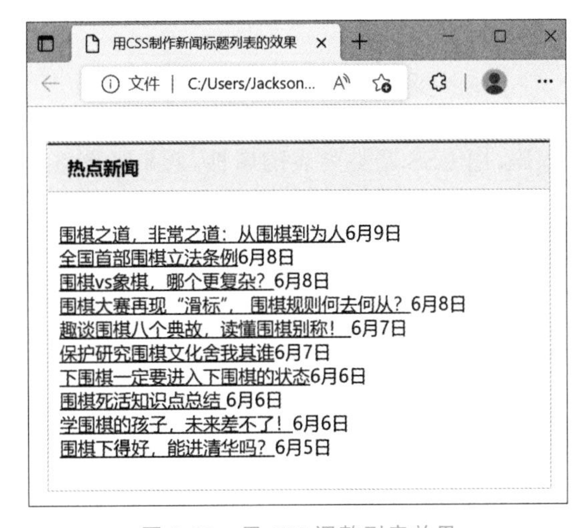

图 8-55　用 CSS 调整列表效果

(5) 输入下列 CSS 代码，用 CSS 设置每条列表项的属性，效果如图 8-56 所示。

```
li{
    height:30px;
    line-height:30px;
    border-bottom:1px dashed #CCCCCC;      /* 为每列表项设置一条 1px 的虚线 */
    background:url(images/tb.png) no-repeat 2px 10px;
                              /* 在每条列表项前设置一个图标，图标图像不重复，水平位置为
                                 2px，垂直位置为 10px */
    padding-left:20px;
}
li span{
    float:right;                          /* 将标题的日期向右浮动，实现右对齐 */
    color:#CCCCCC;
}
```

图 8-56　用 CSS 设置列表项的属性

(6) 输入下列 CSS 代码，用 CSS 调整列表的属性，效果如图 8-57 所示。

```
li a{
        color:#000000;
        text-decoration:none; /* 去除超链接正常时的下画线效果 */
}
li a:hover{
        color:#ff0000; /* 给鼠标经过超链接时设置一个红色 */
}
```

图 8-57　用 CSS 设置超链接的属性

(7) 输入下列 CSS 代码,用 CSS 设置边距属性和字体属性,一个常用的新闻标题列表效果制作完成,效果如图 8-58 所示。

```
 * {
    margin:0px;
    padding:0px;
 }                          /* 设置 HTML 的所有元素内外边距都为 0 */
body{
    font-size:12px;
    font-family:"微软雅黑";
 }                          /* 设置字体和字体大小 */
```

图 8-58　新闻标题列表的效果

8.9 制作导航菜单

作为一个网站,导航菜单必不可少。在传统方式下制作导航菜单是很烦琐的工作,而使用 CSS 制作导航菜单将大幅简化设计的流程。

8.9.1　制作垂直链接导航菜单

普通的垂直链接导航菜单的制作比较简单,主要采用将文字链接从“行级元素”变为“块级元素”的方法实现。

【例 8-41】　制作带有箭头和说明信息的垂直链接导航菜单,箭头效果不使用任何背景图像,完全依靠 CSS 样式实现。

(1) 用记事本新建一个文本文件,输入下列代码,建立本例的 HTML 结构,效果如

图 8-59 所示。

```
<html>
<head>
<title>制作垂直链接导航菜单</title>
</head>
<body>
<div id="menu">
  <a href="#"><span class="left"></span>首页<span class="right"></span>
              <span class="intro">首页说明...</span></a>
  <a href="#"><span class="left"></span>教学指南<span class="right"></span>
              <span class="intro">内含教学大纲、实验大纲...</span></a>
  <a href="#"><span class="left"></span>教学课件<span class="right"></span>
              <span class="intro">涵盖了课程所有的电子教案内容...</span></a>
  <a href="#"><span class="left"></span>习题与自测<span class="right"></span>
              <span class="intro">分为课后习题和自我测试...</span></a>
  <a href="#"><span class="left"></span>课件资源<span class="right"></span>
              <span class="intro">放置了所有实例实现的效果...</span></a>
  <a href="#"><span class="left"></span>网站欣赏<span class="right"></span>
              <span class="intro">包括优秀网站的鉴赏和学生作品...</span></a>
</div>
</body>
</html>
```

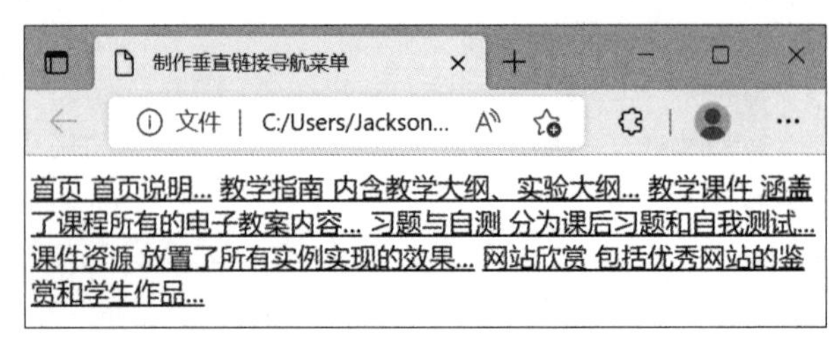

图 8-59　无 CSS 样式的效果

(2) 在 head 标记中输入代码：<style type="text/css"></style>，然后在 style 标记之间输入下列 CSS 代码，设置菜单 Div 容器的整体区域样式，包括宽度、字体以及边框样式等，效果如图 8-60 所示。

```
#menu {                              /*设置 menu 层样式*/
    font-family:Arial;               /*字体*/
    font-size:16px;                  /*字号*/
    width:140px;                     /*宽度*/
    margin:0 auto;                   /*菜单项水平居中*/
    border:solid 1px #ccc;           /*灰色细边框*/
}
```

(3) 输入下列 CSS 代码，设置菜单项超链接的区块显示，以及建立未访问过的链接、访

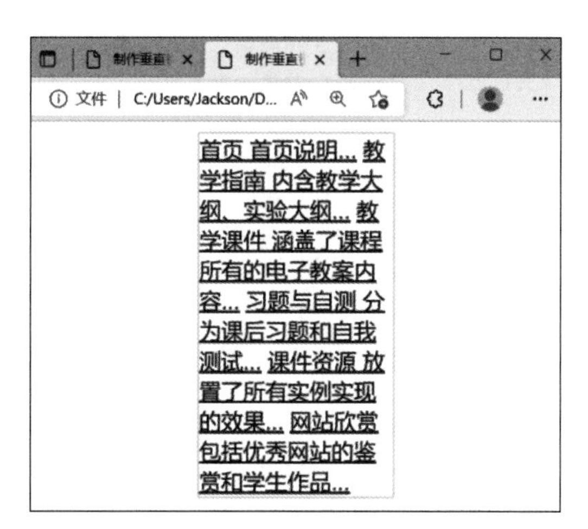

图 8-60　修饰后的菜单效果

问过的链接及光标悬停于菜单项上时的样式，制作完毕。将光标悬停在菜单项时的最终效果如图 8-61 所示。

```
#menu a, #menu a:visited {
  text-decoration:none;               /* 文字无下画线 */
  text-align:center;                  /* 文字水平居中对齐 */
  color:#c00;                         /* 文字为红色 */
  display:block;                      /* 设置为块级元素 */
  padding:4px;                        /* 内边距 */
  background-color:#fff;              /* 背景色 */
  border:solid 1px #fff;              /* 与背景色相同边框,防止跳动 */
  position:relative;                  /* 使用相对定位 */
  width:130px;
}
#menu a span {
  display:none;                       /* 在普通状态下,将所有 span 元素隐藏 */
}
#menu a:hover {
  border-color:#c00;                  /* 边框颜色为红色 */
}
#menu a:hover span {
  display:block;                      /* 设置为块级元素 */
  position:absolute;                  /* 使用绝对定位 */
  height:0;                           /* 高度为 0 */
  width:0;                            /* 宽度为 0 */
  border:solid 8px #fff;              /* 边框颜色同背景色且是粗线边框 */
  top:4px;                            /* 竖直方向的定位 */
  overflow:hidden;
}
```

```
#menu a:hover span.left {          /*生成左侧箭头*/
  border-left-color:#c00;          /*箭头颜色为红色*/
  left:8px;
}
#menu a:hover span.right {         /*生成右侧箭头*/
  border-right-color:#c00;         /*箭头颜色为红色*/
  right:8px;
}
#menu a:hover span.intro {
  font-size:12px;
  display:block;
  position:absolute;               /*绝对定位*/
  left:150px;
  top:0px;
  padding:5px;
  width:100px;
  height:auto;
  background-color:#eee;
  color:#000;
  border:1px dashed #234;
}
```

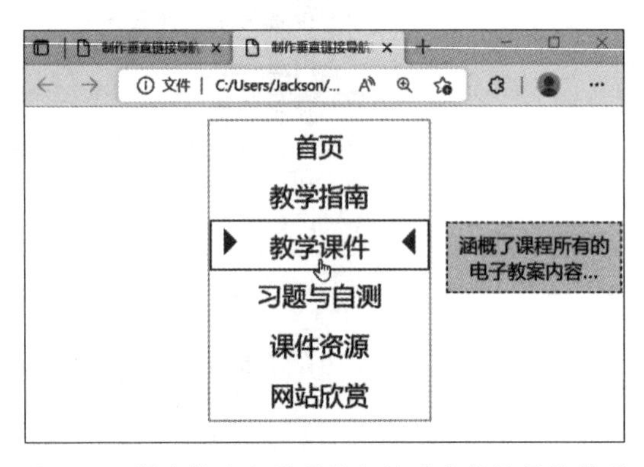

图 8-61　带有箭头和说明信息的垂直链接导航菜单

说明：

(1) 本例中没有用背景图像制作菜单项两侧的箭头效果，那么如何利用CSS生成箭头并放到合适的位置上呢？方法是将CSS盒子的宽度和高度都设置为0，然后将它们的边框设置得比较粗，并且使左或右边框的颜色不同于背景色，而其他3条边框的颜色和背景色相同，即可生成这种箭头效果。

(2) 样式中将#menu a span的display属性设置为none时，其作用是在普通状态下将所有span元素隐藏。当光标经过某一个菜单项时，该span的display属性则设置为block(块级元素)，进而显示菜单项的说明信息。

8.9.2　制作纵向列表垂直导航菜单

很多购物网站的页面上会出现如图 8-62 所示的纵向列表模式的导航菜单，这种纵向导航菜单的内容并没有逻辑上的先后顺序，可以使用无序列表实现。当列表项目的 list-style-type 属性值为 none 时，制作各式各样的导航菜单便成了项目列表的用处之一。

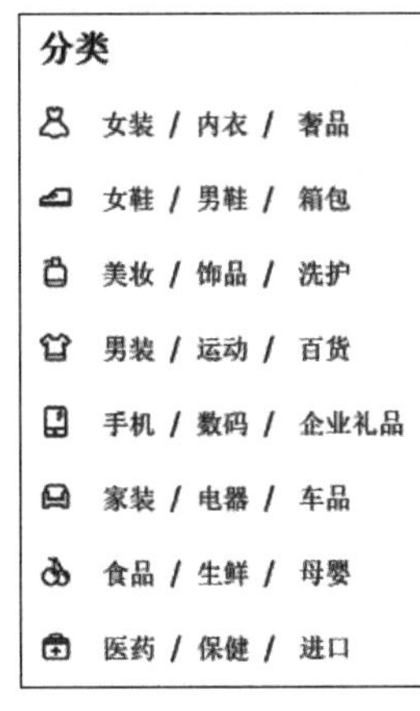

图 8-62　典型的纵向列表垂直导航菜单

【例 8-42】　制作纵向列表垂直导航菜单。

(1) 用记事本新建一个文本文件，输入下列代码，建立本例的 HTML 结构，效果如图 8-63 所示。

```
<html>
<head>
<title>制作纵向列表垂直导航菜单</title>
</head>
<body>
<div id="menu">
  <ul>
    <li><a href="#" class="current">首页</a></li>
    <li><a href="#">最新资讯</a></li>
    <li><a href="#">景区大全</a></li>
    <li><a href="#">旅游服务</a></li>
    <li><a href="#">旅游攻略</a></li>
    <li><a href="#">游客留言</a></li>
  </ul>
</div>
</body>
</html>
```

(2) 在 head 标记中输入代码：<style type="text/css"></style>，然后在 style 标记之间输入下列 CSS 代码，设置菜单 Div 容器的整体区域样式，包括宽度、字体、列表和列表选项类型、边框样式，效果如图 8-64 所示。

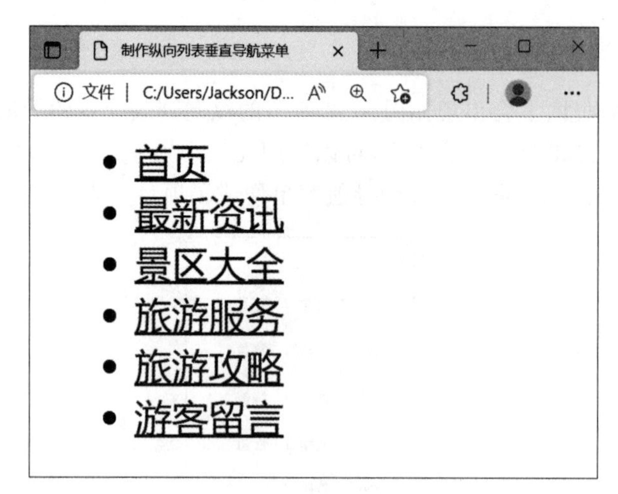

图 8-63　纵向列表垂直导航菜单

```
#menu {
    width:130px;
    border:1px solid #cccccc;
    padding:3px;
    font:12px/18px Tahoma, Arial, Helvetica, sans-serif;
}
#menu * {
    margin:0;
    padding:0;
}
#menu li {
    list-style:none;
    border-bottom:1px solid #ffce88;            /* 设置列表项之间的间隔线 */
}
```

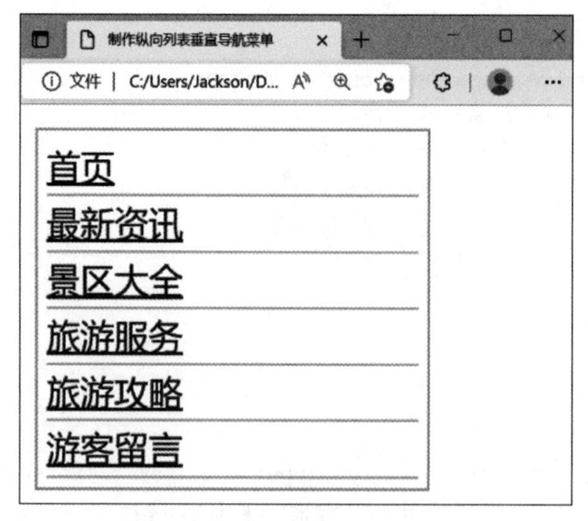

图 8-64　修饰后的菜单效果

(3) 输入下列 CSS 代码,设置菜单项超链接的区块显示,以及建立未访问过的链接、访问过的链接及光标悬停于菜单项上时的样式,制作完毕。将光标悬停在菜单项时的最终效果如图 8-65 所示。

```
#menu li a {
    display:block;
    background:#fbd346 url(images/menu_bg.jpg) repeat-y left;
    color:#000;
    text-decoration:none;               /*取消超链接文字的下画线效果*/
    padding:5px 5px 10px 15px;          /*设置内边距,目的是将 a 元素所在的容器扩展出一
                                          定的空间,用于显示背景图像*/
}
#menu li a:hover {
    background:#f7941d url(images/menu_h.jpg) repeat-x top;
}
#menu li a.current, #menu li a:hover.current {
    background:#f7941d url(images/menu_h.jpg) repeat-x top;
}
```

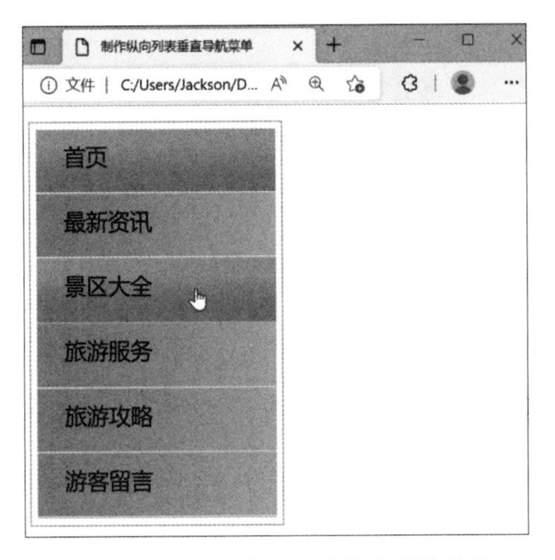

图 8-65　纵向列表垂直导航菜单的效果

8.9.3　制作水平导航菜单

导航菜单除了有垂直排列的形式,许多时候还需要在水平方向显示页面菜单。通过 CSS 属性的控制可以实现列表模式导航菜单的横竖转换,在保持原有 HTML 结构不变的情况下,将垂直导航转变成水平导航最重要的环节就是设置<li>标记为浮动。

【例 8-43】 利用 CSS 设置边框的颜色,制作立体效果的水平导航菜单。

(1) 用记事本新建一个文本文件,输入下列代码,建立本例的 HTML 结构,效果如图 8-66 所示。

```
<html>
<head>
<title>用 CSS 制作立体效果的导航条</title>
</head>
<body>
<ul>                                          /* 建立无序列表 */
<li><a href="#">首页</a></li>                 /* 建立列表项 */
<li><a href="#">新闻</a></li>
<li><a href="#">财经</a></li>
<li><a href="#">体育</a></li>
<li><a href="#">文化</a></li>
<li><a href="#">娱乐</a></li>
</ul>
</body>
</html>
```

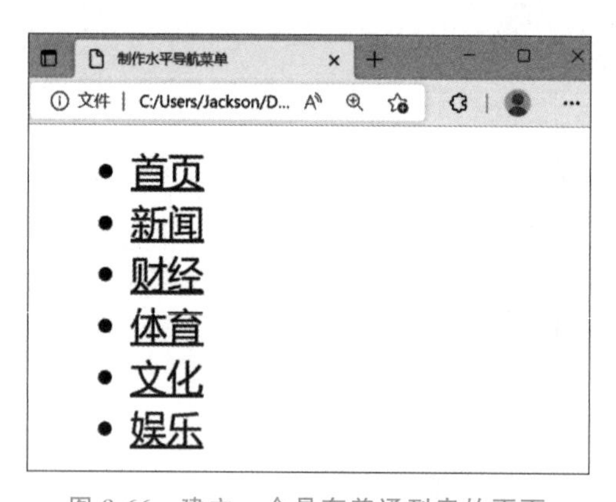

图 8-66　建立一个具有普通列表的页面

(2) 在 head 标记中输入代码：<style type="text/css"></style>，然后在 style 标记之间输入下列 CSS 代码，设置列表的属性，其中，设置 list-style-type 属性，float 属性为左浮动，宽度为 70 个像素，效果如图 8-67 所示。

```
li {
    list-style-type:none;           /* 设置列表符号为无 */
    float:left;                /* 设置所有的列表项浮动方式为左浮动,形成横向排列导航 */
    width:70px;                     /* 设置每个列表项的宽度为 70px */
}
```

图 8-67　用 CSS 设置列表属性

(3) 输入下列 CSS 代码,设置链接字体的属性。其中,在设置边框时为每个边设置不同的边框颜色,右边框和下边框的颜色稍深,这样就可以使导航项更具立体感,效果如图 8-68 所示。

```
li a{
    font-size:12px;                              /*设置字体的大小*/
    color:#777;                                  /*设置字体的颜色*/
    text-decoration:none;                        /*设置字体无下画线*/
    padding:4px;                                 /*设置字体的内边距*/
    background-color:#f7f2ea;                    /*设置字体的背景颜色*/
    display:block;                               /*设置以块级显示*/
    border-width:1px;                            /*设置边框为 1px*/
    border-style:solid;                          /*设置边框为实线*/
    border-color:#ffe #aaab9c #ccc #fff;
                                       /*设置边框时,为每个边设置不同的边框颜色*/
    text-align:center;                           /*设置文本对齐方式为居中*/
}
```

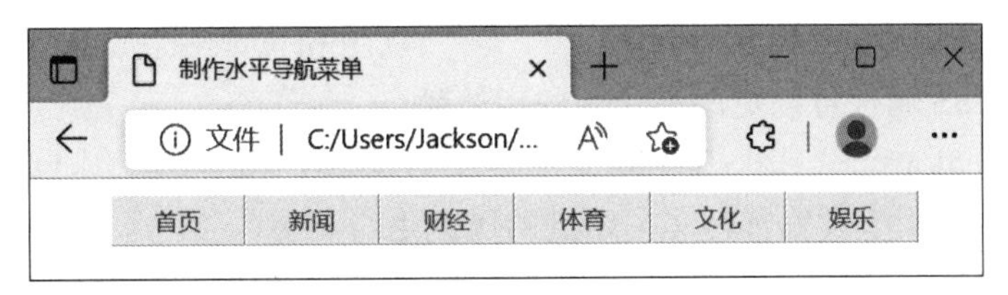

图 8-68　设置链接字体的属性

(4) 设置光标滑过时的字体属性,输入下列代码。其中,对边框的颜色进行了改变,将右边框和下边框的颜色变为白色,其他两边的颜色加深一些,这样就造成了一种"陷下去"的感觉,这样,一个立体效果的导航菜单就制作完成了,效果如图 8-69 所示。

```
li a:hover{
    color:#800000;                               /*改变字体颜色*/
    border-color:#aaab9c #fff #fff #ccc;         /*改变边框颜色*/
}
```

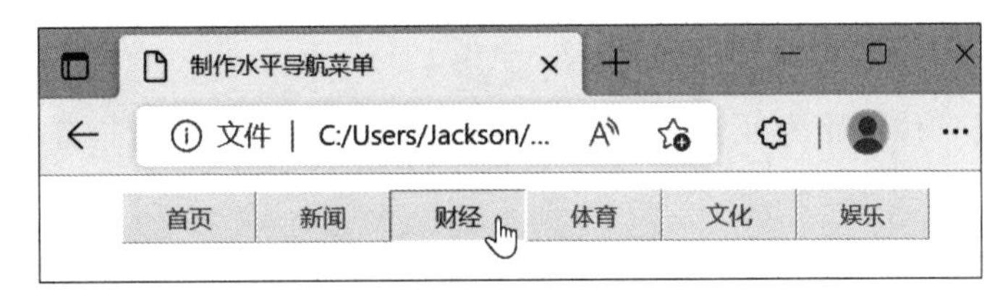

图 8-69　水平导航菜单的效果

思考与练习

1. 单项选择题

(1) 下列选项中,不属于文本属性的是(　　)。

A. font-size　　B. font-style　　C. text-align　　D. font-color

(2) (　　)CSS属性可以更改字体大小。

A. text-size　　B. font-size　　C. text-style　　D. font-style

(3) 在CSS的文本属性中,文本修饰的取值text-decoration：underline表示(　　)。

A. 不用修饰　　B. 下画线

C. 上画线　　D. 横线从字中间穿过

(4) (　　)CSS属性能够设置文本加粗。

A. font-weight:bold　　B. style:bold

C. font:b　　D. font="bold"

(5) 以下声明中,可以控制字符间距的是(　　)。

A. letter-spacing;　　B. word-spacing;

C. font-weight:normal;　　D. font-weight:600;

(6) (　　)CSS属性可以更改样式表的字体颜色。

A. text-color　　B. fgcolor　　C. text-color　　D. color

(7) 在CSS中,用于设置首行文本缩进的属性是(　　)。

A. text-decoration　　B. text-align

C. text-transform　　D. text-indent

(8) (　　)正确定义了字体为宋体、字体颜色为红色、斜体,大小为20px、粗细为800号的效果。

A. p {font-family: 宋体;font-size: 20px;font-weight: 800;color:red; font-style: italic;}

B. p{font-family: 20px;font-size: 宋体;font-weight: 800;color: red;font-style: italic;}

C. p{font-family: 20px;font-size: 800;font-weight: 宋体;color:red;font-style: italic;}

D. p{font-family: 800;font-size: 20px;font-weight: red;color: italic; font-style: 宋体;}

(9) 若要定义字体间距为0.5倍间距、水平左对齐、垂直顶端对齐、有下画线,则正确的定义是(　　)。

A. p{text-decoration:underline; letter-spacing: 0.5em; vertical-align: top; text-align: left;}

B. p{text-decoration: ;letter-spacing: underline;vertical-align: top;text-align: left;}

C. p { text-decoration: left; letter-spacing: top; vertical-align: ; text-align:

underline;}

D. p{text-decoration: underline; letter-spacing: 0.5em; vertical-align: left; text-align: top;}

(10) 能够定义列表的项目符号为实心矩形的是(　　)。

A. list-type: square　　B. type: 2

C. type: square　　D. list-style-type: square

2. 实践题

(1) 制作首字下沉的图文混排效果,并且给超链接加上动态效果,页面效果如图 8-70 所示。

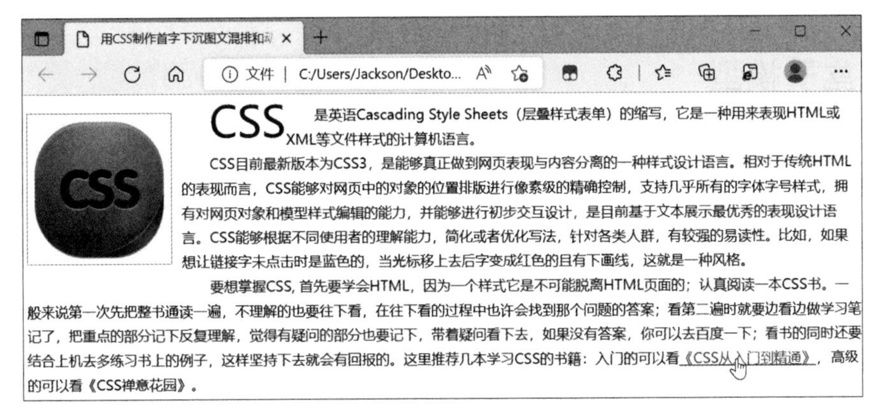

图 8-70　带有首字下沉的图文混排和动态超链接效果的页面

(2) 用 CSS 制作一个可以中英文相互切换的双语导航条,页面效果如图 8-71 所示。

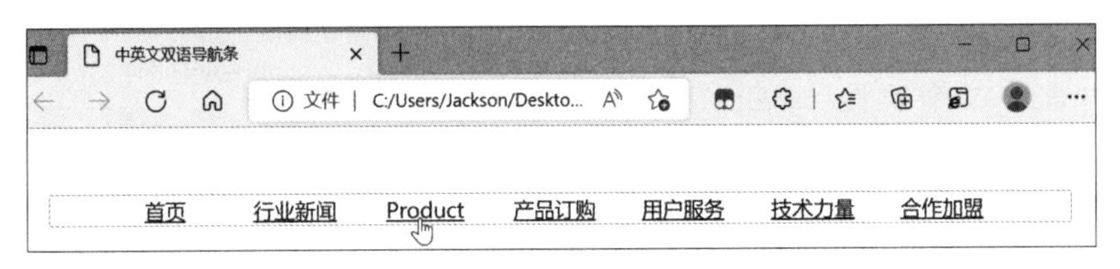

图 8-71　中英文双语导航条的效果

第 9 章　CSS 盒子模型

在 Div+CSS 网页布局中，CSS 假设所有 HTML 文档元素都生成一个描述该元素在 HTML 文档布局中所占空间的矩形元素框，可以形象地将其看作一个盒子，CSS 围绕这些盒子产生了“盒子模型”的概念，这是使用 CSS 控制页面时很重要的概念。只有掌握盒子模型及其每个元素的用法，才能真正控制页面中的各个元素。

9.1 盒子模型

9.1.1　盒子模型的属性及设置

HTML 文档中的每个盒子除了内容(content)外，都由以下属性组成：填充(padding)、边框(border)和边界(margin)，每个属性又都包括上、下、左、右四个方向可以设置，如图 9-1 所示，通过对这些属性的控制可以丰富盒子的实际表现效果。下面对盒子模型的四个组成部分及各自具备的属性进行简要介绍。

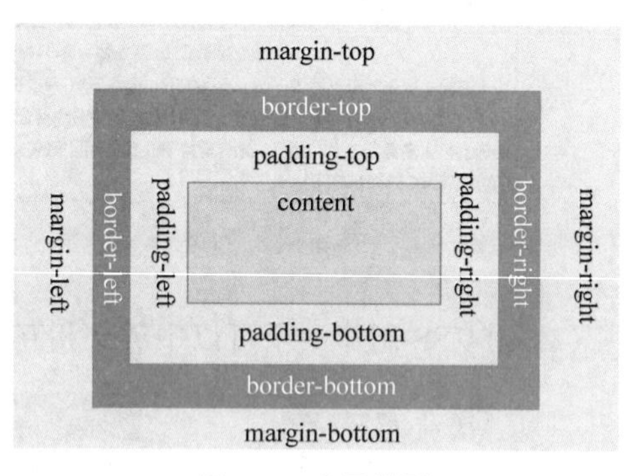

图 9-1　盒子模型

1. 内容

内容是盒子模型的中心，它呈现了盒子的主要信息内容，这些内容可以是文本、图片等多种类型。内容有 3 个属性：width、height 和 overflow。使用 width 和 height 属性可以指定盒子内容区的宽度和高度。当内容信息太多，超出内容区所占范围时，可以使用 overflow 属性指定处理方法。当 overflow 属性值为 hidden 时，溢出部分将不可见；为 visible 时，溢出部分可见，只是被呈现在盒子的外部；为 scroll 时，滚动条将被自动添加到盒子中，用户可以滚动显示内容信息；为 auto 时，将由浏览器决定如何处理溢出部分。

2. 填充

填充是内容和边框之间的空间，可以看作内容的背景区域。填充的属性有 5 种，即 padding-top、padding-bottom、padding-left、padding-right 以及综合了以上 4 种方向的快捷填充属性 padding，此属性的值不能为负。使用这 5 种属性可以指定内容区的内容与各方向边框之间的距离。

设置盒子的 padding 属性的语法结构如下：

```
padding: 上边距 右边距 下边距 左边距(上下左右的边距都不相同)
padding: 上下边距 左右边距(上下边距值相同,左右边距的值也相同)
```

```
padding: 上边距 左右边距 下边距(只有左右边距的值相同)
padding: 边距值(上下左右四个方向的边距值均相同)
```

当 4 个边距值各不相同时，也可以对 4 个方向上的 padding 值单独进行设置，语法结构如下。

```
padding-left:左边距
padding-right:右边距
padding-top:上边距
padding-bottom:下边距
```

另外，通过对盒子背景颜色属性的设置可以使填充部分呈现相应的颜色。当对盒子设置了背景颜色或背景图像后，那么背景会覆盖 padding 和内容组成的范围，并且默认情况下背景图像是以 padding 的左上角为基准点在盒子中平铺的。

3. 边框

边框是环绕内容和填充的边界。边框的属性有 border-style、border-width 和 border-color 以及综合了以上 3 类属性的快捷边框属性 border，其中，border-style 是边框最重要的属性，它的属性值如表 9-1 所示。如果没有指定边框样式，则其他的边框属性都会被忽略，边框将不存在。在设定以上 3 类边框属性时，既可以进行边框 4 个方向的整体快捷设置，也可以进行四个方向的专向设置，如 border-top-style：solid、border-bottom-width：10px、border-left-color：red 等。

对盒子的各个边框设置的语法结构如下。

```
border: border-width border-style border-color;
```

例如："border：1px solid red;"表示将 4 个方向的边框设置为宽度为 1px、实线、红色的样式。也可以单独设置边框的宽度、颜色和样式，如："border-width：2px;"表示将 4 个方向的边框宽度设置为 2px。也可以单独设置某一方向上的边框属性，如："border-bottom：1px double #FFFFFF;"表示将下边框设置为宽度为 1px、双线、白色的样式。

表 9-1　border-style 属性值

值	描　述
none	定义无边框
hidden	与 none 相同。应用于表时除外，对于表，hidden 用于解决边框冲突
dotted	定义点状边框。在大多数浏览器中呈现为实线
dashed	定义虚线。在大多数浏览器中呈现为实线
solid	定义实线
double	定义双线。双线的宽度等于 border-width 的值
groove	定义 3D 凹槽边框。其效果取决于 border-color 的值
ridge	定义 3D 垄状边框。其效果取决于 border-color 的值

续表

值	描　述
inset	定义 3D inset 边框。其效果取决于 border-color 的值
outset	定义 3D outset 边框。其效果取决于 border-color 的值
inherit	规定应该从父元素继承边框样式

【例 9-1】 制作有边框的表格。

(1) 在记事本中输入以下 HTML 代码。

```
<html>
<head>
<title>制作有边框的表格</title>
<style type="text/css">
#special {
    font-family: Arial, Helvetica, sans-serif;      /*设置表格的字体*/
    text-align: center;                             /*设置文本的对齐方式为居中*/
    border: 1px solid #9C6;                         /*为整个表格设置边框*/
}
#special .head {
    color: #FFF;                                    /*设置表头的字体颜色为白色*/
    background-color: #9C6;                         /*设置表头背景颜色*/
    font-weight: bold;                              /*设置表头字体加粗*/
}
#special .sign {
    background-color: #eaf2d3;                      /*设置单数列的背景颜色*/
}
#special td {
    border: 1px solid #EAF2D3;                      /*为每个单元格设置边框*/
}
</style>
</head>
<body>
<table id="special" width="400" height="142" >
  <tr>
    <td class="head" >特殊符号</td>
    <td class="head" >符号码</td>
    <td class="head">特殊符号</td>
    <td class="head" >符号码</td>
  </tr>
  <tr>
    <td class="sign">&lt;</td>
    <td>&amp;lt;</td>
```

```
      <td class="sign">&quot;</td>
      <td>&amp;quot;</td>
    </tr>
    <tr>
      <td class="sign">&gt;</td>
      <td>&amp;gt;</td>
      <td class="sign">&copy;</td>
      <td>&amp;copy;</td>
    </tr>
    <tr>
      <td class="sign">&amp;</td>
      <td>&amp;amp;</td>
      <td class="sign">&reg;</td>
      <td>&amp;reg;</td>
    </tr>
  </table>
  </body>
  </html>
```

（2）保存预览，效果如图 9-2 所示。

制作有边框的表格　C:/Users/Jacks...

特殊符号	符号码	特殊符号	符号码
<	<	"	"
>	>	©	©
&	&	®	®

图 9-2　有边框的表格

本例不仅为整个表格加上了边框，而且为每个单元格也加上了边框，这是传统的 HTML 代码无法实现的，可见，使用 CSS 可以使网页修饰更加精致。

4. 边界

边界位于盒子的最外围，它不是一条边线，而是添加在边框外面的空间。边界使元素盒子不必紧凑地连接在一起，它是 CSS 布局的一个重要手段。边界的属性有 5 种，即 margin-top、margin-bottom、margin-left、margin-right 以及综合了以上 4 种方向的快捷空白边界属性 margin，其具体的设置和使用与填充属性类似。可以通过设置对象的左、右 margin 属性为 auto 值实现布局对象在浏览器中居中的效果。对于两个邻近的，都设置有边界值的盒子，它们邻近部分的边界不是二者边界值的相加，而是二者的重叠；若二者邻近的边界值大小不等，则取二者中较大的值。同时，CSS 允许给边界属性指定负值。当指定负边界值时，整个盒子将向指定负值方向的相反方向移动，以此可以产生盒子的重叠效果。采用指定边界正负值的方法可以移动网页中的元素,这是CSS布局技术中的一个重要方法。

9.1.2 盒子模型的计算

由于盒子模型由许多属性组成,因此它的尺寸计算更为复杂。一个盒子占据的空间由内容本身的尺寸加上众多属性之和构成,即

盒子的宽度=margin-left+border-left+padding-left+width+padding-right+border-right+margin-right

盒子的高度=margin-top+border-top+padding-top+height+padding-bottom+border-bottom+margin-bottom

例如有以下CSS代码:

```
#box {
    width: 70px;
    margin: 10px;
    padding: 5px;
}
```

则该盒子占据的宽度为10+5+70+5+10=100px,如图9-3所示。

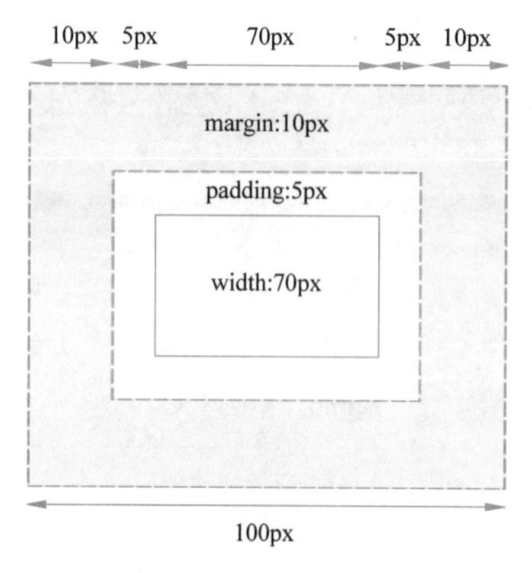

图9-3 盒子的尺寸计算

在实际操作中会遇到外边框叠加的问题,这时盒子占据的具体尺寸将根据合并的情况具体计算。

9.1.3 盒子模型的应用举例

盒子模型在网页布局中的应用十分广泛,下面通过例子说明盒子模型的简单应用。

【例9-2】 利用Div+CSS制作一个新闻页面。

(1) 在记事本中输入以下HTML代码。

```
<html>
```

```
<head>
<title>制作一个新闻页面</title>
<style type="text/css">
body { margin: 20px;                          /*设置页面边距为 20*/
}
#container {                                  /*设置最外面的大盒子属性*/
    width: 838px;                             /*设置盒子的宽度*/
    margin-top: 10px;                         /*设置上外边距*/
    margin-bottom: 20px;                      /*设置下外边距*/
    margin-left: auto;                        /*自动调整左边距*/
    margin-right: auto;                       /*自动调整右边距*/
    padding: 15px 30px;                       /*设置内边距*/
    border: 1px dotted blue;                  /*设置边框*/
}
#title {                                      /*设置文章标题的属性*/
    font-size: 28px;                          /*设置字体的大小*/
    text-align: center;                       /*设置文本对齐方式*/
    width: 838px;                             /*设置盒子宽度*/
    height: 50px;                             /*设置盒子高度*/
    padding-top: 10px;                        /*设置上内边距*/
    padding-bottom: 10px;                     /*设置下内边距*/
}
#article {                                    /*设置文章正文的属性*/
    font-size: 18px;                          /*设置字体的大小*/
    line-height: 30px;                        /*设置行高*/
    width: 838px;                             /*设置盒子宽度*/
    padding-top: 15px;                        /*设置上内边距*/
    padding-bottom: 30px;                     /*设置下内边距*/
}
#articleinfo {                                /*设置文章信息栏的属性*/
    font-size: 12px;                          /*设置字体的大小*/
    text-align: center;                       /*设置文本对齐方式*/
    width: 838px;                             /*设置盒子宽度*/
    padding-top: 10px;                        /*设置上内边距*/
    padding-bottom: 10px;                     /*设置下内边距*/
    height: 35px;                             /*设置盒子高度*/
    margin-bottom: 0px;                       /*设置下外边距*/
}
</style>
</head>
<body>
<div id="container">
  <div id="title">
  <p>中国空间站首次太空授课活动取得圆满成功</p>
```

```
    </div>
    <div id="articleinfo">
      <p>2021-12-09     信息来源:中国载人航天工程网</p>
    </div>
    <div id="article">
      <p>       北京时间2021年12月9日15:
40,"天宫课堂"第一课正式开讲,时隔8年之后,中国航天员再次进行太空授课。"太空教师"翟志
刚、王亚平、叶光富为广大青少年带来了一场精彩的太空科普课,这是中国空间站首次太空授课活
动。</p>
      <p>        在约60分钟的授课中,神舟十三
号飞行乘组航天员翟志刚、王亚平、叶光富生动介绍展示了空间站工作生活场景,演示了微重力环
境下细胞学实验、人体运动、液体表面张力等神奇现象,并讲解了实验背后的科学原理。授课期间,
航天员通过视频通话形式与地面课堂师生进行了实时互动交流。</p>
      <p>       此次太空授课活动进行了全程现场
直播,在中国科技馆设地面主课堂,在广西南宁、四川汶川、香港、澳门分设4个地面分课堂,共
1420名中小学生代表参加现场活动。</p>
    </div>
  </div>
</body>
</html>
```

(2) 保存并预览,效果如图9-4所示。

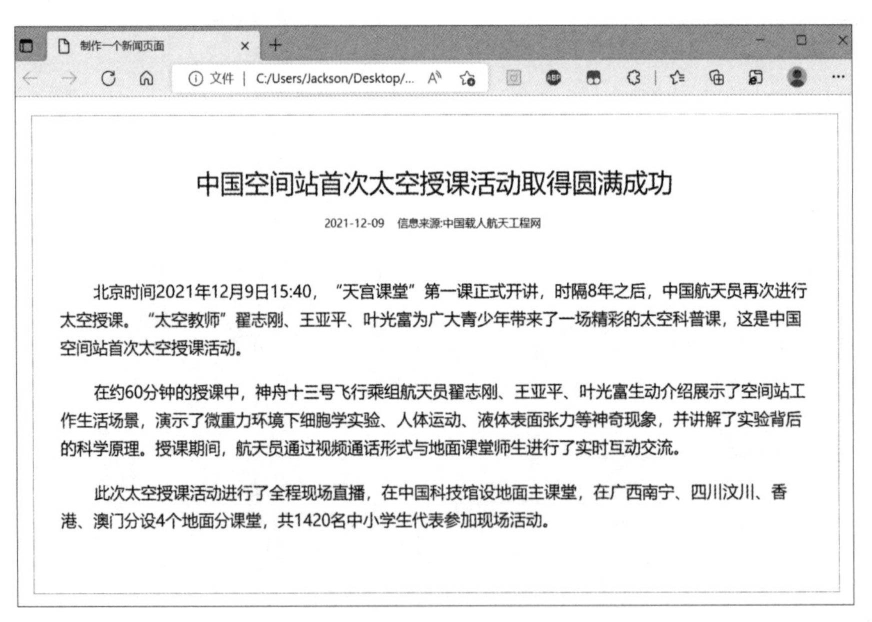

图9-4 新闻页面效果

在本例中,每个Div均可看作一个盒子模型,通过对各个Div的属性进行设置,使这4个Div之间的布局如图9-5所示。

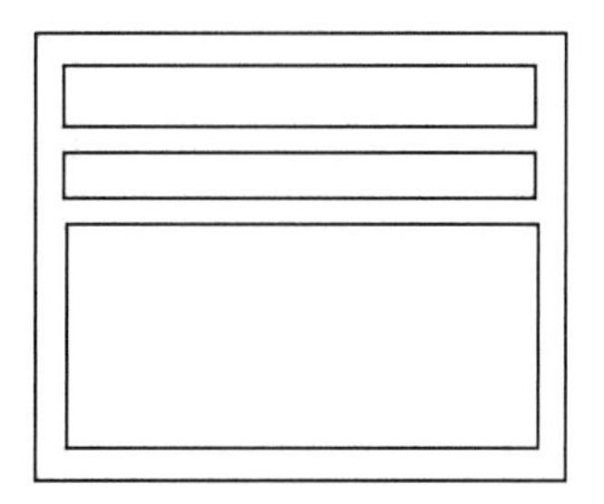

图 9-5 布局效果示意

9.2 普通流：display 属性

9.2.1 display 的引入

在用 CSS 布局页面时，一般将 HTML 标签分成两种：块状元素和内联元素，它们是 CSS 布局页面中很重要的两个概念。

块状元素：一般是其他元素的容器，可容纳内联元素和其他块状元素，块状元素排斥其他元素与其位于同一行，在浏览器中独占一行，设置的宽度和高度起作用。常见的块状元素为 blockquote、center、div、dl、form、h1-h6、hr、menu、noframes、ol、p、pre、table、ul。

内联元素：只能容纳文本或者其他内联元素，允许其他内联元素与其位于同一行。浏览器碰到它们时会接着它们在同一行布置下一元素，除非它的下一元素是块状元素，但设置的宽度和高度不起作用。常见的内联元素为 a、b、big、br、cite、em、i、img、input、select、small、span、strike、strong、sub、sup、textarea、tt、u。

【例 9-3】 认识块状元素和内联元素。

(1) 在记事本中输入以下 HTML 代码。

```
<html>
<head>
<title>认识块状元素和内联元素</title>
</head>
<body>
<h3>HTML 结构</h3>                                  <!--块状元素-->
<p>段落</p>                                         <!--块状元素-->
<ol><li>有序列表</li><li>有序列表</li></ol>         <!--块状元素-->
<span>span 标签</span>                              <!--内联元素-->
<strong>strong 标签</strong>              <!--内联元素,将与上一个内联元素在同一行-->
<div>层标签</div>                                   <!--块状元素,不与其他元素共行-->
<em>em 标签</em>                                    <!--内联元素-->
<img src="image/ysh.jpg"/>                          <!--内联元素-->
</body>
</html>
```

(2) 保存并预览，效果如图 9-6 所示。可以看到块状元素单独占据一整行显示，而内联元素并排显示。

图 9-6 块状元素和内联元素演示

CSS 有 3 种基本的定位机制：普通流、浮动和绝对定位。除非专门指定，否则所有框都在普通流中定位。也就是说，普通流中的元素的位置按照其在 HTML 中的位置顺序决定，默认的规则为块级框从上到下一个接一个地排列，行内框在一行中水平布置，这样布局可控性就小了很多。如果引入 display 属性，就可以通过 display 属性改变元素以行内元素或块状元素显示，可以强制让浏览器按预先设置的方式布局相关元素，增强了灵活性，具体可见例 9-4。

9.2.2 display 属性的取值

display 用于定义建立布局时元素生成的显示框类型。display 属性的常用取值有 none、block、inline 和 inline-block，具体如表 9-2 所示。

表 9-2 display 属性的常用取值

值	描　述
none	此元素不会被显示
block	此元素将显示为块状元素，此元素前后会带有换行符
inline	默认。此元素会被显示为内联元素，元素前后没有换行符
inline-block	行内块元素

【例 9-4】 display 属性的运用。

(1) 在记事本中输入以下 HTML 代码。

```
<html>
<head>
<title>display 属性的运用</title>
<style>
div{
    display:inline;           /* 设置 div 的 display 为 inline,强制把 div 内联显示,浏览
                                 器会像处理内联元素一样把 3 个 div 显示在一行 */
    width:300px;              /* 内联元素不能设置宽度,故此行不起作用 */
}
span{
    display:block;
}                             /* 设置 span 的 display 为 block,强制把 span 块状显示,浏
                                 览器会像处理块状元素一样给 3 个 span 换行 */
p{
    display:inherit;
}                             /* p 元素继承父类元素 div 和 span 的 display 属性,所以文本
                                 域一和文本域二内联显示,文本域三和文本域四块状显示 */
.inline-block{
    display:inline-block;     /* 内联元素,但是可以设置宽度 */
    width:700px;              /* 宽度会起作用,留 700px 的宽度,然后布置下一个标签 */
}
.none{
    display:none;
}                   /* 设置为 none 的元素不在普通流中显示,这样强调元素一和三会挨在一起 */
</style>
</head>
<body>
<div>这是第一个 div</div>
<div>这是第二个 div</div>
<div>这是第三个 div</div>
<span>这是第一个 span</span>
<span>这是第二个 span</span>
<span>这是第三个 span</span>
<div><p>文本域一</p><p>文本域二</p></div>
<span><p>文本域三</p><p>文本域四</p></span>
<span class="inline-block"><strong>强调元素一</strong><strong class="none">
强调元素二</strong><strong>强调元素三</strong></span>
<div>div 元素</div>
</body>
</html>
```

(2) 保存并预览,效果如图 9-7 所示。

从本例中可以看到,原本属性为块状元素的在设置了 display 属性为内联元素后,若干 div 将在同一行显示;而原本为内联的元素(如 span),在设置了 display 属性为块状元素后,

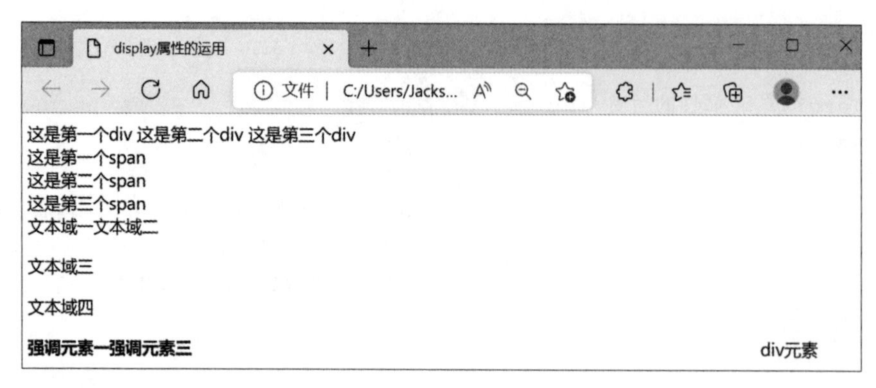

图 9-7　display 属性取值演示

每个 span 单独占据一行显示。块状元素可以设置宽度,内联－块状元素也可以设置宽度;而内联元素不可以设置宽度,内联元素的宽度由浏览器自动计算。

9.2.3　display 的应用举例

无序列表标签和 display 配合使用,制作一个竖排的导航条。

【例 9-5】　制作竖排的导航条。

(1) 在记事本中输入以下 HTML 代码。

```
<html>
<head>
<title>竖排的导航条</title>
<style type="text/css">
li {      /* 设置无序列表的属性 */
    list-style-type: none;     /* 将列表项目符号类型设置为无标记,默认情况为实心圆 */
}
li a {                                    /* 设置链接字体的属性 */
    color: #000;                          /* 设置链接字体的颜色 */
    background-color: #ccc;               /* 设置背景颜色 */
    text-decoration: none;                /* 设置链接文本无下画线 */
    text-align: center;                   /* 设置文本对齐方式 */
    display: block;                       /* 设置块状显示 */
    height: 25px;                         /* 设置盒子的高度 */
    width: 97px;                          /* 设置盒子的宽度 */
    padding-top: 5px;                     /* 设置上内边距 */
    border-bottom:1px solid #999;         /* 设置下边框 */
}
li a:hover {                              /* 设置光标滑过时链接文本的属性 */
    color: #FFF;                          /* 设置光标滑过时链接文本字体的颜色 */
    background-color: #999;               /* 设置光标滑过时链接文本背景的颜色 */
```

```
}
</style>
</head>
<body>
<ul>
  <li><a href="#">首页</a></li>
  <li><a href="#">度假</a></li>
  <li><a href="#">机票</a></li>
  <li><a href="#">酒店</a></li>
  <li><a href="#">门票</a></li>
  <li><a href="#">攻略</a></li>
</ul>
</body>
</html>
```

（2）保存并预览，效果如图 9-8 所示。

图 9-8　竖排的导航条效果

在本例中，将原本为内联元素的 a 标签通过设置其 display 属性的值为 block，将其转换为块状元素，以便可以设置它的宽高和背景等属性。另外，还设置了 a:hover 属性的样式，添加了交互式响应，这样当光标移动到某一个导航项时，其背景颜色会加深，字体会变为白色。

9.3　浮动：float 属性

在普通流中，块状元素的盒子都是上下排列的，行内元素的盒子都是左右排列的，如果仅仅按照普通流的方式进行排列，限制会比较大。因此，在 CSS 中还可以使用浮动和定位的方式进行盒子的排列。在 CSS 中，任何元素都可以浮动，浮动元素会生成块级框，而不论它本身是何种元素。一个设置了 float 属性的元素会根据普通流布局中的位置移出普通流，并移到普通流的左边或右边。当不需要在 float 元素两边的元素环绕它时，可以使用 clear

属性清除。

9.3.1 float 属性的取值

float 属性定义元素在哪个方向浮动,以往这个属性经常应用于图像,使文本围绕在图像周围,不过在 CSS 中,任何元素都可以浮动。当一个元素设置了 float 属性时,这个元素就会成为一个块状的盒子,这个盒子能在水平方向向左或向右移动,直到它的边缘接触容器区块的边缘或另一个设置了 float 属性的元素的边缘。如果在水平方向没有足够的空间,设置了 float 属性的盒子将会逐行向下移动,直到有足够的水平空间容纳它为止。float 属性的取值及描述如表 9-3 所示。

表 9-3 float 属性的取值

值	描 述
left	元素向左浮动
right	元素向右浮动
none	默认值。元素不浮动,并会显示其在文本中出现的位置
inherit	规定应该从父元素继承 float 属性的值

下面通过一个实例介绍 float 属性的用法。

【例 9-6】 float 属性的运用。

(1) 未加 float 属性前的代码如下。

```
<html>
<head>
<title>float 属性的运用</title>
<style type="text/css">
#father{ padding:10px;                    /* 设置内边距 */
       border:1px solid #000;             /* 设置边框 */
}
div{ border:1px dashed #000;              /* 设置边框 */
     margin:10px;                         /* 设置外边距 */
}
</style>
</head>
<body>
<div id="father">
<div id="son1">son1</div>
<div id="son2">son2</div>
<div id="son3">son3</div>
</div>
</body>
</html>
```

代码的演示效果如图 9-9 所示。

图 9-9　未加 float 属性的效果

（2）在（1）中代码的基础上，在<style>标记对之间为 son1 加上以下 float 属性代码。

```
#son1{float:left;}
```

代码的演示效果如图 9-10 所示。可以发现 son1 浮动到其父元素的左侧，而且 son1 的宽度不再占据一整行，而是根据 son1 中的内容确定宽度；如果将未浮动的 son2 代码改为：<div id="son2">son2
ysh</div>，即添加一行文字，这时的效果如图 9-11 所示，可以发现 son2 中的内容是环绕着 son1 的。

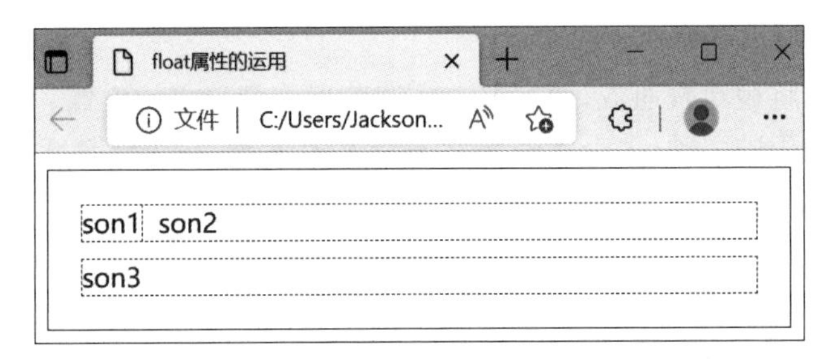

图 9-10　给 son1 加上 float 属性后的效果

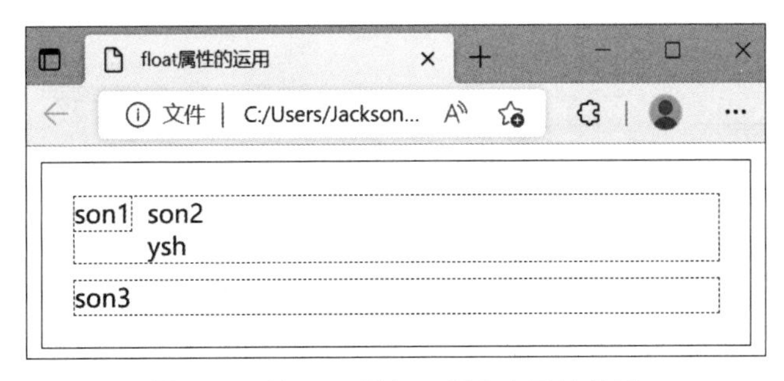

图 9-11　给 son1 增加一行文本后的效果

（3）在（1）中代码的基础上，在<style>标记对之间为 3 个子元素都加上以下 float 属性代码。

```
#son1{float:left;}
#son2{float:left;}
#son3{float:left;}
```

代码的演示效果如图 9-12 所示。为 3 个子元素添加 float 属性向左浮动后,可以看到 3 个盒子水平排列。由于设置了 float 属性,它们就脱离了普通流,但是父元素仍属于普通流,因此导致其父元素中的内容为空。如果为父元素也加上与子元素相同的 float 属性 #father{float:left;},效果将如图 9-13 所示。

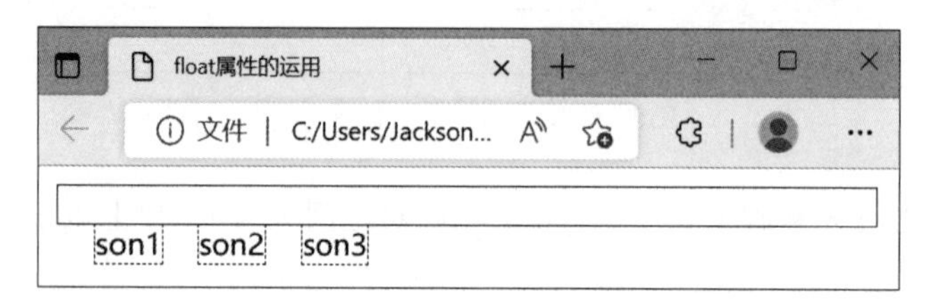

图 9-12　为 3 个子元素都设置 float 属性后的效果

通过以上演示,可以总结出以下几点规律。

- 设置了浮动后的盒子将以块状元素显示,不会占据一整行的宽度,而根据盒子里面的内容确定宽度。
- 未浮动的盒子将占据浮动盒子的位置,同时未浮动盒子内的内容会环绕浮动后的盒子。
- 浮动的盒子将脱离普通流,即不再占据浏览器分配给它的位置。
- 对于多个盒子的浮动,多个浮动元素不会互相覆盖,一个浮动元素的外边界碰到另一个浮动元素的外边界后便会停止运动。
- 若包含的容器太窄,无法容纳水平排列的多个浮动元素,那么最后的浮动盒子会向下移动。但如果浮动元素的高度不同,那么它们向下移动时可能会被卡住,例如在图 9-13 所示的效果的基础上添加代码 #father{width:150px;},以及将 son1 的代码改为<div id="son1">son1
ysh</div>,此时的效果如图 9-14 所示,son3 在向下移动时会被 son1 卡住。

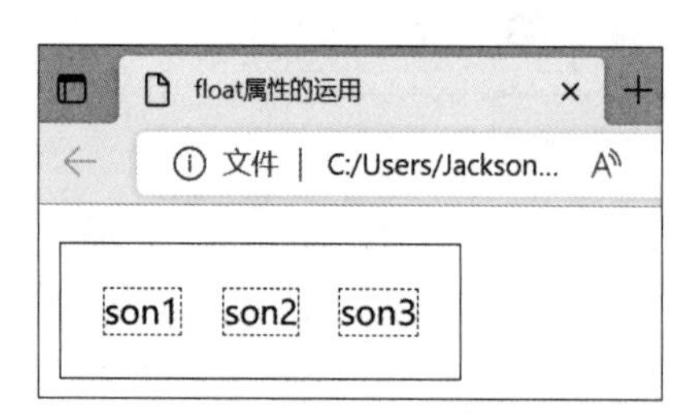

图 9-13　为父元素设置 float 属性后的效果

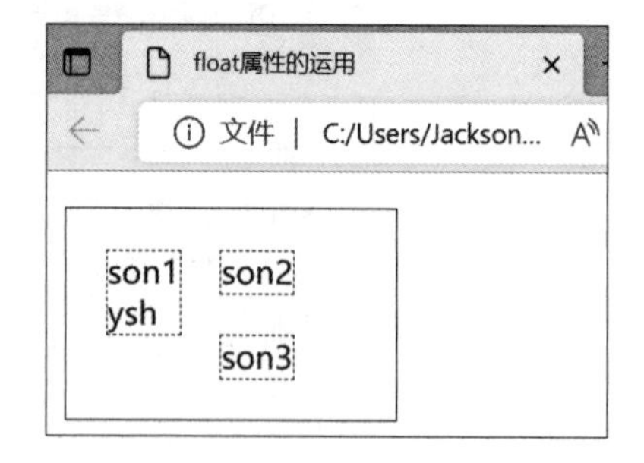

图 9-14　son3 被 son1 卡住后右移

9.3.2　浮动的清除

clear 是清除浮动属性,它的取值及描述如表 9-4 所示。

表 9-4 clear 属性的取值及描述

值	描述
left	左侧不允许有浮动元素
right	右侧不允许有浮动元素
both	左右两侧均不允许有浮动元素
none	默认值。允许浮动元素出现在两侧
inherit	规定应该从父元素继承 clear 属性的值

在 9.3.1 节中，父级元素和 3 个盒子都浮动的情况(图 9-13)中，如果将 son3 的 float 属性改为 clear 属性：#son3{clear:both;}，则效果如图 9-15 所示，在为 son3 设置了清除两侧的浮动元素属性后，son3 将移到下一行显示。

需要注意的是，清除浮动是清除其他盒子浮动对该元素的影响，而设置浮动是让元素自身浮动，两者并不矛盾，因此可同时设置元素清除浮动和浮动，图 9-16 就是在图 9-13 的基础上为 son3 再添加一条清除浮动属性的效果。

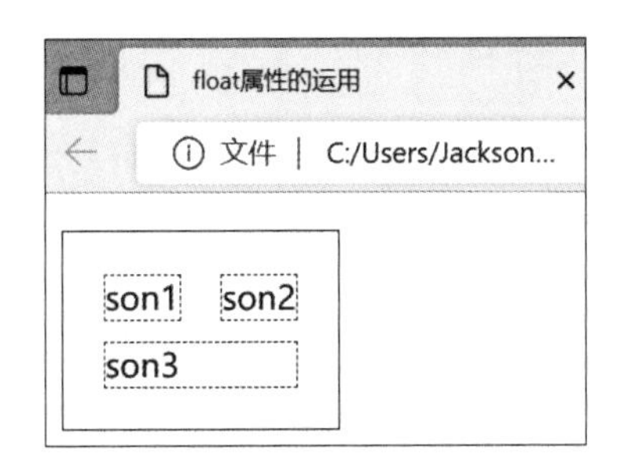

图 9-15 为 son3 更改清除属性的效果

图 9-16 为 son3 再添加一条清除浮动属性的效果

9.3.3 float 属性的应用举例

【例 9-7】 制作图文并茂的排版效果。

(1) 在记事本中输入以下 HTML 代码。

```
<html>
<head>
<title>图文并茂的效果</title>
<style type="text/css">
#container {
      background-color: #FF9;          /*设置背景颜色*/
      height: 520px;                   /*设置盒子的高度*/
      width: 400px;                    /*设置盒子的宽度*/
      padding: 8px 10px;               /*设置上下和左右内边距*/
}
h2 {
```

```
        line-height: 30px;                           /*设置行间距为30个像素*/
        color: #333;                                 /*设置字体颜色*/
        display: block;                              /*设置块状显示*/
        width: 180px;                                /*设置盒子的宽度*/
        margin-left: 20px;                           /*设置左外边距*/
        border-bottom: 1px dotted #000;              /*设置下边框*/
}
p {
        font-size:18px;                              /*设置字体大小*/
        line-height:20px;                            /*设置行间距为20个像素*/
        color:#000;                                  /*设置字体颜色*/
        padding-right: 20px;                         /*设置右内边距*/
}
.image {
        float: left;                                 /*设置浮动属性*/
        padding: 0px 6px 6px 6px;                    /*设置内边距*/
}
</style>
</head>
<body>
<div id="container">
        <h2>我的朋友—字典</h2>
        <div class="image"><img src="image/dictionary.jpg" /></div>
        <p>    小时候,幼儿园老师叫我们每人去买一本字典。有一天,
我和妈妈去书店带回来了一个方方正正、小巧玲珑、十分可爱的小东西,妈妈告诉我这就是字典。
从此,我便和它成了形影不离的朋友了。<br/>    嘿,别小看了这家
伙,它长得虽小可身体里蕴含着无穷无尽的知识。这本字典身披一件红彤彤的披风,威风极了,它
保护着里面的知识。翻开字典,你会发现里面有许许多多的字,组词、释义等等应有尽有。如果在
读书时碰上了什么不会读的字,你可以通过部首查字法找到这个字的读音;如果在写作业时遇上了
什么字不会写,你可以通过音序查字法找到这个字。总之,有了字典这位忠心的好朋友,我们读书、
写作业可就方便多了。<br/>    翻阅着手上的这本新华字典,我不禁
陶醉在那一个个跳动着的字与词的旋律中。给我释疑解惑的字典,你永远是我的好朋友!</p>
</div>
</body>
</html>
```

(2) 保存并预览,效果如图9-17所示。

本例应用的是文字环绕图片的排版方式,使用了浮动定位的方式,通过设定对象的float属性以使文字内容流入图片的旁边。在文字居左之后,为了使图片和文字有一定的空间,设置了图片有6px的内边距。

图 9-17　图文并茂的排版效果

9.4 定位：position 属性

前面介绍了普通流和浮动的定位方式，本节介绍 position 定位属性。定位属性下的定位能使元素通过设置偏移量定位到页面或其包含框的任何一个地方，定位功能非常灵活。

9.4.1 position 属性的取值

position 属性常用的取值有 4 种，分别是 static、fixed、relative 和 absolute。

static 称为静态定位，它是 position 属性的默认值，设置了 static 的元素表示不使用定位属性定位，元素位置将按照普通流或浮动方式排列。

fixed 称为固定定位，它可视为绝对定位的一种特殊情况，即以浏览器窗口为基准进行定位。设置了 fixed 的元素将被设置在浏览器的一个固定位置上，不会随其他元素滚动。形象地说，上下拖动滚动条时，fixed 的元素在屏幕上的位置不变。

定位属性的取值中用得最多的是相对定位(relative)和绝对定位(absolute)，下面会着重介绍。

为了使元素在用定位属性定位时从基准位置发生偏移，在使用定位属性时必须和偏移属性配合使用。偏移属性包括 left、right、top、bottom。例如，left 指相对于定位基准的左边向右边偏移的值，取值可以是像素，也可以是百分比。

9.4.2 相对定位

使用相对定位的元素的位置定位一般是以普通流的排版方式为基础，然后使元素相对于它在原来的普通流位置偏移指定的距离。相对定位的元素仍在普通流中，它后面的元素仍以普通流的方式对待它。

相对定位需要和偏移属性配合使用，下面是设置某一元素为相对定位的例子。

【例9-8】 相对定位的实例。

(1) 在记事本中输入以下HTML代码。

```
<html>
<head>
<title>相对定位</title>
<style type="text/css">
em{
  background:#6FC;                    /*设置背景颜色*/
  position:relative;                  /*设置为相对定位*/
  left:50px;                          /*设置偏移量*/
  top:30px;
}
p{
  padding:25px;                       /*设置内边距*/
    border:2px solid #993333;         /*设置边框*/
}
</style>
</head>
<body>
<p>既然时间是最宝贵的财富,<em>那么珍惜时间,合理地运用时间就很重要</em>,如何合理地花费时间,就如同花钱的规划一样重要,钱花完了可再挣,时间花完了就不能再生,因此,要利用好你的时间.</p>
</body>
</html>
```

(2) 保存并预览，效果如图9-18所示。

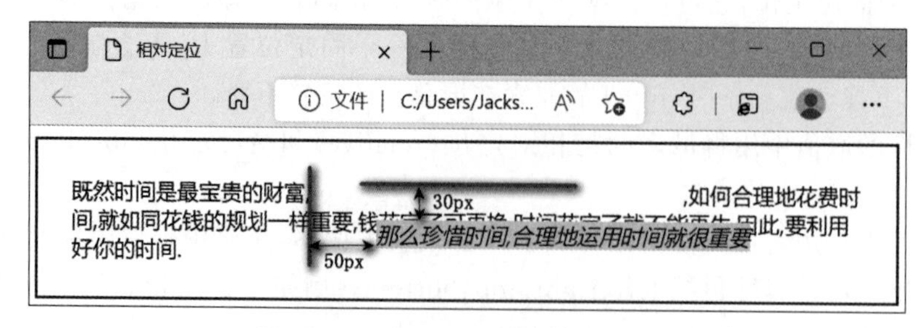

图9-18 设置em为相对定位的效果

由例9-8可以看出相对定位的特点：相对定位的元素在偏移前未脱离普通流，偏移是

相对于在原来的普通流位置偏移指定的距离。本例通过设置 em 元素为相对定位实现了将“那么珍惜时间，合理地运用时间就很重要”这句话相对于它的正常位置向右偏移 50px，向下偏移 30px。设置了相对定位的元素自身通过定位偏移了，还占用着原来的位置，不会让给它周围的元素对象，而且会和其他元素发生重叠。另外，偏移属性的值可以取负值，表示向相反的方向移动相应的距离。例如“left：－20px”表示元素偏离正常位置左边 20px。

下面是利用相对定位制作一个会动的导航条的实例。

【例 9-9】 制作会动的导航条。

(1) 在记事本中输入以下 HTML 代码。

```
<html>
<head>
<title>制作会动的导航条</title>
<style type="text/css">
li {
  list-style-type: none;                          /*设置列表符号类型*/
}
li a {
    font-family: Arial, Helvetica, sans-serif;    /*设置字体类型*/
    font-size: 20px;                              /*设置字体大小*/
    color:#fff;                                   /*设置字体颜色*/
    text-align:center;                            /*设置文本对齐方式*/
    text-decoration:none;                         /*设置字体下画线*/
    background-color:#6CF;                        /*设置背景颜色*/
    display: block;                               /*设置显示为块状*/
    float:left;                                   /*设置浮动属性*/
    padding:3px;                                  /*设置内边距*/
    border-right:1px solid #69C;                  /*设置右边框*/
    width: 80px;                                  /*设置盒子宽度*/
}
li a:hover{
    color:#000;                                   /*设置字体大小*/
    background-color:#69F;                        /*设置背景颜色*/
    position:relative;                            /*设置定位方式为相对定位*/
    left:1px;                                     /*设置偏移量*/
    top:2px;
}
</style>
</head>
<body>
<ul>
    <li><a href="#">本站首页</a></li>
```

```
        <li><a href="#">新闻资讯</a></li>
        <li><a href="#">人际交往</a></li>
        <li><a href="#">生涯规划</a></li>
        <li><a href="#">考试专栏</a></li>
        <li><a href="#">心灵驿站</a></li>
    </ul>
    </body>
    </html>
```

(2) 保存并预览,效果如图 9-19 所示。

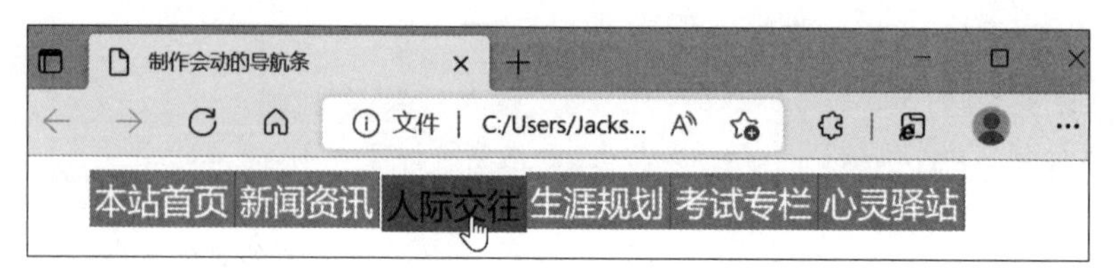

图 9-19　会动的导航条

在例 9-9 中,除了设置每个导航项的字体大小、颜色、背景等,沿用了前面制作横向导航条的代码,即将 display 和 float 配合使用;并设置了光标滑过时的交互动作,除了同之前的字体颜色和背景的变换外,还添加了 position 属性,通过相对定位的方式使光标滑过的导航条"动起来"。

9.4.3　绝对定位

使用绝对定位的元素的位置是以包含它的元素为基准进行定位的。包含它的元素是指距离它最近的设置了定位属性的父级元素,如果其所有父级元素都没有设置定位属性,那么包含它的元素就指浏览器窗口。

对元素的绝对定位也需要配合偏移属性使用。

【例 9-10】　绝对定位的实例。

将例 9-8 中的"position:relative;"改为"position:absolute;",其他代码不变,效果如图 9-20 所示。

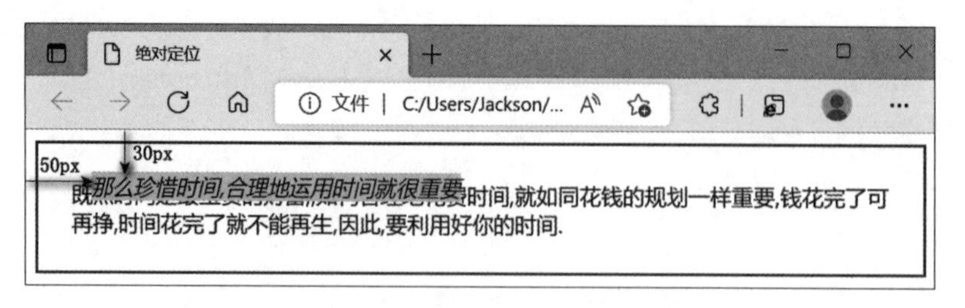

图 9-20　设置 em 为绝对定位的效果

由例 9-10 可以看出绝对定位的特点:绝对定位的元素的位置以设置了定位属性的父级元素为基准,配合 left、top 属性值进行偏移;绝对定位的元素脱离了普通流,这意味着它们对其他元素的定位没有影响，就好像这个元素完全不存在一样。本例设置 em 元素为绝对定位，因为它的父级元素都没有设置定位属性，因此它以浏览器窗口左上角作为基准定位，将“那么珍惜时间，合理地运用时间就很重要”这句话向右偏移 50px，向下偏移 30px，并且 em 元素原来占据的位置也消失了，被其他元素自动替代了。

如果对 em 元素的父级元素 p 设置定位属性，例如在本例中给 p 元素加一条代码：p {position:relative; /* 设置为相对定位 */}，这时 em 元素就不再以浏览器窗口为基准进行定位了，而是以它的父级元素 p 元素为基准进行定位，效果如图 9-21 所示。

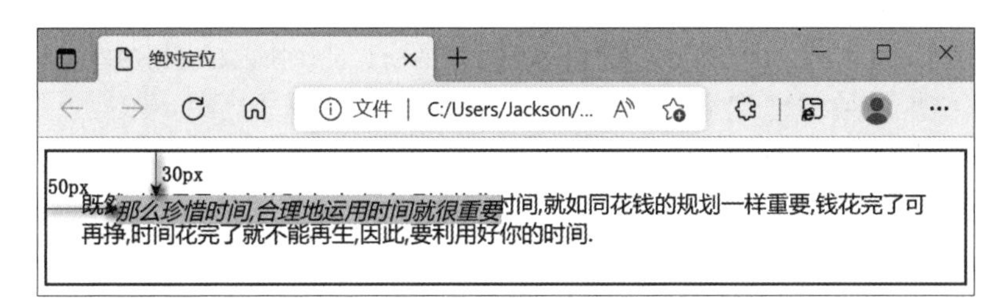

图 9-21　设置 em 为绝对定位同时设置 p 为相对定位的效果

下面是一个利用绝对定位制作弹出提示窗口效果的实例。

【例 9-11】　制作弹出提示窗口的效果。

(1) 在记事本中输入以下 HTML 代码。

```
<html>
<head>
<title>弹出提示窗口</title>
<style type="text/css">
a.tip {
    color: red;
    text-decoration: none;
    position:relative;          /* 设置待解释的文字为相对定位 */
}
a.tip span {
    display:none;               /* 默认状态下隐藏提示窗口 */
}
a.tip:hover .popbox {
    display:block;              /* 光标滑过时显示提示窗口 */
    position: absolute;         /* 设置提示窗口为以待解释的文字为基准的绝对定位 */
    top: 18px;                  /* 设置提示窗口的显示位置 */
    left: 10px;
    width:160px;                /* 设置提示窗口的大小 */
    background-color: blue;
    color: white;
    padding: 10px;
```

```
    z-index:9999;        /*将提示窗口的层叠值设置得大一些,防止它被其他 a 元素遮住*/
}
p {
    font-size: 16px;
}
</style>
</head>
<body>
<p>杨选辉出版的教材有:<a href="#" class="tip">《网页设计与制作教程》<span class="
popbox">帮助初学者在较短的时间内快速掌握实用的网页设计知识和通用的网站制作方法。</
span></a>和<a href="#" class="tip">《信息系统分析与设计》<span class="popbox">帮
助读者在较短的时间内熟悉和掌握信息系统分析与设计、维护和管理的基本方法。</span></a>
等系列。</p>
</body>
</html>
```

(2) 保存并预览,效果如图 9-22 所示。

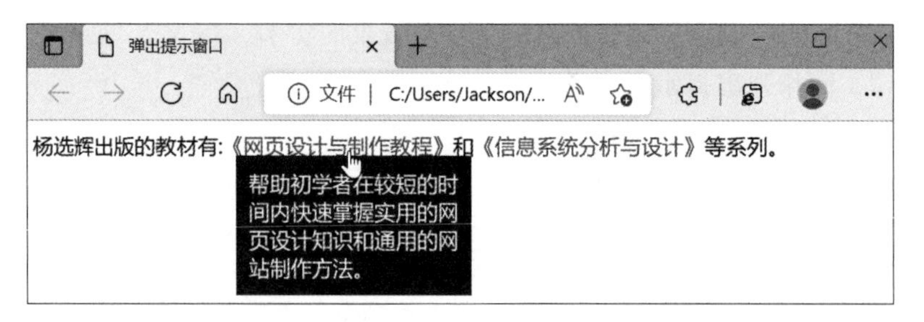

图 9-22　用 CSS 制作的提示窗口的效果

提示窗口一般都在要解释的文字旁边出现,因此在例 9-11 中将要解释的文字设置为相对定位,提示窗口以它为基准进行绝对定位。另外,制作提示窗口还可以通过一般的 HTML 标记都具有的 title 属性实现,但用 title 属性实现的提示窗口不太美观,不能随意控制显示的位置,并且光标要停留 1 秒后才能显示。例如以下代码就是用 title 属性实现提示的,效果如图 9-23 所示。

```
<html>
<head>
<title>弹出提示窗口</title>
</head>
<body>
<p>杨选辉出版的教材有:<a href="#" title="帮助初学者在较短的时间内快速掌握实用的网
页设计知识和通用的网站制作方法。">《网页设计与制作教程》</a>和<a href="#" title="帮助
读者在较短的时间内熟悉和掌握信息系统分析与设计、维护和管理的基本方法。">《信息系统分析与
设计》</a>等系列。</p>
</body>
</html>
```

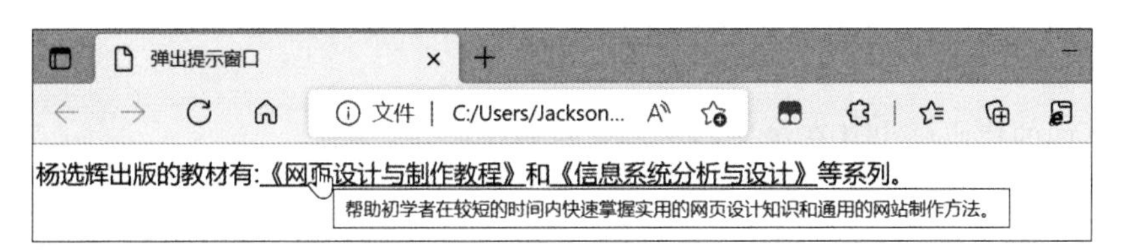

图 9-23　用 title 属性弹出窗口的效果

思考与练习

1. 单项选择题

(1)(　　)表示上边框线宽 10px,下边框线宽 5px,左边框线宽 20px,右边框线宽 1px。

A. border-width: 10px 1px 5px 20px;

B. border-width: 10px 5px 20px 1px;

C. border-width: 5px 20px 10px 1px;

D. border-width: 10px 20px 5px 1px;

(2) 关于浮动,(　　)样式规则是不正确的。

A. img { float: left; margin: 20px; }

B. img { float: right; right: 30px; }

C. img { float: right; width: 120px; height: 80px; }

D. img { float: left; margin－bottom: 2em; }

(3) 设置两个 div 的样式为 div1{ margin: 10px; }和 div2{ margin: 5px; },则如图 9-24 所示时 div1 与 div2 的间距为(　　);如图 9-25 所示时 div1 与 div2 的间距为(　　)。

图 9-24　左右排列　　　图 9-25　上下排列

A. 5px　　B. 10px　　C. 15px　　D. 20px

(4) 如果要让一个 div 固定在窗口的指定位置,则应该将其 position 的属性值设置为(　　)。

A. static　　B. absolute　　C. relative　　D. fixed

2. 问答题

(1) 简述盒子模型的基本属性组成。

(2) 如何计算一个盒子的宽度和高度?请举例说明。

(3) 举例说明什么是块级元素和行内元素,如何定义它们?

3. 解释以下 CSS 样式的含义。

(1) #header,#pagefooter,#container{ margin: 0 auto; width: 85%;}

(2) #content{ position: absolute; width: 300px;}

4. 实践题

根据下面的代码画出其在浏览器中的显示效果图。

```
<html>
  <head>
    <title>Examples</title>
    <style type="text/css">
    body{ border:1px solid black; width: 300px;height: 300px;}
    .father{width: 200px; height: 200px; position: absolute; top: 20px; left: 20px;
background:red;}
    .son{ position:absolute; top:50px; left:50px; background:green;}
    .son_son{ position:absolute;top:50px;left:50px; width: 100px; height: 100px;
background:blue; }
    </style>
  </head>
  <body>
      <div class="father">
        <div class="son">
            <p>这里的 son 作为子元素,在父元素设置了 position 后,该元素以父元素为参考
            点进行定位</p>
        <div class="son_son"></div>
        </div>
    </div>
  </body>
</html>
```

第 10 章　Div＋CSS 布局技术

使用 Div＋CSS 布局页面是当前制作网站的流行技术，它逐渐代替了传统的表格布局。Div＋CSS 布局的本质是将许多大小不同的盒子摆放在页面上，浏览者看到的页面内容既不是文字，也不是图像，而是一堆盒子。设计者需要考虑的是盒子与盒子之间的关系，例如是普通流、浮动还是 position 定位，从而通过各种定位方式将盒子排列出最合理的显示效果。

10.1　Div＋CSS 布局概述

10.1.1　Div＋CSS 布局思想

Div＋CSS 布局的基本思想是首先根据构思在整体上用<div>标记进行分块，然后对各个块进行 CSS 定位，最后在各个块中添加相应的内容，这一符合 Web 标准的布局方式被越来越多的人熟知采用，成为目前构建网站常用的布局技术。采用 Div＋CSS 进行页面布局有很多优点，主要优点如下。

- 结构清晰。Div 用于搭建网站结构，CSS 用于创建网站表现，结构更加简洁。将结构与表现相分离，便于大型网站的协作开发和维护。
- 修改便捷。因为 CSS 设计部分单独存放于一个独立样式文件中，设计者只要修改 CSS 文件就可以轻松地将许多网页的格式同时更新，方便网站改版。
- 控制排版能力强。CSS 强大的字体控制和排版能力使设计者能够更好地控制页面布局，使得排版布局更加准确、快速和美观。
- 提升加载速度。采用结构化内容的 HTML 代替嵌套的标记，提高了搜索引擎对网页的抓取和索引效率，大幅提升了浏览页面的加载速度。

10.1.2　构思页面并用 Div 分块

使用 Div＋CSS 进行页面排版布局需要对网页有一个整体构思，即网页可以划分为几个部分，例如是上中下结构还是左右两列结构，还是三列结构。这时可以根据网页构思将页面划分为几个 Div 块，用来存放不同的内容。当然，大块中还可以存放不同的小块。构思好了，一般来说还需要用 Photoshop 等图片处理软件将需要制作的界面布局效果图画出来。

对于初学者，可以掌握一些基本的布局，大部分网页的布局都可以归类于这些基本布局，通过多看、勤练可以熟练掌握基本布局的设计方法，图 10-1 所示为常见的 20 种基本布局。

在现在的网页设计中，一般情况下的网站都是上中下结构，即上面是网页页面头部，中间是页面内容，最下面是页脚。页面头部一般用来存放 Logo 和导航菜单，页面内容包含页面要展示的信息、链接、广告等，页脚存放版权信息和联系方式等。将上中下结构放置到一

图 10-1　常见的基本布局

个 Div 容器中,方便后面排版和对页面进行整体调整,如图 10-2 所示。复杂的网页布局不是单纯的一种结构,而是包含多种网页结构。例如总体上是上中下,中间分为两列布局,如图 10-3 所示。页面总体结构确定后,一般情况下页头和页脚的变化就不大了,会发生变化的主要是页面主体,此时需要根据页面展示的内容决定中间布局采用什么样式,如三列水平分布还是两列分布等。

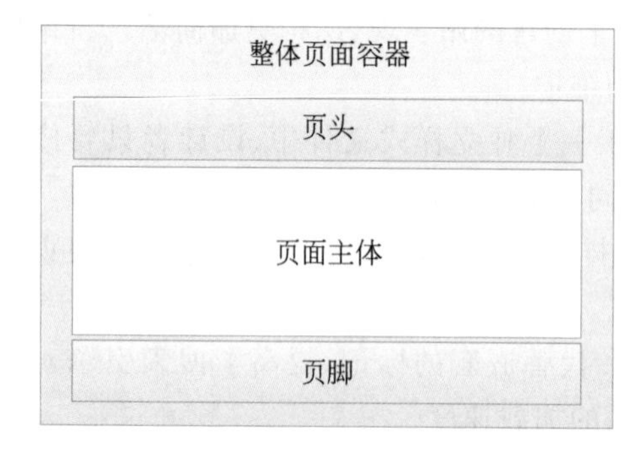

图 10-2　上中下简单网页布局

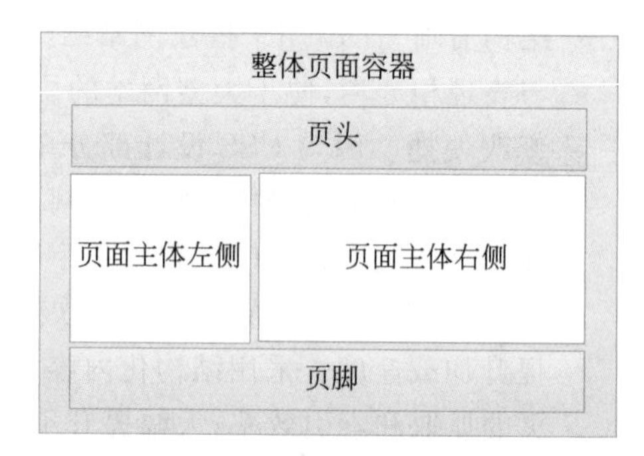

图 10-3　上中下复杂网页布局

10.1.3　对各个块用 CSS 定位

页面版式确定后,就可以利用 CSS 对 Div 进行定位了,以使其在指定位置出现,从而实现对页面的整体规划。

【例 10-1】 创建一个总体为上中下布局、页面主体布局为左右布局的 CSS 定位页面实例。

(1) 创建 HTML 页面,使用 Div 构建层。

首先构建 HTML 网页,使用 Div 划分最基本的布局块,其代码如下。

```
<html>
<head>
<title>CSS 定位</title>
```

```
</head>
<body>
<div id="container">
    <div id="top">页头</div>
    <div id="main">
        <div id="left">页面主体左侧</div>
        <div id="right">页面主体右侧</div>
    </div>
    <div id="footer">页脚</div>
</div>
</body>
</html>
```

在上述代码中共创建了 6 个层。其中，ID 名称为 container 的 Div 层是一个大的布局容器，即所有的页面结构和内容都在这个容器内实现；名称为 top 的 Div 层是页头部分；名称为 main 的 Div 层是中间主体部分，该层包含两个层，一个是 left 层，另一个是 right 层，分别放置不同的内容；名称为 footer 的 Div 层是页脚部分。浏览效果如图 10-4 所示，可以看到网页中显示了这几个层，从上到下依次排列。

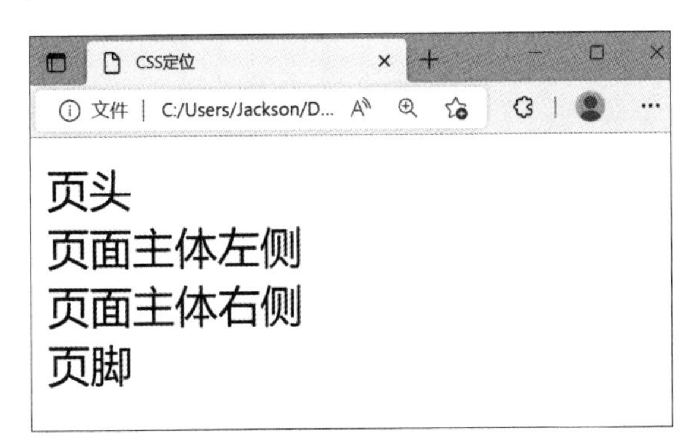

图 10-4　使用 Div 创建层

(2) CSS 设置网页整体样式。

对 body 标记和 container 层(布局容器)进行 CSS 修饰，从而对整体样式进行定义，其代码如下。

```
<style type="text/css">
body{
  font-size:16px;
  font-family: "宋体";
  margin:0px;
}
#container{
  position: relative;
  width: 100%;
```

```
  background-color: rgb(202, 201, 201);
}
</style>
```

上述代码设置了文字大小、字形、布局容器 container 的宽度、层定位方式、背景颜色，布局容器撑满整个浏览器，效果如图 10-5 所示。

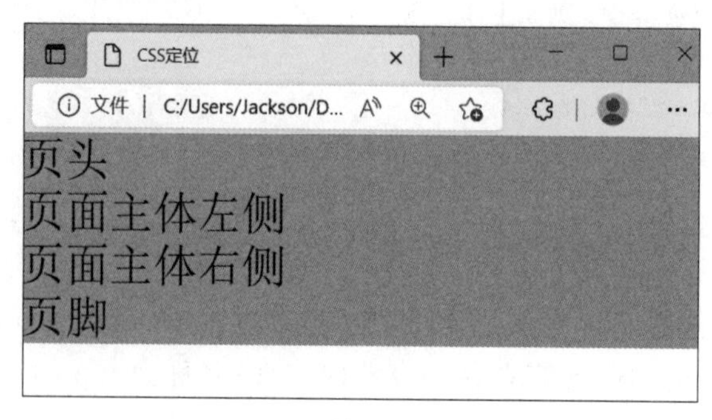

图 10-5　设置网页整体样式

(3) CSS 定义页头和页脚部分。

使用 CSS 对页头和页脚进行定位，即 top 层和 footer 层，其代码如下。

```
#top{
    height: 70px;
    border: 1px black solid;
    text-align: center;
    padding:10px;
    margin-bottom:2px;
}
#footer{
    clear: both;
    height: 50px;
    text-align: center;
    border: 1px black solid;
}
```

上述代码首先对页头部分进行了设置：top 层的高度为 70px，宽度充满整个 container 布局容器，接下来分别设置了边框样式、文字对齐方式、内边距和外边距的底部等；接着对页脚部分进行了设置：设置 clean 属性，使其不受前面浮动的影响，footer 层的高度为 50px，宽度充满整个 container 容器，并设置了文字对齐方式、边框样式，效果如图 10-6 所示。

(4) CSS 定义页面主体。

在页面主体，如果两个层并列显示，则需要使用 float 属性将一个层设置到左边，另一个层设置到右边，代码如下。

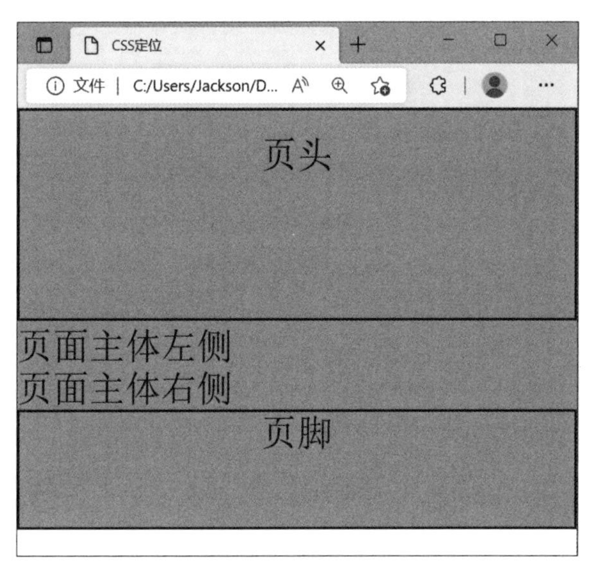

图 10-6 定义网页的页头和页脚

```
#right{
    float: right;
    width: 80%;
    height:200px;
    text-align: center;
    margin-left: 1px;
    border: 1px black solid;
}
#left{
    float: left;
    width: 19%;
    height: 200px;
    text-align: center;
    border: 1px black solid;
}
```

上述代码设置了这两个层的宽度，right 层占据空间的 80%，left 层占据空间的 19%，并分别设置了两个层的高度、边框样式、对齐方式等，效果如图 10-7 所示。

10.1.4 常见的布局种类

网页的布局总体上可以分为固定宽度布局和可变宽度布局两类。固定宽度是指网页的宽度是固定的，如 900px，它不会随浏览器窗口大小的改变而改变；而可变宽度是指网页的宽度会随着浏览器窗口大小的改变而自动适应，如将网页宽度设置为 80%，表示它的宽度永远是浏览器宽度的 80%。

固定宽度布局的好处是能生成精确且可预知的结果，网页不会随浏览器窗口大小的改变而发生变形，窗口变小只会使网页的一部分被遮盖。对于包含很多大图片和其他元素的

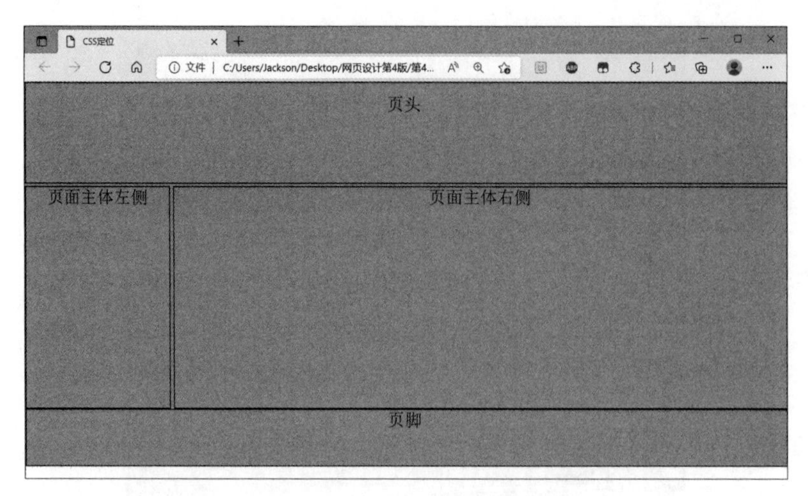

图 10-7 定义网页主体

内容,在可变宽度布局中不能很好地表现,但固定宽度布局的却可以很好地处理这种情况,所以固定宽度布局的应用比较广泛,适合于初学者使用;而可变宽度布局的好处是能够适应各种显示器,不会因为显示器过宽而使两边出现很宽的空白区域,并且随着浏览器分辨率越来越高,还可以灵活地利用屏幕的空间。

10.2 固定宽度布局解析

固定宽度布局是较为常用的一种方法,也是布局中最基础的一种。根据页面主体的构成情况,固定宽度布局可以分为单列固定宽度布局模式、1-2-1 型固定宽度布局模式和 1-3-1 型固定宽度布局模式。

10.2.1 单列固定宽度布局模式

单列固定宽度布局模式是所有固定宽度布局中最简单的布局方式,也称 1-1-1 型固定宽度布局模式。这种布局以三行单列进行排版,其中,单列的宽度是固定的,不随浏览器窗口大小而变化。图 10-8 所示为单列固定宽度布局模式的示意图。

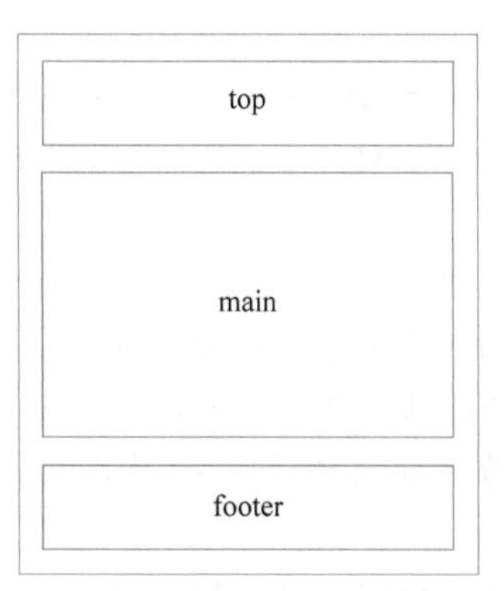

图 10-8 单列固定宽度布局模式示意图

【例 10-2】　制作一个单列固定宽度布局页面。

(1) 首先在 HTML 文档中构建 Div 块和基础内容,代码如下。

```
<html>
    <head>
    <title>单列固定宽度布局模式</title>
    </head>
    <body>
        <div id="container">
        <div id="top">
        页头
        </div>
        <div id="main">
        <p>网页主体</p>
        </div>
        <div id="footer">
        页脚
        </div>
        </div>
    </body>
</html>
```

构建基础的 Div 框架,在浏览器中的效果如图 10-9 所示,但是缺少 CSS 代码进行控制,所以下一步需要添加代码以实现固定宽度样式和其他样式。

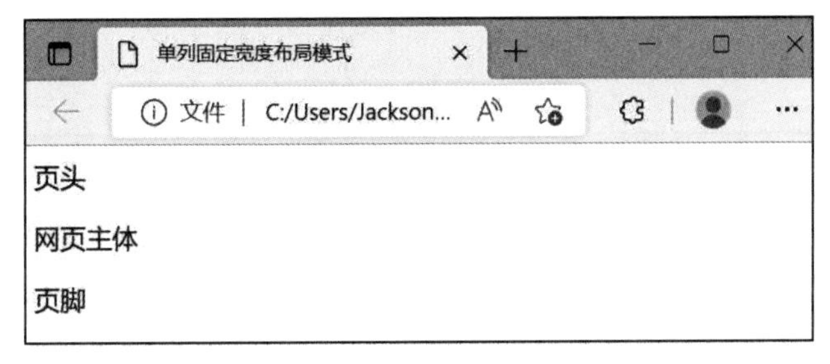

图 10-9　基础内容及框架显示效果

(2) 使用 CSS 设置固定宽度和其他样式,在头部加入如下代码。

```
<style type="text/css">
    #top, #main, #footer{           /*将三层盒子同时设为水平居中和相同宽度*/
        margin:0 auto;              /*与 width 配合实现水平居中*/
        width:600px;                /*设置为固定宽度*/
    }
    #top{
        height:70px;                /*设置固定高度*/
        text-align:center;          /*设置文字居中对齐*/
        padding-top:30px;           /*设置顶部内边距*/
```

```
    background-color:rgb(188, 222, 231);    /*设置背景颜色*/
}
#main{
    height:70px;
    padding-top:30px;
    margin-top:5px;                         /*设置顶部外边距*/
    text-align:center;
    background-color:rgb(202, 201, 201);
    border-radius:5px;                      /*设置圆角边框*/
    box-shadow:5px 5px 2px gray;            /*设置盒子阴影*/
}
#footer{
    height:70px;
    padding-top:30px;
    text-align:center;
    background-color:rgb(188, 222, 231);
    margin-top:10px;
}
</style>
```

上述CSS代码实现了不同的样式，可以看见其中定义了盒子的固定宽度、高度、外边距等样式以确定盒子的显示位置，其他设置如盒子阴影、背景颜色可以让盒子显得更加美观。当改变浏览器窗口大小时，宽度不会随之改变，浏览器窗口缩小和扩大的效果分别如图10-10和图10-11所示。

图10-10　浏览器窗口缩小效果

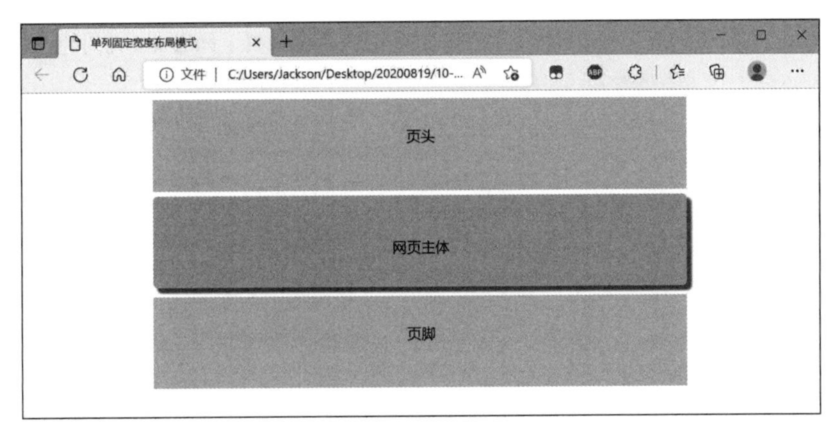

图 10-11　浏览器窗口扩大效果

10.2.2　1-2-1 型固定宽度布局模式

1-2-1 型固定宽度布局模式是网页制作中最常用的一个模式，示意图如图 10-12 所示。在布局结构中增加了一个盒子 side。在通常状况下，中间的两个 Div 只能竖直排列。为了让 main 和 side 能够水平排列，必须把它们放在另一个新增的盒子 content 中，然后使用浮动的方式让 main 和 side 并列。

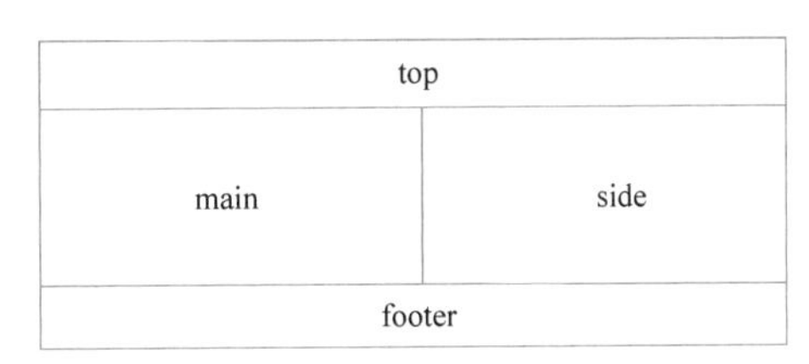

图 10-12　1-2-1 型固定宽度布局模式示意图

【例 10-3】　制作一个 1-2-1 型固定宽度布局页面。

1-2-1 型固定宽度布局页面的代码如下。

```
<html>
    <head>
    <title>1-2-1 型固定宽度布局模式</title>
    <style type="text/css">
    #top, #content, #footer{                /*将三层盒子同时设为水平居中和相同宽度*/
        margin:0 auto;                      /*与 width 配合实现水平居中*/
        width:600px;                        /*设置为固定宽度*/
    }
    #top{
        height:70px;
        text-align:center;
        padding-top:30px;                   /*设置顶部内边距*/
        background-color:rgb(188, 222, 231);
    }
```

```
#content{                                    /*设置网页主体与页头之间的距离*/
    margin-top:5px;                          /*设置顶部外边距*/
    height:110px;                            /*设置网页主体的高度*/
}
#main{
    width:300px;                             /*设置网页主体左边盒子的固定宽度*/
    height:70px;                             /*设置网页主体左边盒子的固定高度*/
    padding-top: 30px;
    float: left;                             /*设置向左浮动*/
    text-align:center;
    background-color:#f93;
    border-radius:5px;                       /*设置圆角边框*/
    box-shadow:5px 5px 2px gray;             /*设置盒子阴影*/
}
#side{
    width:290px;                             /*设置网页主体右边盒子的固定宽度*/
    height:70px;                             /*设置网页主体右边盒子的固定高度*/
    padding-top:30px;
    margin-left:10px;                        /*设置左边外边距*/
    float:left;                              /*设置向左浮动*/
    text-align:center;
    border-radius:5px;
    box-shadow:5px 5px 2px gray;
    background-color:yellow;
}
#footer{
    height:70px;
    padding-top:30px;
    text-align:center;
    background-color:rgb(188, 222, 231);
}
</style>
</head>
<body>
    <div id="container">
    <div id="top">
    页头
    </div>
    <div id="content">
    <div id="main">
    <p>网页主体左侧</p>
    </div>
    <div id="side">
```

```
            <p>网页主体右侧</p>
            </div>
            </div>
            <div id="footer">
            页脚
            </div>
            </div>
        </body>
    </html>
```

为了使 content 盒子中嵌套的 main 和 side 盒子能够通过浮动实现并排，这里将左右盒子都设置向左浮动(也可以选择一个向左浮动，另一个向右浮动，注意宽度设置即可)。同时，为了使得这种并排更加美观，右边盒子设置左部外边距与左边盒子隔开一点距离，中间的大盒子 content 要设置对应的宽度和高度。因为设置了固定宽度，因此如果改变了浏览器窗口的大小，则宽度不会发生变化，浏览器窗口缩小和扩大的效果分别如图 10-13 和图 10-14 所示。

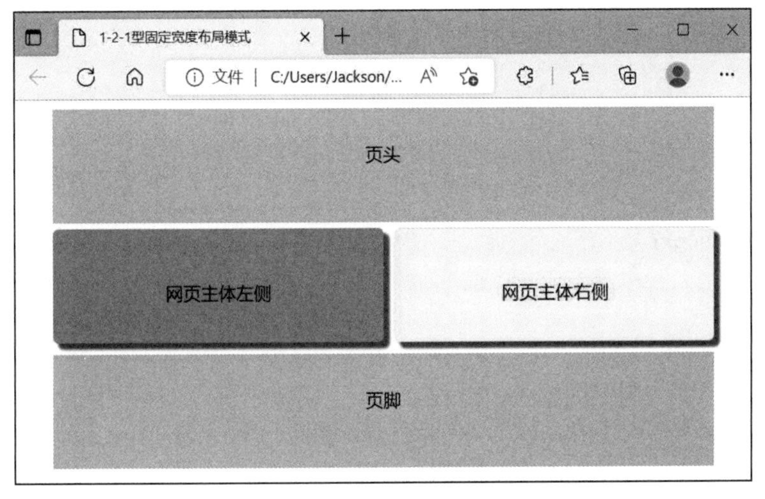

图 10-13　浏览器窗口缩小效果

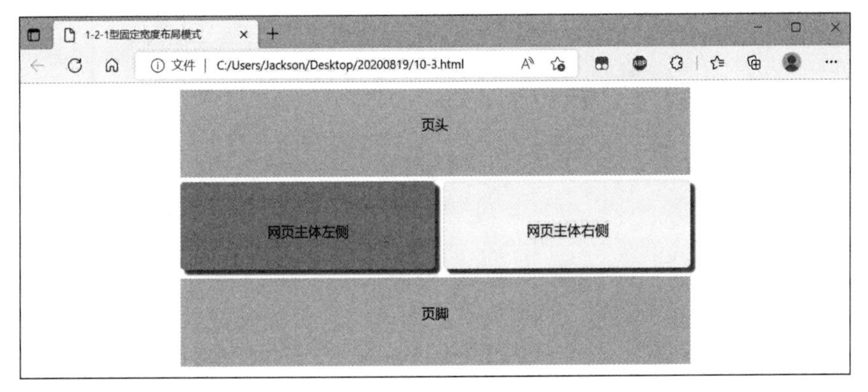

图 10-14　浏览器窗口扩大效果

10.2.3 1-3-1 型固定宽度布局模式

1-3-1 型固定宽度布局模式也是网页制作中常用的一个模式，它用浮动法将中心 3 个 Div 块分别设置为浮动方式，使得三列按需并排分布，示意图如图 10-15 所示，制作过程与 1-2-1 型固定宽度布局类似。

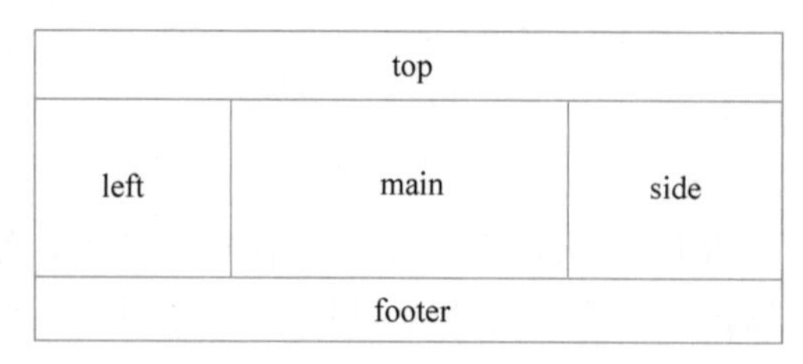

图 10-15 1-3-1 型固定宽度布局模式示意图

【例 10-4】 制作一个 1-3-1 型固定宽度布局页面。

1-3-1 型固定宽度布局页面的代码如下。

```
<html>
<head>
<title>1-3-1 型固定宽度布局模式</title>
<style type="text/css">
#top, #content, #footer{                  /* 将三层盒子同时设为水平居中和相同宽度 */
    margin:0 auto;                        /* 与 width 配合实现页面水平居中 */
    width:800px;                          /* 设置为固定宽度 */
}
#top{
    height:70px;
    text-align: center;
    padding-top: 30px;
    background-color: rgb(188, 222, 231);
}
#content{
    margin-top:5px;                       /* 设置顶部外边距 */
    height:110px;                         /* 设置中间网页主体大盒子的高度 */
}
#left{
    width: 260px;
    height:70px;
    padding-top: 30px;
    float: left;                          /* 设置向左浮动 */
    text-align: center;
    background-color: rgb(202, 201, 201);
    border-radius:5px;
    box-shadow: 5px 5px 2px gray;
```

```
}
#main{
    width: 260px;
    height:70px;
    padding-top:30px;
    margin-left:10px;
    float: left;                    /*设置向左浮动*/
    text-align: center;
    background-color: rgb(202, 201, 201);
    border-radius:5px;
    box-shadow: 5px 5px 2px gray;
}
#side{
    width: 260px;
    height:70px;
    padding-top:30px;
    margin-left:10px;
    float: left;                    /*设置向左浮动*/
    text-align:center;
    border-radius:5px;
    box-shadow: 5px 5px 2px gray;
    background-color: rgb(202, 201, 201);
}
#footer{
    height:70px;
    padding-top: 30px;
    text-align: center;
    background-color: rgb(188, 222, 231);
}
</style>
</head>
<body>
   <div id="container">
   <div id="top">
   页头
   </div>
   <div id="content">
   <div id="left">
   <p>网页主体左侧</p>
   </div>
   <div id="main">
   <p>网页主体中部</p>
   </div>
   <div id="side">
```

```
        <p>网页主体右侧</p>
        </div>
        </div>
        <div id="footer">
        页脚
        </div>
        </div>
    </body>
    </html>
```

这里使用浮动方式排列横向并排的3栏,只要控制好#left、#main、#side这3栏都使用浮动方式,3列的宽度之和加上间距与边框就正好等于总宽度。浏览器窗口缩小和扩大的效果分别如图10-16和图10-17所示,改变浏览器窗口的大小,宽度不会发生变化。

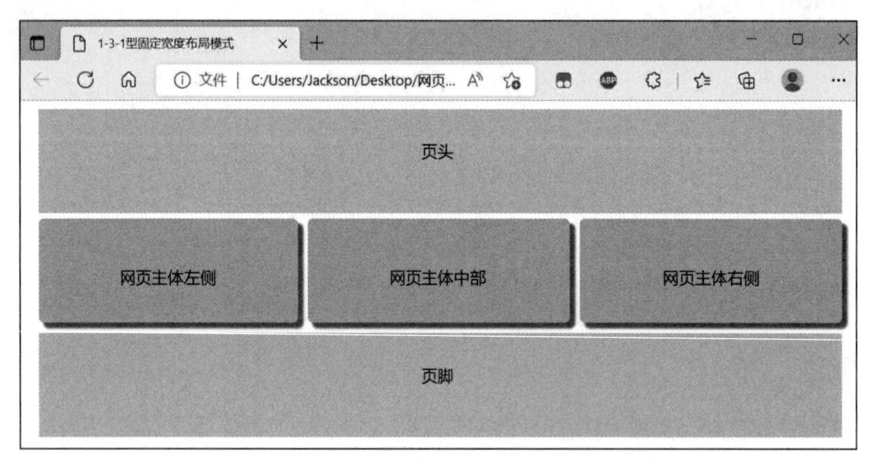

图10-16　浏览器窗口缩小效果

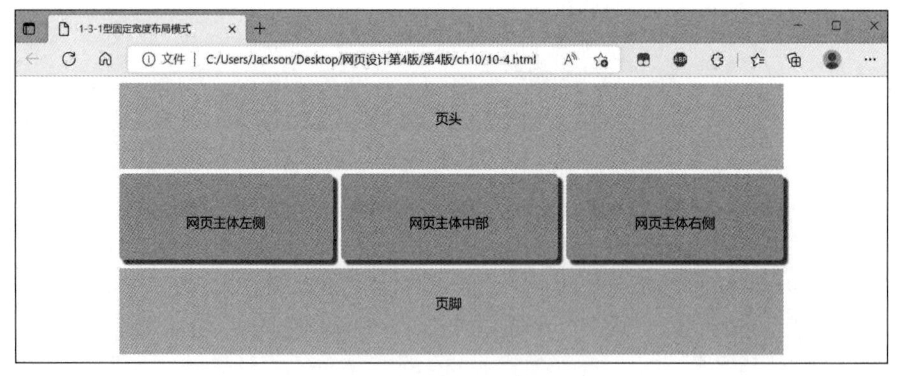

图10-17　浏览器窗口扩大效果

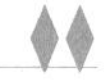

10.3 可变宽度布局解析

网页的固定宽度布局在实际应用中有一定的适用范围，但可变宽度的网页布局在不同平台和参数下有着更强的适用能力，可以根据浏览器窗口的大小自动改变宽度，使得显示效果不受影响。根据页面主体的构成情况，可变宽度布局可以分为单列可变宽度布局模式、两列可变宽度布局模式和三列可变宽度布局模式。

10.3.1 单列可变宽度布局模式

对于单列可变宽度布局可在 10.2.1 节介绍的单列固定宽度布局的基础上进行修改，调整各个模块的宽度即可。

【例 10-5】 制作一个单列可变宽度布局页面。

单列可变宽度布局页面的代码如下。

```
<html>
    <head>
    <title>单列可变宽度布局模式</title>
    <style type="text/css">
    #top, #main, #footer{                        /*将三层盒子同时设为水平居中和相同宽度*/
        margin:0 auto;                           /*与 width 配合实现页面水平居中*/
        width:80% ;                              /*设置为比例宽度*/
    }
    #top{
        height:70px;                             /*设置页头固定高度*/
        text-align:center;                       /*设置文字居中对齐*/
        padding-top:30px;                        /*设置顶部内边距*/
        background-color:rgb(188, 222, 231);     /*设置背景颜色*/
    }
    #main{
        height:70px;
        margin-top:5px;                          /*设置顶部外边距*/
        padding-top:30px;
        text-align:center;
        background-color:rgb(202, 201, 201);
        border-radius:5px;                       /*设置圆角边框*/
        box-shadow:5px 5px 2px gray;             /*设置盒子阴影*/
    }
    #footer{
        height:70px;
        margin-top:10px;
        padding-top:30px;
        text-align:center;
        background-color:rgb(188, 222, 231);
```

```
    }
    </style>
    </head>
    <body>
        <div id="container">
        <div id="top">
        页头
        </div>
        <div id="main">
        网页主体
        </div>
        <div id="footer">
        页脚
        </div>
        </div>
    </body>
</html>
```

对比例 10-2 的代码,这里将各个宽度值都设置成相应浏览器窗口宽度的 80%,Div 块也相应变成整个窗口宽度的 80%。无论是缩小还是扩大浏览器窗口的大小,页面宽度都会等比例变化,浏览器窗口缩小和扩大的效果分别如图 10-18 和图 10-19 所示。

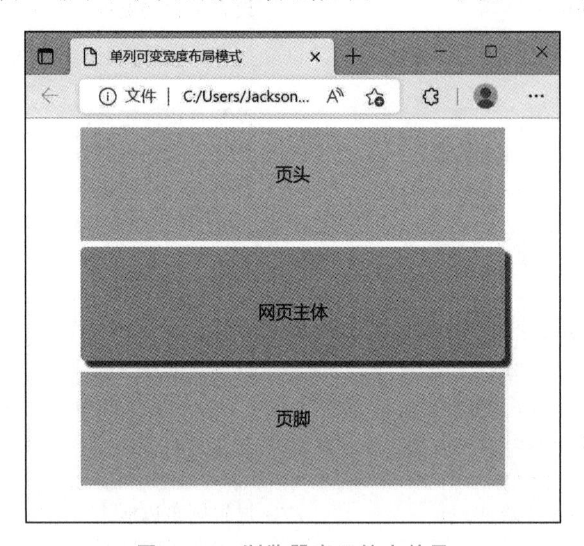

图 10-18　浏览器窗口缩小效果

10.3.2　两列可变宽度布局模式

两列可变宽度布局模式有两种不同的情况:一种是这两列都按照一定的比例同时变化,称为 1-2-1 型两列可变宽度布局模式;另一种是一列固定,另一列按比例变化,称为 1-2-1 型单列变宽布局模式。

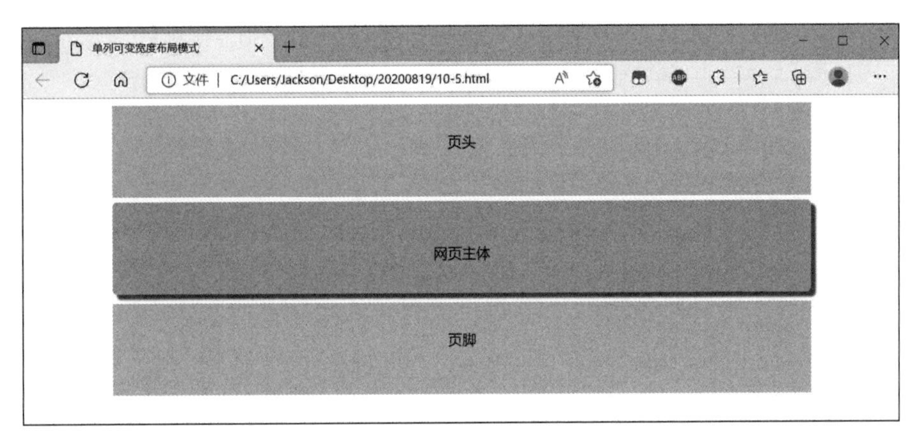

图 10-19　浏览器窗口扩大效果

1. 1-2-1 型两列可变宽度布局模式

1-2-1 型两列可变宽度布局中的两列都通过浏览器窗口宽度的百分比进行设置。CSS 代码的修改思路为：在前面介绍的 1-2-1 型固定宽度布局的基础上将固定宽度修改为窗口大小的百分比即可。

【例 10-6】 制作一个 1-2-1 型两列可变宽度布局页面。

1-2-1 型两列可变宽度布局页面的代码如下。

```
1-2-1 型两列可变宽度布局页面的代码如下。
<html>
    <head>
    <title>1-2-1 型两列可变宽度布局模式</title>
    <style type="text/css">
    #top, #content, #footer{            /*将三层盒子同时设为水平居中和相同宽度*/
        margin:0 auto;                  /*与 width 配合实现页面水平居中*/
        width:80% ;                     /*设置为比例宽度*/
    }
    #top{
        height:70px;
        text-align:center;
        padding-top:30px;               /*设置顶部内边距*/
        background-color:rgb(188, 222, 231);
    }
    #content{
        margin-top:5px;                 /*设置顶部外边距*/
        height:110px;                   /*设置中间网页主体大盒子的高度*/
    }
    #main{
        width: 66% ;                    /*设置中间左边盒子为比例宽度*/
        height:70px;
        padding-top: 30px;
```

```
        float: left;                        /*设置向左浮动*/
        text-align:center;
        background-color:#f93;
        border-radius:5px;                  /*设置圆角边框*/
        box-shadow:5px 5px 2px gray;        /*设置盒子阴影*/
    }
    #side{
        width: 32% ;                        /*设置中间右边盒子为比例宽度*/
        height:70px;
        padding-top:30px;
        margin-left:10px;                   /*设置左边外边距*/
        float:left;                         /*设置向左浮动*/
        text-align:center;
        border-radius:5px;
        box-shadow:5px 5px 2px gray;
        background-color:yellow;
    }
    #footer{
        height:70px;
        padding-top:30px;
        text-align:center;
        background-color:rgb(188, 222, 231);
    }
    </style>
    </head>
    <body>
      <div id="container">
      <div id="top">
      页头
      </div>
        <div id="content">
        <div id="main">
        <p>网页主体左侧</p>
        </div>
        <div id="side">
        <p>网页主体右侧</p>
        </div>
        </div>
      <div id="footer">
      页脚
      </div>
        </div>
    </body>
</html>
```

这里将所有的宽度都修改为一定的百分比，其中，左侧盒子的宽度为 66%，右侧盒子为 32%，还有 2%是盒子间距和边框。改变浏览器窗口的大小，可以看到盒子都呈等比例变化，浏览器窗口缩小和扩大的效果分别如图 10-20 和图 10-21 所示。

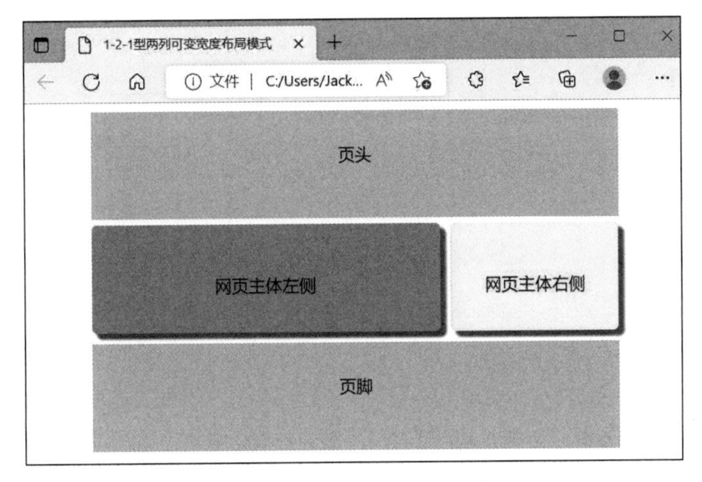

图 10-20　浏览器窗口缩小效果

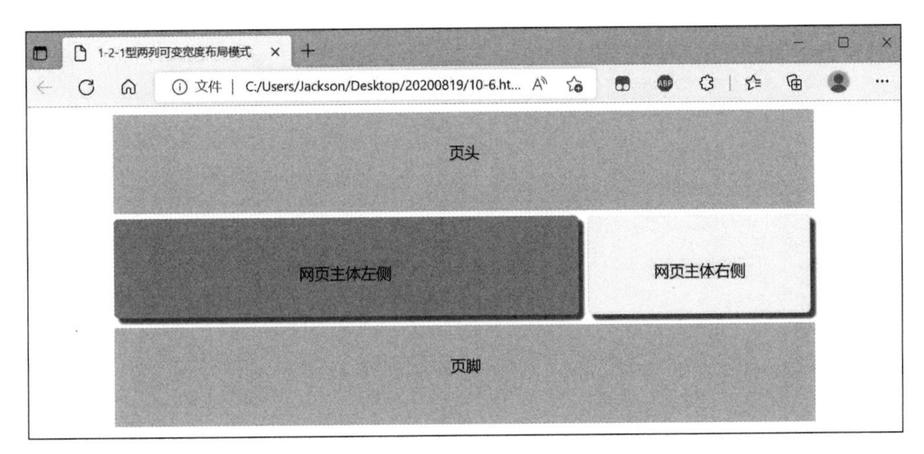

图 10-21　浏览器窗口扩大效果

2. 1-2-1 型单列变宽布局模式

1-2-1 型单列变宽布局也有一定的实际用途，其中，固定左栏宽度更为常见，右栏则根据浏览器窗口的大小等比例变化。在例 10-6 的基础上，将左侧盒子的宽度固定，右侧盒子不浮动，且与顶部、底部盒子一样都不设置宽度。

【例 10-7】　制作一个 1-2-1 型单列变宽布局页面。

1-2-1 型单列变宽布局页面的代码如下。

```
<html>
    <head>
    <title>1-2-1 型单列变宽布局模式</title>
    <style type="text/css">
```

```
        #top, #content, #footer{       /*将三层盒子同时设为水平居中和相同宽度*/
        margin:0 auto;                 /*与 width 配合实现页面水平居中*/
        width:80% ;                    /*设置为比例宽度*/
    }
    #top{
        height:70px;
        text-align:center;
        padding-top:30px;
        background-color:rgb(188, 222, 231);
    }
    #content{
        margin-top:5px;                /*设置顶部外边距*/
        height:110px;                  /*设置中间大盒子的高度*/
    }
    #main{
        width:560px;                   /*设置为固定宽度*/
        height:70px;
        padding-top:30px;
        border:gray solid 1px;
        float:left;                    /*设置向左浮动*/
        text-align:center;
        background-color:#f93;
        border-radius:5px;
        box-shadow:5px 5px 2px gray;
    }
    #side{
        height:70px;
        padding-top:30px;
        margin-left:568px;             /*设置左侧外边距*/
        text-align:center;
        border:gray solid 1px;
        border-radius:5px;
        box-shadow:5px 5px 2px gray;
        background-color:yellow;
    }
    #footer{
        height:70px;
        padding-top:30px;
        text-align:center;
        background-color:rgb(188, 222, 231); }
</style>
    </head>
    <body>
        <div id="container">
```

```
        <div id="top">
        页头
        </div>
        <div id="content">
        <div id="main">
        <p>网页主体左侧</p>
        </div>
        <div id="side">
        <p>网页主体右侧</p>
        </div>
        </div>
        <div id="footer">
        页脚
        </div>
        </div>
    </body>
</html>
```

在例 10-6 的 CSS 代码的基础上删除所有盒子的百分比宽度，左侧盒子还原固定宽度参数设置，设为 560px，右侧盒子不浮动，宽度不设置。改变浏览器窗口的大小，左侧盒子的宽度始终不变，右侧盒子自适应，浏览器窗口缩小和扩大的效果分别如图 10-22 和图 10-23 所示。

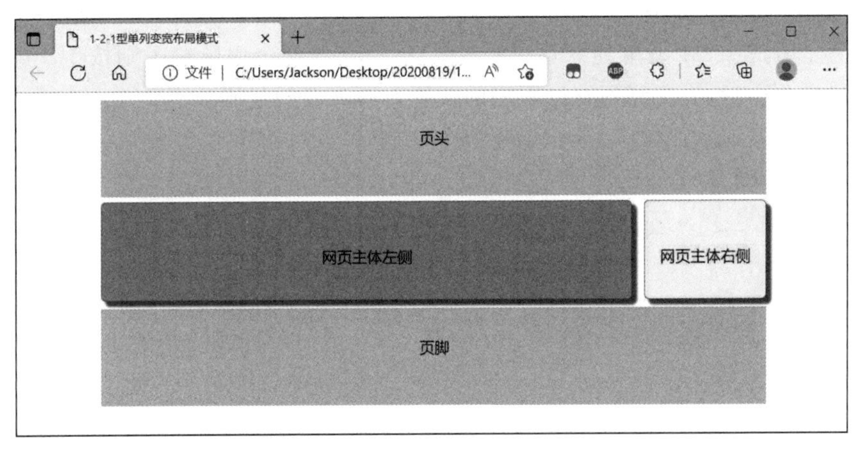

图 10-22 浏览器窗口缩小效果

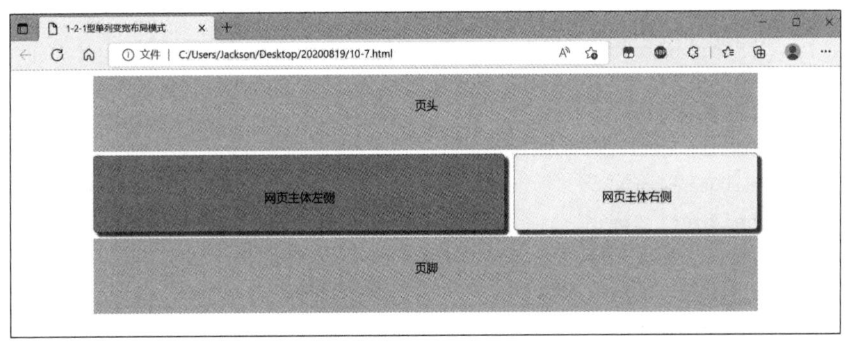

图 10-23 浏览器窗口扩大效果

10.3.3 三列可变宽度布局模式

对于三列可变宽度布局模式,一般有以下7种不同情况。

(1) 1-3-1三列可变宽度布局模式:三列都按比例可变宽度。

(2) 1-3-1左侧列宽度固定的变宽布局模式:左侧列宽度固定、其他两列可变宽度。

(3) 1-3-1中间列宽度固定的变宽布局模式:中间列宽度固定、其他两列可变宽度。

(4) 1-3-1右侧列宽度固定的变宽布局模式:右侧列宽度固定、其他两列可变宽度。

(5) 1-3-1左侧列和中列宽度固定的变宽布局模式:左侧列和中间列宽度固定、右侧列可变宽度。

(6) 1-3-1右侧列和中列宽度固定的变宽布局模式:右侧列和中间列宽度固定,左侧列可变宽度。

(7) 1-3-1双侧列宽度固定的变宽布局模式:左右双侧列宽度固定、中间列可变宽度。

针对情况(1),与两列可变宽度布局类似,都是将固定宽度按照合适的比例进行替换,这里不再赘述;情况(2)、(3)和(4)都属于三列中某一列宽度固定的布局,但情况(4)用得很少,这里不讨论;情况(5)和(6)情况类似,都是固定宽度的盒子在一个方向,情况(6)在实际运用中较为少见,这里只讨论情况(5);所以下面依次讨论情况(2)、(3)、(5)、(7)。

1. 1-3-1左侧列宽度固定的变宽布局模式

【例10-8】 制作一个1-3-1左侧列宽度固定的变宽布局页面。

本例的技巧是把按照比例变化的两个Div块再用一个盒子进行嵌套,嵌套的盒子与外层的左侧盒子构成1-2-1型单列变宽布局模式,而嵌套的两个内层盒子则按1-2-1型两列可变宽度布局排列。1-3-1左侧列宽度固定的变宽布局页面的代码如下。

```
<html>
    <head>
    <title>1-3-1左侧列宽度固定的变宽布局模式</title>
    <style type="text/css">
        #top, #content, #footer{   /*将三层盒子同时设为水平居中和相同宽度*/
            margin:0 auto;          /*与width配合实现页面水平居中*/
            width:80% ;             /*设置为比例宽度*/
        }
        #top{
            height:70px;
            text-align:center;
            padding-top:30px;
            background-color:rgb(188, 222, 231);
        }
        #content{
            margin-top:5px;
            height:115px;
        }
        #left{
            width:200px;
```

```
        height:70px;
        padding-top:30px;
        float:left;
        text-align:center;
        background-color:rgb(202, 201, 201);
        border-radius:5px;
        box-shadow:5px 5px 2px gray;
    }
    #innercontent{
        margin-left:200px;
    }
    #main{
        width:60% ;
        height:70px;
        padding-top:30px;
        margin-left:10px;
        float:left;
        text-align:center;
        background-color:rgb(202, 201, 201);
        border-radius:5px;
        box-shadow:5px 5px 2px gray;
    }
    #side{
        width:37% ;
        height:70px;
        padding-top:30px;
        margin-left:63% ;
        text-align:center;
        border-radius:5px;
        box-shadow:5px 5px 2px gray;
        background-color:rgb(202, 201, 201);
    }
    #footer{
        height:70px;
        padding-top:30px;
        text-align:center;
        background-color:rgb(188, 222, 231);
    }
</style>
</head>
<body>
    <div id="container">
    <div id="top">
    页头
```

```
            </div>
            <div id="content">
            <div id="left">
            网页主体左侧
            </div>
            <div id="innercontent">
            <div id="main">
            网页主体中部
            </div>
            <div id="side">
            网页主体右侧
            </div>
            </div>
            </div>
            <div id="footer">
            页脚
            </div>
            </div>
        </body>
    </html>
```

上述代码把按照比例变化的两个盒子 main 和 side 用一个新盒子 innercontent 进行嵌套,嵌套的盒子 innercontent 与外层的左侧盒子 left 构成了 1-2-1 型单列变宽布局,而嵌套的两个内层盒子 main 和 side 按 1-2-1 型两列可变宽度布局排列。浏览器窗口缩小和扩大的效果分别如图 10-24 和图 10-25 所示。

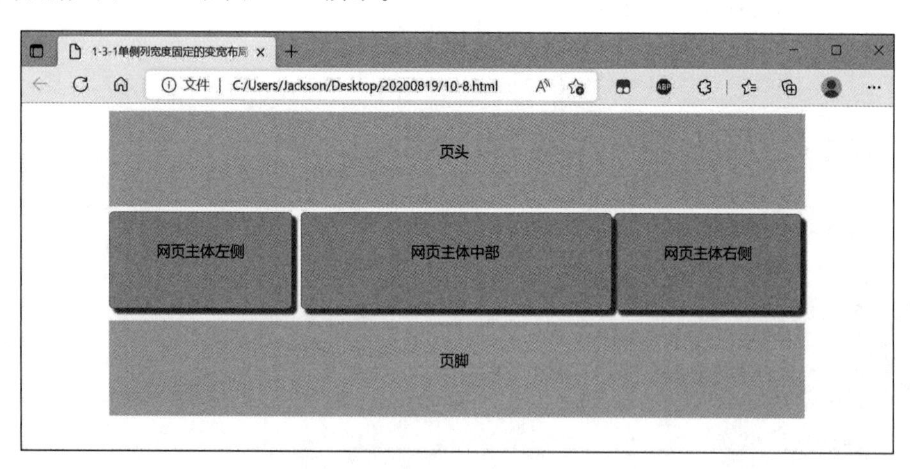

图 10-24 浏览器窗口缩小效果

2. 1-3-1 中间列宽度固定的变宽布局模式

这种布局形式是固定列被放在中间,它的左右各有一列,并按比例适应总宽度,这是一种较少见的布局形式。

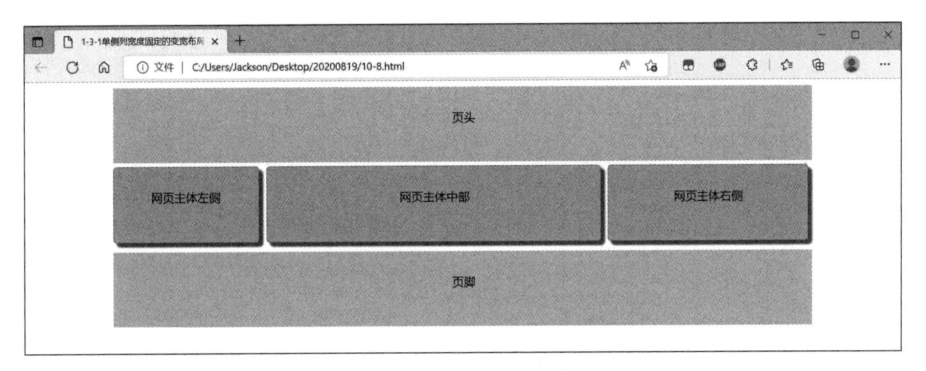

图 10-25 浏览器窗口扩大效果

【例 10-9】 制作一个 1-3-1 中间列宽度固定的变宽布局页面。

1-3-1 中间列宽度固定的变宽布局页面的代码如下。

```
<html>
    <head>
    <title>1-3-1 中间列宽度固定的变宽布局模式</title>
    <style type="text/css">
        #top, #content, #footer{      /*将三层盒子同时设为水平居中和相同宽度*/
            margin:0 auto;            /*与 width 配合实现页面水平居中*/
            width:70% ;               /*设置为比例宽度*/
        }
        #top{
            height:70px;
            text-align:center;
            padding-top:30px;
            background-color:rgb(188, 222, 231);
        }
        #content{
            margin-top:10px;
            height:135px;
        }
        #leftwrap{
            width:50% ;
            margin-left: -210px;
            float:left;
        }
        #left{
            margin-left:210px;
            height:100px;
            padding-top:30px;
            text-align:center;
            background-color:rgb(202, 201, 201);
            border-radius:5px;
```

```
        box-shadow:5px 5px 2px gray;
    }
    #main{
        width:400px;
        height:100px;
        float:left;
        margin-left:10px;
        padding-top:30px;
        text-align:center;
        background-color:rgb(202, 201, 201);
        border-radius:5px;
        box-shadow:5px 5px 2px gray;
    }
    #sidewrap{
        width:49.9% ;
        margin-right:-210px;
        float:right;
    }
    #side{
        height:100px;
        margin-right: 210px;
        padding-top:30px;
        text-align:center;
        border-radius:5px;
        box-shadow:5px 5px 2px gray;
        background-color:rgb(202, 201, 201);
    }
    #footer{
        height:70px;
        padding-top:30px;
        margin-top:10px;
        text-align:center;
        background-color:rgb(188, 222, 231);
    }
</style>
</head>
<body>
    <div id="container">
    <div id="top">
    页头
    </div>
    <div id="content">
    <div id="leftwrap">
    <div id="left">
```

```
            网页主体左侧
            </div>
            </div>
            <div id="main">
            网页主体中部
            </div>
            <div id="sidewrap">
            <div id="side">
            网页主体右侧
            </div>
            </div>
            </div>
            <div id="footer">
            页脚
            </div>
            </div>
        </body>
    </html>
```

上述代码设置中间盒子 main 的宽度固定为 400px，两边列等宽（不等宽的道理是一样的），即总宽度减去 400px 后是剩余宽度的 50%，制作的关键是如何实现（100%－400px）/2 的宽度。现在需要在左右盒子 left 和 side 外面分别套一层 Div，即 leftwrap 和 sidewrap，把它们分别包裹起来，依靠嵌套的两个 Div 实现相对宽度和绝对宽度的结合。浏览器窗口缩小和扩大的效果分别如图 10-26 和图 10-27 所示，可以看到改变浏览器窗口的大小，中间列宽度始终不变。

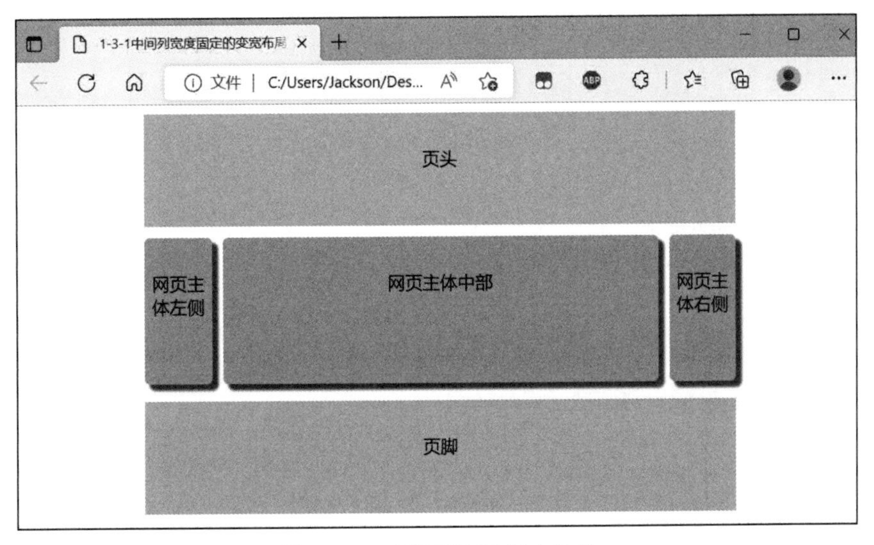

图 10-26　浏览器窗口缩小效果

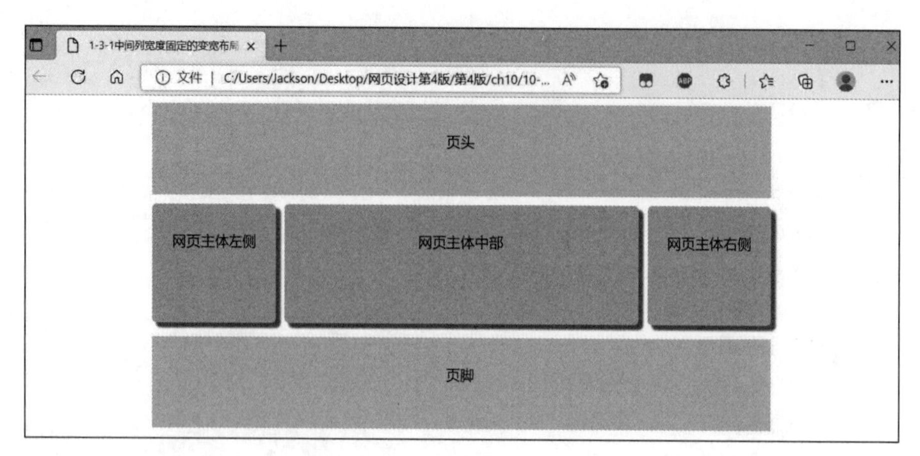

图 10-27　浏览器窗口扩大效果

3. 1-3-1 左侧列和中列宽度固定的变宽布局模式

该布局模式的技巧是将固定宽度的两个 Div 块用一个盒子进行嵌套,嵌套的盒子与外层的右侧盒子构成 1-2-1 型单列变宽布局。由于宽度固定的两个盒子均靠在一起,可运用 1-2-1 型固定宽度布局方法处理。

【例 10-10】 制作一个 1-3-1 左侧列和中列宽度固定的变宽布局页面。

1-3-1 左侧列和中列宽度固定的变宽布局页面的代码如下。

```
<html>
    <head>
    <title>1-3-1 左侧列和中列宽度固定的变宽布局模式</title>
    <style type="text/css">
        #top, #content, #footer{      /* 将三层盒子同时设为水平居中和相同宽度 */
        margin:0 auto;                /* 与 width 配合实现页面水平居中 */
        width:70%;                    /* 设置为比例宽度 */
        }
        #top{
            height:70px;
            text-align:center;
            padding-top:30px;
            background-color:rgb(188, 222, 231);
        }
        #content{
            margin-top:10px;
            height:100px;
        }
        #innercontent{
            width:430px;
            height:105px;
            float: left;
        }
```

```
    #left{
        width: 200px;
        height:70px;
        padding-top:30px;
        float:left;
        text-align:center;
        background-color:rgb(202, 201, 201);
        border-radius:5px;
        box-shadow:5px 5px 2px gray;
    }
    #main{
        width:200px;
        height:70px;
        padding-top:30px;
        margin-left:10px;
        float:left;
        text-align:center;
        background-color:rgb(202, 201, 201);
        border-radius:5px;
        box-shadow:5px 5px 2px gray;
    }
    #side{
        height:70px;
        padding-top:30px;
        margin-left:420px;
        text-align:center;
        border-radius:5px;
        box-shadow:5px 5px 2px gray;
        background-color:rgb(202, 201, 201);
    }
    #footer{
        height:70px;
        padding-top:30px;
        margin-top:10px;
        text-align:center;
        background-color:rgb(188, 222, 231);
    }
</style>
</head>
<body>
    <div id="container">
    <div id="top">
    页头
    </div>
```

```
        <div id="content">
        <div id=" innercontent">
        <div id="left">
        网页主体左侧
        </div>
        <div id="main">
        网页主体中部
        </div>
        </div>
        <div id="side">
        网页主体右侧
        </div>
        </div>
        <div id="footer">
        页脚
        </div>
        </div>
    </body>
</html>
```

浏览器窗口缩小和扩大的效果分别如图10-28和图10-29所示。

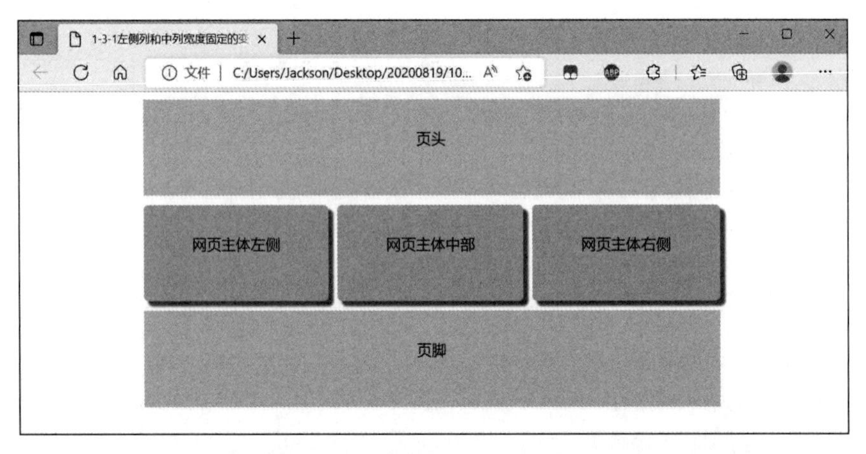

图10-28　浏览器窗口缩小效果

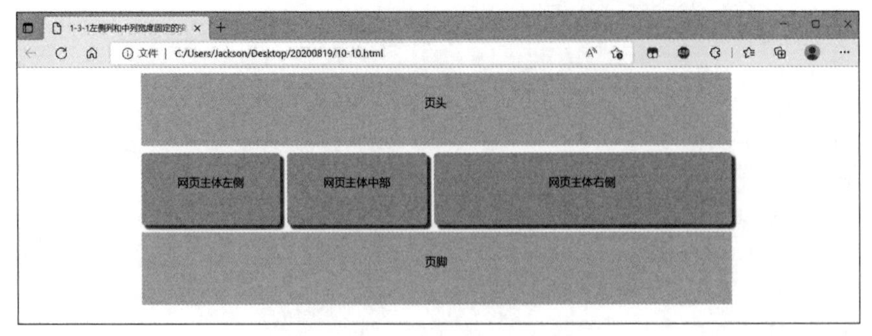

图10-29　浏览器窗口扩大效果

4. 1-3-1 双侧列宽度固定的变宽布局模式

1-3-1 双侧列宽度固定的变宽布局模式可以使用自身浮动法实现。自身浮动法的原理就是使用对左右使用分别使用 float:left 和 float:right，float 使左右两个元素脱离文档流，中间元素在正常文档流中，使用 margin 指定左右外边距对其进行定位。

【例 10-11】 制作一个 1-3-1 双侧列宽度固定的变宽布局页面。

1-3-1 双侧列宽度固定的变宽布局页面的代码如下。

```
<html>
    <head>
    <title>1-3-1 双侧列宽度固定的变宽布局模式</title>
    <style type="text/css">
        #top, #content, #footer{   /*将三层盒子同时设为水平居中和相同宽度*/
            margin:0 auto;         /*与 width 配合实现页面水平居中*/
            width:70% ;            /*设置为比例宽度*/
        }
        #top{
            height:70px;
            text-align:center;
            padding-top:30px;
            background-color:rgb(188, 222, 231);
        }
        #content{
             margin-top:10px;
            height:135px;
        }
        #left{
            width:200px;
            height:100px;
            float:left;
            padding-top:30px;
            text-align:center;
            background-color:rgb(202, 201, 201);
            border-radius:5px;
            box-shadow:5px 5px 2px gray;
        }
        #main{
            height:100px;
            margin: 0 210px;
            padding-top:30px;
            text-align:center;
            background-color:rgb(202, 201, 201);
            border-radius:5px;
            box-shadow:5px 5px 2px gray;
```

```
        }
        #side{
            width: 200px;
            height:100px;
            float: right;
            padding-top:30px;
            text-align:center;
            background-color:rgb(202, 201, 201);
            border-radius:5px;
            box-shadow:5px 5px 2px gray;
        }
        #footer{
            height:70px;
            padding-top:30px;
            margin-top:10px;
            text-align:center;
            background-color:rgb(188, 222, 231);
        }
    </style>
    </head>
    <body>
        <div id="container">
        <div id="top">
        页头
        </div>
        <div id="content">
        <div id="left">
        网页主体左侧
        </div>
        <div id="side">
        网页主体右侧
        </div>
        <div id="main">
        网页主体中部
        </div>
        </div>
        <div id="footer">
        页脚
        </div>
        </div>
    </body>
</html>
```

实现该布局的方法有多种，该布局法的好处是受外界影响小，不足是在定义中间三列顺序时，中间列一定要放在最后，即最后定义 main，左右两列 left 和 side 的顺序没有先后关系。浏览器窗口缩小和扩大的效果分别如图 10-30 和图 10-31 所示。

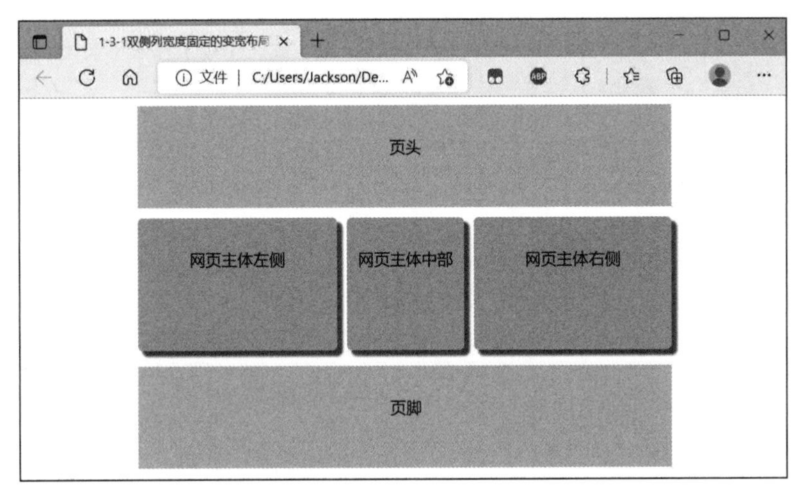

图 10-30 浏览器窗口缩小效果

图 10-31 浏览器窗口扩大效果

10.4 可变高度布局解析

实现高度可变与实现宽度可变的基本方法一致，大概有两种思路：一种是将中间行所有盒子的高度设置清除，通过内容的填充实现高度可变；另一种是将高度设置为窗口高度的一定百分比，可以较少受内容的高度影响。这里主要介绍第二种方法。

【例 10-12】 制作一个可变高度页面。

可变高度页面的代码如下。

```
<html>
    <head>
        <title>可变高度页面布局模式</title>
        <style type="text/css">
```

```
    #top, #content, #footer{
                              /* 将三层盒子同时设为水平居中和相同宽度 */
    margin:0 auto;            /* 与 width 配合实现页面水平居中 */
    width:800px;              /* 设置为固定宽度 */
}
#top{
    height:15% ;              /* 设置为比例宽度 */
    text-align:center;
    padding-top:30px;
    background-color:rgb(188, 222, 231);
}
#content{
    height:50% ;              /* 设置为比例宽度 */
    margin-top:5px;
}
#left{
    width:200px;              /* 设置主体左侧盒子在主体大盒子中的宽度 */
    height:90% ;              /* 设置主体左侧盒子在主体大盒子中的高度 */
    padding-top:30px;
    float:left;
    text-align:center;
    background-color:rgb(202, 201, 201);
    border-radius:5px;
    box-shadow:5px 5px 2px gray;
}
#main{
    width:366px;              /* 设置主体中部盒子在主体大盒子中的宽度 */
    height:70% ;              /* 设置主体中部盒子在主体大盒子中的高度 */
    padding-top:30px;
    margin-left:10px;
    float:left;
    text-align:center;
    background-color:rgb(202, 201, 201);
    border-radius:5px;
    box-shadow:5px 5px 2px gray;
}
#side{
    width:205px;              /* 设置主体右侧盒子在主体大盒子中的宽度 */
    height:90% ;              /* 设置主体右侧盒子在主体大盒子中的高度 */
    padding-top:30px;
    margin-left:590px;
    text-align:center;
    border-radius:5px;
    box-shadow:5px 5px 2px gray;
    background-color:rgb(202, 201, 201);
}
```

```
        #footer{
            height:10% ;                                    /*设置为比例宽度*/
            padding-top:30px;
            margin-top:20px;
            text-align:center;
            background-color:rgb(188, 222, 231);
        }
    </style>
    </head>
    <body>
        <div id="container">
        <div id="top">
        页头
        </div>
        <div id="content">
        <div id="left">
        网页主体左侧
        </div>
        <div id="main">
        网页主体中部
        </div>
        <div id="side">
        网页主体右侧
        </div>
        </div>
        <div id="footer">
        页脚
        </div>
        </div>
    </body>
</html>
```

可以看到，为三行的高度分别指定一个百分比，即可实现高度可变，浏览器窗口缩小和扩大的效果分别如图 10-32 和图 10-33 所示。

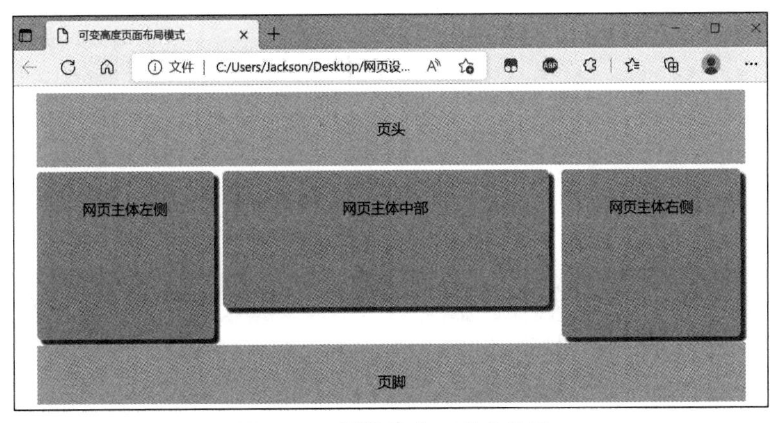

图 10-32　浏览器窗口缩小效果

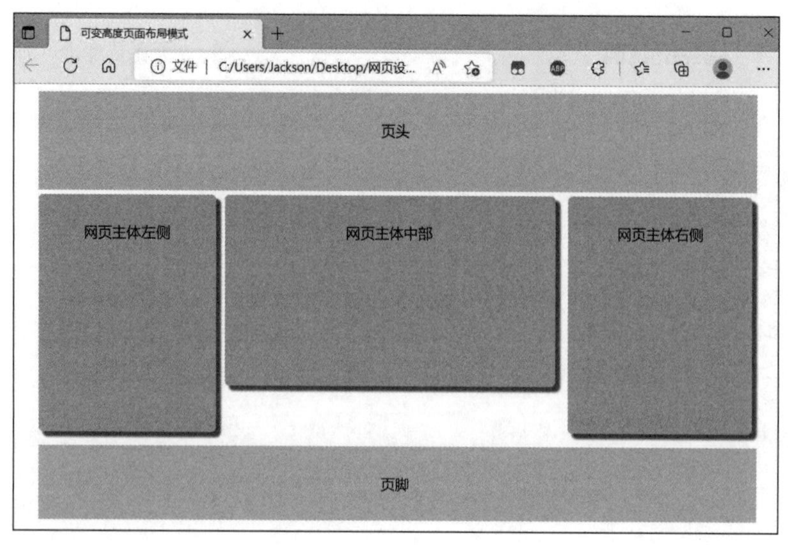

图 10-33 浏览器窗口扩大效果

10.5 应用实例

10.5.1 布局实例一

用 Div+CSS 布局技术制作一个简单的企业网站的首页，最终效果如图 10-34 所示。

图 10-34 简单的企业网站首页效果

制作步骤如下。

(1) 通过构思分析先在白纸上画出本例要建立的页面布局示意图,如图 10-35 所示。

图 10-35 页面布局示意图

(2) 新建 Dreamweaver 空白文档,命名为 index.html。将视图模式切换到代码视图或拆分视图,在 body 标记之间输入下列代码,建立本例的 HTML 结构,如图 10-36 所示。下面通过设置 CSS 属性对每个 Div 的位置和内容进行控制。

```
<div id="container">
    <div id="top">top</div>
    <div id="navlist">navlist</div>
    <div id="content">content</div>
    <div id="footer">footer</div>
</div>
```

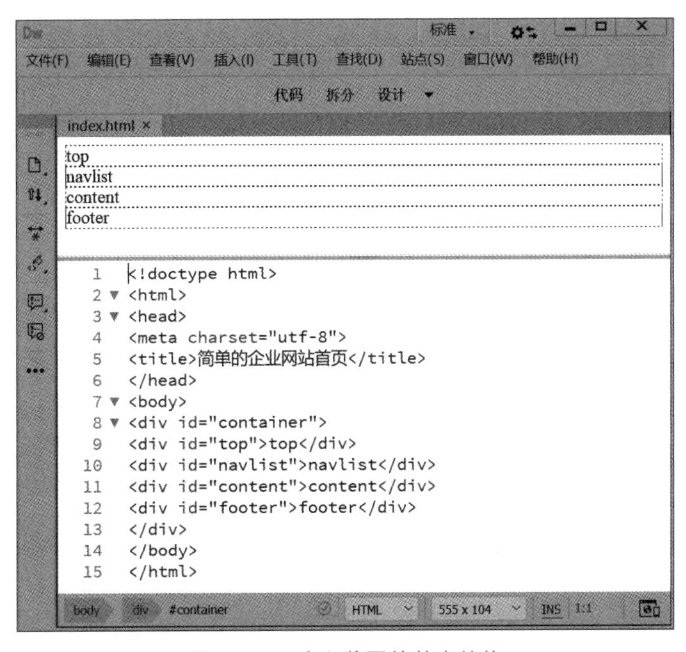

图 10-36 建立首页的基本结构

(3) 在head标记之间输入代码：<style type="text/css"></style>，然后在style标记之间输入下列CSS代码，先设置container层的属性，顾名思义，container层是一个大容器，"margin：0 auto"使得容器居中显示，也就是实现页面居中效果。

```
#container{
    width:850px;
    margin:0 auto;
}
```

(4) 构建top层。可以通过下面3步完成top层的建设。

① 通过分析画出top层布局示意图，如图10-37所示。

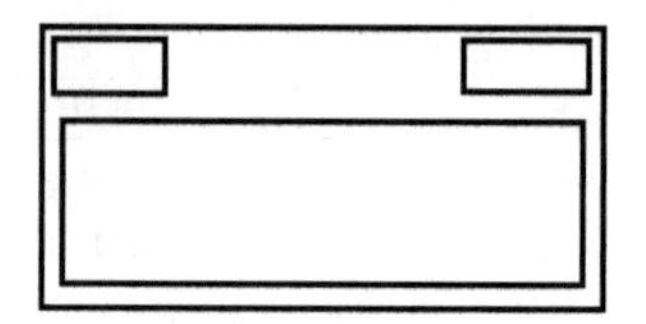

图10-37　top层布局示意图

② 在body标记之间输入下列代码替换"<div id="top">top</div>"，建立top层的HTML结构并预览，效果如图10-38所示。

```
<div id="top">
  <div id="logo">
  <img src="image/logo.gif" />
  </div>
  <div id="menu">
  <a href="#">设为首页</a>  |  <a href="#">加入收藏</a>
  </div>
  <div id="banner">
  <img src="image/banner.png" width="850"/>
  </div>
</div>
```

图10-38　top层的基本结构

③ 在 head 的 style 标记之间输入下列 CSS 代码，使 Logo 向左浮动，将 Logo 定位在左侧；使 menu 向右浮动，定位在右侧，并使 menu 与右上角有一定的距离；设置 menu 中超链接字体的属性，包括字体的大小和超链接的下画线样式，预览效果如图 10-39 所示。这样，一个简单的页面顶部就做好了。

```
#logo{
    float:left;                    /*设置向左浮动*/
}
#menu{
    float:right;                   /*设置向右浮动*/
    margin-right:20px;             /*设置右边距*/
    margin-top:10px;               /*设置上边距*/
}
#menu a{
    font-size:12px;                /*设置超链接字号大小*/
    text-decoration:none;          /*设置超链接无下画线*/
}
```

图 10-39　设置 Logo 和 menu 层的浮动和超链接的属性

(5) 构建 navlist 层，该层用来放置导航条。可以通过下面 2 步完成 navlist 层的建设。

① 在 body 标记之间输入下列代码替换“<div id="navlist">navlist</div>”，插入制作导航条的列表项，预览效果如图 10-40 所示。

```
<div id="navlist">                              /*建立导航条的列表项*/
    <ul>
    <li><a href="#">首页</a></li>
    <li><a href="#">产品系列</a></li>
    <li><a href="#">研发设计</a></li>
    <li><a href="#">认证证书</a></li>
    <li><a href="#">样品需求</a></li>
    <li><a href="#">售后服务</a></li>
    </ul>
</div>
```

图 10-40 插入 navlist 层的内容

② 在 head 的 style 标记之间输入下列 CSS 代码,设置列表、列表项、链接字体、光标滑过链接时的属性,这是制作导航条的一般步骤,预览效果如图 10-41 所示。

```
#navlist ul{                          /*设置列表属性*/
  padding-top:0px;
  padding-left:95px;                  /*设置左内边距,这是为了将列表项居中显示*/
  width:755px;
  background-color:#09B;
  margin:0px;
  float:left;
}
#navlist ul li{                       /*设置列表项属性*/
  float:left;
  list-style:none;
  text-align:center;
  margin:0px;
}
#navlist ul li a{                     /*设置链接字体属性*/
  font-size:13px;
  color:#CFF;
  background-color:#09b;
  display:block;
  width:100px;
  padding:5px;
  border-right:1px solid #CCC;
  text-decoration:none;
}
```

```
#navlist ul li a:hover{          /* 设置光标滑过时的属性 */
  color:#fff;
  background-color:#098;
}
```

图 10-41 设置 navlist 层的 CSS 属性后的效果

(6) 构建 content 层。可以通过下面 2 步完成 content 层的建设。

① 在 body 标记之间输入下列代码替换"<div id="content">content</div>",预览效果如图 10-42 所示。

```
<div id="content">
  <h2>公司简介</h2>
  <p>创想科技有限公司是 A 省首家专业致力于导热界面材料研发、生产、销售及提供热传递方案的高新技术企业,具备一般纳税人资格,是 A 省电子行业协会会员单位。公司坐落于后宅工业区,毗邻 A 省火车站及高速出口处,交通便利。生产产品有软性导热硅(矽)胶片、矽胶布、导热硅脂、导热灌封胶、导热相变化材料、导热石墨片、普通硅橡胶制品等相关导热绝缘缓冲材料,产品符合 SGS、UL 等相关规范。</p>
  <p>产品广泛应用于大功率 LED 灯饰(LED 路灯、日光灯、隧道灯等)、电源、LCD-TV、PDP-TV、PC(主板、CD-ROM 等)、NB 散热模组、通信设备(交换机、机顶盒等)、家用电器和消费电子产品(冰箱、空调、游戏机、手机等)、汽车电子(HID 安定器、车载 DVD、GPS 等)、军工业电子设备等多个行业及领域。创想科技根据客户对设计产品散热后的要求及实际工况,全方位提供热传递方案,协助客户选择导热材料。</p>
  <p>创想科技秉承着"感恩、诚信、团队、卓越"的企业发展理念,广纳贤才、锐意进取、追求卓越。不断追求产品创新及工艺改进,现已与上海理工大学、浙江工业大学、浙江大学等国内高等院校展开科研合作,致力把其导热产品研究成果产业化、市场化,以成为行业领先的热传递系统解决方案供应商为发展目标,力争以优良的产品质量、有竞争力的价格定位、快捷的售后服务、全面的技术支持回报广大客户的支持与帮助!</p>
</div>
```

② 在 head 的 style 标记之间输入下列 CSS 代码,设置 content 层的属性。其中,clear: left 清除了 content 层左侧的浮动元素,这是因为在设置 navlist 层时为导航项设置了 float: left 属性,clear 属性的设置使得 content 层另起一行显示,否则将会和 navlist 层在同一行显示。预览效果如图 10-43 所示。

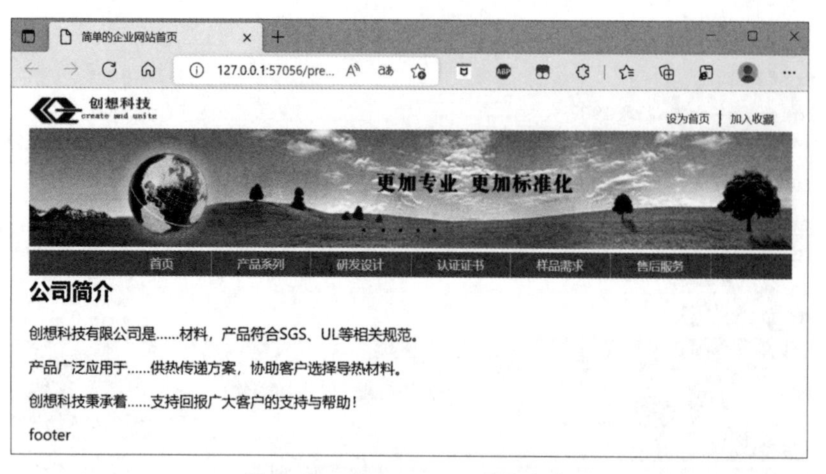

图 10-42　插入 content 层的内容

```
#content{
    font-size:14px;
    color:#666;
    clear:left;                              /* 清除 content 层左侧的浮动元素 */
    padding:20px;
    border-left:1px solid #666;
    border-right:1px solid #666;
}
```

图 10-43　设置 content 层的 CSS 属性后的效果

(7) 构建 footer 层。可以通过下面 5 步完成 footer 层的建设。

① 通过分析画出 footer 层的布局示意图，如图 10-44 所示。

图 10-44　footer 层布局示意图

② 在 body 标记之间输入下列代码替换"<div id=" footer ">footer</div>"，预览效果如图 10-45 所示。

```
<div id="footer">
    <div id="nav">
        <ul>
          <li><a href="#">关于我们</a></li>
          <li><a href="#">网站管理</a></li>
          <li><a href="#">产品中心</a></li>
          <li><a href="#">工程案例</a></li>
          <li><a href="#">联系我们</a></li>
        </ul>
    </div>
    <div id="contact">联系电话: 0791—12345678  联系人: 杨经理</div>
     <div id="copyright">Copyright &copy; 2013chuangxiang company All Rights
     Reserved</div>
</div>
```

图 10-45　footer 层的基本结构

③ 在 head 的 style 标记之间输入下列 CSS 代码,设置 footer 的属性。其中,为 footer 设置了背景颜色、宽度、字体颜色和文本居中,还通过 margin 属性的设置使整个内容居中显示,padding 属性设置了内容距边界之间的距离。预览效果如图 10-46 所示。

```
#footer{
    background-color:#4d84f9;
    margin:0 auto;
    width:850px;
    color:#fff;
    text-align:center;
    padding:5px 0 5px 0;
}
```

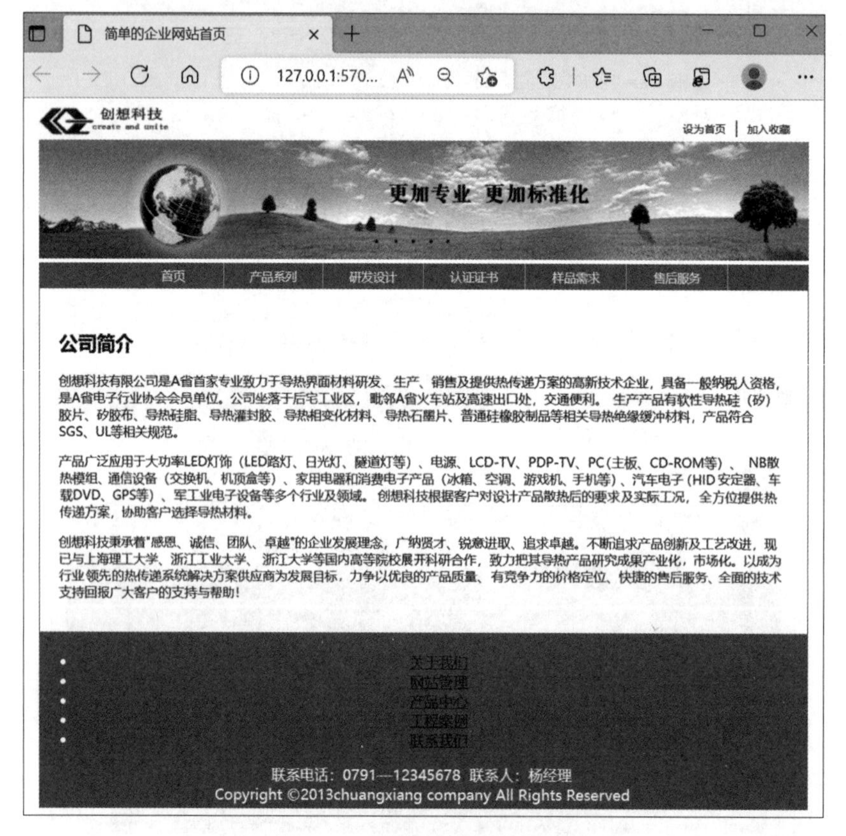

图 10-46　设置 footer 的属性

④ 在 head 的 style 标记之间输入下列 CSS 代码,设置 nav 的属性。其中,设置了左内边距以使 nav 内的内容可以靠近中间显示,而不是靠近左边显示;接着设置了列表项的属性,将列表项向左浮动,还设置了列表项之间的距离和右边框;然后设置了列表项的超链接字体的属性,包括字体的大小、下画线、字体颜色、宽度和以块状显示等。预览效果如图 10-47 所示。

```
#nav ul{
  padding-left:197px;
  margin:0px;
}
#nav ul li{
  float:left;
  list-style:none;
  margin-right:20px;
  border-right:1px solid #fff;
}
#nav ul li a{
  font-size:12px;
  display:block;
  text-decoration:none;
  color:#fff;
  width:70px;
}
```

图 10-47　设置 nav 的属性

⑤ 在 head 的 style 标记之间输入下列 CSS 代码，设置 contact 层和 copyright 层的属性。对于 contact 层，除了设置字体大小和上边界，还设置了 clear 属性，清除了 contact 层左侧的浮动元素，这是为了使 contact 另起一行显示；对于 copyright 层，设置了字体和上内边距的属性。预览效果如图 10-48 所示。

```
#contact{
    font-size:12px;
    padding-top:5px;
    clear:left;
}
#copyright{
    font-size:12px;
    padding-top:3px;
}
```

图 10-48　设置 contact 和 copyright 的属性

(8) 这样，一个简单的企业网站首页就制作完成了。

10.5.2　布局实例二

用 Div+CSS 布局技术制作一个更加复杂的企业网站的首页，最终效果如图 10-49 所示。

制作步骤如下。

1. 页面结构分析

构思首页效果图并进行结构划分，分隔效果图如图 10-50 所示。

2. 建立首页的整体框架结构

(1) 新建 Dreamweaver 空白文档，命名为 index.html。将视图模式切换到代码视图或拆分视图，在 body 标记之间输入下列代码，建立本例的 HTML 结构，如图 10-51 所示。下

图 10-49　网站首页的最终效果

图 10-50　首页的分隔效果图

面通过设置 CSS 属性对每个 Div 的位置和内容进行控制。

```
<div id="container">
    <div id="top">top</div>
    <div id="mid">
    <div id="left">left</div>
    <div id="right">right</div>
    </div>
    <div id="bottom">bottom</div>
</div>
```

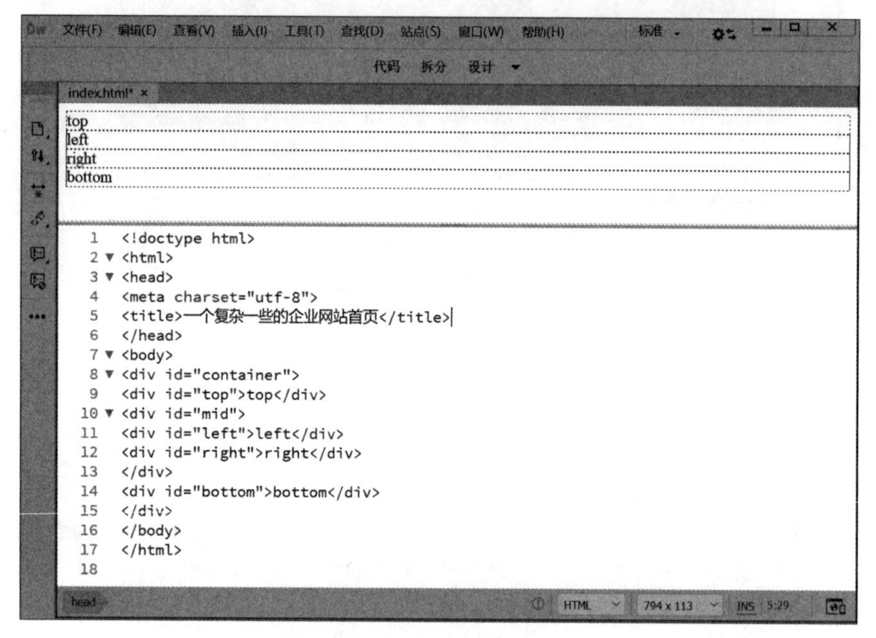

图 10-51 建立页面的基本结构

(2) 在 head 标记之间输入代码：<style type="text/css"></style>，然后在 style 标记之间输入下列 CSS 代码，先设置整体页面和 container 层的属性。

```
body{
  margin:0px;
  text-align:center;
}
#container{
  width:950px;
  margin:0px auto;
}
```

3. 构建网页的头部——top 部分

(1) 在 body 标记之间输入下列代码替换"<div id="top">top</div>"，建立 top 层的 HTML 结构。

```
<div id="top">
    <div id="header">
      <div id="logo"></div>
      <div id="english"></div>
    </div>
    <div id="navi"></div>
    <div class="white"></div>
    <div id="banner"></div>
</div>
```

(2) 输入下列代码，将 Logo 图片插入 id 为 Logo 的 Div 中，将版本信息插入 id 为 english 的 Div 中，效果如图 10-52 所示。

```
<div id="logo"><img src="image/logo.png"/></div>
<div id="english"><a href="#">英文版</a></div>
```

图 10-52　建立 logo 层和 english 层

(3) 在 head 的 style 标记之间输入下列 CSS 代码，设置 header 层、logo 层和 english 层的属性，可以看到除了 logo 和 english 设置了浮动属性之外，header 也设置了浮动属性，这样就可以让它们都脱离标准流，效果如图 10-53 所示。

```
#top #header {
  width:950px;
  height:80px;
  float:left;
  margin-bottom:10px;
}
#top #header #logo{
  float:left;
  margin-top:15px;
  margin-left:15px;
  margin-right:8px;
}
#top #header #english{
  float:right;
  margin-top:15px;
```

```
  margin-right:15px;
}
#top #header #english a{
  text-decoration:none;
  color:#2976C8;
  font-size:16px;
  font-weight:bold;
}
```

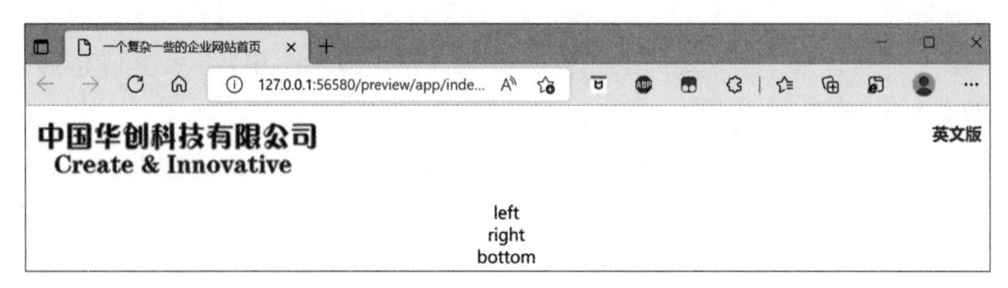

图 10-53　logo 层和 english 层的效果

(4) 制作头部的导航条，在 id 为 navi 的 Div 中输入下列代码，建立列表，如图 10-54 所示。

```
<ul id="nav">
      <li><a href="index.html">公司首页   |</a></li>
      <li><a href="公司简介.html">公司简介   |</a></li>
      <li><a href="新闻动态.html">新闻动态   |</a></li>
      <li><a href="产品中心.html">产品中心   |</a></li>
      <li><a href="工程方案.html">工程方案   |</a></li>
      <li><a href="联系我们.html">联系我们   |</a></li>
</ul>
```

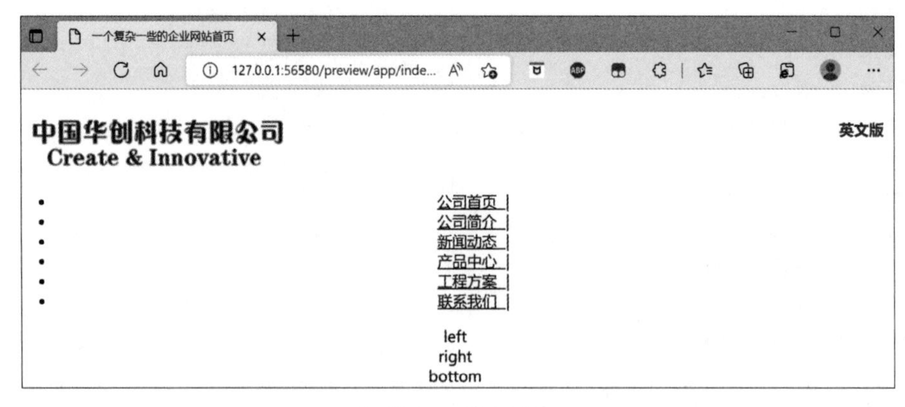

图 10-54　建立列表

(5) 在 head 的 style 标记之间输入下列 CSS 代码，设置导航栏的相关属性。首先设置

navi 的属性，其中，clear 属性清除了左右两侧的浮动元素，使导航条不会与 header 层在同一行显示；然后设置 nav 的属性，使它的外边距和内边距都为 0px；接下来设置列表项的属性；最后设置列表项的链接和光标移动上去时的属性，如图 10-55 所示。

```
#navi{
    background:#418CDD;
    padding-left:145px;
    padding-right:145px;
    width:660px;
    clear:both;
    float:left;
}
#nav{
    margin:0px;
    padding:0px;
}
#nav li{
    float:left;
    list-style:none;
}
#nav li a{
    width:110px;
    height:30px;
    color:#fff;
    font-weight:bold;
    text-align:center;
    text-decoration:none;
    display:block;
    background:#418CDD;
    padding-top:10px;
}
#nav li a:hover{
    color:#418CDD;
    background:#fff;
  }
```

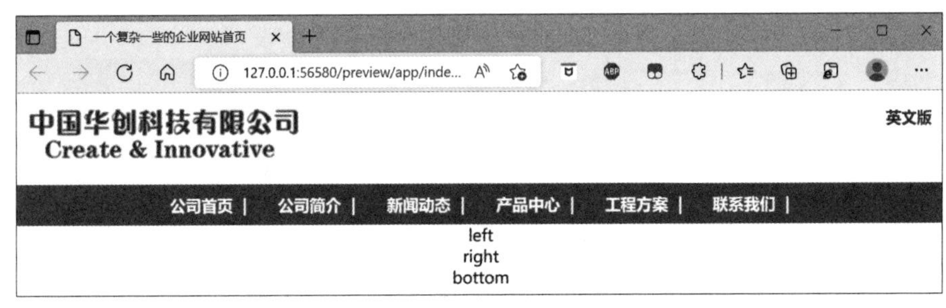

图 10-55　导航栏效果

(6) 为了使布局更漂亮，在导航栏下面插入一个 white 层，在 head 的 style 标记之间输入以下 CSS 代码并设置它的属性，这个层并没有实质内容，只是起到分隔的作用。

```
.white{
    height:6px;
    background:#fff;
    width:950px;
    clear:both;
}
```

(7) 制作 banner 部分。在 banner 层之间插入提前做好的 banner 图片即可，至此头部就制作好了，效果如图 10-56 所示。

```
<div id="banner">
      <img src="image/banner.jpg" />
</div>
```

图 10-56　网页头部效果

4. 构建网页中部的左侧——left 部分

(1) 在 style 标记中输入下列代码以设置 left 的属性，设置它的宽度、背景颜色和内外边距，并设置它的浮动定位为左侧。

```
#left{
    background:#BADAFF;
    width:184px;
    padding:5px 8px;
    margin:0x;
    float:left;
}
```

(2) 在 id 为 left 的 Div 中输入下列代码，制作产品列表，效果如图 10-57 所示。

```
<ul class="list01">
      <li class="title01">主打产品</li>
      <li><a href="产品链接一.html">产品一</a></li>
      <li><a href="产品链接二.html">产品二</a></li>
      <li><a href="产品链接三.html">产品三</a></li>
      <li><a href="产品链接四.html">产品四</a></li>
      <li><a href="产品链接五.html">产品五</a></li>
      <li><a href="产品链接六.html">产品六</a></li>
      <li><a href="产品中心.html">查看更多>></a></li>
</ul>
```

图 10-57　制作产品列表

(3) 在 head 的 style 标记之间输入下列 CSS 代码以设置列表属性，其中，item01.jpg 是设置列表项符号的图片，效果如图 10-58 所示。

```
#left .list01{
    border:solid #91BAE6 4px;
    background:#fff;
    padding:0px;
    margin:0px;
}
#left .list01 li{
    list-style:none;
```

```
    padding:5px 0px;
    border-bottom:dotted #666 1px;
    background-image:url(image/item01.jpg);
    background-position:left;
    background-repeat:no-repeat;
}
#left .list01 li a{
    text-align:left;
    text-decoration:none;
    color:#333;
    font-size:12px;
    padding-left:0px;
}
#left .list01 li a:hover{
    text-decoration:underline;
    color:#C95316;
    font-weight:bold;
}
```

图 10-58　设置列表属性后的效果

(4) 在 head 的 style 标记之间输入下列 CSS 代码,设置列表项的 title 属性,其中,title 与一般列表项的不同是背景颜色、字体颜色和大小等,效果如图 10-59 所示。

```
#left .list01 .title01 {
    color:#fff;
```

```
    font-size:14px;
    text-align:left;
    background:#18489C;
    padding-left:30px;
    background-image:none;
}
#left .list01 .title01 a{
    color:#fff;
    font-size:14px;
}
```

图 10-59　设置列表项的 title 效果

(5) 在 body 的 list01 后输入下列的一个 class 为 bluebar 的 Div。

```
<ul class="list01">
      <li class="title01">主打产品</li>
      <li><a href="产品链接一.html">产品一</a></li>
      <li><a href="产品链接二.html">产品二</a></li>
      <li><a href="产品链接三.html">产品三</a></li>
      <li><a href="产品链接四.html">产品四</a></li>
      <li><a href="产品链接五.html">产品五</a></li>
      <li><a href="产品链接六.html">产品六</a></li>
      <li><a href="产品中心.html">查看更多>></a></li>
  </ul>
<div class="bluebar"></div>
```

(6) 输入下列代码,设置 bluebar 层的 CSS 属性,bluebar 层的作用和前面提到的 white 层一样,用来对内容进行分隔。

```
#left .bluebar{
    width:180px;
    height:5px;
    background-color:BADAFF;
}
```

(7) 设置“联系我们”的栏目,在 bluebar 层后输入下列代码,效果如图 10-60 所示。

```
<ul class="list01">
      <li class="title01">联系我们</li>
      <li class="contact">联系电话:</li>
      <li class="lastcon">1234567</li>
      <li class="contact">公司邮箱:</li>
      <li class="lastcon">123456778@ 123.com</li>
</ul>
<div id="Bimage"><img src="image/bg(con).jpg" /></div>
<div class="bluebar"></div>
```

图 10-60 制作“联系我们”栏目

(8) 在 head 的 style 标记之间输入下列 CSS 代码,设置“联系我们”的属性,这样左侧就制作完成了,效果如图 10-61 所示。

```
#left .list01 .contact{
    font-size:12px;
    color:#333;
    font-weight:bolder;
    background-image:none;
    padding-left:3px;
    padding-top:3px;
    text-align:left;
    padding-left:13px;
}
#left .list01 .lastcon{
    font-size:12px;
    color:#333;
    background-image:none;
    padding:3px 3px;
}
#left #Bimage{
    text-align:center;
}
```

图 10-61　网页中部左侧的效果

5. 构建网页中部的右侧——right 部分

(1) 在 body 标记之间输入下列代码替换"<div id="right">right</div>",效果如图 10-62 所示。

```
<div id="right">
    <div id="r-intro">
    <div class="title02">
    <div class="r-name">公司简介</div>
    <div class="r-more"><a href="导航条网页/公司简介.html">更多>></a></div>
    </div>
    <div id="r-intro-con"><a href="../导航条网页/公司简介.html"><img src="
image/intro-img.jpg" /></a>
    <p>      中国华创科技有限公司是一家集研发、生
产、销售和服务为一体的高科技企业,成立于 2014 年 6 月。华创产品线包括先进晶体材料、核辐射
检测仪器和设备、爆炸物、毒品及化学战剂检测仪三大类。从关键材料到高端产品,从核心技术到周
到服务,华创一直往"更高、更精、更尖"的方向发展。SIM-MAX 品牌产品已广泛用于国土安全保卫、
大型活动安保、环境保护、核医学及核科学研究等领域。</p>
    </div>
    </div>
</div>
```

图 10-62 制作"公司简介"栏目

(2) 设置 right 层的属性和 r-intro 层的宽度,效果如图 10-63 所示。

```
#right {
    background:#BADAFF;
    padding-top:5px;
    padding-bottom:5px;
    padding-right:8px;
    float:left;
    width:742px;
}
#right #r-intro{
    width:742x;
}
```

图 10-63 设置 right 层和 r-intro 层的属性

(3) 设置 title02 的 CSS 属性,其中,将准备好的 title02.jpg 设置为背景图片;为了使 title02 内的 r-name 和 r-more 可以设置浮动属性,对它们的父元素 title02 也设置浮动属性,使它们均脱离标准流;r-name 层也设置了事先准备好的背景图片 item02.png,设置背景的属性,使它定位在左侧;设置 r-more 及其内部的超链接的属性。效果如图 10-64 所示。

```
#right .title02{
    background-image:url(image/title02.jpg);
    background-repeat:repeat-x;
    float:left;
    width:737px;
    padding-left:5px;
    margin-top:0px;
```

```
}
#right .title02 .r-name{
    color:#166AB0;
    font-size:14px;;
    font-weight:bold;
    padding:5px 30px;
    background-image:url(image/item02.png);
    background-position:left;
    background-repeat:no-repeat;
    float:left;
}
#right .title02 .r-more{
    float:right;
    padding:5px 10px;
}
#right .title02 .r-more a{
    text-decoration:none;
    color:#C95316;
    font-size:14px;;
    font-weight:bold;
    float:right;
}
#right .title02 .r-more a:hover{
    text-decoration:underline;
    color:#000;
}
```

图 10-64　设置 title02 的属性

(4) 输入代码设置与 title02 并列的 r-intro-con 层的属性。其中,clear 属性清除了 title02 层浮动的影响;还设置了背景的属性,其中,背景图片 bg180.jpg 需要事先准备好;同时设置了 r-intro-con 层中的 p 标记和 img 标记的属性,其中,将 img 的浮动属性设置为 right,使文字都浮动在图片的左侧,并对 line-height 属性设置了行距。这样,"公司简介"栏目就制作完成了,效果如图 10-65 所示。

```
#right #r-intro-con{
    font-size:13px;
    color:#243547;
    width:740px;
    clear:both;
    background-image:url(image/bg180.jpg);
    background-repeat:repeat-x;
    border:solid #9AB9F2 1px;
}
#right #r-intro-con img{
    float:right;
    margin:10px 10px;
    border:solid #999 2px;
}
#right #r-intro-con p{
    margin-bottom:10px;
    margin-left:10px;
    padding-top:5px;
    text-align:left;
    line-height:1.8em;
}
```

图 10-65　"公司简介"栏目的效果

(5) 制作 right 区域的另一部分——“新闻动态”栏目。为了使栏目之间留有一定的空隙,在 r-intro 结束后的地方插入一个 blue-bar01 层,代码为:<div class="blue-bar01"></div>,输入下列代码以设置它的 CSS 属性。

```
#right .blue-bar01{
    width:742px;
    background:#BADAFF;
    height:15px;
    margin:0px;
    clear:both;
}
```

(6) 输入下列“新闻动态”栏目的 HTML 代码。其中,title02 层同之前的“公司简介”的设置类似;在 news-list 层中设置两个列表,分别放置新闻的标题和日期,如图 10-66 所示。

```
<div class="r-news">
      <div class="title02">
          <div class="r-name">新闻动态</div>
          <div class="r-more"><a href="导航条网页/新闻动态.html">更多>></a></
div>
      </div>
      <div class="news-list">
      <ul class="biaoti">
         <li><a href="新闻动态/news01.html" target="_blank">天灾还是人祸?</a></
         li>
         <li><a href="新闻动态/news02.html" target="_blank">安全意识全民宣传预防
         事故科技给力</a></li>
         <li><a href="新闻动态/news03.html" target="_blank">北京朝阳区居民楼爆炸
         坍塌已致 6 死</a></li>
         <li><a href="新闻动态/news04.html" target="_blank">《可燃气体探测》标准制
         定</a></li>
         <li><a href="新闻动态/news05.html" target="_blank">广西一钢厂煤气泄漏上
         百人中毒</a></li>
         <li><a href="新闻动态/news06.html" target="_blank">哈尔滨市公交车终点站
         加气站发生爆炸</a></li>
         <li><a href="新闻动态/news07.html" target="_blank">河北沧州一化工厂有毒
         气体泄漏伤亡不明</a></li>
         <li><a href="新闻动态/news08.html" target="_blank">河南濮阳居民楼发生天
         然气泄漏爆炸事故</a></li>
         <li><a href="新闻动态/news09.html" target="_blank">化工厂硫化氢泄漏,3 名
         工人中毒死亡</a></li>
      </ul>
      <ul class="date">
```

```
        <li>2013-11-26</li>
        <li>2011-3-17</li>
        <li>2011-4-12</li>
        <li>2012-5-14</li>
        <li>2011-8-2</li>
        <li>2011-5-26</li>
        <li>2011-7-21</li>
        <li>2009-11-20</li>
        <li>2009-11-9 </li>
       </ul>
       </div>
</div>
```

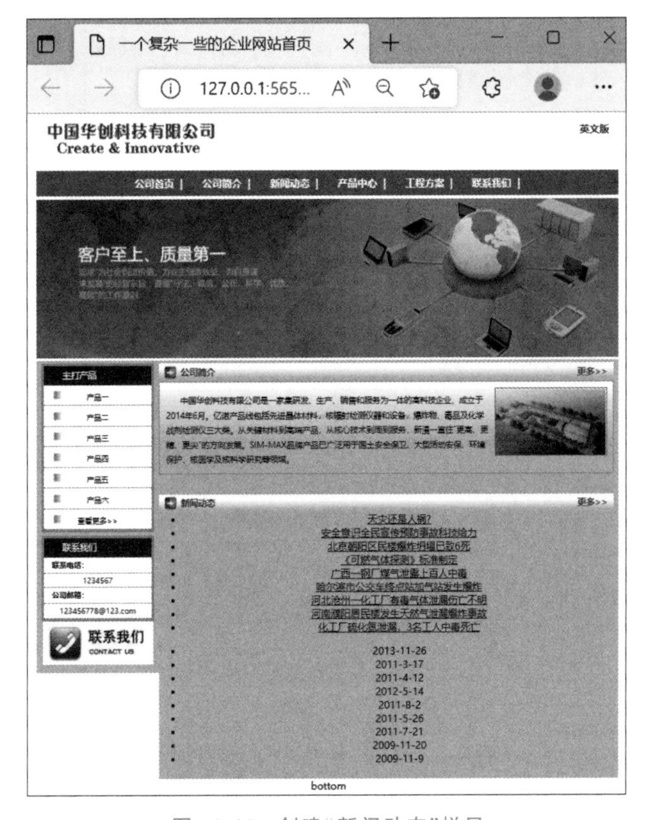

图 10-66　创建“新闻动态”栏目

(7) 输入下列 CSS 代码，设置 news-list 及相关属性，包括新闻的标题列表属性、列表的通用属性、新闻标题列表中超链接的各种状态属性、日期列表的属性等。这样，随着“动态新闻”栏目的制作完成，页面的中部也就制作完成了，效果如图 10-67 所示。

```
#right .news-list{
    width:740px;
```

```
    background-image:url(image/bg180.jpg);
    background-repeat:repeat-x;
    border:solid #9AB9F2 1px;
    padding:0px;
    color:#243547;
    font-size:13px;
    float:left;
    clear:both;
}
#right .news-list .biaoti {
    float:left;
    text-decoration:underline;
    padding-top:3px;
    text-align:left;
}
#right .r-news .news-list ul li{
    padding-top:3px;
}
#right .news-list .biaoti a:link {
    color:#243547;
    font-size:13px;
}
#right .r-news .news-list .biaoti a:hover {
    color:#900;
}
#right .r-news .news-list .biaoti a:visited {
    color:#609;
}
#right .r-news .news-list .date{
    margin-right:10px;
    float:right;
    text-decoration:none;
    padding-top:3px;
    list-style:none;
    padding-left:0px;
    color:#243547;
    font-size:13px;
}
```

(8) 为了让中部左右两边的底部水平对齐，需要对整个中部的 id 为 mid 的 Div 进行设置，在 head 的 style 中输入以下代码，效果如图 10-68 所示。

```
#mid{
    margin:0px;
    background:#BADAFF;
    padding:0px;
```

图 10-67　页面中部的效果

```
    height:100%;
    float:left;
}
```

图 10-68　调整后的页面中部效果

6. 构建网页的底部——bottom 部分

(1) 在 body 标记之间输入下列代码替换“<div id="bottom">bottom</div>”,建立底部的 HTML 框架,效果如图 10-69 所示。

```
<div id="bottom">
    <div class="footer">客户至上,信誉第一</div>
    <div class="footer">Copyright&copy;2014 中国华创科技有限公司</div>
    <div class="footer">公司地址: 某某市某某区某某街道某号</div>
</div>
```

图 10-69 创建页面的底部

(2) 输入下列 CSS 代码设置底部的 CSS 属性,其中,bg95.jpg 是事先准备好的背景图片,这样,网页的底部就制作完成了。随着页面底部制作完毕,整个网页也就制作完成了,最后的页面效果如图 10-70 所示。

```
#bottom{
    width:950px;
    background-image:url(image/bg95.jpg);
    background-repeat:repeat-x;
    padding-top:10px;
    clear:both;
```

```
    margin:0px;
}
#bottom .footer{
    width:950px;
    font-size:12px;
    color:#333;
    padding-bottom:4px;
}
```

图 10-70　页面最终效果

思考与练习 

1. 问答题

(1) Div+CSS 布局的基本思想是什么？采用 Div+CSS 进行页面布局的优点有哪些？

(2) 常见的布局种类有哪些？它们各有什么好处？

2. 实践题

(1) 制作一个简单的两栏排版的页面，效果如图 10-71 所示。

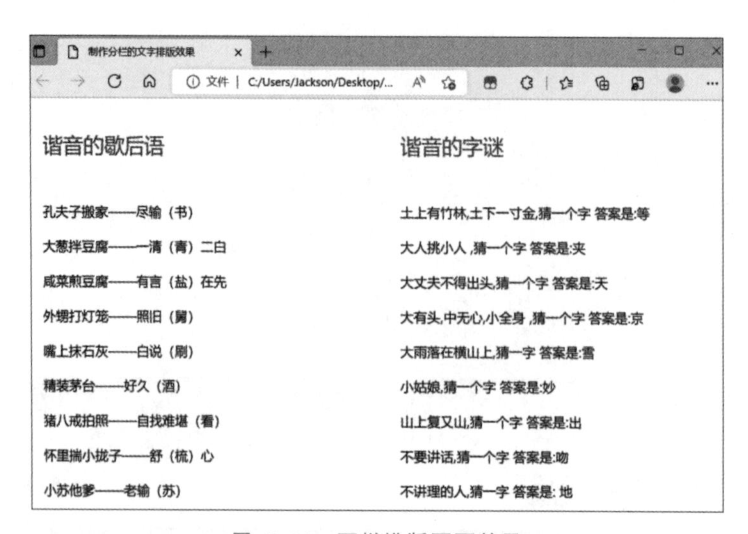

图 10-71　两栏排版页面效果

(2) 利用 Div+CSS 布局技术制作一个影视主题的网页,效果如图 10-72 所示。

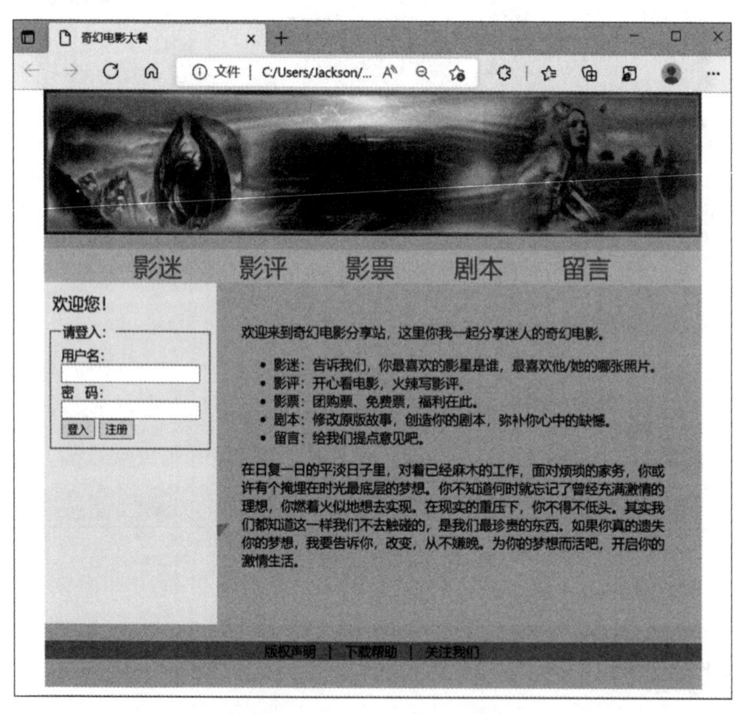

图 10-72　影视页面效果

(3) 利用 Div+CSS 布局技术制作一个个人网页,效果如图 10-73 所示。

图 10-73　个人网页的效果

参考文献

[1] 杨选辉.网页设计与制作教程[M].3 版.北京：清华大学出版社，2014.

[2] 杨选辉.网页设计与制作实验指导[M].3 版.北京：清华大学出版社，2014.

[3] 赵丰年，等.Dreamweaver CC 2019 实例教程[M].5 版.北京：人民邮电出版社，2021.

[4] 修毅，洪颀，印熹雯.网页设计与制作—Dreamweaver CC 标准教程[M].3 版.北京：人民邮电出版社，2018.

[5] 张兵义，等.网站规划与网页设计[M].4 版.北京：电子工业出版社，2018.

[6] 徐洪峰.HTML+DIV+CSS 网页设计与布局实用教程[M].北京：清华大学出版社，2017.

[7] 刘玉红，等.CSS3 网页样式与布局案例课堂[M].北京：清华大学出版社，2017.